U0394154

"十四五"国家重点出版规划项目

纺织先进技术与高端装备丛书

纺织用超临界二氧化碳技术与装备

郑环达　郑来久　著

東華大學出版社·上海

内 容 提 要

本书阐述了超临界二氧化碳(CO_2)流体的物化性质,介绍了纺织用超临界 CO_2 流体装备的系统构成,并基于纺织用超临界 CO_2 技术最新成果,重点论述了纺织用超临界 CO_2 流体前处理、超临界 CO_2 流体染色技术与超临界 CO_2 流体阻燃整理技术等内容。

本书可供纺织科学与工程相关专业从事超临界流体技术研究及相关产品研发的工程技术人员以及高等院校相关专业的师生参考阅读。

图书在版编目(CIP)数据

纺织用超临界二氧化碳技术与装备 / 郑环达,郑来久著. —上海:东华大学出版社,2024.9

(纺织先进技术与高端装备丛书)

"十四五"国家重点出版规划项目

ISBN 978-7-5669-2353-0

Ⅰ. ①纺… Ⅱ. ①郑… ②郑… Ⅲ. ①纺织工业—超临界—二氧化碳—流体—研究 Ⅳ. ①TQ116.3

中国国家版本馆 CIP 数据核字(2024)第 074287 号

责任编辑 符 芬

版式设计 南京文脉图文设计制作有限公司

出　　版:东华大学出版社(地址:上海市延安西路 1882 号　邮政编码:200051)
本社网址:http://dhupress.dhu.edu.cn
天猫旗舰店:http://dhdx.tmall.com
营销中心:021-62193056　62373056　62379558
印　　刷:上海盛通时代印刷有限公司
开　　本:787mm×1092mm　1/16
印　　张:19.25
字　　数:450 千字
版　　次:2024 年 9 月第 1 版
印　　次:2024 年 9 月第 1 次印刷
书　　号:ISBN 978-7-5669-2353-0
定　　价:98.00 元

推荐序一

"纺织技术与装备"是我国整体步入世界领先行列的重点领域之一，工信部、国家发展改革委员会发布的纺织相关行业高质量发展的指导意见中明确指出要"推动数字化、智能化制造"，多部门联合印发的《工业领域碳达峰实施方案》提出要推广一批减排效果显著的低碳零碳负碳技术工艺装备产品。

《纺织先进技术与高端装备丛书》立足于"四个面向"，着眼于推动产业高质量发展和复合型人才培养要求，基于纺织产业链，聚焦产业链自主可控，落地实际工程应用，各个分册选取于原料、制造、后处理、交叉应用、循环利用等环节，从全新视角解读纺织领域取得的最新科技成就，尤其是能够产业化大规模生产、促进科技成果转化的工程技术与装备领域近年的重大突破成果。

作者队伍来自教学、科研、工程一线，包括中国工程院院士、学术带头人、创新团队带头人、领军人才等，具有广泛认可的学术能力和专业技术，是所在研究领域的权威专家。深谙产业科技创新特点和现代育人理念，具有编写著作、教材的经验，此系列专著内容是从各作者团队突出科技成果中提炼出适合产学研联动发展的知识和实践经验。

《纺织先进技术与高端装备丛书》的出版也是纺织作为国内产业链最为完整的行业的知识传播担当，服务企业自主、高端化发展，反哺高校、科研院所专业科技人才培养。

中国工程院院士

东华大学校长

推荐序二

《中国制造业重点领域技术创新绿皮书——技术路线图(2019)》指出“纺织技术与装备”成为我国将整体步入世界领先行列的五个优先发展方向之一。纺织产业链环节甚多,其先进技术的突破包括前端的纤维材料技术与后端的印染技术及终端制品如安全防卫用品、柔性传感器件的创新应用及其回收利用技术的发展,这些关键共性技术的掌握及推广,既是行业转型升级发展的必需,也是面向未来发展的颠覆性创造。

《纺织先进技术与高端装备丛书》以纺织先进制造产业链为主线,围绕传统纺织产业转型升级过程中的新材料制备、新技术突破、装备智能化高端化发展及废旧纺织品的循环再生利用、产业提效降耗的实现等主题,内容涉及新理论、新方法、新技术、新装备,提炼新知识,体现纺织与材料、化学、机械、信息等学科交叉发展特点,在阐明科学原理的同时,侧重工程系统设计。丛书整理总结的先进技术的推广有利于促进整个纺织行业转型升级和科技进步,体现了清洁化、绿色化、环保化的现代加工理念。

丛书各册专著的作者均具有丰富的科研、工程经验,是纺织领域用科学理论武装工程、推动科技成果转化的表率先锋。具有承担国家科技重大专项、国家重点研发计划项目、国家科技支撑计划项目、国家自然科学基金等重大国家级科技项目经验,均获得过国家科学技术进步奖,成果来源于国家重点实验室研究,熟悉掌握专业领域的前沿动态,富有创新思维,这系列专著提炼出产业链各环节相应领域的知识要点和技术精髓,符合国家科学传播、教学、产业推广所需。

中国科学院院士

东华大学材料科学与工程学院院长

朱美芳

作者序

纺织工业是我国传统支柱产业、重要民生产业和创造国际化新优势的产业，是科技和时尚融合、生活消费与产业用并举的产业，在美化人民生活、带动相关产业发展、拉动内需增长、建设生态文明、增强文化自信、促进社会和谐等方面发挥着重要作用。但纺织工业又是典型的高能耗、高水耗、高污染行业，每年废水排放量约为 2×10^9 t。如何减少水的使用及污染，成为困扰全球纺织行业的最大难题。

为解决这一难题，大连工业大学郑来久教授团队从2001年起开始研究利用超临界二氧化碳（以下简称“超临界 CO_2”）流体代替水为介质进行纺织品加工，较为系统地研究了在超临界 CO_2 温度、压力等条件下对纤维加工性能的影响规律与机制；研发了超临界 CO_2 流体整套装备系统；实现了纺织纤维材料超临界 CO_2 流体清洁化加工，为该项技术的工程化奠定了理论和工艺技术基础。

纺织超临界 CO_2 流体技术利用工业排放 CO_2，在超临界状态下进行纺织制品加工，具有生态低碳优势，对我国纺织工业绿色可持续发展和实现纺织“碳达峰、碳中和”愿景目标具有重要意义。本书较为系统地介绍了纺织用超临界 CO_2 流体装备设计、超临界 CO_2 流体前处理、超临界 CO_2 流体染色技术、超临界 CO_2 流体阻燃整理技术等内容。

本书具有系统性、科学性、创新性、先进性和实用性，通俗易懂，注重基础理论与工艺技术的结合，可作为我国高等院校、科研院所和企业相关领域科技人员、教师、研究生、高年级本科生的参考书，其出版对于纺织用超临界 CO_2 流体技术的发展具有重要意义。

2023年5月

前　言

随着世界各国对低碳经济模式和低碳发展理念的广泛认可，巨大的水资源消耗和严重的排放污染问题，已成为纺织行业面临的首要瓶颈。通过实施低资源消耗的清洁生产和资源循环利用工艺技术，减少甚至消除对水体环境和大气环境的污染，成为纺织行业科技进步的主要方向。纺织用超临界CO_2流体技术主要原理是利用超临界状态下的CO_2溶解非极性或低极性染料助剂等对纤维材料进行加工，具有零排放、无污染、短流程、低能耗优势，契合我国“双碳”(碳达峰与碳中和)发展目标。

“辽宁省超临界CO_2无水染色重点实验室”由大连工业大学主导，自2001年起开始进行纺织用超临界CO_2流体技术研究，先后发明了大流量内循环超临界CO_2流体工艺技术、超临界CO_2无水染色及拼配色技术、麻类纤维超临界CO_2流体前处理技术，研制出多元超临界CO_2流体装备系统，攻克了超临界CO_2无水染色关键技术瓶颈，解决了涤纶散纤维、筒子纱及织物等的无水染色需求，在我国率先实现了超临界CO_2无水染色技术工程化应用。

本书基于团队20余年的研究成果，系统介绍了纺织用超临界CO_2流体装备系统设计；重点论述了亚麻粗纱超临界CO_2流体煮漂技术、罗布麻韧皮纤维超临界CO_2流体脱胶技术、涤纶超临界CO_2无水拼配色技术、芳纶超临界CO_2流体印染技术、棉织物超临界CO_2流体阻燃整理技术，可为纺织超临界流体工艺技术、装备研发和染助剂研制等提供参考。

本书所涉及研究内容，先后获得国家自然科学基金委员会、中国纺织工业联合会、国家发展和改革委员会、工业和信息化部、中国博士后科学基金会、辽宁省教育厅、辽宁省科学技术厅、福建省科学技术厅、辽宁省科学技术协会、大连市科学技术局、宜兴市科学技术局、泉州市科学技术局等机构的资助，也被大连工业大学作为本科立项教材使用。

感谢中昊光明化工研究设计院有限公司、青海雪舟三绒集团有限公司、辽宁超懿工贸集团有限公司、中国纺织科学研究院有限公司、青岛即发集团股份有限公司、沈阳化工研究院有限公司、开原化工机械制造有限公司、辽宁宏丰印染有限公司、大连四方电泵有限公司、石狮市中纺学服装及配饰产业研究院、晋江国盛新材料科技有限公司给予的支持或资助。

大连工业大学“辽宁省超临界 CO_2 无水染色重点实验室”的研究生高世会、张娟、张月、韩益桐、刘国华、李胜男、宋洁、杨宇、战春楠等参与了书中部分内容的研究整理，在此表示感谢。

纺织用超临界 CO_2 技术涉及多学科、内容深邃，由于作者学识有限，不妥之处恳请专家、读者批评指正。

作者

2023 年 5 月

目　　录

第1章 绪 论

我国是世界上规模最大的纺织服装生产、消费和出口国。从规模上看，目前我国纤维加工总量约占全世界的50%，化学纤维产量约占70%，出口总额约占1/3；从综合能力来看，我国纺织产业链涵盖从纤维加工到终端产品制造的全过程，产业链从门类品种、产出品质，到生产效率、自主工艺技术装备等，普遍达到国际先进或领先水平。纺织产业作为我国发展最早且具有国际竞争力的传统优势产业之一，也是典型的高能耗、高水耗行业。仅以印染工序为例，我国纺织印染废水一直是工业行业中的污染大户，其废水排放量约占全国废水排放量的11%，每年20亿～23亿t；化学需氧量排放量每年24万～30万t，在全工业行业占比9%。印染行业废水排放量和污染物总量分别位居全国工业部门的第二位和第四位，占纺织业废水总量70%以上。随着可持续发展成为全球产业的广泛共识和国际竞合的重大议题，我国宣布力争2030年实现碳达峰，2060年前完成碳中和的目标愿景，这给纺织行业带来了严峻挑战。

1988年，德国西北纺织研究中心（DTNW）的Schollmeyer教授申请了专利"一种纺织物的超临界流体染色技术"，为解决印染行业污染问题提供了全新思路。自此，纺织超临界流体技术研究从实验室探索向着产业化应用不断迈进。美国、英国、荷兰等发达国家相继开展了超临界流体染色与整理技术的开发探索。纺织超临界流体技术利用工业排放CO_2代替水介质进行纺织制品加工，克服了水介质染整技术的水污染难题，且未利用的染料、整理剂及染色介质可回收循环使用，充分体现了清洁化、环保化的绿色加工理念。

1.1 超临界CO_2流体性质及染整原理

1.1.1 超临界CO_2流体性质

在常温常压状态下，某物质的液态和气态共存，两者之间存在明显的界面。随着温度升高、压力增大，液态与气态间的界面逐渐模糊，当达到临界温度（T_c）和临界压力（P_c）以上时，液态与气态之间的界面彻底消失，物质以流体状态存在，即为超临界态。因此，当一种物质的温度和压力同时高于其临界温度和临界压力时，称其为超临界流体。工业技术中常用的超临界流体有 CO_2、NH_3、C_2H_4、C_3H_8、C_3H_6、H_2O 等。超临界 CO_2 流体既不同于气体，也不同于液体，而是呈现出许多独特的物理化学性质。如表 1-1 所示，超临界流体的密度与液体的密度近似，具有与液体相似的溶质溶解性；黏度与气体近似，表现出类似气体的易于扩散的特点，有利于向基质的渗透扩散。

表 1-1　气体、液体与超临界流体性能

物理性能	气体	超临界 CO_2 流体	液体
	1.013 25 kPa，15～30 ℃	T_c，P_c	15～30 ℃
密度/($g \cdot cm^{-3}$)	$(0.6 \sim 2) \times 10^{-3}$	0.2～0.5	0.6～1.6
黏度/($Pa \cdot s$)	$(1 \sim 3) \times 10^{-4}$	$(1 \sim 3) \times 10^{-4}$	$(0.2 \sim 3) \times 10^{-2}$
扩散系数/($cm^2 \cdot s^{-1}$)	0.1～0.4	0.7×10^{-3}	$(0.2 \sim 3) \times 10^{-5}$

经典的 CO_2 模型是在 CO_2 分子中，碳原子采用 sp 杂化轨道与氧原子成键，碳原子的两个 sp 杂化轨道分别与两个氧原子生成两个 σ 键，碳原子上两个未参加杂化的 p 轨道与 sp 杂化轨道形成直角，并且从侧面同氧原子的 p 轨道分别肩并肩地发生重叠，生成两个 π 三中心四电子的离域键，从而缩短了碳原子与氧原子的间距，使得 CO_2 中的 C═O 具有一定程度的三键特征，这种杂化轨道使得 CO_2 分子十分稳定。另外，CO_2 分子由两个极性较强的 C═O 键组成，整个分子具有较大的四极矩。CO_2 具有的上述特征使得其化学性质较为稳定，同时也具有不易燃烧与非爆性等特点，成为最常用的纺织材料染色用超临界流体（$T_c = 31.10$ ℃，$\rho_c = 466.50\ kg/m^3$，$P_c = 7.37\ MPa$）。

对于超临界 CO_2 而言，流体临界点的发散或反常性会在超临界状态中持续，并呈衰减趋势。在临界点（临界压力 P_c 和临界温度 T_c），等温压缩率为无限大，但随着 T/T_c 值的增加，它将逐渐下降。在 $1 < T/T_c < 1.2$ 内，等温压缩率值较大，说明压力对密度变化比较敏感，即适度地改变压力就会导致超临界 CO_2 流体密度的显著变化。同时，温度的适度变化也可以带来超临界 CO_2 流体密度相同的改变效果，在此基础上调节染助剂在超临界 CO_2 流体相中的溶解行为，可以使染助剂大分子逐渐靠近纤维界面，通过自身扩散作用接近纤维并完成对纤维的吸附，从而快速地扩散到纤维孔隙中，实现纤维的无水少水加工。

1.1.2　超临界 CO_2 流体染整原理

分散染料及其他小分子染料助剂分子质量小，极性较弱，在超临界 CO_2 流体中具有一定的溶解性。染料等溶质在超临界 CO_2 中的溶解度主要与流体的温度、压力、溶质分子质量、极化度等因素有关。在众多的染料结构中，分散染料分子极性低，其在超临界 CO_2 中的溶解度较高。其中，—NH_2、—CN、—$NHCOCH_3$ 和—COOH 等基团，可增加染料极性，使得染料分子因氢键作用形成染料聚集体，从而降低染料在 CO_2 流体中的溶解度和扩散能力。其中，—COOH 的影响程度最大，而在偶氮染料分子苯环的相同位置引入—NH_2 或卤素取代基相较于—NO_2 更能提高染料溶解度。

如图 1-1 所示，在纺织制品染整加工过程中，超临界 CO_2 流体首先依据相似相溶原理溶解单分子染料或整理剂，并在高压泵的作用下循环流动至纤维界面。不同密度超临界 CO_2 对聚合物产生较强增塑作用，能够降低其玻璃化转变温度。研究发现，聚酯薄膜在 120 ℃、20 MPa 超临界 CO_2 中玻璃化转变温度由 88.3 ℃降至 61.6 ℃，与差示扫描量热仪测试值具有良好吻合性。利用超临界 CO_2 原位监测系统观测到聚酯纤维在 120 ℃、24 MPa、45 min 时溶胀率高达 14.9%。基于超临界 CO_2 对聚合物的良好溶胀塑化作用，染料或整理剂利用分子间作用力不断向纤维表面扩散吸附，进而在纤维内外形成浓度差或化学位差，从而向纤维内部扩散转移，完成纤维材料的染整过程。

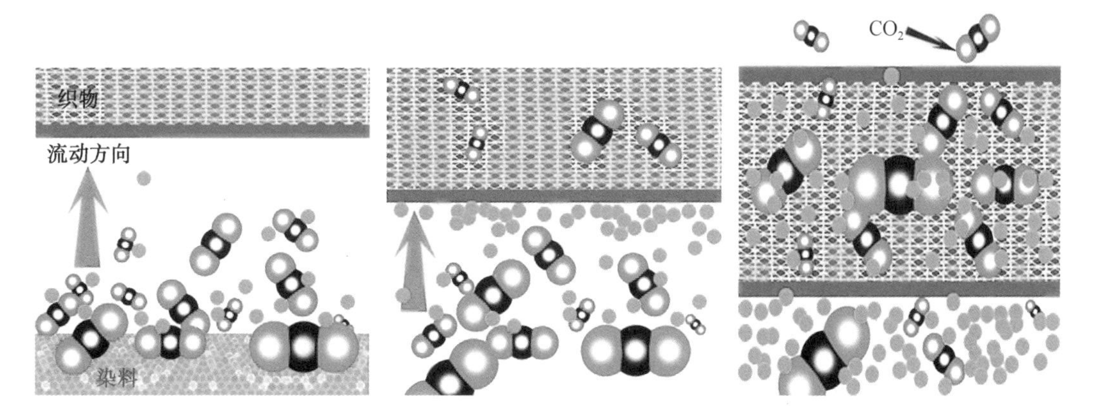

图 1-1 超临界 CO_2 无水染整传质过程

1.2 超临界流体染整设备研发

1.2.1 超临界流体染整整套装置

超临界 CO_2 流体染整环境为高温高压环境，其所需中小型或工业化染整装置具有与普通化工装置完全不同的结构，因此，整套装置研制作为超临界流体技术发展的关键，在产业化设备上率先实现突破与创新是该项技术的研究重点。鉴于该项技术的先进性及对知识产权的保护，各国对超临界流体染整装置的研究高度保密，开发机构间信息交流极少。纺织超临界流体染整整套装置通常包括九个子系统，分别为 CO_2 存贮系统、制冷系统、加热系统、加压系统、处理系统、分离回收系统、安全保护系统、仪表系统、辅助系统。各子系统中的主要设备有处理釜（染整釜）、染料助剂釜、高压泵、循环泵、分离器等。整个系统闭路循环，可实现染料、CO_2 的循环使用，以及染料助剂的零排放。

作为纺织超临界流体技术开发先驱，DTNW 对超临界 CO_2 流体染整整套装置研制进程发挥了重要作用。1989 年，DTNW 首次设计开发了静态超临界 CO_2 染色装置，该装置主要由高压釜（400 mL）和可搅拌经轴组成，可进行涤纶无水染色试验。1991 年，德国 Jasper 公司与 DTNW 合作开发了配有染液搅拌装置的染色样机（图 1-2），染色釜容积为 67 L，可染 4 只 2 kg 的筒子纱。此后，DTNW 和高压容器生产企业德国 Uhde 公司合作，开发了染色釜容积为 30 L 并配有 CO_2 回收循环系统的染色设备（图 1-3），选用离心泵为循环泵，首次实现了染液的循环，染色效果与水介质染色效果相当，引发了国际社会的广泛关注。

图 1-2　德国 Jasper 公司超临界 CO_2 染色样机

图 1-3　德国 Uhde 公司改进型超临界 CO_2 染色设备

据此，美国、法国、日本等发达国家纷纷展开纺织超临界流体技术的研究工作。美国北卡罗来纳州立大学在 1996 年研制了单只筒子纱中试超临界 CO_2 染色机，通过改变染液流向，实现在染色单元中的正、反向循环染色，改善了匀染性。1997 年，欧盟展开了由多国参与的三年期超临界流体染色研究项目 SUPERCOLOR，设计开发了 RotaColor 超临界流体染色设备（染色釜容积为 7 L），以探索其产业化应用的可能性。2001 年 ITEC 株式会社为福冈大学开发了一台染色釜容积为 40 L 的超临界流体染色设备（图 1-4）。此后，又合作研发了一台生产型超临界流体染色设备（图 1-5）。2004 年，福井大学也进行了超临界流体染色产业化设备的研制。

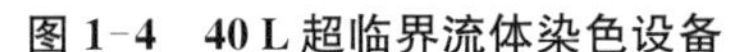

图1-4 40 L超临界流体染色设备

图1-5 生产型超临界流体染色设备

2008年，荷兰DyeCoo公司成立，专门从事涤纶和棉的生产型超临界流体染色设备生产制造。其Dyeox 2250系列超临界流体染色机（图1-6）具有三个染色釜体，设计温度为－10～130 ℃，设计压力为0～30 MPa，装载量可达150～180 kg。报道显示，2010年DyeCoo公司生产的150 lb生产型超临界流体染色设备在泰国与Yeh集团公司合作，开始试生产无水染色运动服。2013年，DyeCoo公司的染色设备在中国台湾地区的福懋兴业股份有限公司、远东新世纪股份有限公司、儒鸿企业股份有限公司得到应用，主要用于成衣面料的无水染色生产。2016年，DyeCoo超临界CO_2流体染色样机进入市场，每个染色釜体装载量为20～200 kg，日均染色产量可以达到4 000 kg，进一步加快了超临界流体无水染色工程化进程。

图1-6 Dyeox 2250系列超临界流体染色机

超临界CO_2染色技术的显著优势也引起了我国研究机构和团队的关注。我国东华大学国家染整工程技术研究中心、大连工业大学、香港生产力促进局、苏州大学等也进行了超临界CO_2染色技术的研究工作，并开发了各自的染色设备。其中，大连工业大学郑来久团队自2001年起开始在我国进行纺织超临界流体技术研究，并培养研究生。团队成功地对超临界CO_2流体整套装备系统及关键设备进行了创新设计，通过模拟流体传热传质，建立了超临界流体染色装备的软件模拟过程，提高了纺织超临界流体装备及过程的安全性和稳定性。在此基础上，团队与中昊光明化工研究设计院有限公司合作，2004 年，研制出我国首台适用于天然纤维的超临界流体染色装置（染色釜容积为 5 L）；2009 年，研制出具有自主知识产权的超临界流体中试染色装置（染色釜容积为 50 L）；2012 年，研制出改进型超临界流体染色中试装备并在青海省西宁市和辽宁省阜新市进行了中试示范[图 1-7(a)]；2015 年，研制出我国首台千升规模的多元超临界流体染色装备系统并在福建省三明市实现了示范生产[图 1-7(b)]，该装备满足了散纤维、筒纱的工程化无水染色需要，初步具备了超临界 CO_2 流体染色技术的工程化总承包能力。

自 2014 年起，青岛即发集团股份有限公司与大连工业大学产学研合作，进行针织品超临界 CO_2 无水染色工程化[图 1-7(c)]；2018 年建成并成功运行世界首条 1 200 L 拥有自主知识产权的无水染色产业化示范生产线；2020 年“聚酯纤维筒子纱超临界二氧化碳无水染色技术”入选中国科协“科创中国”先导技术榜单。2021 年 8 月 12 日，《新闻联播》以《技术改造促制造业加快提档升级》为专题报道了超临界 CO_2 无水染色技术。如今，聚酯纤维超临界 CO_2 流体无水染色基础理论、工艺技术与装备系统日趋成熟，取得了显著的环境效益及社会效益，并在技术转化经济效益方面崭露头角。

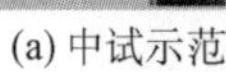

(a) 中试示范

(b) 示范生产

(c) 工程化装备

图 1-7　超临界 CO_2 流体染色工程化装备

1.2.2 超临界流体专用染整釜

超临界流体染整釜是超临界流体染整装置的核心设备，其先进性直接影响整套装置的工艺流程和性能水平。超临界 CO_2 染整时通常将待染纺织制品缠绕在卷轴上，置于高压釜内实现染色整理。染整釜内筒均匀分布着渗透孔，以控制染液换向，保证正、反向穿透待染物，实现纤维材料内染与外染工艺相结合；也可以集成染料整理剂釜与染整釜于一体，简化输送管道，降低流体阻力。针对染色不匀的难题，通过合理设置经轴结构、织物卷装形式及工艺条件，使染料均匀穿透织物，可以减少流体在流动时压力非均匀损失、改变流体路径及改善流体循环不均匀性。同时，超临界流体染布器上增加导轨、滑鞍、动力驱动装置则可进一步提高染整生产效率。

除了织物为主要的染整产品外，散纤维、纱线、毛球、成衣等制品也占据较大比重，其染整需求正不断增大。然而由于纤维材料种类及外观结构存在显著差异，依靠已有的超临界 CO_2 织物染整釜体结构设计难以保证流体的均匀分布及高效传质。依据待染纤维的理化性质与外观特点，设计专用超临界流体染整釜体是推动该项技术产业化应用的重要突破口。大连工业大学研究团队先后发明了适用于成衣、筒子纱、绞纱、散纤维与毛球的超临界 CO_2 无水专用染整釜，初步完成了水介质染整装置转换成超临界流体染整装置关键部件的对接。在超临界流体纱线染整时，在染整釜内部放置染液导管与多孔管，利用中心挡板和边挡板使染液正、反向穿过纱线团；纱仓在染色筒体内部连续进出运动，可实现连续纱线染色。

1.3 合成纤维超临界 CO_2 流体染色

合成纤维是半结晶纤维，玻璃化转变温度一般为 80～125 ℃，染色时聚合物先与 CO_2 流体接触，CO_2 分子易于进入纤维非晶区的自由体积，提高了聚合物部分分子链的移动性。CO_2 的增塑性能使聚合物玻璃化转变温度降低 20～30 ℃，且增大了其自由体积，从而提高染料分子向纤维内部扩散转移的能力，利于聚合物染色。因此，利用超临界 CO_2 流体进行聚酯等合成纤维无水染色极具研究应用价值。

1.3.1 聚酯纤维超临界 CO_2 流体染色

聚酯纤维在 CO_2 流体中性质稳定，在 160 ℃时仍能保持良好性能。研究发现，分散染料超临界流体染色为放热过程，服从 Nernst 吸附等温线，呈现与水介质染色近似的热动力学特征。在 95 ℃和 30 MPa 下采用分散橙 30 进行涤纶超临界 CO_2 无水染色，染色 60 min 后符合拟二级动力学模型及粒子扩散模型。利用配有循环系统的染色装置进行涤纶染色，通过调整釜内的不锈钢网、调节循环染浴流量与流体释压，上染率可达到 88%～97%，与水介质染色效果相当。在染色过程中加入甲醇增加染料溶解度与提高上染率，在相对温和的条件下可获得良好的染色效果。现阶段，在超临界 CO_2 体系下大部分纤维得到了较好的染色效果，上染率可达到 0.2～22 μmol/g。

利用设计的散纤维染色架在 80～140 ℃、17～29 MPa 的条件下进行涤纶散纤维超临界 CO_2 流体工程化染色试验时，随着染色温度、压力和时间的增加，纤维染色性能不断改善，并得到了与水介质染色相当的耐水洗牢度和耐日晒牢度。随后课题组在自主研制的千升复式超临界 CO_2 流体染色装备中，采用独创的内外染染色工艺获得了匀染性与重现性良好的染色筒纱，并将涤纶筒纱耐水洗、耐摩擦色牢度提高到了 4-5 级以上，耐日晒色牢度提高到 6 级以上。对比商品分散染料及其原染料染色过程，发现分散染料内的大量助剂对超临界 CO_2 流体染色存在显著影响。随着染色温度的提高，阴离子型磺酸盐分散剂易于造成染料晶粒聚集、晶型转变和晶粒增长，从而降低染料的传质性能与分散温度性。在相同条件下，分散红 153 原染料对涤纶的超临界 CO_2 流体染色效果优于商品分散染料。

1.3.2 芳纶超临界 CO_2 流体染色

芳纶物理化学性质优异，具有较好的热稳定性、电绝缘性、耐辐射性与阻燃性，是电子通信、航空航天、能源化工和海洋开发等领域的重要基础材料。然而，芳纶因具有极高的玻璃化转变温度而极难染色，并且在光照条件下存在严重的变色情况，使得染色产品耐光色牢度较差。采用原液着色的方法可在一定限度上解决芳纶的染色难题，但是其色调单一、生产方式不灵活的缺点限制了其在服用领域的应用。超临界流体染色技术的应用使得芳纶高效染色成为可能。

研究发现，在 30 MPa 超临界 CO_2 中处理间位芳纶 60 min 后，随着温度从 80 ℃升高到 120 ℃，间位芳纶表面粗糙度增加，水接触角由 139.8°减小至 125.0°，证明了 CO_2 流体温度升高对间位芳纶润湿性能具有提升作用。在 150 ℃、30 MPa 的条件下利用分散染料在超临界 CO_2 流体中上染芳纶纱线，可获得较高的染色深度，吸附等温线符合 Langmuir 型，且芳纶纱线的强力、伸长率、收缩率等力学性能指标基本没有变化，染色产品的耐水洗、耐摩擦色牢度较好，耐日晒色牢度则有待提高。常规条件下超临界 CO_2 分散染料和阳离子染料染色芳纶尚无法透染纤维。加入载体 cindye dnk 后，利用分散蓝 79、分散红 60 和分散黄 114 在 30 MPa、140 ℃条件下上染芳纶 70 min，纤维耐日晒牢度可达到 4-5 级，芳纶的润湿性能、热性能与力学性能均有一定限度的提高。

1.3.3 其他合成纤维超临界 CO_2 流体染色

除了聚酯、芳纶外，其他合成纤维超临界 CO_2 流体染色技术也有相关报道，研究显示，锦纶织物可在超临界 CO_2 流体内利用分散染料染色，但由于其结晶度高，因此染料上染率及色牢度较低。乙烯砜型活性染料在 120 ℃、24.5 MPa 的超临界 CO_2 流体中上染锦纶 66

可获得较好的色牢度。压力恒定时，随着温度升高，染料上染量逐渐增加，并在 100 ℃时达到染色平衡；温度恒定时，随着压力升高，上染量不断增加。在不同条件下，锦纶超临界 CO_2 流体染色的耐摩擦牢度可达到或高于水浴染色工艺。同时，研究还发现，锦纶的表面形态、超分子结构等性能在超临界流体中会产生一定的变化。

聚丙烯纤维在 0.1 MPa、100 ℃以上的超临界 CO_2 流体中收缩程度比在空气中大。100 ℃等温条件下纤维在 0.1 MPa 时就会产生较大收缩；在 28 MPa 等压条件下，温度高于 60 ℃时就会发生收缩，温度达到 90～100 ℃时得到最大收缩程度，为 11%～12%。未改性聚丙烯纤维超临界 CO_2 染色，染料对纤维的亲和力取决于所选染料的疏水性及高酯化度。随着烷基取代蒽醌发色团中碳原子数目增加，聚丙烯纤维染色性能显著提高。除上述合成纤维外，已有文献报道超临界 CO_2 也适用于聚乙烯纤维、聚乳酸纤维等染色。

1.4 天然纤维超临界 CO_2 流体染色

CO_2 流体的低极性特点决定着其更适用于聚酯纤维等合成纤维染色，对于棉、羊毛、蚕丝等天然纤维染色则较为困难。天然纤维难以在超临界流体中染色的主要原因为 CO_2 不能溶胀，纤维也无法推动染料向纤维内部扩散转移。分散染料与天然纤维交互作用较弱，水介质中上染天然纤维的极性染料几乎不能溶解在超临界 CO_2 流体中。

天然纤维水介质染色过程中，通常采用直接染料、活性染料和酸性染料等进行染色。然而，超临界 CO_2 的极性与正己烷相当，亲水性染料难以溶解于其中。目前为止，国内外对天然纤维材料超临界 CO_2 流体染色的研究尚不理想，主要通过以下三种方法来实现天然纤维的超临界 CO_2 流体染色。

1.4.1 纤维材料改性预处理

超临界 CO_2 流体内，通过溶胀剂、交联剂等浸渍对天然纤维进行预处理，可拆散纤维大分子间的氢键，实现超临界流体无水染色。染色过程中加入聚氧乙烯、聚乙二醇、聚醚衍生物等浸渍纤维后，也可以断开纤维素大分子链间的氢键，使纤维发生溶胀，并提高纤维可及度，从而实现其超临界 CO_2 流体染色。

羊毛纤维染色前以纤维改性剂 Glyezinc D 预处理，采用分散染料就可以在超临界 CO_2 流体中进行染色。在具有螯合配位体的媒染染料和媒染金属离子超临界 CO_2 流体中上染羊毛，可以提高纤维的水洗牢度。纤维素纤维用四甘醇二甲醚式 N-甲基-2-吡咯烷酮预处理，在 120 ℃、20 MPa 的超临界 CO_2 流体中染色，活性分散染料的水洗牢度和得色量均优于普通分散染料。此外，以 2,4,6-三氯-1,3,5-二嗪对棉织物改性后进行超临界流体染色，水洗、摩擦、光照牢度可达到 3-5 级。上述研究结果表明，引入疏水性基团以实现天然纤维材料的永久改性是提高纤维上染率的有效方法。此外，大连工业大学也尝试利用多元羧酸与等离子体将纤维改性后，进行天然纤维材料的超临界流体无水染色研究，并发明了生物色素超临界 CO_2 萃取染色一步法，实现了天然纤维材料的超临界 CO_2 功能性染色。

1.4.2 流体极性改变

向超临界 CO_2 体系中加入极性共溶剂，可以改变和提升 CO_2 的极性和溶解能力，进而提高染料的溶解度与上染率。水和乙醇是最常用的超临界流体共溶剂。利用含水、乙醇或盐等极性共溶剂的超临界流体及水溶性直接染料、阳离子染料、酸性染料和活性染料，可在超临界流体中直接上染蛋白质纤维和棉纤维。在 100 ℃、35 MPa 的超临界条件下，以水或甲醇为共溶剂，采用分散染料上染羊毛和羊毛/PET 混纺织物可获得较好的效果。甲醇的存在可提高分散染料与棉及羊毛的结合能力，但色牢度较差。将水、乙醇与表面活性剂等一起作为共溶剂，可提高水溶性染料在超临界 CO_2 流体中的溶解性，从而改善天然纤维的染色性能。

1.4.3 染料改性

天然纤维超临界 CO_2 流体染色最为理想的途径是对分散染料进行改性，引入可以与纤维形成化学键结合的活性基团以实现染色。分散染料被三氯均三嗪、2-溴代丙烯酰胺改性后上染天然纤维，可以不同限度地改善天然纤维的染色性能。其中，被 2-溴代丙烯酰胺改性后染色效果更好。采用丙烯酰胺和乙烯基砜对分散染料改性，在 100～120 ℃的条件下，对羊毛、兔毛、锦纶 66 以及棉纤维超临界染色，纤维染色效果较好。在温度低于 120 ℃和压力小于 30 MPa 的染色条件下，含—NH_2 的纤维较易与被乙烯砜改性后的分散染料发生化学结合并完成染色，且纤维无损伤。在碱性条件下，纤维素—乙烯砜键不稳定，会发生水解反应，导致棉纤维水洗牢度较差，耐光牢度也较低。

1.5 超临界 CO_2 流体前处理及功能整理

超临界 CO_2 流体不仅能用于清洁化染色，还可代替有机溶剂溶解疏水性高分子材料，用于纺织品的前处理或功能整理等。与液—液萃取系统相比，超临界 CO_2 流体具有更快的质量传递速度和萃取速度，能够有效地穿进固相样品的空隙中进行萃取分离。在较小密度下，超临界 CO_2 流体的溶解度参数与己烷近似；在较大密度下，其溶解度参数接近于三氯甲烷。因此，通过控制超临界 CO_2 流体的密度变化，可获得所需要的溶剂强度，从而使超临界 CO_2 流体可以任意改变溶剂强度而适用于不同的溶质。因此，超临界 CO_2 流体既能有效地溶解非极性固体，也能按溶质的极性选择性地萃取，从而满足物料萃取的需要。

研究发现，在超临界 CO_2 流体中，以乙醇和水混合溶液为夹带剂，在 24 MPa、40 ℃的条件下处理罗布麻纤维 40 min，导致麻纤维发生溶胀，从而加速其脱胶速度。以超临界

CO_2 流体为溶剂，还可以实现极性酚类化合物的萃取，但是相对利用水介质萃取，其萃取产量相对较低。此外，在不同的萃取温度、压力和时间下，利用超临界 CO_2 流体可以对麻纤维进行萃取以获得其他的天然化合物，如麻子油、黄酮等，并可以通过条件的改变收集到不同的萃取物质。

超临界 CO_2 流体的临界温度低于大多数生物酶的最适温度，有利于生物酶催化反应的进行；同时，超临界 CO_2 流体具有扩散系数大、黏度小和表面张力低等特点，有利于物质扩散和向固体基质渗透；此外，超临界 CO_2 流体溶解性能受压力影响较大，压力的微小变化就可以改变底物和产物的溶解度，利于产物的分离和回收。因此，超临界 CO_2 流体作为一种非水溶剂，在生物酶的催化反应中具有许多优势。在温度为 60 ℃和压力为 16 MPa 的条件下，将粒径为 0.25～0.42 mm 的纤维素粒子置于静态超临界 CO_2 流体设备内处理 5～60 min，可以提高 72%的水解葡萄糖产率；加入烧碱后，相较无碱状态，水解葡萄糖的产率增加了 20%。在高压状态下，长时间的超临界 CO_2 流体处理导致纤维素酶活力的降低；但是剩余的纤维素酶活力仍然可以满足再次处理时的催化需要。在 35 ℃和 20 MPa 的超临界条件下，α-淀粉酶、脂肪酶、葡萄糖氧化酶等 9 种酶具有稳定的活性，超临界条件对酶造成的活力损失不大。酶在超临界流体中一般不会失活，但仍需寻求适宜的温度、压力和含水量，以利于酶催化反应的进行。将生物酶脱胶技术和超临界 CO_2 流体萃取技术结合，可以加快生物酶脱胶催化反应进程，实现苎麻脱胶酶（果胶酶和木聚糖酶）催化反应与产物分离一体化，增加纤维光泽度，使纤维成束断裂韧度的降低率小于 5%，纤维强度和纤维长度分别提高 28%和 20%，苎麻脱胶效果提高 60%～100%。与化学脱胶方法相比，脱胶时间缩短了 70%以上；每吨苎麻脱胶投入降低 45%～50%，其中原辅材料降低 55%～60%，动力消耗降低 30%～35%；有机污染程度减少 80%以上，生化需氧量和悬浮物排放总量分别减少 33%和 89%以上，排水量减少 20 t，污水处理费用可节约 70%以上，有效地解决了传统脱胶方法产生的环境污染问题。

此外，以超临界 CO_2 为介质，可在纤维中添加功能性高分子、天然材料、金属微粒等，完成纺织品的功能整理。天然纤维与合成纤维在超临界 CO_2 流体中均可实现其整理过程。在超临界状态下，硅醇改性二甲基硅氧烷聚合物和交联剂的共同作用可对材料表面进行优异涂覆，实现棉纤维功能整理。纤维素纤维利用季铵盐硅树脂在超临界条件下则可实现持久的抗菌整理，对金黄色葡萄球菌及大肠杆菌具有良好的抑制能力。在超临界 CO_2 中注入与羊毛细胞膜复合体有相似结构和性质的蜂蜡，可以降低羊毛织物抗弯刚度。采用苯并三唑类紫外线吸收剂 UV-234 对涤纶进行抗紫外线整理，在温度为 120 ℃、时间为 90 min、压力为 20 MPa 的条件下，涤纶织物 UPF 值可达 60。采用固态含氟树脂对涤纶进行功能整理则获得疏水性涤纶织物。此外，以聚苯乙烯和锌盐中和的磺化聚苯乙烯膜为基体，在超临界流体中制备聚吡咯导电复合材料，可获得更高的电导率。

《纺织行业“十四五”发展纲要》已明确将研发推广非水介质染色技术列为纺织绿色制

造重点工程。中华人民共和国工业和信息化部的“十四五”工业绿色发展规划中已将超临界 CO_2 流体染色技术列入重点行业清洁生产改造工程。与传统水介质纺织加工技术相比较，纺织超临界 CO_2 流体技术无水（或少水），无废气排放，CO_2 循环回用，染料、助剂利用率趋于100%，从源头上解决了纺织加工的水污染难题。该技术市场需求大，市场竞争优势显著，实现了纺织生态加工技术的重大技术创新，生态效益、经济效益和社会效益显著，对我国纺织行业的绿色可持续发展和实现纺织“碳达峰、碳中和”愿景目标具有重要意义。

本书基于团队研究及纺织超临界流体领域近10年最新研究成果，较为系统地介绍了纺织用超临界 CO_2 流体装备系统设计，并以纺织前处理、染色、功能整理工艺流程为序，重点论述了麻类纤维超临界 CO_2 流体煮漂脱胶技术、涤纶超临界 CO_2 无水拼配色技术、芳纶超临界 CO_2 流体印染技术、棉织物超临界 CO_2 流体阻燃整理技术，可为纺织超临界流体工艺技术、装备研发和染助剂研制等提供参考。

第 2 章　纺织用超临界 CO_2 流体装备系统设计

近年来，超临界流体技术从基础理论研究到实际应用都得到了显著的提升，已深入超临界流体染整、超临界流体萃取、超临界流体化学反应、超临界流体清洗等诸多领域。纺织超临界 CO_2 流体技术以超临界状态下的 CO_2 为介质代替水进行纺织制品前处理、染色、功能整理等加工，因其无水无污染优势，有望真正从源头解决纺织加工中的水污染难题而备受关注。其中，纺织超临界 CO_2 无水染色技术最为成熟。

1988 年，DTNW 的 Schollmeyer 小组获得了首项超临界 CO_2 流体染色技术专利，介绍了含有染料的超临界流体穿透织物进行染色的过程，首次将超临界 CO_2 流体染色技术引入纺织行业。1989 年，德国波鸿市的 G. M. Schneider 教授第一次将超临界 CO_2 流体染色技术应用于聚酯染色实验。之后，DTNW 采用带有搅拌染轴的 400 mL 高压釜的静态染色机继续实验和研发。

1991 年，德国 Jasper 公司与 DTNW 研发了首台染色中试机，该设备中的高压釜体积为 67 L，最多能同时供 4 个 2 kg 的筒子纱染色。1995 年，DTNW 建造了一台高压釜为 30 L 的染色机，该设备中增加了分离、清洗以及 CO_2 再循环设备等，主要用于聚酯纱线染色。

1996 年，美国北卡罗来纳州立大学研制了单只筒子纱中试超临界 CO_2 染色机。1997 年，欧盟展开了由多国参与的三年期的超临界流体染色研究项目 SUPERCOLOR，设计开发了 RotaColor 超临界染色设备，以探索其产业化应用的可能。2001 年，ITEC 株式会社为福冈大学（Fukuoka University）开发了一台超临界流体染色设备。此后，又共同合作研发了一台生产型超临界流体染色设备。2004 年，日本 Fukuoka University 也进行了超临界流体染色产业化设备的研制。

2008 年，荷兰 DyeCoo 公司作为商业化的工业 CO_2 染色设备供应商正式成立。DyeCoo 公司设计了具有 3 个并联染色釜的超临界 CO_2 染色设备，实现了系统不间断运行。报道显示，2010 年，DyeCoo 公司生产的 150 磅生产型超临界染色设备在泰国与 Yeh 集团公司合作，开始试生产无水染色运动服。2013 年，超临界 CO_2 无水染色设备在 NIKE 公司位于中国台湾的工厂投入生产，进一步推进了该项技术的应用进程。

20 世纪 90 年代后期，我国很多单位也开始了纺织超临界 CO_2 流体染色技术研究。但与传统水基工艺不同，纺织用超临界 CO_2 流体加工条件为高温高压，其成套装备具有和传统纺织装置或普通化学装置完全不同的结构。因此，作为超临界 CO_2 流体染色技术能否实现的关键，研发设计适用于纺织用超临界 CO_2 流体加工的工艺流程和整套装备系统是该项技术的研究重点。

2.1 超临界 CO_2 流体系统数值模拟

针对高温高压环境，对于超临界流体系统的数值模拟包括两方面：一方面是针对设备进行结构静应力分析，主要包括对设备接口应力集中处进行分析验证，验证其是否符合使用的安全性；另一方面是针对具有两相流动的设备进行流体动力学分析，对两相湍流流动情况进行分析，并且得到相对合理的边界参数。

2.1.1 超临界 CO_2 流体装置实体建模

超临界 CO_2 流体装置实体建模主要通过三维造型软件来实现。超临界 CO_2 流体装置系统中的关键部件主要有染整釜、染料整理剂釜、分离器和 CO_2 储罐，装置运转它们均处于高压环境，因此须严格按照《压力容器　第 1 部分：通用要求》(GB/T 150.1—2011)、《压力容器　第 2 部分：材料》(GB/T 150.2—2011)、《压力容器　第 3 部分：设计》(GB/T 150.3—2011)、《压力容器　第 4 部分：制造、检验和验收》(GB/T 150.4—2011)等国家标准的要求来设计与制造。本节以超临界 CO_2 无水染色实验装置为例，对染整釜、染料整理剂釜、分离器、CO_2 储罐进行实体建模，并分析各主要部件的内部结构以及相应的功能，为进一步分析研究提供可靠模型。

在超临界 CO_2 流体装置系统中，染整釜作为整套系统的关键部件，用于承载待加工的纺织制品，并完成携带有染料或整理剂的超临界 CO_2 流体与纺织制品的染整等加工过程。基于纺织超临界流体工艺，染整釜设计压力为 40 MPa，设计温度为 150 ℃。釜体顶部为全开式螺纹快开结构，采用丁腈橡胶密封圈密封，釜内部配有不同染色分布器，以满足纤维、纱线、织物等不同纺织制品匀染与透染的需要。染整釜外部设有热夹套，以满足染色时的热量需求，热量调节通过控制系统实现。建立的染整釜外观实体模型如图 2-1 所示，染整釜剖视图如图 2-2 所示。

染料整理剂釜作为染料或整理剂装载单元，用于盛放固体染料或整理剂，在釜内，超临界 CO_2 流体可与染料充分接触，完成染料溶解分散过程。基于纺织超临界流体工艺，染料整理剂釜设计压力为 40 MPa，设计温度为 100 ℃。釜体顶部为全开式螺纹快开结构，采用氟橡胶密封圈密封，染料釜内部配有染料筒，用于盛放染料或整理剂。染料釜整理剂釜外部设有热夹套，以满足溶解染料或整理剂时的热量需求，热量调节通过控制系统实现。建立的染料整理剂釜外观实体模型如图 2-3 所示，染料整理剂釜剖视图如图 2-4 所示。

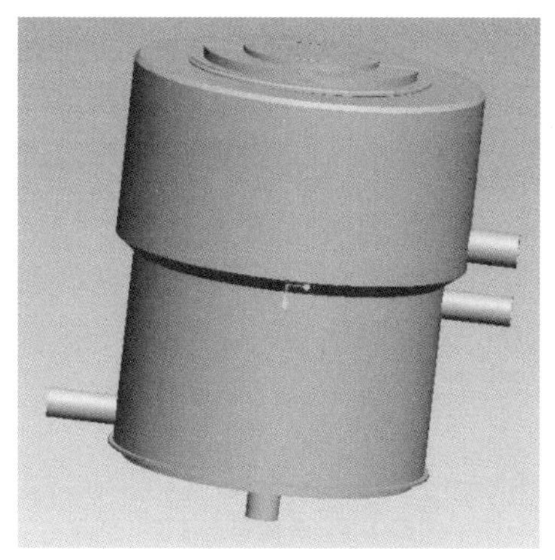

图 2-1　染整釜外观实体模型图

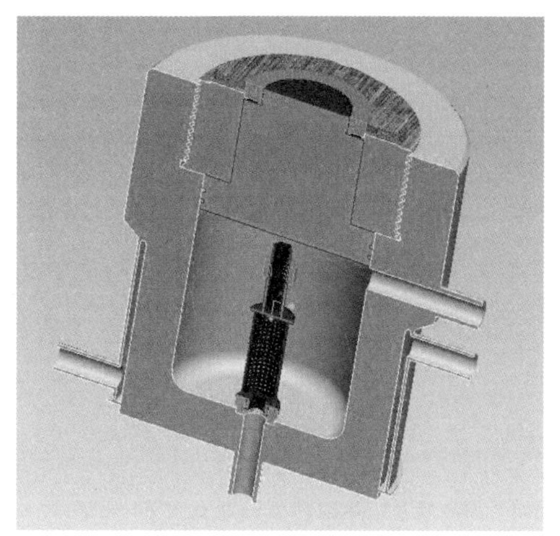

图 2-2　染整釜剖视图

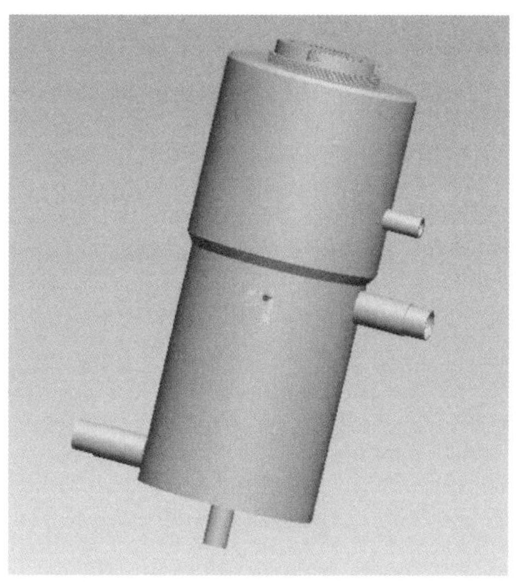

图 2-3　染料整理剂釜外观实体模型

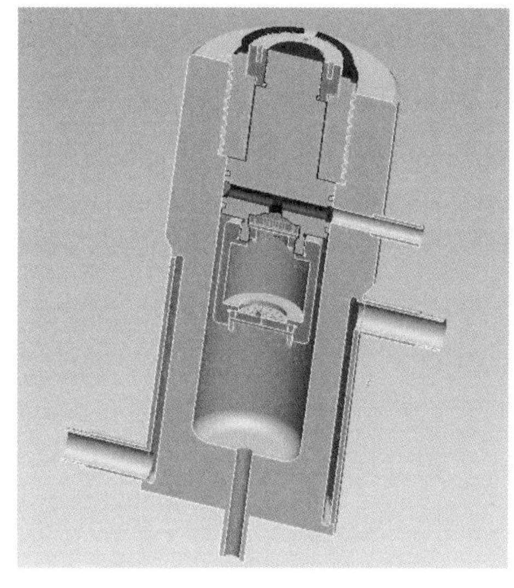

图 2-4　染料整理剂釜剖视图

分离器作为超临界 CO_2 流体装置的分离单元，主要用于分离及盛放 CO_2 节流减压后析出的剩余染料、整理剂等其他萃取产物等，其结构与分离回收性能直接相关。基于纺织超临界流体工艺，分离器设计压力为 20 MPa，设计温度为 100 ℃。分离器端部为螺纹密封结构，采用丁腈橡胶密封圈密封，外部设有热夹套，底部有放料口。气体进口处设有温度检测点和压力检测点，以实时监控进入分离器内的 CO_2 的温度与压力。依据不同纺织制品加工需要，可采用多个分离器进行多级分离。建立的分离器外观实体模型如图 2-5 所示、分离器剖视图如图 2-6 所示。

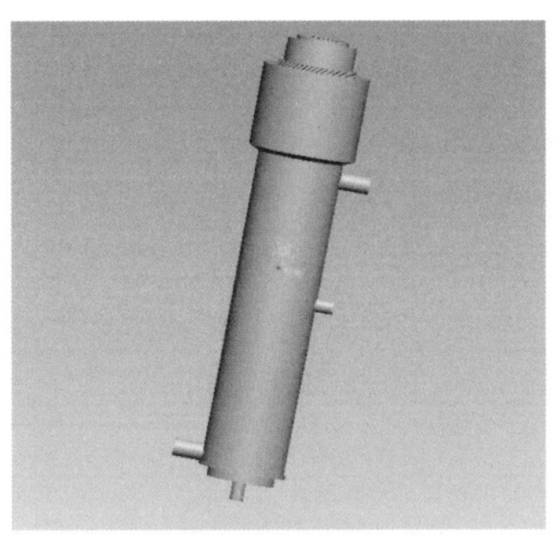

图 2-5　分离器外观实体模型

图 2-6　分离器剖视图

CO_2 储罐作为气体存储单元，主要用于充装纺织品超临界流体生产所需的 CO_2，回收加工工艺完成后分离出的 CO_2，实现 CO_2 循环回用。基于纺织超临界流体工艺，CO_2 储罐设计压力为 9 MPa，设计温度为 100 ℃。CO_2 储罐顶部设有压力检测口、压力安全阀接口、CO_2 回液口、平衡口等。CO_2 储罐一侧设有 CO_2 出口，底部带有排污阀。建立的 CO_2 储罐外观实体模型如图 2-7 所示，CO_2 储罐剖视图如图 2-8 所示。

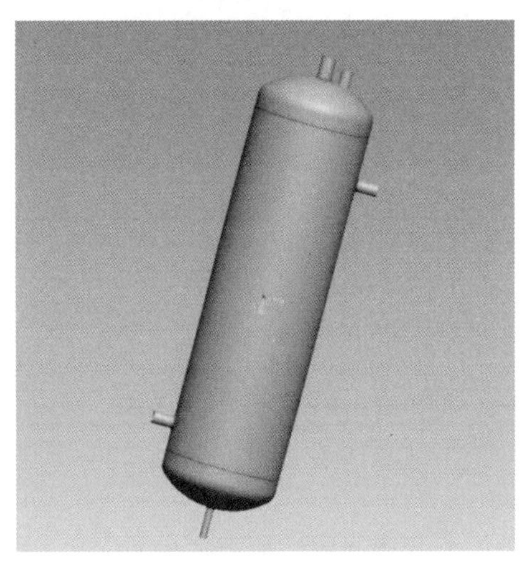

图 2-7　CO_2 储罐外观实体模型

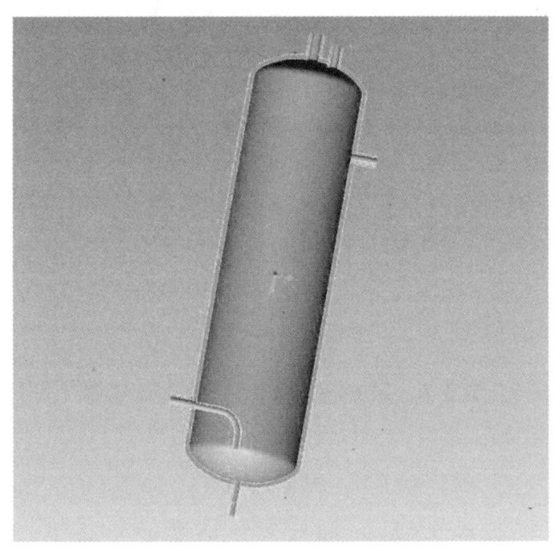

图 2-8　CO_2 储罐剖视图

2.1.2　超临界 CO_2 流体装置模型的静应力分析

静应力分析主要是计算在固定不变的载荷作用下结构的响应，不考虑惯性和阻尼影响，计算不包括惯性和阻尼效应的载荷作用于结构或部件上引起的位移、应力、应变和力。

其分析过程包括建立模型、定义单元类型、定义材料属性、划分网格、施加载荷求解。

2.1.2.1　超临界 CO_2 流体装置模型建立与导入

建立 Pro/Engineer 和 ANSYS 软件接口后，将建立的设备三维实体模型导入 ANSYS。CO_2 储罐、染整釜、分离器、染料整理剂釜导入模型分别如图 2-9～图 2-12 所示。

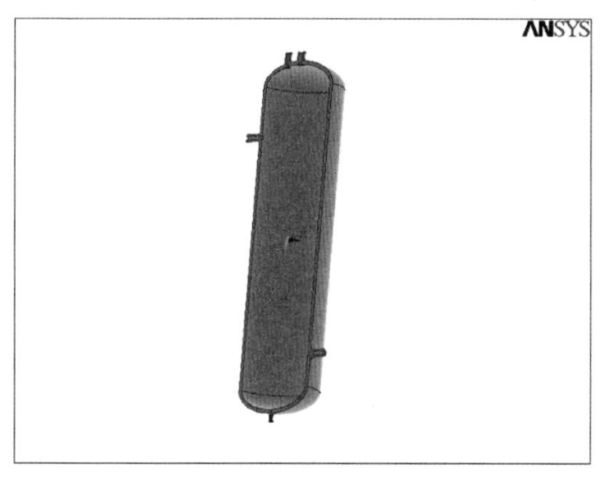

图 2-9　CO_2 储罐导入模型

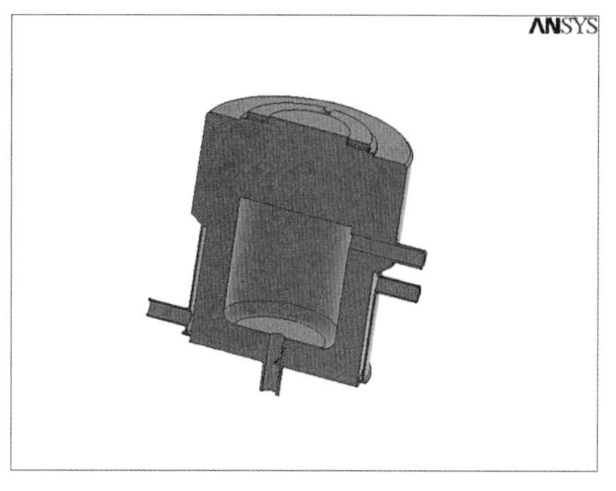

图 2-10　染整釜导入模型

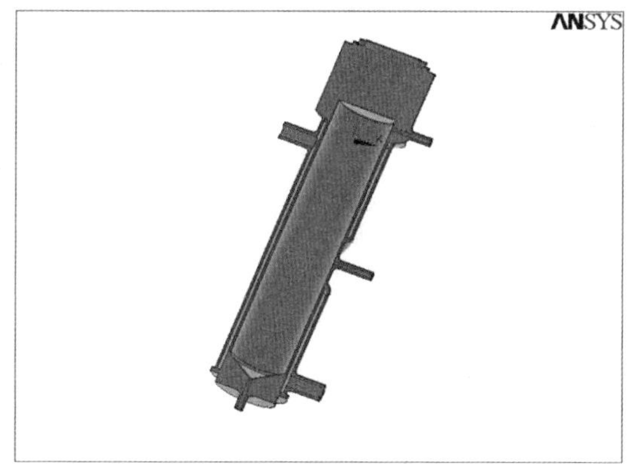

图 2-11　分离器导入模型

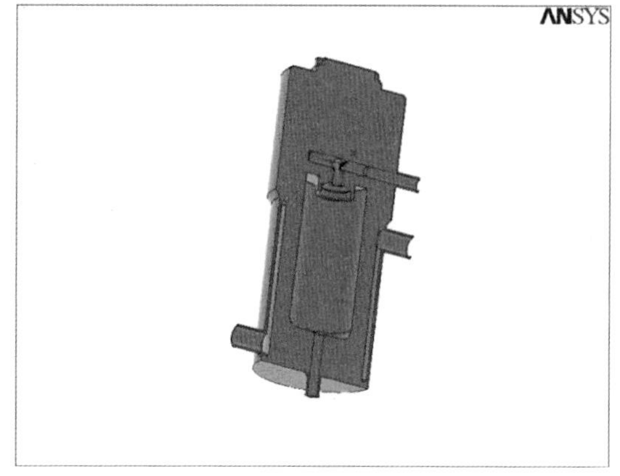

图 2-12　染料整理剂釜导入模型

2.1.2.2　材料特性和单元属性设定

超临界 CO_2 流体装置中的关键设备为刚体模型，其材料为 0Cr18Ni9，泊松比 $\mu=0.27$，弹性模量 $E=1.97e^{11}$ Pa，密度 $\rho=7.86e^{-3}$ g/mm^3。选择计算单元为 Solid Tet 10node 92（Solid 92）。在保证精度的同时允许使用不规则形状，Solid92 有相同的位移形状和塑性、蠕变、应力强化、大变形和大应变的功能，适用于曲边界的建模。

2.1.2.3　网格划分

网格划分质量和密度对有限元的计算结果影响较大。在一般情况下，网格越密，计算精度越高，但当网格密度达到一定程度时，对精度的提高贡献变得很小，而计算成本却急剧提高。因此，网格划分时应细化对计算精度贡献较大的部分的网格，而适当粗化对计算精度贡献不大的网格，以加快运算速度，且保证运算精度。另外，对局部关键性区域进行网格细化处理。选用四面体 6 节点单元，CO_2 储罐、染整釜、分离器、染料整理剂釜网格化模型分别如图 2-13～图 2-16 所示。

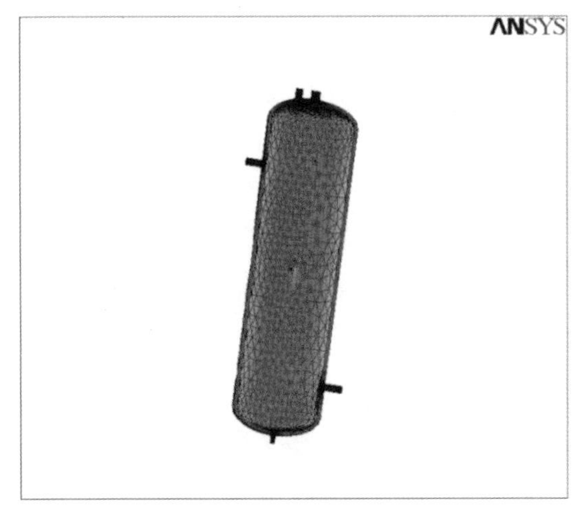

图 2-13　CO_2 储罐网格化模型

图 2-14　染整釜网格化模型

图 2-15　分离器网格化模型

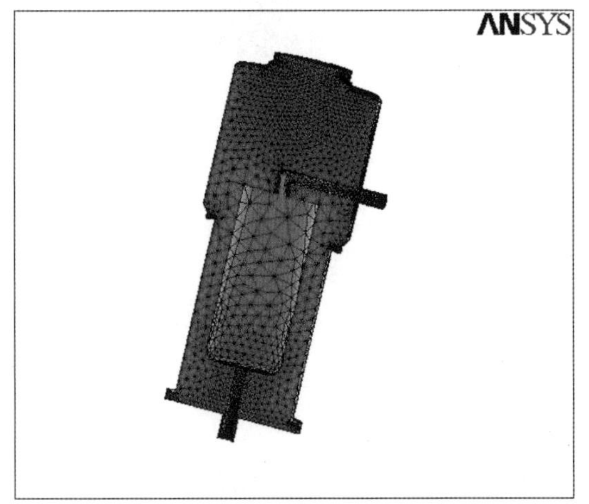

图 2-16　染料整理剂釜网格化模型

2.1.2.4　设置约束、加载与求解

在受力面上加载均布载荷，得到 CO_2 储罐、染整釜、分离器、染料整理剂釜应力分析图和极限压力等值线图，如图 2-17～图 2-20 所示。

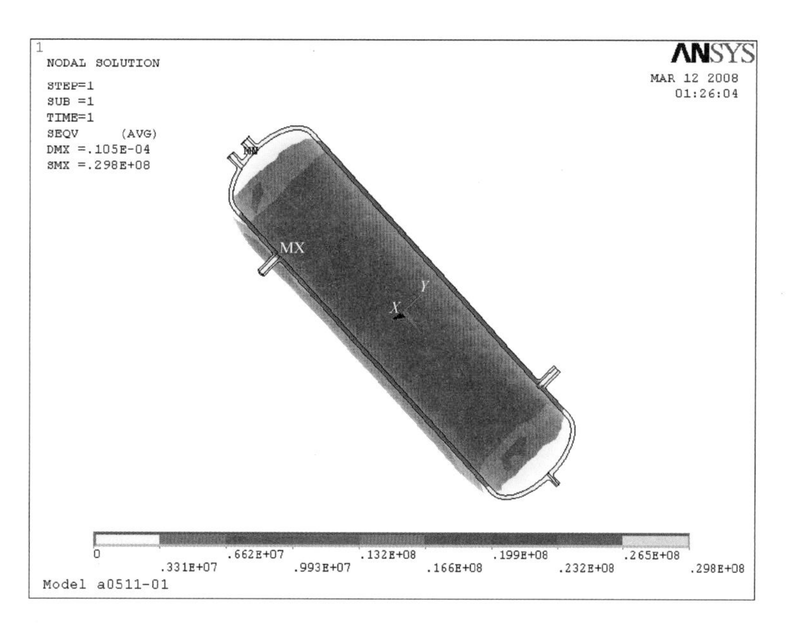

(a) 应力分析图

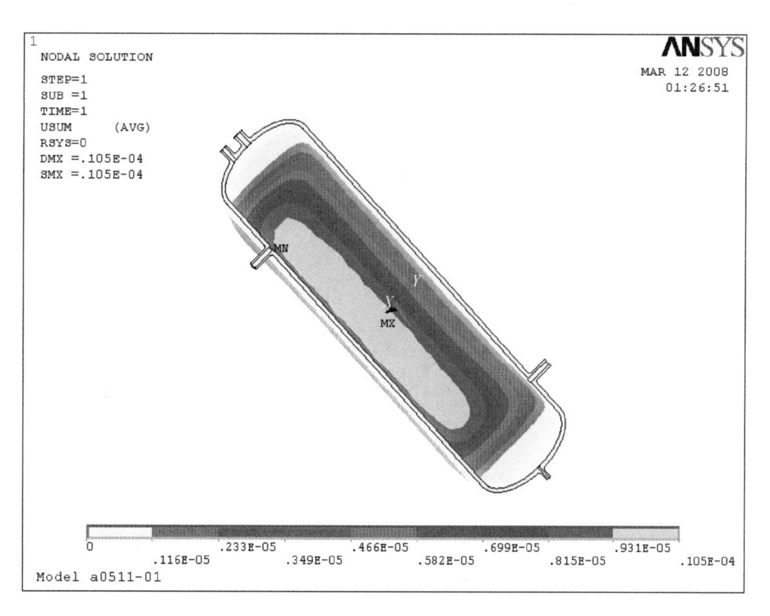

(b) 极限压力等值线图

图 2-17　CO_2 储罐应力分析图及极限压力等值线图

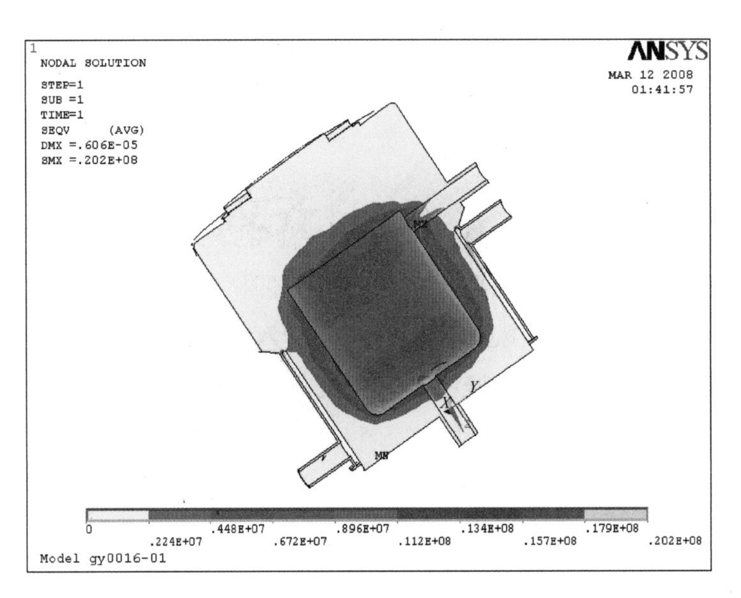

(a) 应力分析图

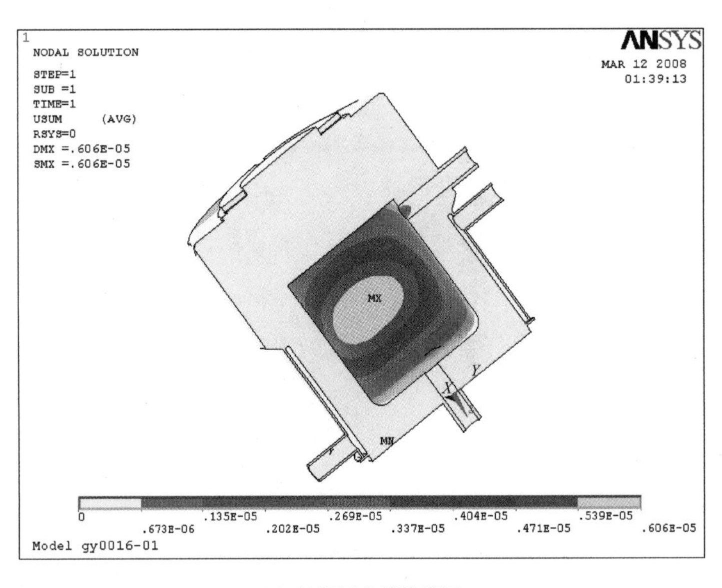

(b) 极限压力等值线图

图 2-18　染整釜应力分析图及极限压力等值线图

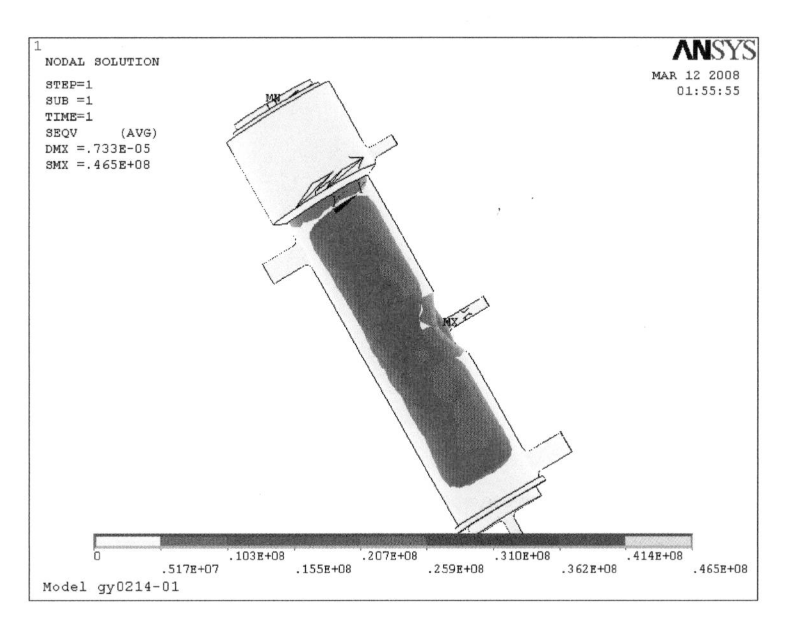

(a) 应力分析图

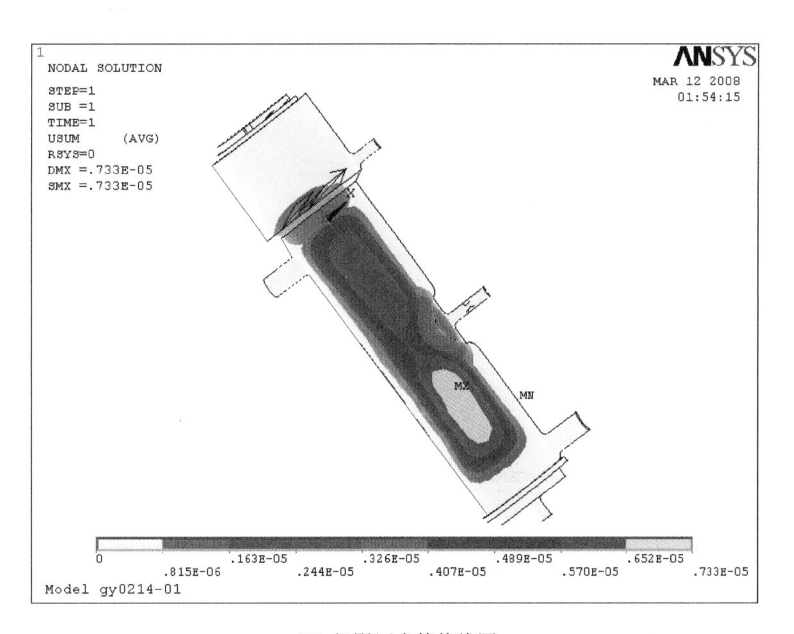

(b) 极限压力等值线图

图 2-19　分离器应力分析图及极限压力等值线图

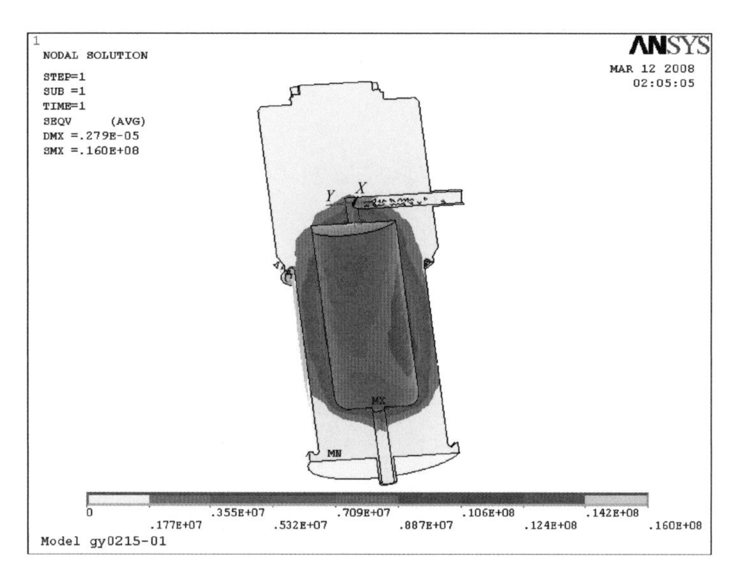

(a) 应力分析图

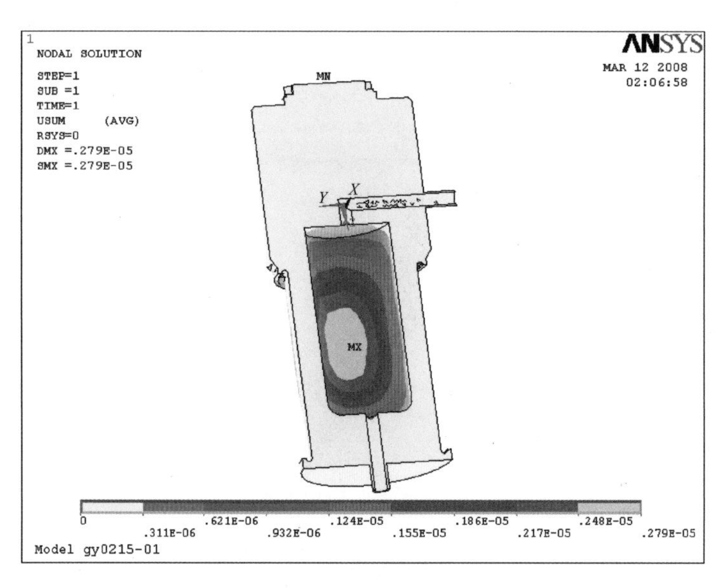

(b) 极限压力等值线图

图 2-20 染料整理剂釜应力分析图及极限压力等值线图

由应力分析图可以看到，设计所能承受的最大载荷的应力分布和变形均处在设备的筒体上，且在筒体的环向。在仅受内压作用的情况下，径向应力、环向应力和轴向应力的计算如式(2-1)～式(2-3)所示。

$$\delta_{\mathrm{r}}=\frac{PR_1^2}{R_0^2-R_1^2}\left(1-\frac{R_0^2}{r^2}\right) \tag{2-1}$$

$$\delta_{\theta}=\frac{PR_1^2}{R_0^2-R_0^2}\left(1+\frac{R_0^2}{r^2}\right) \tag{2-2}$$

$$\delta_{\mathrm{m}}=\frac{PR_1^2}{R_0^2-R_1^2} \tag{2-3}$$

式中：δ_{r}——径向应力，沿壁厚方向非均匀分布，MPa；

δ_{θ}——环向应力，沿壁厚方向均匀分布，MPa；

δ_{m}——轴向应力，沿壁厚方向均匀分布，MPa；

P ——内压，N；

R_0——厚壁圆筒体外半径，m；

R_1——厚壁圆筒体内半径，m。

由计算得出的应力最大点在设备内壁上，不锈钢的 $\sigma_{0.2}=207$ MPa，$\sigma_{\mathrm{b}}=517$ MPa，$n_{0.2}=1.5$，$n_{\mathrm{b}}=3$，则$[\sigma]_{0.2}=207/1.5=138$ MPa，$[\sigma]_{\mathrm{b}}=517/3=172.3$ MPa，材料基本许用应力取$[\sigma]=138$ MPa，依据压力容器应力强度校核的要求，将压力值、筒体外半径、筒体内半径代入公式计算得出各点应力值见表 2-1。计算所得的应力值均小于材料本身许用应力值，且最大应力值与用软件模拟数值的最大误差为 1%，满足超临界 CO_2 流体装置使用要求。

表 2-1　设备设计载荷应力值

	δ_{r}/MPa	δ_{θ}/MPa	δ_{m}/MPa
CO_2 储罐	5.37	29.5	12.2
染整釜	6.55	20.1	6.82
分离器	11.9	46.4	17.29
染料整理剂釜	5.12	15.8	5.41

2.1.3　超临界 CO_2 流体过程流体动力学分析

2.1.3.1　确定分析区域

染整釜是超临界 CO_2 流体装置的最重要设备之一，其内部流场特征决定了纺织制品加工质量。因此，选用染整釜为研究对象，对无纺织制品条件下的超临界 CO_2 流体设备多相流输运进行分析。图 2-21 为染整釜分析区域。

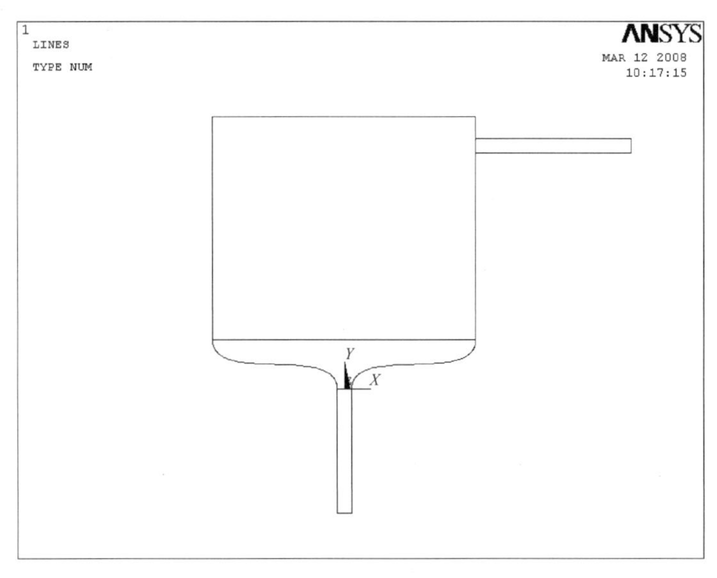

图 2-21　染整釜分析区域

2.1.3.2　确定流体状态

流体特征是流体性质、几何边界以及流场速度幅值的函数。Flotran 能求解的流体包括气流和液流，其性质可随温度而发生显著变化，Flotran 中的气流只能是理想气体。通常采用雷诺数（Re）来判别流体是层流还是紊流，雷诺数反映了惯性力和黏性力的相对强度。采用马赫数来判别流体是否可压缩。流场中任意一点的马赫数是该点流体速度与该点音速的比值，当马赫数大于 0.3 时，应考虑用可压缩算法来进行求解；当马赫数大于 0.7 时，可压缩算法与不可压缩算法之间会有极其明显的差异。

研究对象是气液两相流体，需要分别设置各项参数，并视模型为理想模型，在完成参数设定以后，激活各组分选项。雷诺数的定义由流体属性、特征速度（v）和特征尺寸（L_c）决定，如式（2-4）所示：

$$Re = \frac{\rho v L_c}{\mu} \tag{2-4}$$

式中：密度 ρ 和绝对黏度 μ 是流体属性，特征尺寸是水力直径。另外，根据实验测得的流速，可知马赫数小于 0.3，由此，确定该流体为不可压缩的紊流。

2.1.3.3　生成有限元网格

为了得到精确的结果，使用映射网格划分，可以在边界上更好地保持恒定的网格特性。染整釜分析区域网格化结果如图 2-22 所示。

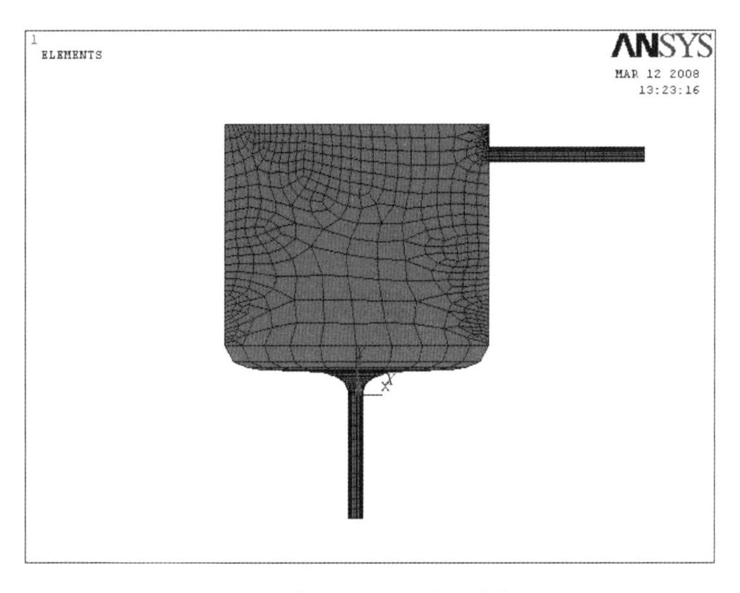

图 2-22　染整釜分析区域网格化结果

2.1.3.4　施加边界条件

在模型的进口处加 Y 方向速度为 20 m/s，其他方向速度为 0 的进口速度条件；在所有壁面处加两个方向速度都为 0 的速度条件，在出口处加零压力边界条件。染整釜分析区域施加完边界条件后的加载结果如图 2-23 所示。

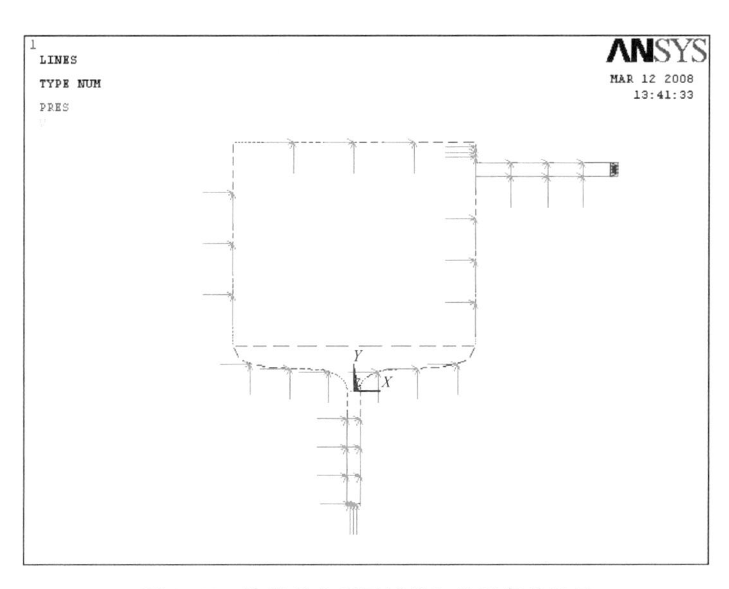

图 2-23　染整釜分析区域施加边界条件结果

2.1.3.5 设置 Flotran 分析参数

Flotran 分析参数设置包括求解选项、控制设定和流体属性设定。求解选项包含设定的求解状态，是否与外界有热交换，是层流还是紊流以及是否是可压缩流体选项，选用 ANSYS 默认的紊流设定系数。分析时选定的是气液两相流体，选择“CMIX”类型。流体属性设定时组分数目设定介于 1～6。其中“ALGE”是设定一特定组分号，该组分的质量份额等于 1.0 减去其他所有组分质量份额之和，如此以保证总的质量份额为 1.0，其缺省值为 2。UGAS 定义设定大气常数，缺省值为 8 314.29（国际单位制）。单项设置流体属性时，缺省为 SP0n，n 为组分号；MLWT 定义该组分的相对分子质量，只适用于气体；SCHM 定义该组分的 Schmidt 数，只适用于气体。QDIF 定义扩散项面积积分的阶次，其值及含义为“0”则代表单点积分（此为缺省值）；“1”与“0”相似，表示在计算与温度相关的流体性质时，所使用的温度是分布温度；“2”代表两点积分（作为轴对称分析时的缺省值）。QSRC 定义源项面积积分的阶次，其值及含义为“0”代表单点积分（此为缺省值）；“1”与“0”相似，表示在计算与温度相关的流体性质时，所使用的温度是分布温度（而不是平均值）；“2”代表两点积分（作为轴对称分析时的缺省值）。选用 TDMA 算法的推进步数，选用缺省值为 100。CONC 定义集中松弛系数，缺省值为 0.5；MDIF 定义质量扩散系数的松弛系数，缺省值为 0.5；EMDI 定义有效质量扩散系数的松弛系数，缺省值为 0.5（仅用于湍流）；STAB 定义求解传输方程的惯性松弛系数，缺省值为 1.0×1 020。Capkey 为激活质量份额限值的开关，其值为“OFF”时不对该组分的质量份额进行限值，此为缺省值；为“ON”时要对该组分的质量份额进行限值；“UPPER”是质量份额限值的上限，缺省值为 1.0（当 Capkey = ON 时有效）；“LOWER”是质量份额限值的下限，缺省值为 0（当 Capkey = ON 时有效）。

2.1.3.6 求解

在求解过程中，程序的每一步总体迭代，ANSYS 软件会对每一个自由度计算出一个收敛监测量。收敛监测量就是两次迭代结果改变量的归一化值，该收敛监测量用下式表示：

$$\delta=\frac{\sum_{i=1}^{N}|\zeta_i^k-\zeta_i^{k-1}|}{\sum_{i=1}^{N}|\zeta_i^k|} \tag{2-5}$$

δ 为收敛监测量，表示该变量当前迭代与前次迭代之间差值的总和除以当前值的总和，N 是总节点数。这种求解方法可以避免局部 ζ_i^k 趋于零的情况。ANSYS“图形求解跟踪”能动态显示收敛监测量的变化过程，如图 2-24 所示，横坐标表示迭代的次数，纵坐标表示收敛监测量的大小，不同深浅的线表示不同收敛监测量。计算时观察“图形求解跟踪”中各参数收敛的情况，如发现计算过程发散，可随时终止迭代过程。

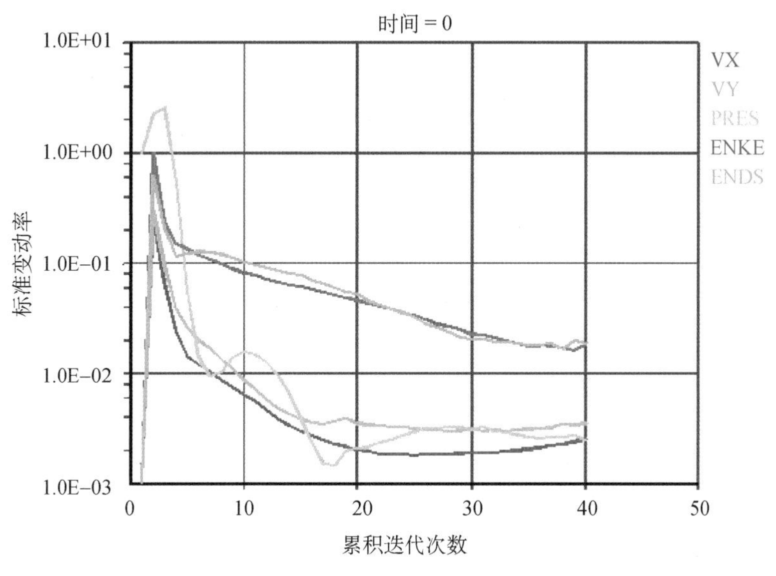

图 2-24　迭代过程收敛监测量

对加载后的模型进行求解以后，可以得出设备内部的流速向量图、流速路径图和20 MPa 压力等值线图，如图 2-25 和图 2-26 所示。

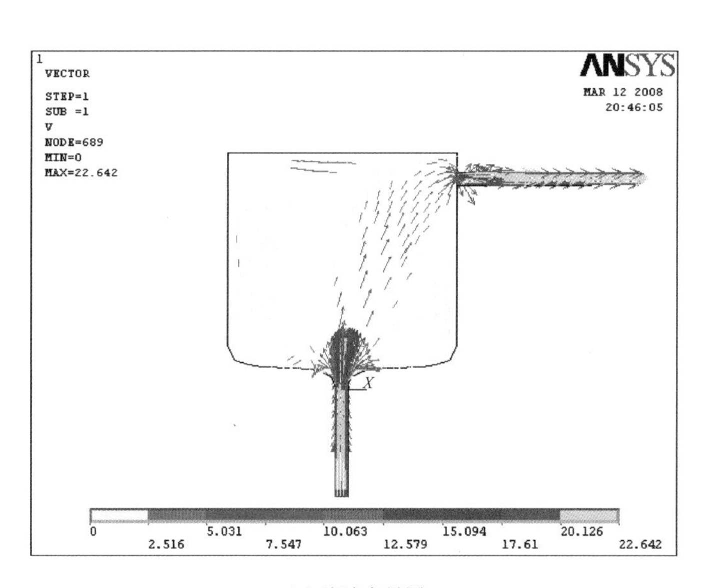

(a) 流速向量图

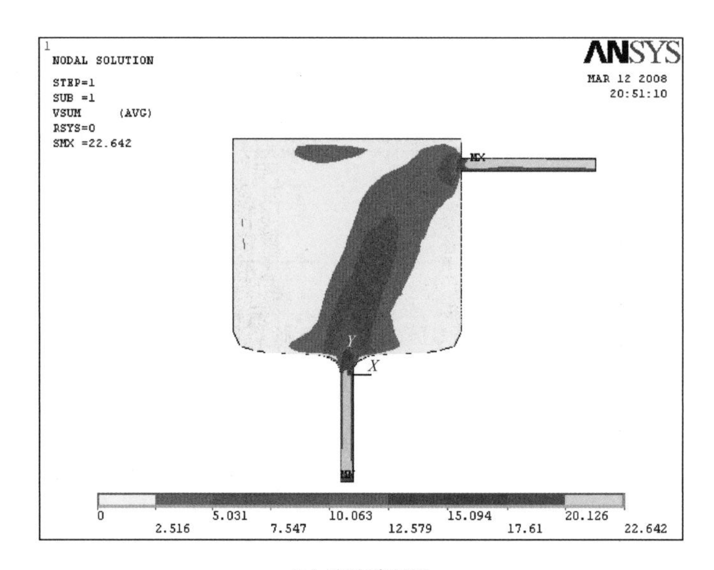

(b) 流速路径图

图 2-25 流速向量图和流速路径图

由图 2-25 可知，超临界 CO_2 流体在染整釜流入、流出处速度发生明显变化，在经过拐点前速度达到最大值 22.642 m/s，经过拐点后速度立刻降低。在出口拐点处，速度急剧增高，达到最大值 22.642 m/s。在染整釜内部，超临界 CO_2 流体形成低流速区域，有利于对纺织制品的渗透处理。

由图 2-26 可知，超临界 CO_2 压力分布与速度分布较为相似，入口处是压力最大位置；当 CO_2 流入釜体内部后，随着染整釜容积增大，经过拐点后压力较稳定，并一直保持到出口处。当超临界 CO_2 经过出口处拐点时，发生能量损失，导致压力有所降低。这可能是因

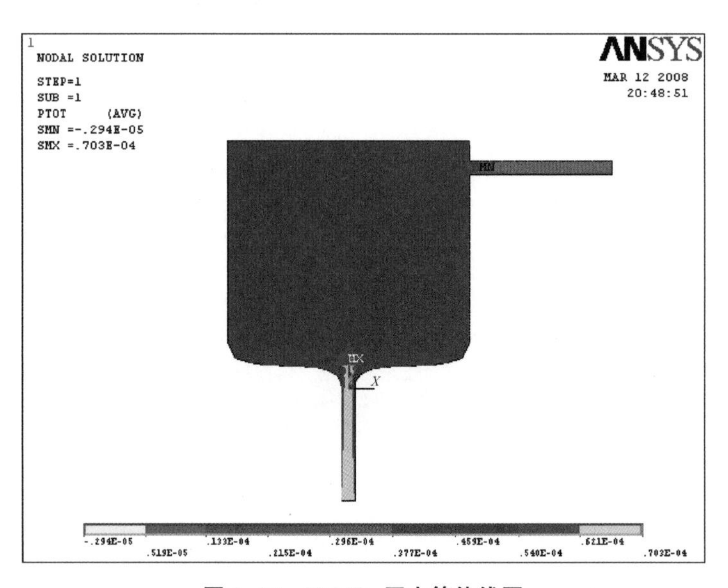

图 2-26 20 MPa 压力等值线图

为流体具有黏性，在流体流经釜体拐点后会发生旋转，形成漩涡，由此产生的较大管内流体阻力导致能量损失，降低了能量利用率。流体离心力作用产生的二次旋流效应，改变了流体速度、方向和大小，产生了压力损失。

2.2 超临界 CO_2 流体技术工艺流程设计

2.2.1 工艺流程设计

纺织用超临界 CO_2 流体技术工艺流程设计基于纺织原料路线和加工技术路线进行，并与加工工艺、前后道工艺流程、车间布置等相关。为了将原料加工并制得最终产品，在设计工艺流程时，一方面要确定生产流程中各个工序的具体内容、顺序和组合方式；另一方面，要通过绘制工艺路程图，确定生产中的过程、设备配置和控制流程，并显示物料、能量流向与变化。

2.2.1.1 工艺流程图

工艺流程图通常分为工艺流程草图、工艺物料流程图、带控制点工艺流程图和管道及仪表流程图。其中，工艺流程草图主要包括设备示意图、文字注释、流程管线及流向箭头，设备轮廓线采用细实线，物料管线采用粗实线，辅助管线采用中粗线。工艺物料流程图一般以装置为单位绘制，对于流程起始部分和物料发生变化处，在流程线上用指引线引出，以显示物料变化前后不同组分名称、流量、质量分数等。管道及仪表流程图主要包括工艺管道及仪表流程图、辅助系统管道及仪表流程图，一般以工艺装置的主项为单元绘制，采用图示法将工艺流程与所需设备、机器、管道、阀门、管件及仪表表示出来。

纺织用超临界 CO_2 流体工艺过程如图2-27所示，研发的纺织用超临界 CO_2 流体装备可分为八大系统，分别为气体存贮系统、加压系统、加温系统、染整循环系统、分离回收系统、制冷系统、智能控制系统、安全保护系统及辅助系统。在超临界 CO_2 流体染整加工时，液态 CO_2 储存于循环储罐中，工作时液态 CO_2 被高压泵加压至临界压力以上，被换热器加热至临界温度以上。超临界状态下的 CO_2 流体进入染整釜，对置于其中的纺织品进行处理加工。此外，超临界 CO_2 流体也可以先进入染料整理剂釜溶解染料或助剂；带有染化料的 CO_2 通过装有纺织品的染整釜，使染料或整理剂进入纤维内部，完成染色或整理过程。超临界 CO_2 流体加工结束后，CO_2 流体经节流阀减压、换热器降温后，流体溶解能力降低，在分离釜中由超临界态转化为气态，与残留染料分离；染化料固体沉积在分离釜中，CO_2 流体被完全汽化，再通过冷凝器液化为液态 CO_2 返回储罐。与传统纺织品加工过程相比，纺织用超临界 CO_2 流体装备为无水闭路循环式，可实现物料和 CO_2 的分离和循环使用，并避免废水及废气排放。

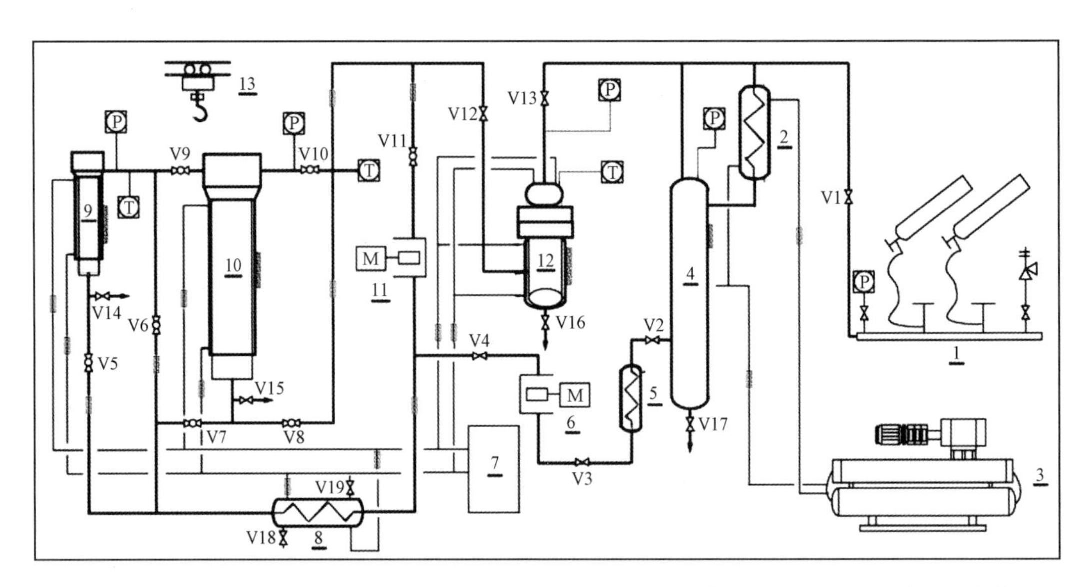

1—CO_2 储罐 2—冷凝器 3—压缩机 4—循环储罐 5—预冷器 6—高压泵 7—导热油系统 8—加热器 9—染料整理剂釜 10—染整釜 11—循环泵 12—分离器 13—电动葫芦

图 2-27 纺织用超临界 CO_2 流体工艺过程示意图

2.2.1.2 设备设计

由于超临界流体整套装置须满足高温高压运行要求，对传热、传质等关键设备的要求更为严格，目前尚未形成定型结构。因此，整套装备加工前须对工艺和设备结构部件进行设计计算。纺织用超临界 CO_2 流体关键装置设备设计主要包括设备物料衡算、能量衡算、设备尺寸计算、流体流动阻力与操作范围计算等。物料衡算作为确定设备容积及尺寸的依据，主要确定物料各组分质量、成分百分比、容积等。设备尺寸主要包括容积、壳体直径和长度、换热面积等。设计时，要明确设备加工物料组成、形态、理化性质、物性数据、操作条件、复核波动范围等数据。依据技术先进性、可靠性、生产运行成本、消耗费用等，结合国内外研究应用现状和发展趋势，进行设备设计与选型。

(1) 换热器工艺设计。换热器也称热交换器，是将热量从一种介质传给另一种介质的设备。纺织超临界 CO_2 流体前处理、染整等加工过程中涉及不同温度、不同压力条件下 CO_2 的冷凝、增压、汽化等相变过程，伴随着较大的热效应，因此，在整套装备设计时进行热平衡计算至关重要。

① 换热器选型：通常，按照设备传热方式，换热器可分为直接接触式换热器、蓄热式换热器和间壁式换热器。

直接接触式换热器：又称混合式换热器，是冷热流体进行直接接触并换热的设备。通常直接接触的两种流体是气体和汽化压力较低的液体。

蓄能式换热器：利用固体物质的导热特性，热介质先将固体物质加热到一定温度，冷介质再从固体物质获得热量，从而实现热量传递。

间壁式换热器：利用中介物热传导特性，冷、热介质被固体间壁隔开，并通过间壁进行热量交换。其应用最为广泛。根据结构的不同，间壁式换热器可分为管式换热器、板式换热器和热管换热器，其优缺点见表 2-2。

表 2-2　不同类型间壁式换热器优缺点

<table>
<tr><th colspan="3">类型</th><th>优点</th><th>缺点</th></tr>
<tr><td rowspan="8">管式换热器</td><td rowspan="4">管壳式(列管式)</td><td>固定管板式</td><td>结构简单；相同壳体直径内，排管数最多，旁路最少；换热管可以更换，管内清洗方便</td><td>壳程无法采用机械清洗；壳程压力受膨胀节强度限制不能太高；只适用于流体清洁且不易结垢，两流体温差不大或温差较大，但壳程压力不高的工作场合</td></tr>
<tr><td>浮头式</td><td>若换热管与壳体存在温差，不会产生温差应力；管束可从壳体内抽出，便于管内和管间清洗</td><td>结构较复杂，用材量大，造价高；如浮头盖与浮动管板间密封不严，会发生内漏，造成两种介质混合</td></tr>
<tr><td>U 形管式</td><td>管束可自由浮动，无须考虑温差应力，可用于大温差场合；一块管板，法兰数量少，泄漏点少，结构简单；运行可靠；造价低</td><td>管内清洗比较困难，管板利用率较低；管束最内层的管间距大，壳程易短路；当管内流速太高时，会对 U 形弯管段产生严重的冲蚀，影响其使用寿命；内层管若损坏就不能更换，因而报废率较高</td></tr>
<tr><td>填料函式</td><td>结构简单，制造方便，易于检修、清洗</td><td>壳程流体有外漏可能，使用压力及温度受限；壳程不宜走易挥发、易燃、易爆及有毒介质</td></tr>
<tr><td>沉浸式</td><td>—</td><td>结构简单，价格低，制造、安装、清洗和检修方便；能承受高压，操作管理方便；可用于在冷却过程中易因低温而结晶堵塞换热器的流体</td><td>单位传热面金属消耗量大，约为列管式换热器的 3 倍；体积大，占用空间大；传热系数低；不适用于制造大型换热器</td></tr>
<tr><td>喷淋式</td><td>—</td><td>结构简单、造价低；可起到降低冷却水温度，增大传热推动力的作用；能耐高压；便于检修、清洗；水质要求低</td><td>冷却水喷淋不均影响传热效果；只能在室外安装</td></tr>
<tr><td>套管式</td><td>—</td><td>结构简单；能耐高压；传热面积可根据需要增减，应用方便</td><td>管间接头多，管程易泄漏；占地面积较大；单位传热面消耗金属量大</td></tr>
<tr><td>翅片管式</td><td>—</td><td>传热系数高，金属耗能少，成本低，具有一定的机械强度和承压能力</td><td>制造工艺要求严格，工艺过程复杂；易堵塞，不耐腐蚀，难以清洗检修，故仅适用于换热介质清洁无腐蚀、不易结垢、不易沉积、不易堵塞的场合</td></tr>
</table>

续表

类型			优点	缺点
板式换热器	板翅式	—	效能高，结构紧凑，质量轻，坚固	通道狭小、易堵塞，清洗维修较困难，制造工艺较复杂
	夹套式	—	结构简单，加工方便	传热面积小，传热效率低
	螺旋板式	—	传热系数高，不易结垢和堵塞，能利用温度较低的热源，结构紧凑	操作压强和温度不宜太高，不易检修
	平板式	—	换热效率高；无换热死水区及流动死角，在密闭空间内，除角孔外都参与换热；适用性强；质量轻，占地面积很小；基本无焊接，且框架可以全部解体、分离运输；拆卸、修理、维护方便	承压能力较差，工作温度较低，不适用于杂质较多的场景
热管换热器	—	—	结构简单；使用寿命长；工作可靠；具有极高的导热性、良好的等温性；冷热两侧的传热面积可任意改变，可远距离传热，可控制温度	抗氧化、耐高温性能较差

满足纺织用超临界 CO_2 流体装备的换热器应具有以下特点：能够实现纺织用超临界 CO_2 流体加工工艺条件；具有传热速率大、流体流动压降小、结构紧凑特点，具有良好经济效益；安全可靠，便于制造、安装、调试、操作和维修。

② 流体流程与流速选择：介质流经传热管内的通道部分称为管程，介质流经传热管外面的通道部分称为壳程。超临界流体流程选择通常考虑以下内容：为了减少热损失，与外界温差大的流体走管程，与外界温差小的流体走壳程；为了降低管程泄漏可能，方便清洗和维修，有毒或易结垢流体走管程；高温、高压或高腐蚀流体走管程，以节省材料、降低成本；由于对流速和清洗无要求，因此，易于排除冷凝液，饱和蒸汽走壳程；允许压降较小的流体走壳程。

对于工程化装置，可采用管壳式换热器，其以封闭在壳体中管束的壁面作为传热面，满足高温、高压使用要求。在换热过程中，流体流速直接影响传热系数。但过大的 CO_2 流体流速，将使得流体阻力增加。因此，应该通过经济核算来确定换热器内适宜的 CO_2 流体流速。管壳式换热器中不同流体常用流速范围见表 2-3。

表 2-3　管壳式换热器中不同流体常用流速范围

流体类型	流体流速/($m \cdot s^{-1}$)	
	管程	壳程
一般液体	0.5～3.0	0.3～1.5

续表

流体类型	流体流速/($m \cdot s^{-1}$)	
	管程	壳程
易结垢液体	>1	>0.5
气体	5~30	3~15

③ 工艺计算：换热器工艺计算通常采用试差法，根据经验选定数据计算获得结果，再与初始假定数据比较，直到满足规定的偏差要求，结束试算。换热器的一般设计程序如下。

首先，进行总体设计：依据设计任务，结合换热器结构特点，进行换热器总体设计。

一是结构形式设计，根据冷热流体压力与温度、管束与壳体温差、流体腐蚀性、换热管与壳体材料、换热器结垢与清洗性能、成本等确定换热器结构形式。

二是流体流程设计，由于超临界 CO_2 流体为高温高压流体，考虑到节省材料、降低成本，在超临界 CO_2 流体装置的换热器中，超临界 CO_2 流体走管程，以利于清洗管程中析出的固相染化料等沉积物；加热或冷却介质走壳程，以实现换热功能。

三是热工设计。

a. 确定原始数据：根据设计任务确定冷热流体种类、进出口温度、压力、流量等工艺参数；确定压降、尺寸、质量等设计限制条件。确定冷热流体平均温度，计算冷热流体密度、黏度、热导率、比热容等物性参数。

液体过渡流阶段平均温度 T_m 和湍流阶段平均温度 t_m 按式(2-6)、式(2-7)计算：

$$T_m = 0.4T_i + 0.6T_o \tag{2-6}$$

$$t_m = 0.6t_i + 0.4t_o \tag{2-7}$$

液体层流阶段平均温度 T'_m和气体平均温度 t'_m按照式(2-8)、式(2-9)计算：

$$T'_m = \frac{T_i + T_o}{2} \tag{2-8}$$

$$t'_m = \frac{t_i + t_o}{2} \tag{2-9}$$

式中：T_i、T_o——热流体进、出口温度，℃；

t_i、t_o——冷流体进、出口温度，℃。

b. 物料和热量衡算：换热器中传热的冷热流体无相变，热负荷按式(2-10)计算：

$$Q = W_h c_h (T_i - T_o)\eta = W_h c_h (T_i - T_o) - Q_s = W_c c_c (t_o - t_i) \tag{2-10}$$

如忽略对周围环境的热损失，则热负荷按式(2-11)计算：

$$Q = W_h c_h (T_i - T_o) = W_c c_c (t_o - t_i) \tag{2-11}$$

式中：W_h、W_c——热、冷流体质量流量，kg/s；

c_h、c_c——热、冷流体比热容，J/(kg·℃)；

T_i、T_o——热流体进、出口温度，℃；

t_i、t_o——冷流体进、出口温度，℃。

η——换热器热效率，%；

Q_s——热量损失，J。

如在换热器中冷热流体发生相变，则热负荷按式(2-12)计算：

$$Q = W_m r \tag{2-12}$$

式中：r——汽化或冷凝潜热，J/kg；

W_m——冷凝量或蒸发量，kg/s。

c. 换热器流程形式初步确定：逆流时，温度校正系数 $\varphi = 1$。平均温差 Δt_M 和对数平均温差 Δt_{log} 按式(2-13)计算：

$$\Delta t_M = \Delta t_{log} = \frac{(T_i - t_o) - (T_o - t_i)}{\ln\left(\dfrac{T_i - t_o}{T_o - t_i}\right)} \tag{2-13}$$

并流时，温度校正系数 $\varphi = 1$。平均温差 Δt_M 按式(2-14)计算：

$$\Delta t_M = \Delta t_{log} = \frac{(T_i - t_i) - (T_o - t_o)}{\ln\left(\dfrac{T_i - t_i}{T_o - t_o}\right)} \tag{2-14}$$

对于多程换热器，逆流和并流并存，此时的平均温差以逆流的 Δt_{log} 为基准，乘以温度校正系数 φ，以表示偏离逆流温差程度。平均温差 Δt_M 按式(2-15)计算：

$$\Delta t_M = \varphi \Delta t_{log} \tag{2-15}$$

温度校正系数 φ 的计算较为复杂，通常通过线图查取，一般建议 φ 值不小于 0.8。

当接近极限条件时，应考虑采用多壳程或数台换热器串联的方式，并采用图解法确定。首先在温度—传热量坐标图上作出冷、热流体温度操作线，然后从冷流体出口温度开始，作水平线与热流体线相交，在交点处向下作垂线，与冷流体线相交；重复上述步骤，直到垂线与冷流体线的交点低于冷流体进口温度。获得的水平线数目即为所需壳程数。

d. 初选总传热系数 K_o 值：根据基本传热方程(2-16)：

$$Q = K_o A_o \Delta t_M \tag{2-16}$$

依据热负荷 Q 初算的传热面积 A_o 为

$$A_o = \frac{Q}{K_o \Delta t_M} \tag{2-17}$$

设计换热器结构。根据计算的传热面积 A_o 选择标准型号换热器或设计换热器结构。可结合换热器要求和经济性原则，确定管程数、每程管数、管长、总管数、换热管排管方式、管间距、壳体内径、接管尺寸、壳程程数等主要结构尺寸。

e. 管程传热及压降计算：依据 Sieder-Tate 公式，层流区，雷诺数 $Re<2\,100$，$48<Pr$（普朗特数）$<16\,700$，$RePrd_i/L>100$，努赛尔数 $N\mu$ 计算式为

$$N\mu = 1.86(RePr)^{0.33}(d_i/L)^{0.33}(\mu_i/\mu_w)^{0.14} \tag{2-18}$$

式中：$Pr = c\mu/\lambda$，其中 c 为流体比热容，J/(kg · ℃)；

d_i——管内径，m；

u——流速，kg/(m^3 · s)；

ρ——流体密度，kg · m^{-3}；

μ_i、μ_w——流体在定性温度计管壁温下的黏度，Pa · s；

λ——流体热导率，W/(m · K)；

L——管长，m。

湍流区，光滑管，$Re > 10\,000 \sim 120\,000$，$Pr = 0.7 \sim 120$，$L/d_i > 60$，努赛尔数 $N\mu$ 计算式为

$$N\mu = CRe^{0.8}Pr^{0.33}(\mu_i/\mu_w)^{0.14} \tag{2-19}$$

式中：对于气体，$C = 0.021$；对于非黏性液体，$C = 0.023$；对于黏性液体，$C = 0.027$。

过渡区，$2\,100<Re<10\,000$，$Pr>0.6$，努赛尔数 $N\mu$ 计算式为

$$N\mu = 0.116(Re^{0.67} - 125)Pr^{0.33}\left[1 + \left(\frac{d_i}{L}\right)^{0.67}\right]\left(\frac{\mu_i}{\mu_w}\right)^{0.14} \tag{2-20}$$

管程压降 Δp_t 计算式为

$$\Delta p_t = (\Delta p_f + \Delta p_r)F_i + \Delta p_{N_t} \tag{2-21}$$

其中，管内摩擦压降 Δp_f、管程的回弯压降 Δp_r、管子进出口的局部压降 Δp_{N_t} 计算式如下：

$$\Delta p_f = 4f_i N_t \frac{L}{d_i} \frac{\rho u_i^2}{2} \left(\frac{\mu}{\mu_w}\right)^m \tag{2-22}$$

$$\Delta p_r = 4N_t \frac{\rho u_i^2}{2} \tag{2-23}$$

$$\Delta p_{N_t} = 1.5 \frac{\rho u_{N_t}^2}{2} \tag{2-24}$$

式中：F_i——管程压降结垢修正系数。一般液体，若管径外径为 $\phi 19$ mm，壁厚为 2 mm，$F_i=1.5$；管径外径为 $\phi 25$ mm，壁厚为 2.5 mm，$F_i=1.4$；对于气体，$F_i=1$。

N_t——管程数；

L——每程管长，m；

m——管程流体黏度修正指数，层流流动时 m 取 0.25，湍流流动时 m 取 0.14；

f_i——管程摩擦因子；

u_i——管程流体流速，m/s，$u_i=\dfrac{W_t}{\rho\left(n\dfrac{\pi}{4}d_i^2/N_t\right)}$；

u_{N_t}——管程接管进出口处流速，m/s，$u_{N_t}=\dfrac{W_t}{\rho\dfrac{\pi}{4}(d_{jt}-2s_{jt})^2}$；

n——管数；

d_i——管内径，m；

d_{jt}——管程进出口接管外径，m；

S_{jt}——管程进出口接管壁厚，m；

W_t——管程流体流量，kg/s；

ρ——管程流体密度，kg/m^3；

μ——管程流体黏度，Pa·s。

f. 壳程传热及压降计算：选定允许压降，依据初选结构，计算壳程流通截面积、流速、给热系数、压降 Δp_s，核定压降及给热系数合理性；若不符合要求，更改壳程结构，调整折流板尺寸、间距、壳体直径，直到符合要求为止。

给热系数 α_o 依据式(2-25)计算：

$$\alpha_o=0.36\left(\frac{\lambda}{D_e}\right)Re^{0.55}Pr^{0.33}\left(\frac{\mu}{\mu_w}\right)^{0.14} \tag{2-25}$$

式中：Re——壳程流体雷诺数；

Pr——壳程流体普朗特数，$Pr=\dfrac{c\mu}{\lambda}$；

u——壳程流体流速，m/s，$u_o=\dfrac{W_s}{\rho A_s}$；

A_s——横过管束的流通截面积，m^2，$A_s=\dfrac{D_i(S-d)B}{S}$；

D_e——壳程流体流动的当量直径，m，$D_e=\dfrac{D_i^2-nd^2}{\pi d}$；

D_i——壳体圆筒内径，m；

d——换热管外径，m；

S——换热管管间距，m；

B——折流板间距，m；

λ——流体热导率，W/(m·K)。

壳程流体压降Δp_s计算式如下：

$$\Delta p_s=\Delta p_c+\Delta p_b+\Delta p_{N_s} \tag{2-26}$$

$$\Delta p_c=4f_o\frac{D_i}{D_e}\times\frac{\rho u_o^2}{2}(N_b+1) \tag{2-27}$$

$$\Delta p_b=\frac{\rho u_m^2}{2c_o^2}N_b \tag{2-28}$$

$$\Delta p_{N_s}=\frac{1.5\rho u_{N_s}^2}{2} \tag{2-29}$$

式中：Δp_c——折流板间错流管束压降，Pa；

Δp_b——折流板缺口部分压降，Pa；

Δp_{N_s}——壳程进出口局部压降，Pa；

f_o——壳程摩擦因子；

N_b——折流板数；

u_m——圆缺区平均流速，m/s，$u_m=\sqrt{u_o u_b}$；

u_{N_s}——壳程接口进出口处流速，m/s，$u_{N_s}=\dfrac{W_s}{\rho\dfrac{\pi}{4}(d_{js}-2S_{js})^2}$；

u_b——壳程圆缺区流体流速，m/s，$u_b=\dfrac{W_s}{\rho A_b}$；

A_b——折流板圆缺部分流通面积，m²，$A_b=\beta D_i^2-n_w\dfrac{\pi}{4}d^2$；

n_w——折流板圆缺部分的换热管数；

d_{js}——壳程进出口接管外径，m；

S_{js}——壳程进出口接管壁厚，m；

W_s——管程流体流量，kg/s；

ρ——管程流体密度，kg/m³；

μ——管程流体黏度,Pa·s。

β——系数。

g. 总传热系数 K 与传热面积 A 核算:根据管、壳侧流体流速和温度确定污垢热阻,进而计算总传热系数。当 $K=(1.1\sim1.2)K_o$ 时,即符合要求。进而计算 A 值,与 A_o 相比较,当有 10%～20%过剩面积即符合要求。

包括污垢在内的以换热管外表面积为基准的总传热系数 K 和传热面积 A 依式(2-30)、式(2-31)计算:

$$\frac{1}{K}=\left(\frac{1}{\alpha_o}+r_{d_o}\right)\frac{1}{\eta}+r_w+\left(\frac{1}{\alpha_i}+r_{d_i}\right)\frac{A_o}{A_i} \tag{2-30}$$

$$A=\frac{Q}{K\Delta t_M} \tag{2-31}$$

式中:α_o——壳程流体给热系数,W/(m^2·℃);

α_i——管程流体给热系数,W/(m^2·℃);

r_{d_o}——管外污垢热阻,m^2·℃/W;

r_{d_i}——管内污垢热阻,m^2·℃/W;

A_o/A_i——换热管外表面积与内表面积之比;

η——翅化比,采用光管时取 1;

r_w——用管外表面表示的管壁热阻,m^2·℃/W;对于光管,$r_w=\frac{d}{2\lambda_w}\ln\left(\frac{d}{d-2\delta_w}\right)$;

d——光管外径,m;

λ_w——换热管材料导热率,W/(m·K);

δ_w——光管壁厚,m。

h. 壁温核算:根据总传热系数计算所得的换热管壁温 t_w 与其假定值 t_w' 相比,需要基本相符,t_w 计算式如下:

$$t_w=\frac{1}{2}(t_{wh}+t_{wc}) \tag{2-32}$$

$$t_{wh}=T_m-K\left(\frac{1}{\alpha_h}+r_{dh}\right)\Delta t_M \tag{2-33}$$

$$t_{wc}=t_m+K\left(\frac{1}{\alpha_c}+r_{dc}\right)\Delta t_M \tag{2-34}$$

式中:t_{wh}——热流体侧壁温,℃;

t_{wc}——冷流体侧壁温,℃;

α_h、α_c——热、冷流体给热系数,W/(m^2·℃);

r_{dh}、r_{dc}——热、冷流体污垢热阻，$m^2 \cdot ℃/W$；

Δt_M——有效平均温度，℃；

T_m、t_m——热、冷物料定性温度及热、冷物料进、出口温度的平均值，℃。

然后，进行详细结构设计与强度计算：确定换热器零部件结构尺寸和材料，并对所有受压元件进行强度计算。

最后，绘制管壳式换热器图纸、编写材料表等。

(2) 染整釜工艺设计。染整釜是纺织超临界 CO_2 流体装备的关键部件之一，在高温高压环境中运行时涉及机械、热交换、流体输运等诸多问题，依据压力容器制造相关国家标准规定，满足连续化生产过程中的安全、易操作性是染整釜的设计关键。随着超临界流体技术日益发展成熟，目前，纺织超临界 CO_2 流体装备的染整釜容积从 500 mL 以上到 1 000 L 以下不等，涵盖了从实验室探索到工程化应用的不同规模。

纺织超临界 CO_2 流体装备的加工对象主要为纺织品，一般采用单个染整釜批式间歇操作。为了提高生产效率，可以采用两个以上的染整釜并联，其中一个釜体工作的同时，其他釜体进行装卸料，从而实现连续操作。同时，染整釜配备快开密封机构，以实现釜体快速开关，进一步缩短操作时间，实现生产效率的提升。纺织超临界 CO_2 流体装备的工作压力一般在 32 MPa 以下，染整釜设计参照 GB/T 150.1—2011《压力容器 第 1 部分：通用要求》进行。高温高压条件下，染整釜需要反复开启、关闭，其釜体强度设计是整个设备设计的难点。

① 壁厚设计：由于中小型超临界流体设备的釜体容积较小，染整釜壁厚也相应较小，通常不做疲劳分析，而是在核算强度时将安全系数增大，即只考虑釜体强度。在进行染整釜壁厚计算前，须根据操作条件确定釜体内高、内径、有效容积、设计压力、设计温度等相关设计参数。以染整釜内高 $h=1\,500$ mm、内径 $D_i=300$ mm、有效容积 $V=100$ L、最高工作压力 $p_{max}=30$ MPa、工作温度为 180 ℃，材料为 0Cr18Ni9 无缝钢管为例。

设计压力 $p_d=30\times1.05=31.5$ MPa<35 MPa。

染整釜壁厚 S_c 依据 GB 150.1—2011 标准中的薄壁容器计算公式计算：

$$S_c=\frac{pD_i}{2[\sigma]^t\phi-p}+C \tag{2-35}$$

式中：p——设计压力，MPa；

$[\sigma]^t$——材料许用应力，MPa；

ϕ——焊缝系数；

C——壁厚附加量，包括钢材厚度负偏差 C_1 和腐蚀裕量 C_2。

$$p=1.05\times p_{max}=1.05\times30=31.5\ \text{MPa}$$

取 200 ℃下的许用应力，即$[\sigma]^t=130$ MPa；如果采用不锈钢钢管为釜体制作材料，无

需焊接，100%探伤，则 $\phi=1.0$；如果选用不锈钢焊接，100%探伤，则 $\phi=0.95$。因此，

$$S_c=\frac{31.5\times300}{2\times130-31.5}=41.357(\mathrm{mm})$$

壁厚 $S_c>10$ mm，较高级精度，负偏差 C_1 最大为 15%，即 $C_1=41.357\times15\%=6.204$ mm；染整釜因反复装卸料而易于产生磨损，取腐蚀裕量 $C_2=1.4$ mm。代入式(2-35)可得：

$$S_c=\frac{31.5\times300}{2\times130-31.5}+6.204+1.4=48.961(\mathrm{mm})$$

取名义壁厚为 49 mm 的无缝钢管 $\phi219\times50$。

② 封头设计：由于平盖制造方便，适用范围广，对于染整釜，特别是小直径高压容器，可选择平板端盖封头。釜底封头厚度 S 计算如下：

$$S=D_i\sqrt{\frac{K'p}{[\sigma]^t\Phi'}}+C \tag{2-36}$$

式中：C——壁厚附加量，mm；

K'——结构特征系数，取序号为 9 的平封头，$K'=0.3$；

$[\sigma]^t$——材料许用应力，选封头材料为 40Cr，$[\sigma]^t=176$ MPa；

Φ'——焊缝系数，$\Phi'=0.9$。

③ 釜体快开密封结构设计：纺织超临界 CO_2 流体加工多为间歇性操作，批量装料时高压釜体需重复启关，采用快开结构是提高生产效率的主要方法。常用的高压釜体快开密封结构有以下三类。

a. 螺纹式高压自紧结构：螺纹式高压自紧结构承力机构主要由筒体端部法兰、堵头、压盖组成。在筒体法兰内面和压盖外面分别有螺纹。压盖拧入筒体法兰中，使螺纹啮合，就可承担内压引起的轴向力。在该结构中，密封元件为 O 形圈。其工作原理为将 O 形圈装入堵头上的密封槽中。O 形圈的截面与密封面间在径向存在一定的过盈量，堵头插入筒体端部法兰后，密封面沿四周均匀挤压 O 形圈，使其在径向和轴向发生变形，达到预紧密封的要求。螺纹式高压自紧结构中，密封圈在进入密封位置时并不随压盖做螺旋运动，大大减少了其与密封面的摩擦与磨损；压盖与堵头可采用不同原料，使得密封盖的钢材用量减少约 50%，降低了成本和加工难度；同时，由于 O 形圈与密封面间的磨损距离较小，因此转动密封盖力矩大大降低，拆卸强度降低。但橡胶 O 形圈在高温高压下存在严重的溶胀现象，易于造成拆卸困难；螺纹结构难以起到快开效果，特别在高压条件下易发生咬死现象。

b. 滑块式高压自紧快开设备密封结构：滑块式高压自紧快开设备密封结构由筒体法兰、堵头和滑块组成。在筒体法兰内面有一条楔槽，滑块推入其内起到抗剪承力作用。通

常，楔槽和滑块的上接触面设计成锥面，以方便滑块进出楔槽，实现自锁。工作时，滑块张开呈间断圆环状态；非工作时，滑块收缩成类等边多边形，外接圆直径略小于筒体法兰内径。滑块收缩时随堵头一起进出筒体。该结构密封部分形式与螺纹式相同。滑块式高压自紧快开设备密封结构具有重量轻、便于重复拆装、密封可靠、易于实现自动化的优势。但其机加工量大，加工精度要求更高；同时，由于 O 形圈存在的严重溶胀作用，造成拆卸困难。

c. 卡箍式高压自紧快开设备密封结构：卡箍式高压自紧快开设备密封结构（图 2-28）承力机构由筒体端部法兰、平盖和两个半圆形卡箍组成。卡箍内面有两个平面与平盖和筒体法兰凸肩接触。工作时，超临界 CO_2 流体压力产生的轴向力由平盖传递给卡箍。该结构的密封形式及特点与螺纹式、滑块式相同。卡箍式高压自紧快开设备密封结构中卡箍内面为平面，工作时卡箍不会向外扩张，故无需用横向螺栓拉住，仅在上面设置两块简单的快拆连接板以防止事故；卡箍合拢时，因不产生预紧力，故其拆装更为省力、简便、快捷；同时，由于无需考虑轴向压力，制造更为方便。但大型卡箍要用大型锻件，且加工量较大，也存在由于 O 形圈溶胀导致的拆卸困难问题。

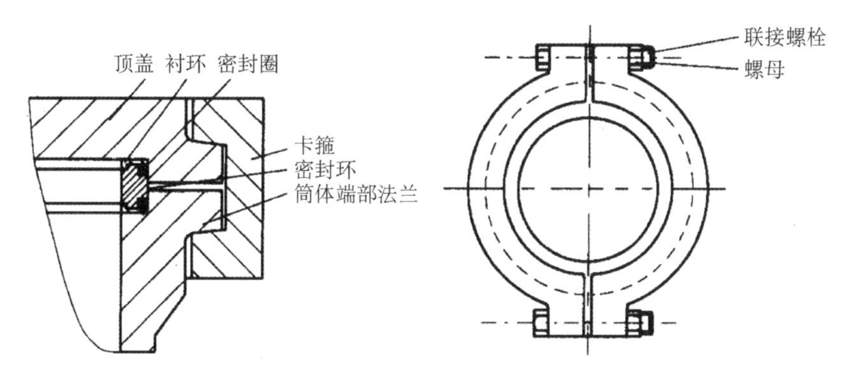

图 2-28　卡箍式高压自紧快开设备密封结构

d. 齿啮式高压快开密封结构：齿啮式高压快开密封结构（图 2-29）主要由顶盖、端部法兰、密封圈等组成。在顶盖和容器端部法兰圆周方向有均布啮合齿，O 形圈安装在顶盖底

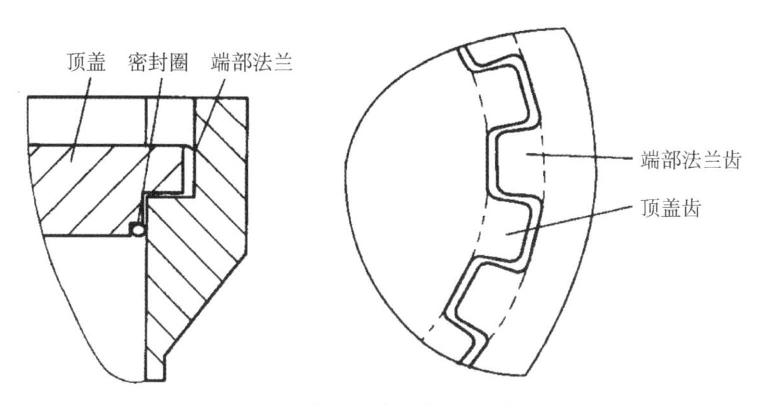

图 2-29　齿啮式高压快开密封结构

部的凸缘上,随顶盖一起运动。依靠密封圈与端部法兰及顶盖的过盈配合来实现初始密封。当压力增大时,O形圈自紧密封。端部法兰内径与容器筒体内径相同,端部法兰啮合齿内径略大于顶盖外径,以利于顶盖进出。

关闭釜体时,先将顶盖齿嵌入端部法兰的齿间间隙,使顶盖进入端部法兰并将其放置在端部法兰上;随后将顶盖旋转一定的角度,使顶盖齿与端部法兰齿完全啮合。开启釜体时,只要将顶盖反旋至原放入时的位置,即可将顶盖取出。因此,对大型超临界 CO_2 流体设备而言,大大节省了工作时间,提高了生产效率。

(3)主要机器选型。纺织用超临界 CO_2 流体装置主要包括加压系统、染整循环系统、分离回收系统、制冷系统等系统。在染整等加工工艺中,需要采用制冷机先将 CO_2 气体冷却液化,以便于存储和管道输送。泵是输送液态 CO_2 的常用设备,在加压系统中利用高压泵进行 CO_2 流体升压;在染色循环系统中进行超临界 CO_2 输运。

① 机械选型基本原则:机器选型应分析生产工艺要求。纺织品生产规模与机械规格、形式选择具有直接关系。在设备运行时,要考虑可能出现的极限温度、极限压力、极限流量等工艺参数,所选机器应较好地满足工艺参数变化要求。机械运行控制方式如流量、温度、压力等对生产也会产生影响,因此,需要依据实际选择运转控制方式。此外,也要考虑防泄漏、防潮、防爆等特殊要求,并根据工艺参数和物料的物化性能特点进行选材。根据工艺分析结果,进一步结合运行可靠、操作简单、维修方便、价格便宜及运转费用低等机器选型原则,按照实际情况和因素主次,完成适用机型的选择。

② 制冷机选型:制冷机可分为压缩式制冷机、吸收式制冷机、蒸汽喷射式制冷机、半导体制冷机。其中,压缩式制冷机(活塞式、回转式、螺杆式、离心式)、吸收式制冷机和蒸汽喷射式制冷机应用较为广泛。

一是活塞式压缩机:活塞式压缩机是各类压缩机中发展最早的一种,公元前1500年,中国发明的木风箱为往复活塞压缩机的雏形。18世纪末,英国制成第一台工业用往复活塞空气压缩机。20世纪30年代开始出现迷宫压缩机,随后又出现各种无油润滑压缩机和隔膜压缩机。20世纪50年代出现的对动型结构使大型往复活塞压缩机的尺寸大为减小,并且实现了单机多用。

活塞式压缩机的工作原理为当活塞式压缩机的曲轴旋转时,通过连杆的传动,活塞做往复运动,由气缸内壁、气缸盖和活塞顶面所构成的工作容积则会发生周期性变化。活塞式压缩机的活塞从气缸盖处开始运动时,气缸内的工作容积逐渐增大,这时,气体沿着进气管,推开进气阀而进入气缸,直到工作容积变到最大时为止,进气阀关闭;活塞式压缩机的活塞反向运动时,气缸内工作容积缩小,气体压力升高,当气缸内压力达到并略高于排气压力时,排气阀打开,气体排出气缸,直到活塞运动到极限位置为止,排气阀关闭。当活塞式压缩机的活塞再次反向运动时,上述过程重复出现。总之,活塞式压缩机的曲轴旋转一周,活塞往复一次,气缸内相继实现进气、压缩、排气的过程,即完成一个工作循环。

活塞式压缩机历史悠久，是目前国内用得最多的压缩机。由于其压力范围广，能够适应较宽的能量范围，有高速、多缸、能量可调、热效率高、适用于多种工况等优点；有结构复杂，易损件多，检修周期短，对湿行程敏感，有脉冲振动，运行平稳性差等缺点。

二是螺杆式压缩机：螺杆式压缩机又称螺杆压缩机，由于其结构简单，易损件少，能处于大的压力差或压力比的工况下，排气温度低，对制冷剂中含有大量的润滑油不敏感，有良好的输气量调节性，很快占据了大容量往复式压缩机的使用范围，而且不断地向中等容量范围延伸，广泛地应用在冷冻、冷藏、空调和化工工艺等制冷装置上。

螺杆式压缩机汽缸内装有一对互相啮合的螺旋形阴阳转子，两转子都有几个凹形齿，工作时两者互相反向旋转。转子之间和机壳与转子之间的间隙仅为5～10丝，主转子由发动机或电动机驱动，另一转子是由主转子通过喷油形成的油膜进行驱动，或由主转子端和凹转子端的同步齿轮驱动。因此，理论上驱动中没有金属接触。转子的长度和直径决定压缩机排气量和排气压力，转子越长，压力越大；转子直径越大，流量越大。螺旋转子凹槽经过吸气口时充满气体。当转子旋转时，转子凹槽被机壳壁封闭，形成压缩腔室；当转子凹槽封闭后，润滑油被喷入压缩腔室，起密封、冷却和润滑作用。当转子旋转压缩润滑剂+气体（简称油气混合物）时，压缩腔室容积减小，向排气口压缩油气混合物。当压缩腔室经过排气口时，油气混合物从压缩机排出，完成一个吸气—压缩—排气过程。螺杆机的每个转子由减摩轴承所支承，轴承由靠近转轴端部的端盖固定。进气端由滚柱轴承支承，排气端由贺锥滚柱支撑，通常是排气端的轴承使转子定位，也就是止推轴承，抵抗轴向推力，承受径向载荷，并提供必需的轴向运行最小间隙。工作循环可分为吸气、压缩和排气三个过程。随着转子旋转，每对相互啮合的齿相继完成相同的工作循环。

螺杆压缩机与活塞压缩机相同，都属于容积式压缩机。就使用效果来看，螺杆式空气压缩机零部件少，无易损件，因而其运转可靠，寿命长，大修间隔期可达4万～8万h。其操作、维护方便，动力平衡好，适应性强。螺杆压缩机具有强制输气的特点，容积流量几乎不受排气压力的影响，在宽阔的范围内能保持较高效率，在压缩机结构不进行任何改变的情况下，适用于多种工况。但螺杆压缩机噪声较大，需要设置一套润滑油分离、冷却、过滤和加压的辅助设备，导致机组体积过大。

三是离心式压缩机：离心式压缩机是产生压力的机械，在全低压空分装置中，离心式压缩机得到广泛应用，逐渐出现了离心式压缩机取代活塞式压缩机的趋势。其工作原理为具有叶片的工作轮在压缩机的轴上旋转，进入工作轮的气体被叶片带着旋转，增加了动能和静压头，然后气体离开工作轮进入扩压器内，在扩压器中由于气体的流速而逐渐产生压力，进一步提高压力，经过压缩的气体再经弯道和回流器进入下一级叶轮，进一步压缩至所需的压力。与其他压缩机相比，离心式压缩机是一种速度式压缩机，转速高、排气量大、排气均匀、无需润滑、气流无脉冲；其密封效果好、易损件少、维修量少、运转周期长；且操作范围较广，易于实现自动化和大型化。但离心式压缩机的操作适应性差，气体的性质对操作性能有较大影响；气流速度大，流道内的零部件有较大的摩擦损失，较适合大中流量、中低压力的应用需要。

③ CO_2 加压泵选型：CO_2 加压泵是输送液态介质的主要设备，具有构造简单、便于维修、易于排除故障、造价低、可批量生产等优点。在纺织品超临界流体加工过程中，泵应具有良好的密封性能和耐高压特点。特别是，超临界 CO_2 的密度（0.2～0.5 g/cm^3）和液体的（0.6～1.6 g/cm^3）相近，黏度为液体黏度的1/10，显示了较好的流动性和渗透性，因此更需要关注密封问题。同时，超临界 CO_2 的可压缩性，在高压差下将影响泵的疏松性，泵头易于受到冲击，产生振动。因此，高压泵要配备稳压器以吸收泵的脉动，减少泵流量和压力脉动值，使阀工作平稳；另外，需配备变频装置以实现流量无级调节。加压泵的参数及性能指标如下。

a. 扬程：扬程是泵的重要工作性能参数，又称压头，可表示为流体的压力能头、动能头和位能头的增加。加压泵的扬程是指水泵能够扬水的高度，单位是 mH_2O。在选择泵时其扬程需留有适当裕量，一般为正常需要扬程的1.05～1.1倍。不论介质液面高于还是低于泵中心，都应取最低液面。

b. 流量：流量是泵在单位时间内抽吸或排送液体的体积，单位是 m^3/h 或 L/s。设计装置时，考虑发展和适应不同要求等因素，在确定泵的流量时，应综合考虑泵的富余能力，并与超临界 CO_2 流体装备中其他设备的协调平衡。在工艺设计时泵一般有正常、最小、最大三种流量选项，泵选型时一般直接采用最大流量或取正常流量的1.1倍。

c. 功率和效率：有效功率 N_c 是单位时间内泵对液体所做的功。轴功率 N 是由原动机传给泵的功率。效率 η 是泵的有效功率与泵的轴功率之比。泵效率与泵的类型、能力大小相关。对于活塞式泵，大型泵的功率一般为85%～88%，小型泵的功率为75%～85%。

驱动机的额定功率应大于等于驱动机的配用功率。驱动机的配用功率为

$$N_c = K\frac{N}{\eta_t} \tag{2-37}$$

式中：η_t——泵传动装置效率；

K——功率裕量系数。

传动装置效率参见表2-4。

表2-4　传动装置效率

传动方式	直连传动	平带传动	V带传动	齿轮传动	螺杆传动
η_t	1.0	0.95	0.92	0.90～0.97	0.70～0.90

d. 泵的性能曲线：指在恒速下，扬程、轴功率、效率、必需汽蚀裕量相对于流量 Q 的关

系曲线。出厂前，性能曲线由实验确定，并换算至标准状态(标准大气压和20 ℃的清水)下的性能曲线。

e. CO_2 介质本身的物化性能参数：主要包括以下几项。

温度：确定加工工艺过程中 CO_2 的正常、最高、最低输运温度。

有效汽蚀裕量：装置有效汽蚀裕量应大于泵的必需汽蚀裕量。对进口侧物料处于减压状态或其操作温度接近汽化条件时，泵的气蚀安全系数宜取较大值。

操作时间和现场条件：确定操作周期，连续或者间隙操作方式。明确泵使用时的环境温度、湿度、防爆等级等条件。

目前，纺织超临界 CO_2 流体装备选用的加压泵主要是柱塞泵，由于其结构简单、维修容易、性能稳定、价格较低。在单缸及多缸结构中，三缸柱塞泵最为常见。为了满足超临界 CO_2 流体的使用条件，普通柱塞高压泵需进行改进，获得专用 CO_2 加压泵。为了解决聚四氟乙烯密封圈在高压下易于发生泄漏的问题，一般密封圈须采用金属材料。此外，专用 CO_2 加压泵采用碳纤维和金属填料以解决石墨和聚四氟乙烯填料密封性能下降而产生的泄漏问题。除了柱塞泵外，隔膜泵依靠一个隔膜片的来回鼓动改变工作室容积从而吸入和排出液体，也能够对 CO_2 进行加压，具有运转可靠的优点，适用于输运不含固体颗粒的腐蚀或非腐蚀性介质。

④ 循环泵选型：循环泵，即循环液用泵，在纺织超临界 CO_2 流体装备中的主要作用是循环输送系统中的超临界 CO_2。由于液体在一定条件下的汽化现象及液体的不可压缩性，因此循环泵在性能和结构上有着自身特点。一方面循环泵应考虑结构简单、运转可靠、性能良好、效率高、维修方便等因素。同时，超临界 CO_2 流体染色用泵因所抽送的液体性质和一般泵有所不同，且装置染色过程要求长期运行，还必须具有密封性能可靠，对介质要求控制其泄漏量，操作性能稳定，小振动，利于高温介质的输送等特点。

超临界 CO_2 流体染色装置中循环泵的设计压力是32 MPa，压头是1.6 MPa。在稳定工作条件下，循环泵的流量变化比较小，扬程较小，只是用来克服循环系统的压力降。100 L超临界 CO_2 流体染色装置的可染织物重量为18～25 kg，染料的上染量为 10^{-5}～10^{-4} mol/L，最小的染料溶解度为 4×10^{-6} mol/L，一般可设染色时间为1～2 h，取中间值1.5 h，得出最小的循环泵流量为

$$Q=\frac{18\times10^{3}\times10^{-4}}{4\times10^{-6}\times1.5}\times10^{-3}=300(\mathrm{m^3/h}) \tag{2-38}$$

式中：Q——循环泵的最小流量，m^3/h。

循环泵的性能指标主要包括流量、扬程和轴功率，上述指标又与泵的转速存在比例关系。即

$$\frac{G}{G_m}=\left(\frac{N}{N_m}\right)^{1/3}=\left(\frac{H}{H_m}\right)^{1/2}=\frac{n}{n_m} \tag{2-39}$$

式中：G——流量，m^3/h；

N——原动机提供给泵的功率，kW；

H——扬程，m；

n——转速，r/min；

m——额定参数。

由式(2-39)可知，循环泵流量与转速成正比，功率与流量的立方成正比，而扬程与流量的平方成正比。在保证规定流量的前提下，可通过调节转速来调节染色中循环泵的扬程和流量等因素，从而达到优化运行的目的。

在超临界 CO_2 流体无水染色装置中，由染色釜和染料釜组成的染色单元中加入循环泵构建了大流量内循环染色工艺。一方面，取代了传统依靠高压泵进行的增压/染色/分离大循环模式，具有染料用量小、能耗显著降低的优势；同时，循环泵提供染液在染色单元中循环的动力，相较高压泵具有更大的循环流量，传热传质过程加强，有效破解了高密纺织品的透染难题。另一方面，通过改变染液的流动方向，使染液在染色单元中正反向循环流动，构建了内外染/动静态染色独特工艺。此外，针对早期柱塞式循环泵在高温高压条件下难以稳定使用的问题，研发了磁力循环泵通过在连轴上和叶轮上分别配有磁性材料互相吸引耦合，无需配以传统机械密封；运行中，采用主动磁及从动磁的引力带动叶片运转，从而实现流体输送，破解了机械密封循环泵的跑、冒、滴、漏难题。

(4) 智能控制系统设计。纺织用超临界 CO_2 流体装置采用自动控制系统，与传统的手动装置相比，显著降低了高压容器等操作的危险性，更加安全可靠；同时，设备的自动控制可以减少人为操作对染色过程的影响，有利于提升染色性能，对于提高超临界 CO_2 染色装备及技术水平具有重要意义。

纺织用超临界 CO_2 流体装置中的自动控制系统由硬件和软件共同组成。硬件设计主要包括输入、输出通道设计，输入、输出接口电路设计和操作控制台设计；系统的功能主要取决于软件设计，自动控制系统的软件应具有可靠性、灵活性和实时性特点。为保证自动控制系统的安全可靠性，根据可编程逻辑控制器(PLC)的工作无触点、软启动可靠性高的优点和继电器逻辑电路的原理，由图 2-30 主回路原理图可知，系统在 3P 三相电和 150 A 额定电流的条件下工作。当 ZK1 接通时，系统内有电压和电流产生；接通 ZK2 时，可分别对增压泵、冷水泵、冷剂泵和冷却塔进行控制；ZK3～ZK12 可分别对制冷机组、加热器和循环、开关系统进行控制，依据实验中的实际设定参数和工艺过程对开关进行控制。

① 自动控制系统设计：在自动控制系统中，引入计算机进行监控，采用 PLC/DCS (DCS 为分散控制系统)等程序控制，运用信号比较调节系统和信息传感系统。超临界

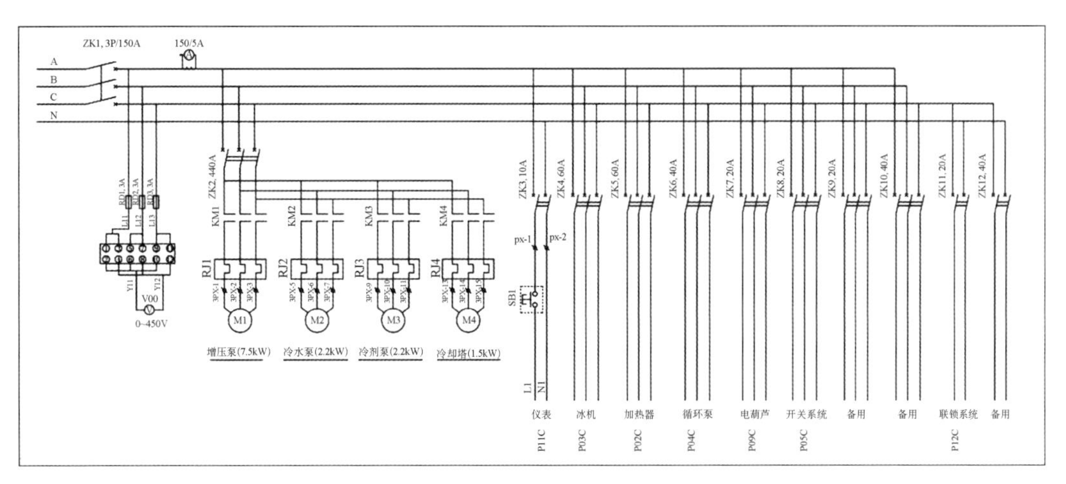

图 2-30　控制回路原理图

CO_2 流体染色装置中的计算机控制系统为 DCS 控制系统，主要由可编程控制器、工控计算机、执行机构（温控装置、电动阀、变频器等）、检测传感器（温度、压力、流量等信号）四部分组成，控制系统具有自动控制和手动控制双向控制功能，可通过计算机来精确地调整和测量工艺参数，实现计算机的远程监控。采用 MCGS 组态软件对染色釜、染料釜、分离器等设备内的温度、压力、染色时间等参数进行监控和设置，并具有历史报表、实时报表、温度历史曲线、压力历史曲线、温度实时曲线、压力实时曲线等功能。

自动控制系统以自动控制技术为基础，可实时采集反应过程中各设备的信号数据，并能够完成现场信息传输。信息传输中的信号处理部分主要由计算机现场检测模块、显示模块等组成。染色时，试验人员可通过显示屏幕的状态信息，对染色过程监控和管理。同时智能安全联锁系统能自动检测系统运行，控制流量大小，设置过程参数，并对操作人员进行提示。

染色过程中，监控系统检测到各设备内部的温度、压力、流量、液位等参数，并传输到计算机系统，与系统内设定的数据进行比较。当低于设定值时，系统继续升温、加压；超过设定值时，系统不再升温、加压。整个染色过程中各步骤的动作切换和各工序的参数均可由计算机显示控制。且通过信号传输，可以实时获得织物在染色釜中的染色情况和染料在染料釜中的溶解情况，为染色产品的匀染性、色牢度、上染率的分析提供可靠依据。

② 自动控制系统设计要求：自动控制系统设计要求如下。

手动仪表控制和计算机自动控制双系统设计：一般而言，流量、温度、压力、液位等参数变化可自动或手动控制，但对于手动控制达不到的调节精度，须进行自动控制。对于工程化超临界 CO_2 流体装置，为了达到染色生产要求，由操作人员和控制设备（仪表、传感器等）组成的控制系统共同完成装置的连续控制。并可根据工艺要求，实现制冷过程的开机、停机及故障的自动声光报警等，以节省时间、节约能源，达到安全运行的目的。

③ 釜体参数设计：检测与控制染整釜、染料整理剂釜温度为 30～200 ℃，误差为±1 ℃；对染整釜、染料整理剂釜进行程序升压控制时，压力范围为 7～35 MPa，误差为±0.2 MPa；控制 CO_2 流量为 1～15 L/min，误差为±0.01 L/min；显示分离器的压力值应小于 10 MPa，温度应在 15～30 ℃。

④ 主管道阀门自动控制：纺织超临界 CO_2 流体装置管道属于高压管道，CO_2 流体易于相变形成干冰，因此，在设计管道和阀门时须充分考虑如何消除堵塞。因染色时管道的压力和温度均较高，采用自动控制阀门可通过自动控制系统调节主管道的工艺参数，控制 CO_2 流量的大小。

⑤ 装置安全稳定性：纺织超临界 CO_2 流体装置的智能安全联锁系统，可自动检测整套系统的运行状况，并具有超压声光报警、自动停车、降压到零开盖联锁、升压前关门到位联锁等功能，当工艺参数超限时报警或联锁保护等，达到节约能源、安全运行的目的，可最大限度地保证整套装备系统的安全运行。

⑥ 仪表测量系统设计：纺织超临界 CO_2 流体装置系统参数的控制主要利用压力传感信号、温度传感信号、流量传感信号反馈到控制中心，结合设定值，通过程序控制中的 PID 运算，给出控制压力、温度、流量等参数信息。根据纺织超临界 CO_2 流体装置的测控要求，采用压阻式压力传感器检测釜体及其他系统设备的压力；采用 Pt100 热电阻为温度传感器，检测系统设备的温度；采用标准节流元件检测控制信号的流量。

⑦ 压力测量：在纺织超临界 CO_2 流体装置中，共有 5 路压力显示及控制回路来测量压力，其中 4 路为单显示信号，包括 CO_2 储罐压力 0～10 MPa，染整釜入口压力 0～42 MPa、出口压力 0～42 MPa，分离器压力 0～20 MPa；1 路压力显示报警联锁回路，泵出口压力 0～42 MPa。

压力传感器是直接感知测量点的压力大小和变化，并按物理效应转化为力或者电信号的元件。流体机械内部流动测量经常会遇到流动参数快速变化的动态测量，此时，必须采用惯性很小和灵敏度很高的传感器。设计中主要采用压阻式压力传感器来检测染色设备的压力变化。

导体受压变形时电阻的相对变化可用式(2-40)来表示，即为

$$\frac{\mathrm{d}R}{R}=\frac{\mathrm{d}l}{l}-\frac{2\mathrm{d}r}{r}+\frac{\mathrm{d}\rho}{\rho} \tag{2-40}$$

其中，由于

$$R=\rho l/A \tag{2-41}$$

式中：R——电阻丝的电阻，Ω；

ρ——电阻率，Ω·m；

l——电阻丝长度，m；

A——电阻丝断面面积，$A=\pi r^2$，m^2；

r——电阻丝半径，m。

当电阻丝变形时，其长度 l 的断面面积 A、电阻率 ρ 均发生变化，而三个参数的改变都将引起 R 的变化。若电阻值的变化用 $\mathrm{d}R$ 表示，则

$$\mathrm{d}R=\frac{\partial R}{\partial l}\mathrm{d}l+\frac{\partial R}{\partial A}\mathrm{d}A+\frac{\partial R}{\partial \rho}\mathrm{d}\rho \tag{2-42}$$

式(2-42)可改写为

$$\mathrm{d}R=\frac{\rho}{\pi r^2}\mathrm{d}l-2\frac{\rho l}{\pi r^3}\mathrm{d}r+\frac{1}{\pi r^2}\mathrm{d}\rho=R\left(\frac{\mathrm{d}l}{l}-\frac{2\mathrm{d}r}{r}+\frac{\mathrm{d}\rho}{\rho}\right) \tag{2-43}$$

因此，电阻的相应变化为

$$\frac{\mathrm{d}R}{R}=\frac{\mathrm{d}l}{l}-\frac{2\mathrm{d}r}{r}+\frac{\mathrm{d}\rho}{\rho} \tag{2-44}$$

或写为

$$\frac{\mathrm{d}R/R}{\mathrm{d}l/l}=1+2\nu+\frac{\mathrm{d}\rho/\rho}{\mathrm{d}l/l} \tag{2-45}$$

式中：$\nu=-(\mathrm{d}r/r)/(\mathrm{d}l/l)$，为电阻丝材料的泊松比。

如用 $\frac{\mathrm{d}l}{l}=\varepsilon$ 表示轴向线应变：$K_0=\frac{\mathrm{d}R/R}{\mathrm{d}l/l}$ 表示电阻丝的灵敏系数，则式(2-45)可写为

$$K_0=1+2\nu+\frac{\mathrm{d}\rho/\rho}{\varepsilon} \tag{2-46}$$

对于同一材料，$1+2\nu$ 是常数，$\frac{\mathrm{d}\rho/\rho}{\varepsilon}$是因电导率的变化所引起的，对大多数电阻丝而言也为常数，因此，K_0 为常数，金属电阻丝的 K_0 值一般为1.8～2.6。

将式(2-46)改写为

$$\frac{\Delta R}{R}=(1+2\nu)\varepsilon+\frac{\Delta\rho}{\rho} \tag{2-47}$$

式中：$\frac{\Delta\rho}{\rho}$——电阻丝受力后，电阻率的相对变化；

$\frac{\Delta\rho}{\rho}$与电阻丝纵向轴所受应力 σ 之比是一常数，即为

$$\frac{\Delta\rho/\rho}{\sigma}=\pi_e \quad 或 \quad \frac{\Delta\rho}{\rho}=\pi_e\sigma=\pi_e E \tag{2-48}$$

式中：E——电阻材料的弹性模数；

π_e——压阻效应系数。

因此，灵敏系数可写为

$$K_0=1+2\nu+\pi_e E \tag{2-49}$$

对于金属电阻应变片，压阻效应系数很小，因此，对 K_0 的影响也很小，但对半导体材料，压阻效应系数很大，在灵敏系数中起主要作用。

在式(2-49)中，$1+2\nu$ 是几何尺寸的变化引起的，对于半导体应变片，$\pi_e E$ 远大于 $1+2\nu$，且其为引起应变片电阻变化的主要部分，故可简化为

$$K_0\approx\pi_e E \quad 或 \quad \frac{dR}{R}\approx\frac{d\rho}{\rho} \tag{2-50}$$

因此，压阻式的压力传感器的核心元件即为半导体应变片。常用半导体材料的电阻率、弹性模量以及灵敏系数均可查阅有关文献。

半导体应变片的突出优点是体积小、灵敏系数高(可达 100～180)、机械滞后及横向效应小等。其缺点是温度稳定性差，在大应变的作用下，灵敏系数的非线性较大。但随着制造工艺的发展和使用方法的改进，这些缺点已逐渐得到改善。实际应用时，选择应变片应从测试环境、应变变化梯度、应变的性质、应变片自身特点等方面去加以考虑。

⑧ 温度测量：热电阻温度计的作用原理是根据导体(或半导体)的电阻随温度变化而变化的性质，将电阻值的变化用仪表显示出来，从而达到测温的目的。纺织超临界 CO_2 流体装置中需测量及控制的温度点可设置 10 个，分别为染整釜入口和出口温度、染料整理剂釜入口和出口温度、分离器入口和出口温度、CO_2 冷凝温度、乙二醇冷剂温度、热油器温度、热水器温度。其中，乙二醇冷剂温度、热油器温度、热水器温度为控制显示温度。

热电阻传感器主要利用电阻阻值随温度变化而有规律变化这一特性来测量温度及与温度有关的参数。热电阻大的都是由纯金属材料制成，目前应用最多的是铂和铜。热电阻温度计的选型可参考表 2-5。铂丝纯度高，物化性能稳定，电阻温度线性关系较好，电阻率高，长时间稳定的复现性可达 0.000 1 K；同时，其使用温度范围广，最低为 −270 ℃，最高至 1 200 ℃，是最好的热电阻材料和最重要的热电阻温度计。因此，设计中主要采用检测精度较高的 Pt100-WZP-430 热电阻温度传感器。

表 2-5　热电阻温度计选型

热电阻名称	型号	分度号	范围/℃	结构特征	插入深度/mm	保护管直径及材料
铂热电阻	WZP-121	Pt10 Pt100	-200～850	无固定装置防溅水	75～1 000	Φ12 mm,不锈钢
	WZP-230			无固定装置防水式	75～1 200	Φ16 mm,不锈钢
	WZP-330			活动法兰防水式	75～2 000	Φ16 mm,不锈钢
	WZP-430			固定法兰防水式	75～2 000	Φ16 mm,不锈钢
铜热电阻	WZC-130	Cu50 Cu500	-50～100	无固定装置防水式	75～1 000	Φ12 mm,H62 黄铜
	WRN-230			固定螺纹防水式	75～1 000	Φ12 mm,碳钢 20
	WRN-330			活动法兰防水式	75～1 000	Φ12 mm,碳钢 20
	WRN-430			固定法兰防水式	75～1 000	Φ12 mm,碳钢 20

⑨ 安全保护及辅助系统：纺织超临界 CO_2 流体装置中利用电脑终端实时显示并控制釜体、转动泵和管路的开关状态，并进行系统温度、压力、CO_2 流量、电磁阀门和安全联锁系统的自动控制。为了满足在高温高压下纺织品加工的安全要求，纺织超临界 CO_2 流体装置中各压力段均应设有安全阀或爆破片，并符合 GB/T 12242—2021、TSG 21—2016 要求。高压泵具有自我检测超压停车功能，并与安全联锁装置联动，具有声光报警设计。仪表按 GB 50093—2013 进行检验并合格。安全联锁装置按 TSG 21—2016、SHB/Z 06—2019 的方法进行检验并符合实际要求。装置的自动化安全按 GB 50093—2013 中规定进行测定并符合要求。此外，纺织超临界 CO_2 流体装置中工艺管道设计和施工应符合 GB 50316—2008 要求，装置内安装管道按 GB 50235—2019 进行检验并合格，保温工程应按 GB 50264—2013、GB 50274—2010、GB 60126—2008、GB/T 50185—2019 要求进行设计、施工、验收。用于纺织超临界 CO_2 流体加工的液体 CO_2 质量应符合 GB/T 6052—2011 要求。纺织超临界 CO_2 流体技术从业人员按照 AQ 7002—2019、AQ 3013—2021、AQ/T 3034—2022 要求接受纺织和化工企业的安全培训，应具有化工和染整专业知识，应持有特种设备作业人员资质证明。

第3章 亚麻粗纱超临界 CO_2 流体煮漂技术

亚麻(学名:Linum usitatissimum)是人类最早使用的优质植物纤维,占天然纤维总量的1.5%。随着石油资源的逐渐枯竭,亚麻以其优异的吸湿快干、透气滑爽、抗菌保健等特点,日益受到人们的关注和重视,被广泛应用于纺织服装、航空航天、医疗卫生等诸多领域。

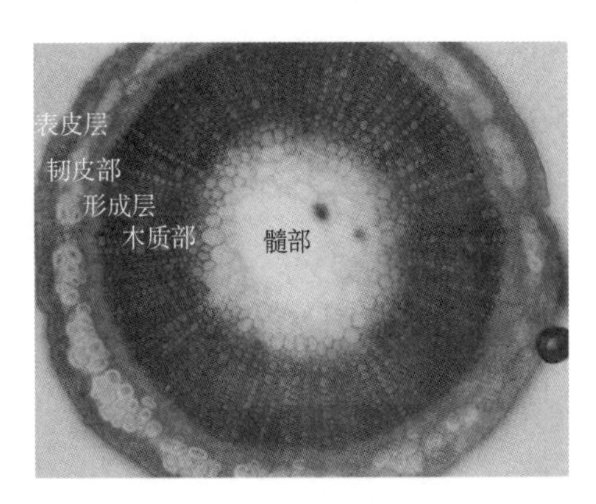

图3-1 亚麻茎横截面结构图

亚麻茎主要可分为表皮层、韧皮部、形成层、木质部和髓部五部分,如图3-1所示。其中,表皮层(Epidermis)是由一层薄壁细胞组成的保护层,表面分布着很多气孔,大约为40个/mm^2,其外面附有一层角质层和蜡质,可以保持植物内部水分不受温度变化的影响,并伴有呼吸作用,使得内层薄壁组织不受机械损伤。韧皮部(Phloem)位于表皮侧,由薄壁细胞组成,其中最有价值的部分是纤维束。一群组成纤维束带有较小空腔的厚壁细胞就是单纤维,单纤维两端沿轴向互相搭接或侧向穿插,被果胶和半纤维素等紧密地结合起来,这样就形成了网状支架,使亚麻茎部结构坚固,并保护内部柔软组织。形成层(Cambium)为环状薄壁细胞,将韧皮纤维和木质部相分离;木质部(Xylem)由导管、木质纤维和木质薄壁组织构成,在生长过程中为植物提供机械支撑;髓部(Pith part)由薄壁细胞围绕着空腔,此空腔几乎贯穿整个亚麻茎部。

亚麻纤维为单细胞纤维,其基本链节是葡萄糖剩基,相邻的葡萄糖剩基转180°左右,彼此以(1,4)-糖苷键相结合而形成大分子。亚麻纤维的基原纤、微原纤和原纤的结构尺寸与棉纤维接近,但取向度比棉纤维高;其螺旋角较小,为6°～8°,因而纤维的强度较高,伸长变形较小,耐腐蚀性较好。亚麻单纤维平均长度为10～26 mm,细度为5.56～1.25 dtex(1 800～8 000 Nm),横截面为五角形、六角形和多角形;纤维表面呈竹节状,断面有倾斜龟裂条痕;纤维细胞厚度整齐呈圆筒状,无天然卷曲,其单纤维形态结构如图3-2所示。

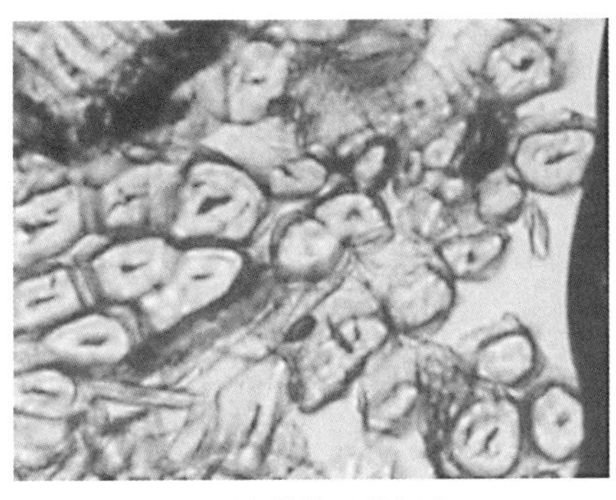

(a) 原麻横截面形态图

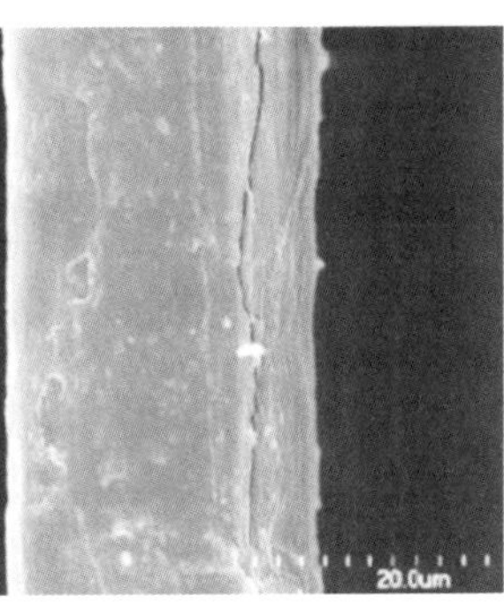

(b) 原麻纵向形态图

图 3-2　原麻单纤维形态结构

3.1　亚麻纤维化学组成和结构特点

亚麻纤维化学组成主要包括纤维素、半纤维素、木质素、果胶和脂蜡质等。其中，纤维素含量为 70%～80%，半纤维素含量为 12%～15%，木质素含量为 2.5%～5%，果胶含量为 1.4%～5.7%，脂蜡质含量为 1.2%～1.8%，含氮物质含量为 0.3%～0.6%。不同产地亚麻纤维及常见麻类纤维化学组分含量见表 3-1、表 3-2。

表 3-1　不同产地亚麻的化学组成成分

国名	纤维素/%	半纤维素/%	木质素/%	果胶/%	脂蜡质/%
中国	67.55	16.21	5.76	3.53	6.95
法国	67.38	15.66	5.84	5.55	5.57
俄罗斯	65.07	16.41	4.53	5.62	8.37
比利时	75.80	15.23	3.36	1.38	1.53
荷兰	75.17	14.50	2.98	3.17	1.34

表 3-2　常见麻类纤维化学组成成分

	纤维素/%	半纤维素/%	木质素/%	果胶/%	脂蜡质/%	灰分/%
苎麻	65～75	12～16	0.8～2	3～6	0.2～1	2.5～4.5
亚麻	70～80	12～15	2.5～5	1.4～5.7	2～3	0.2～1
大麻	50～60	16～19	3～6	2～4	1～2	1～1.5
黄麻	59～70	14～16	9～17	0.5～1	0.3～0.5	0.5～1.5

3.1.1 纤维素结构

纤维素(Cellulose)是由葡萄糖组成的一类有机复合物,是亚麻植物细胞壁的主要组成物质,也是亚麻纤维的主要化学组成。一般可用通式($C_6H_{10}O_5$)$_n$ 表示(n 为聚合度),其分子结构(图 3-3)是由 β-(1,4)-糖苷键连接的几百到上万个基本结构单元 D-葡萄糖组成的分子长链,分子结构式如图 3-3 所示。纤维素大分子长链有两个性质不同的末端基,一个具有还原性,另一个不具有还原性。在纤维素长链一端的葡萄糖基的第一个碳原子上有一个苷羟基,当葡萄糖的结构由环状转变为开链式时,这个苷羟基就会转变为具有还原性的醛基,因此,这个苷羟基具有还原性;而长链的另一端,在末端基的第四个碳原子上的仲醇基不具有还原性。

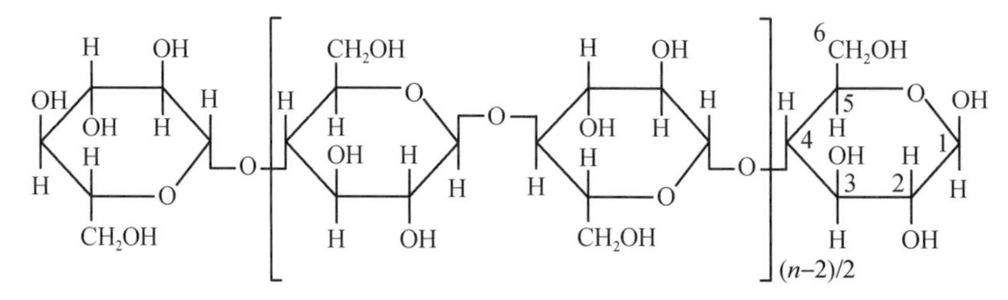

图 3-3 纤维素分子结构式

纤维素大分子上的每个葡萄糖剩基上都含有 3 个游离—OH 基团,分别在 2,3,6 碳原子上,其中 2,3 位上的是仲醇羟基,6 位上的是伯醇羟基,这些羟基之间相互形成氢键。在氢键或范德瓦耳斯力的作用下,纤维素大分子长链相互结合形成纤维束,几个或几十个纤维束结合在一起形成束状结构,束状结构经过定向排列后形成纤维。由于纤维素致密的晶体结构及大分子链内和链间无数的氢键,因此,纤维素的化学性质非常稳定,不易溶于一般的有机溶剂、水、稀酸、稀碱等,在常温下不会发生水解。但在酸溶液(特别是无机酸溶液)或高温水作用下,纤维素会发生水解作用而使大分子裂解。这主要是因为纤维素大分子中葡萄糖基环之间的苷键对酸液和高温水的作用不稳定。在一定条件下,纤维素受到水解作用后,它的糖苷键发生断裂,聚合度下降,其反应过程如下:

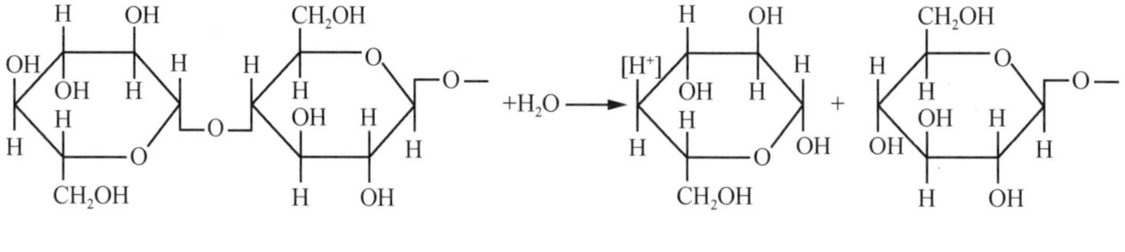

在完全水解时,即纤维素大分子内所有的葡萄糖苷键都断裂时,最终完全转化为葡萄糖:

$$(C_6H_{10}O_5)_n + nH_2O \xrightarrow{(H^+)} nC_6H_{12}O_6$$

亚麻在脱胶或煮漂过程中，纤维素或多或少地要受到氧化剂的氧化作用，纤维素的氧化主要发生在纤维素大分子中葡萄糖基环中的羟基上，根据不同的条件相应生成醛基（—CHO）、酮基（—CO—）或羧基（—COOH）。因此，不同的醇羟基在不同介质条件下，可以发生不同的氧化作用，具体的氧化过程如下：

① 葡萄糖基环中的伯羟基（$—CH_2OH$）可以氧化成醛基（—CHO）：

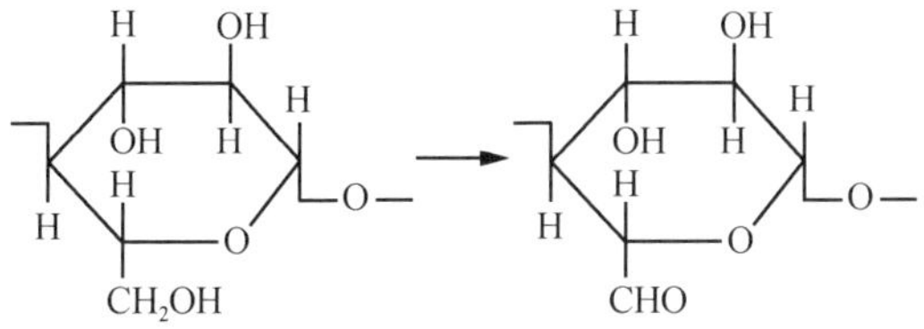

也可以氧化成羧基（—COOH）：

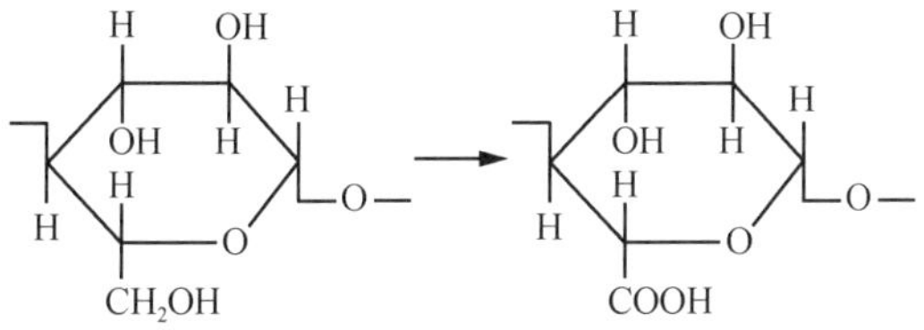

② 葡萄糖基环中的 2 或 3 碳原子上的仲羟基可以氧化成酮基（—CO—）：

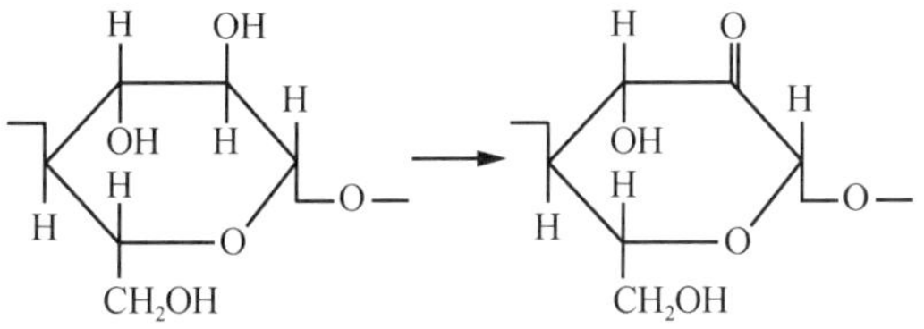

同时可以氧化为醛基并使基环的氧六环断裂：

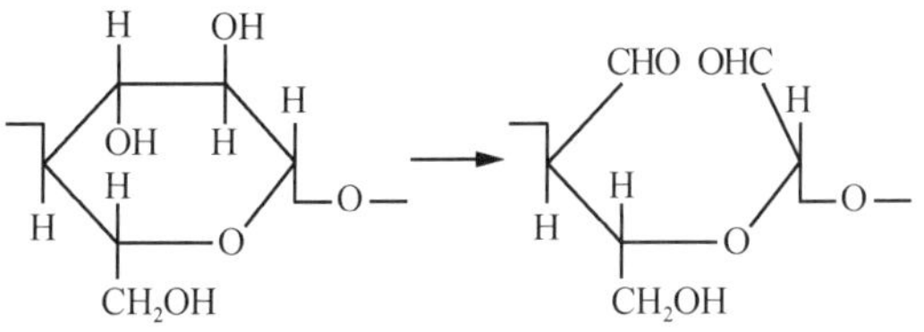

或者在几种氧化剂的联合作用下，可将仲醇羟基氧化时所生成的醛基继续氧化成羧基：

纤维素经氧化后，由于分子中有醛基和羧基这些亲电取代基，对聚糖苷键有一定的影响，特别是醛基的影响最大，因为它能活化与之相近的苷键，使之容易水解而发生苷键断裂，从而降低了纤维素聚合度，这在漂白工艺中经常遇到。

3.1.2 半纤维素结构

半纤维素（Hemicellulose）是构成植物细胞壁结构的第二大碳水化合物高聚物，是一种由D-吡喃葡萄糖（D-glucopyanose）、D-吡喃甘露糖（D-mannopyranose）、D-吡喃半乳糖（D-galactopyranose）、L-阿拉伯呋喃糖（L-arabinofuranose）、D-木糖（D-xylopyranose）、D-葡萄糖醛酸（D-glucuronic acid）等多种类型的五碳糖和六碳糖构成的异质多聚体，其单糖结构如图3-4所示。它的含量仅次于纤维素，其结构形式比较复杂，可以是均一聚糖也可以是非均一聚糖，甚至可以是结构不相同的各种聚糖。半纤维素在化学性质、功能和结构方面与纤维素有着很多相似之处，不同的是半纤维素分子链较短，不超过200个葡萄糖基，其化学稳定性差，聚合度低于纤维素，其吸湿性和溶胀性比纤维素高，比纤维素更易被酸水解。半纤维素中最丰富的一类物质是木聚糖，其基本糖单元是D-吡喃木糖，主链由木糖以β-(1,4)-糖苷键连接形成，侧链上被各种不同的取代基所修饰，同时，这些侧链取代基团通过化学键互相交联，形成复杂的结构，其结构式如图3-5所示。

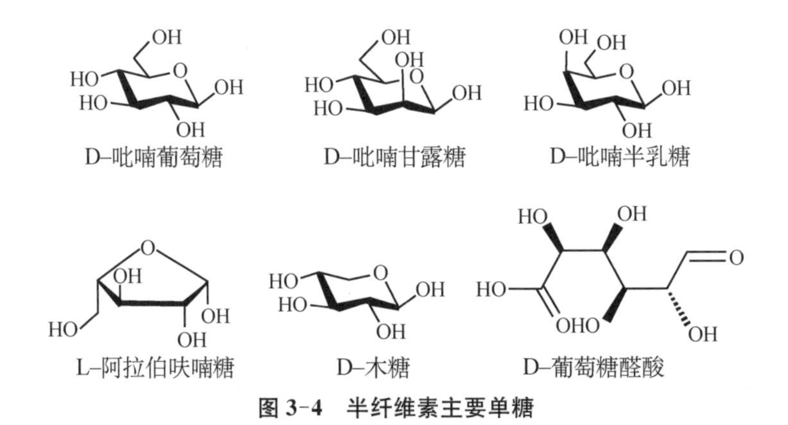

图3-4 半纤维素主要单糖

半纤维素在植物细胞壁中通过酚酸（如阿魏酸和糖醛酸等）与木素共价连接，形成碳水化合物—木素复合体。阿魏酸多糖酯类通过醚键与木素连接，阿魏酸的8位与羟基肉桂醇的β位连接即8-β'键形成半纤维素-酯-阿魏酸-醚-木素桥联结构；糖醛酸的自由羧基通过酯键与木素的苯甲基相连。

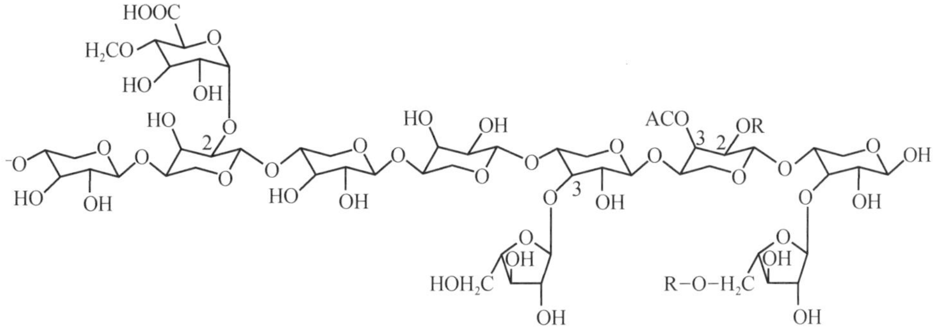

图 3-5　木聚糖分子结构式

3.1.3　木质素结构

木质素是仅次于纤维素的最丰富的有机高分子化合物，主要由苯丙烷（phenylpropanlid）结构通过醚键、碳—碳以非线性、随机方式连接组成具有无定形三维空间结构复合体，其三种主要单体为香豆醇（coumaryl alcohol）、松柏醇（coniferyl alcohol）和芥子醇（sinapyl alcohol），这三种单木质醇分别形成木质素中的对羟苯基（H）、愈创木基（G）和紫丁香基（S）结构单元，如图 3-6 所示。

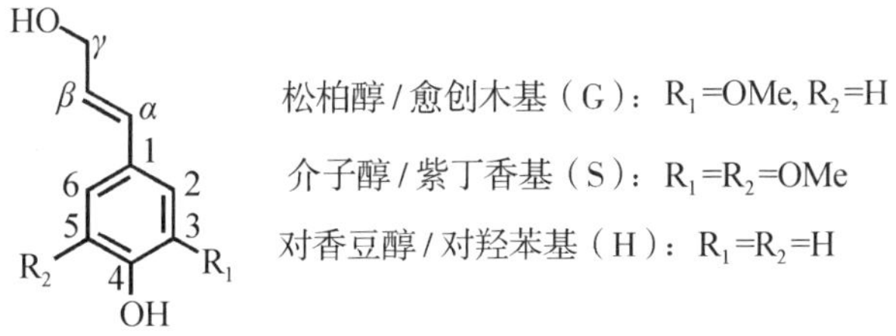

松柏醇 / 愈创木基（G）：R_1=OMe, R_2=H

介子醇 / 紫丁香基（S）：R_1=R_2=OMe

对香豆醇 / 对羟苯基（H）：R_1=R_2=H

图 3-6　木质素三种基本结构单元

在木质素大分子中，如果将苯基丙烷结构单元视作“一头一尾”结构，它们之间按照“头—头连接”“尾—尾连接”“头—尾连接”等多种形式，构成这些形式的结构单元之间主要以醚键（图 3-7）、碳—碳键（图 3-8）和极少量的酯键（图 3-9）连接。一般 β-O-4 醚键占 60%～70%，其连接方式主要有烷基芳基醚（侧链与苯环间、甲氧基与苯环间 - 甲基芳基醚）、二芳基醚（苯环与苯环间）和二烷基醚（侧链与侧链间）等；碳—碳键占 30%～40%，其主要连接方式有 β-5 型、β-1 型、5-5 型、β-6 型、α-6 型、β-β'型及 α-β'型等。木质素大分子中的碳—碳键对化学药品的降解作用具有高度的稳定性，在木质素的氢化醇解等处理过程中，由于碳—碳键的存在使得木质素不能分解成单个单元；而木质素大分子中醚键的物理化学性质不稳定，施加一定的物理化学作用可使木质素的醚键断裂，易于木质素溶解。

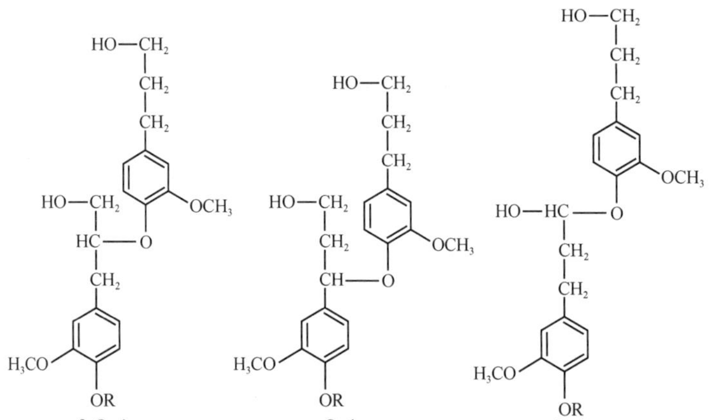

HO—CH$_2$
CH$_2$
CH$_2$
OCH$_3$
HO—CH$_2$
HC—O
CH$_2$
H$_3$CO
OR
β-O-4
β-烷基-芳基醚键

HO—CH$_2$
CH$_2$
CH$_2$
OCH$_3$
HO—CH$_2$
CH$_2$
CH—O
H$_3$CO
OR
α-O-4
α-烷基-芳基醚键

HO—CH$_2$
CH$_2$
CH$_2$
OCH$_3$
HO—HC—O
CH$_2$
CH$_2$
H$_3$CO
OR
γ-O-4
γ-烷基-芳基醚键

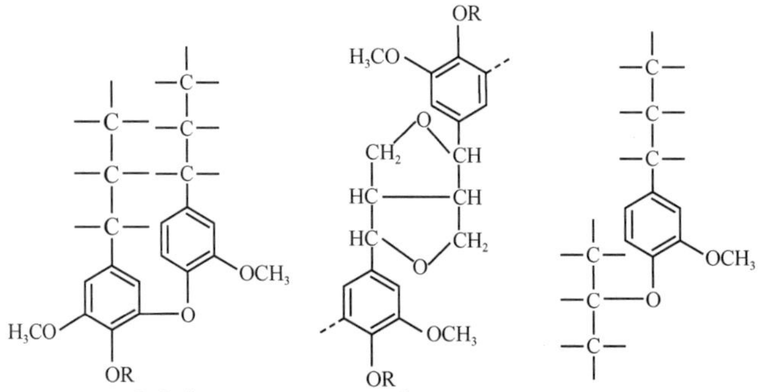

—C—
—C—
—C—
—C—
—C—
—C—
OCH$_3$
H$_3$CO
O
OR
5-O-4
二芳基醚键

OR
H$_3$CO
O
CH$_2$
CH
HC
CH
HC
CH$_2$
O
OCH$_3$
OR
α-O-γ
二烷基醚键

—C—
—C—
—C—
—C—
—C—
—C—
OCH$_3$
O
甘油-芳基醚键

图 3-7　木质素中醚键主要类型

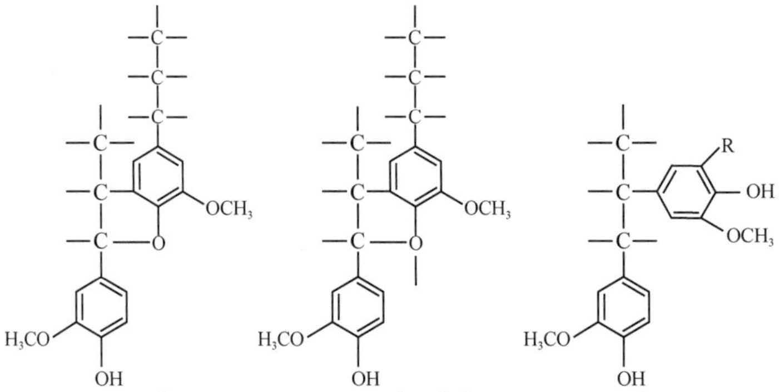

—C—
—C—
—C—
—C—
—C—
—C—
OCH$_3$
O
H$_3$CO
OH
β-5型

—C—
—C—
—C—
—C—
—C—
—C—
OCH$_3$
O
H$_3$CO
OH
β-5(开环)型

—C—
—C—
—C—
R
OH
OCH$_3$
H$_3$CO
OH
β-1型

—C—
—C—
—C—
—C—
—C—
—C—
H$_3$CO
OCH$_3$
O
O
5-5型

—C—
—C—
—C—
—C—
—C—
—C—
OCH$_3$
O
H$_3$CO
O
α-6型

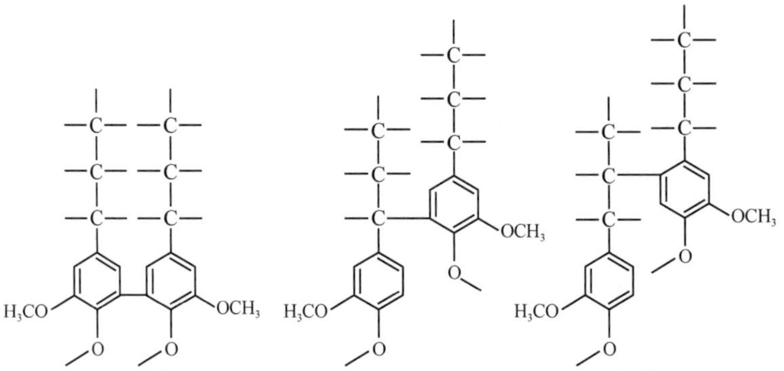

—C—
—C—
—C—
—C—
—C—
—C—
OCH$_3$
O
H$_3$CO
O
β-6型

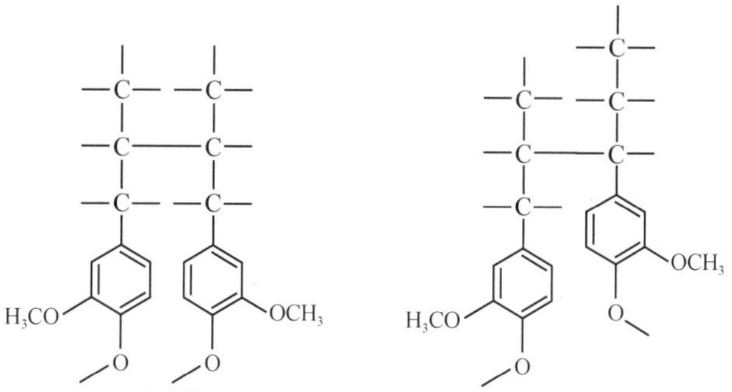

图 3-8 木质素中碳—碳键主要类型

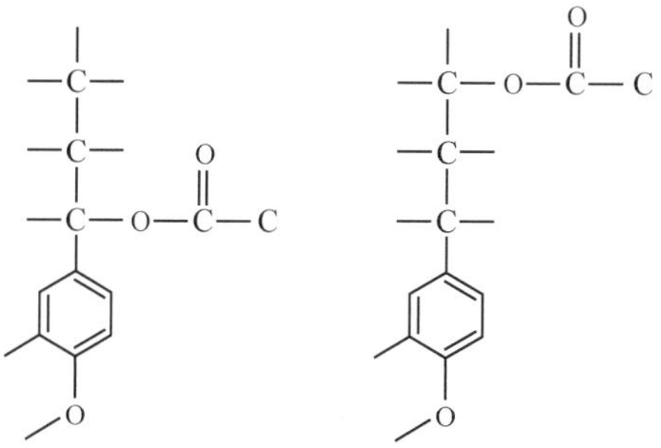

图 3-9 木质素中酯键主要类型

木质素中含有多种活性官能团，主要有甲氧基（—OCH_3）、羟基（—OH）、羰基（—CO）及侧链结构等。羟基在木质素中含量较多，但主要是以苯环的酚羟基和侧链上的脂肪族醇羟基两种形式存在，其中酚羟基的多少直接影响木质素的物理和化学性质，同时也能衡量木质素的溶解性能和反应能力。在木质素侧链的 α 位或 γ 位上存在着对羟基安息香酸、香草酸、紫丁香酸、对羟基肉桂酸、阿魏酸等酯型结构。此外，在侧链 α 位还有醚型结构，或作为联苯型结构的碳—碳结构。木质素中的羰基主要是以共轭羰基和非共轭羰基两种类型存在。羟基和羰基是对木质素的化学反应活性影响最大的两类官能团，而甲氧基通常比较难发生反应，人们经常通过测定其含量，来估算某种特定木素中的苯丙烷基含量。木质素存在多种活性官能团，理论上可以进行氧化、还原、水解、醇解、酸解磺化、缩聚和烷基化等化学反应，但至今仍未能把整个木质素分子以其完整的状态分离出来，木质素的性能和复杂结构的关系仍在研究中。

3.1.4 果胶结构

果胶（Pectin）（图 3-10）是一类聚半乳糖醛酸类物质的总称，其单体为 α-1,4-D 聚半乳糖醛酸，分子式为 $C_5H_9O_5COOH$，半乳糖的伯醇基—CH_2OH 被氧化成羧基—COOH，成为半乳糖醛酸，如图 3-11 所示。果胶的主体物质是多缩半乳糖醛酸(图 3-12)，是由半乳糖醛酸缩合而成，其侧链含有较多的阿拉伯糖和半乳糖，按其溶解性的不同可分为可溶性果胶和生果胶。可溶性果胶主要为果胶酸和果胶酸甲酯，生果胶主要为果胶酸的钙镁盐，其中钙盐含量较多，在未甲基化的果胶中，钙离子取代了相邻分子的羧基中的氢，使得果胶分子形成网状结构，果胶处于稳定状态。果胶物质在亚麻纤维细胞壁中将细胞黏结在一起，其主要存在于相邻细胞壁间的胞间层内。

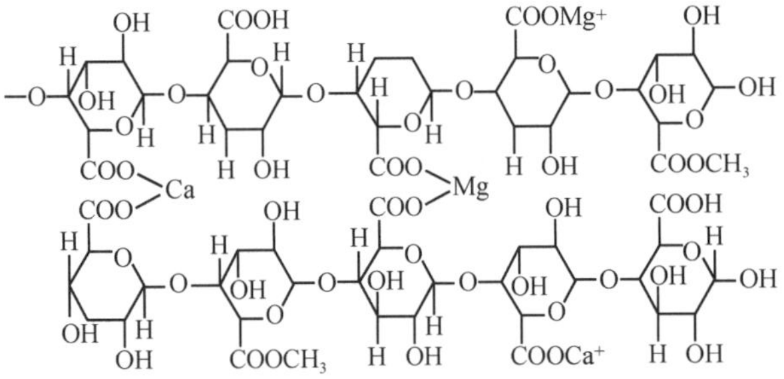

图 3-10　果胶的基本化学结构式

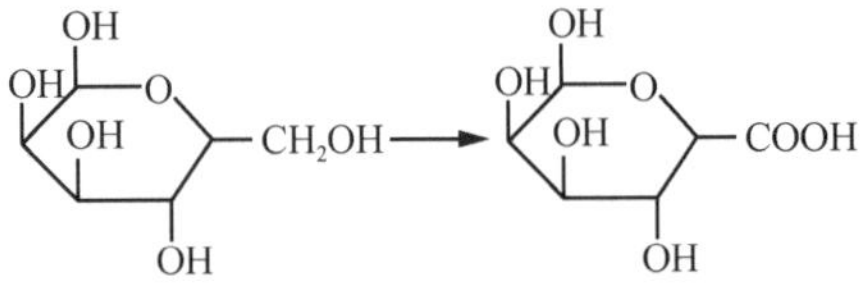

图 3-11　半乳醛酸

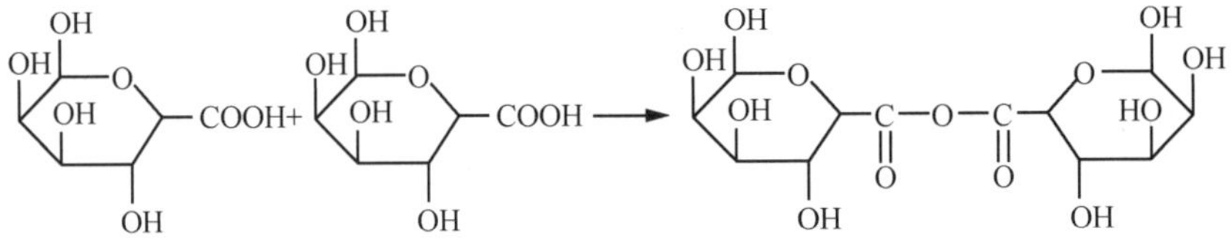

图 3-12　半乳糖醛酸的缩合反应

相对于半纤维素，果胶经过酸预水解再用稀碱溶液煮练，杂质去除率较高。经碱液处理，果胶类物质会完全脱去甲基而溶解，即使在室温下，这种脱甲酯的皂化作用也十分迅速。

3.1.5　脂蜡质等其他成分结构

脂蜡质是各种复杂的酯类游离脂肪酸(饱和脂肪酸和不饱和脂肪酸)、高级醇、烷烃型碳氢化合物的混合物。其中脂肪酸和脂肪酸酯类经过碱液处理时容易被皂化，而脂蜡质不能皂化的部分占 90%，可以被氯化或乳化。脂蜡质含量高，亚麻纤维的手感柔软，但纤维的吸湿性差、白度低、毛效低。

亚麻纤维的化学组成除了纤维素、半纤维素、木质素、果胶和脂蜡质外，还有含氮物质、色素和灰分等。含氮物质是亚麻纤维植物组织中必需的部分，主要分布在纤维细胞腔中，它的主要成分是多缩氨酸。含氮物质在经过氯漂时容易生成氯胺，氯胺经水洗不能直接去除，要采用 $Na_2S_2O_3$ 或 Na_2SO_3，或 H_2O_2 进行干燥去除，在干燥的过程中，会析出盐酸，从而导致纤维素水解，纤维强度下降，导致织物泛黄。色素的着色物质主要是叶黄素、叶绿素等含有单宁型的复杂化合物，能溶于水和有机溶剂（丙酮、甲醇等），经氧化剂漂白后可以去除。灰分主要是金属和非金属元素的氧化物及无机盐类物质等。在漂白过程中，纤维内的变价金属（Fe、Cu、Mn 等）会催化漂白剂对纤维的氧化作用，使纤维受到额外损伤。Fe、Cu 等化合物也会使漂白剂 H_2O_2 分解，因此，在漂白前采用酸处理等加以去除。

3.2　亚麻粗纱煮漂工艺技术

亚麻粗纱煮漂一直是麻纺行业关注的难题，多年以来，许多研究工作都立足解决此问题，直到 20 世纪 50 年代后期，人们才开始研究粗纱煮练工艺。20 世纪 50 年代末，我国成功研发了亚麻粗纱煮练技术；70 年代末亚麻粗纱煮漂设备基本完善；80 年代亚硫酸钠漂白工艺得以全面推广使用。其中煮练是利用化学药品，如氢氧化钠或碳酸钠，将纤维中的部分胶杂质去除，提高纤维的分裂度。漂白则是利用漂白剂将纤维中的色素类物质去除。亚麻粗纱经煮漂工艺处理后，去除了部分黏结纤维之间的物质，减弱了纤维之间的联系，提高了亚麻纤维的分裂度，增加了亚麻纤维的可纺性；同时改善了细纱的强力和条干，降低了细纱断头率，提高了生产效率。

亚麻纤维化学组成主要包括纤维素、半纤维素、果胶、木质素、脂蜡质和含氮物质等，其中半纤维素、木质素、果胶难以去除，且亚麻纤维分子的结晶度和取向度较高，易于对纤维的延伸度、弹性、集束性、柔软性和卷曲性产生影响，给亚麻纤维纺纱织造过程带来了诸多不便。因此，去除半纤维素、木质素和果胶的方法有纤维脱胶、粗纱煮漂和织物煮漂等。但目前，主要去除方法是亚麻粗纱煮漂。经过煮漂处理后，亚麻单纤维间黏合力减弱，纤维间的黏合物质被去除，纤维较易产生分劈，有利于加工成细特（高支）纱及高档产品。

3.2.1　化学煮漂工艺技术

在亚麻生产中，由于粗纱中纤维的分离程度较差，为了提高其可纺性，在生产中往往对粗纱进行化学煮漂。19 世纪 50 年代，国内外长麻湿法纺纱普遍采用的是传统工艺方法：栉梳机（梳成长麻）→成条→三或四道并条→粗纱→湿纺环锭细纱→摇纱→漂纱→脱水→开纱→绞纱干燥→络纱。19 世纪 60 年代后，国内外亚麻纺纱技术获得了明显的发展和提高，亚麻纺纱的传统工艺和流程也有了不少新的改变。粗纱煮漂的新工艺流程为：栉梳机（梳理后成为梳成长麻）→成条→预并→三或四道并条→粗纱→粗纱煮漂→湿纺环锭细纱机→细纱管纱直接干燥→络筒机。

目前，国内化学煮漂方法工艺流程：

亚麻粗纱→碱煮→亚氯酸钠漂白→水洗→双氧水漂白→水洗→酸洗→水洗。

在煮漂过程中，使用双氧水代替亚氯酸钠为主要煮漂试剂，煮漂液中分解出的过氧化氢阴离子 HOO^- 氧化可以去除木质素，将木质素和其他杂质氧化后析出并最终溶解于碱液中。由于烧碱的加入，增加了OH^-离子的浓度，从而在一定范围内增加了HOO^-离子的浓度，提升了H_2O_2的作用，能更加彻底地去除木质素。在亚麻粗纱煮练工艺中使用适量的柔软剂和螯合分散剂，可以控制原子状态氧[O]生成速度，减少对纤维素的破坏，提高亚麻纱线的柔软性和可纺性，进而提高其强力，但若加入过多的柔软剂，反而使细纱平均强度下降，强度不均情况恶化。此外，在煮漂过程中加入六次甲基四胺和亚氯酸钠等非离子表面活性剂，可以改变纤维的白度和强力；而在不添加任何催化剂的条件下，以过硼酸钠(SPB)为漂白剂，可以达到煮漂效果的要求，但纤维高分子的羰基和羧基数目发生改变，影响了纤维的物理化学性能。

该方法一直采用高温碱煮和亚氧漂等工艺，在该工艺中主要使用H_2SO_4、$NaClO_2$、Na_2CO_3、Na_2SiO_3、H_2O_2等，虽然具有白度高、毛效好等特点，但其工艺条件复杂、反应剧烈、亚氯酸钠成本高，对纱线、织物强度的损伤较大，而且工艺流程长，能源耗费大，并产生大量的碱煮废液，给环境带来严重的污染。

3.2.2 化学生物煮漂工艺技术

为了解决传统化学法亚麻煮漂工艺对纤维损伤大、环境污染严重等问题，国内外学者从脱胶微生物的筛选入手，开展亚麻微生物处理方法的研究。

该煮漂方法与传统化学煮漂法相比，具有专一性强、对纤维损伤小、绿色环保等优势。但生物法只对特定的底物产生催化降解作用，在实际应用中往往需要特殊的实验条件，菌种生存环境要求较高，且存在应用时稳定性差、易失活等问题，无法重复利用，增加了亚麻粗纱的经济成本，限制了其广泛应用。

3.2.3 生物酶煮漂工艺技术

生物酶法脱胶就是将脱胶菌培养到菌生长的衰老期后进行过滤或离心等处理，再用得到的粗酶液浸渍原麻，也可将粗酶液提纯、浓缩为液剂，或者将该浓缩液干燥成为粉剂，使用时将液剂稀释或将粉剂溶于水，把原麻浸渍在酶稀释液中进行酶解脱胶。亚麻生物酶法脱胶工艺具有不需要专用设备、快速高效、无污染、易于生产化；纤维损伤小、手感柔软、光泽好等特点。

虽然采用生物酶法煮漂亚麻粗纱不需要高温加压、强酸强碱等条件，对纤维损伤小，生产污染小，但是生物酶的价格较高，生产成本较大，在煮漂过程中仍以水为介质，大量的煮漂废水带来了严重的环境污染，在实际应用和推广中受到了一定的限制。

3.2.4 亚麻粗纱超临界CO_2体系煮漂工艺

亚麻粗纱煮漂是亚麻纤维加工过程中最关键的加工工序，煮漂效果的好坏直接影响亚麻细纱成纱质量。传统亚麻粗纱煮漂方法主要采用煮练、氯漂和氧漂结合的方式，降解纤维间的非纤维素胶质组分，削弱纤维束内纤维间的连接，使纤维束分裂成较细的纤维，以降低纤维损伤，增加纤维白度，进而纺得亚麻细纱。但目前传统煮漂方法存在工艺流程长、耗水耗能高、环境污染严重等问题，严重制约了麻纺行业可持续发展。

为了解决水资源短缺和水污染等问题，有学者提出了超临界 CO_2 流体无水煮漂技术，即利用超临界 CO_2 流体具有与液体相似的溶质溶解性和具有气体易于扩散的特点，完成亚麻粗纱的煮漂过程。

3.2.4.1 超临界 CO_2 流体无水煮漂工艺

（1）亚麻粗纱超临界 CO_2 流体处理后的性能。

煮漂温度对亚麻粗纱物化性能的影响主要体现在以下六个方面。

① 煮漂温度对亚麻粗纱结构性能的影响：图 3-13 是超临界 CO_2 流体在煮漂温度为 70～120 ℃时煮漂前后亚麻粗纱表面形貌变化的扫描电子显微镜(SEM)图像。图 3-13(a)是未经超临界 CO_2 流体处理的亚麻粗纱，该粗纱缠绕较松散，其细度为 577 tex。如图 3-13(b)所示，未煮漂的亚麻粗纱表面比较光滑，没有任何凸起现象。

经超临界 CO_2 流体在 28 MPa 条件下煮漂 90 min 后，亚麻纤维表面比较粗糙，与纤维黏附紧密，并且表面出现轻微的破坏[图 3-13(c)]，随着煮漂温度的升高，亚麻纤维表面出现较多的凹槽和凸起，甚至表面有一些纤维剥落[图 3-13(d～f)]。特别是当煮漂温度升高到 120 ℃，纤维表面有明显的剥落痕迹且剥离较多，而且纤维较细，分纤度较高。这主要是由于超临界 CO_2 流体对纤维杂质有溶解清除作用，及在煮漂过程中的超临界 CO_2 流体对纤维的机械冲击力共同作用引起的；同时，超临界 CO_2 流体具有优异的传质性能与较低的表面张力，使纤维大分子之间的连接键遭到破坏，增加了纤维表面的分裂度。

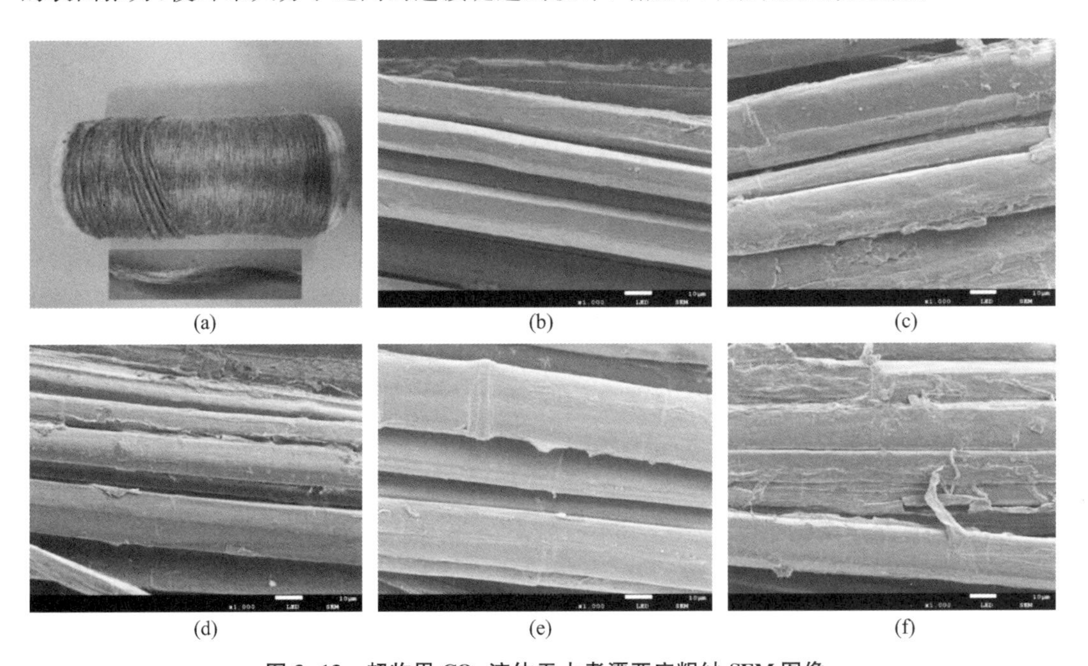

(a) (b) (c) (d) (e) (f)

图 3-13 超临界 CO_2 流体无水煮漂亚麻粗纱 SEM 图像

② 煮漂温度对亚麻粗纱化学结构的影响:在超临界 CO_2 流体无水煮漂过程中,亚麻粗纱在煮漂压力 28 MPa 条件下采用不同煮漂温度煮漂 90 min 后,亚麻粗纱原样及煮漂后粗纱的红外光谱(FT-IR)图如图 3-14 所示,信号归属和相对吸收强度见表 3-3。在所有亚麻粗纱样品的曲线上均出现了 O—H 伸缩振动、C—H 伸缩振动、C═C 伸缩振动、C—O—C 伸缩振动、C—O 伸缩振动、C—H 弯曲振动等特征吸收峰。对于亚麻粗纱原样而言,其纤维素和木质素中羟基的 O—H 伸缩振动(ν_{O-H})出现在 3 337 cm^{-1} 处;纤维素和半纤维素中甲基 CH_3 和亚甲基 CH_2 中的碳—氢共价键 C—H 伸缩振动(ν_{C-H})出现在 2 919 cm^{-1} 处;甲氧基中 C—H 对称伸缩振动(ν_{C-H})出现在 2 879 cm^{-1} 处;苯环同分异构体 C≡C 伸缩振动($\nu_{C\equiv C}$)出现在 2 257 cm^{-1} 处;非共轭或酯键中的 C═O 伸缩振动($\nu_{C=O}$)出现在 1 724 cm^{-1} 处;苯环骨架振动出现在 1 594 cm^{-1} 处;木质素中甲基 CH_3 弯曲振动(δ_{CH_3})和亚甲基 CH_2 伸缩振动(ν_{CH_2})分别出现在 1 368 cm^{-1} 与 1 315 cm^{-1} 处;紫丁香基中的 C—O 伸缩振动(ν_{C-O})、酚羟基面内弯曲振动出现在 1 329 cm^{-1} 处;醚键 C—O—C 的不对称伸缩振动(ν_{C-O-C})出现在 1 163 cm^{-1} 处;苯环 C—H 面内弯曲振动、紫丁香基中的 C—C/C—O 伸缩振动(ν_{C-C}、ν_{C-O})出现在 1 032 cm^{-1} 处。另外,β-糖苷键振动、脂肪族中的 C═C 伸缩振动($\nu_{C=C}$)出现在 894 cm^{-1} 处。

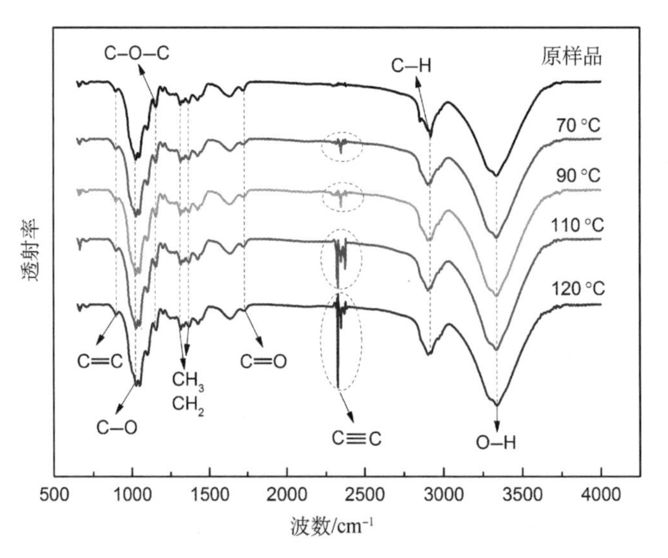

图 3-14 不同温度煮漂亚麻粗纱红外光谱图

经过超临界 CO_2 流体无水煮漂后,在不同煮漂温度条件下的亚麻粗纱,其 C—H 共价键和醚键的特征吸收峰都发生了轻微偏移。与亚麻粗纱原样相比,波长在 2 320～2 380 cm^{-1} 发生了明显的变化,并且在此区域中,出现了一些小吸收峰。这主要是由于超临界 CO_2 渗透到纤维内部,使纤维产生溶胀,从而使亚麻纤维大分子链段间发生重排。因此,采用不同温度处理后,亚麻粗纱的红外特征吸收峰发生了一定程度的偏移。同时,在波长 2 257 cm^{-1} 处出现了明显的吸收峰，这可能是苯环同分异构体 C≡C 伸缩振动($\nu_{C≡C}$)产生的。这主要是在超临界 CO_2 无水煮漂过程中，随着煮漂温度的升高，亚麻粗纱中的木质素发生水解，从而产生了苯环的同分异构体物质。

表 3-3 不同温度煮漂前后亚麻粗纱的红外光谱的信号归属

波数/cm^{-1}	特征峰归属
3 337	O—H 伸缩振动
2 919	C—H 伸缩振动(CH_3、CH_2)
2 879	C—H 对称伸缩振动(CH_3O)
2 257	C≡C 伸缩振动(苯环同分异构体)
1 724	C═O 伸缩振动(非共轭或酯键)
1 594	苯环骨架振动
1 462	C—H 弯曲振动(CH_3、CH_2、CH)
1 368	CH_2 伸缩振动(木质素)
1 329	C—O 伸缩振动(紫丁香基)，酚羟基面内弯曲振动
1 315	CH_3 伸缩振动(木质素)
1 225	C—C、C—O、C═O 伸缩振动
1 163	C—O—C 不对称伸缩振动
1 123	苯环 C—H 面内弯曲振动，C—C、C—O 伸缩振动(紫丁香基)
1 083	C═O 伸缩振动，烷氧键伸缩振动(乙酰基)
894	β-糖苷键振动(碳水化合物特征峰)，C═C 伸缩振动(脂肪族)

③ 煮漂温度对亚麻粗纱化学成分影响：对超临界 CO_2 无水煮漂前后的亚麻粗纱分离物进行 ^{13}C-NMR 和 ^{1}H-NMR 分析，分别如图 3-15 和图 3-16 所示。木质素 ^{13}C-NMR 和 ^{1}H-NMR 的信号归属分别见表 3-4 和表 3-5。^{13}C-NMR 包含了 102～162 mg/L 的芳香族碳区(155～142 mg/L 为芳香 C—O，142～124 mg/L 为芳香 C—C，124～102 mg/L 为芳香 C—H)和脂肪族碳区(90～60 mg/L)。由图 3-15 和表 3-4 可知，在 170.1 mg/L、152.1 mg/L、103.6 mg/L 化学位移处有酰基、肉桂酸、苯甲酸、苯乙酸中的—COOH—，紫丁香基中的 C_3、C_5，5-5′结构中的 C_3、C_3'，阿魏酸结构中的 C_α，醚化的愈创木基 C_3、C_4，肉桂醛中的 C_α，酚型紫丁香基中的 C_2、C_6；147.8 mg/L、132.7 mg/L、121.5 mg/L、115.8 mg/L、113.7 mg/L 化学位移处有愈创木基结构单元的吸收峰；97.9 mg/L、83.0 mg/L、77.2 mg/L、72.3 mg/L、63.8 mg/L、55.7 mg/L、20.6 mg/L 化学位移处有葡萄糖、甘露糖、木聚糖、木糖等结构的吸收峰，说明煮漂后的亚麻粗纱分离物中含有一定的木质素和碳水化合物；83.0 mg/L 化学位移处为 β-O-4 结构 C_β 和通过醚键与糖类连接的 C_α，煮漂后该处峰值比较明显，这表明超临界 CO_2 煮漂可能打断了木质素与碳水化合物之间的醚键；煮漂后的亚麻粗纱在 97.9 mg/L、72.3 mg/L、20.6 mg/L 化学位移处峰值明显，说明在煮漂过程中，亚麻粗纱中的木聚糖大分子结构得到降解，且木质素侧链发生断裂，从而导致粗

纱中木聚糖和木质素的含量降低；55.7 mg/L 化学位移处为甲氧基的吸收峰，这主要是由于超临界 CO_2 煮漂使得木质素与碳水化合物之间的连接键断裂而导致。分析表 3-5 和图 3-16 可以看出，煮漂后分离物中最显著的改变是在化学位移 3.90 mg/L 处甲氧基质子峰的变化；另外一个显著改变是在 2.00～1.20 mg/L 脂肪链质子峰的变化，这可能是由木质素侧链的断裂导致。

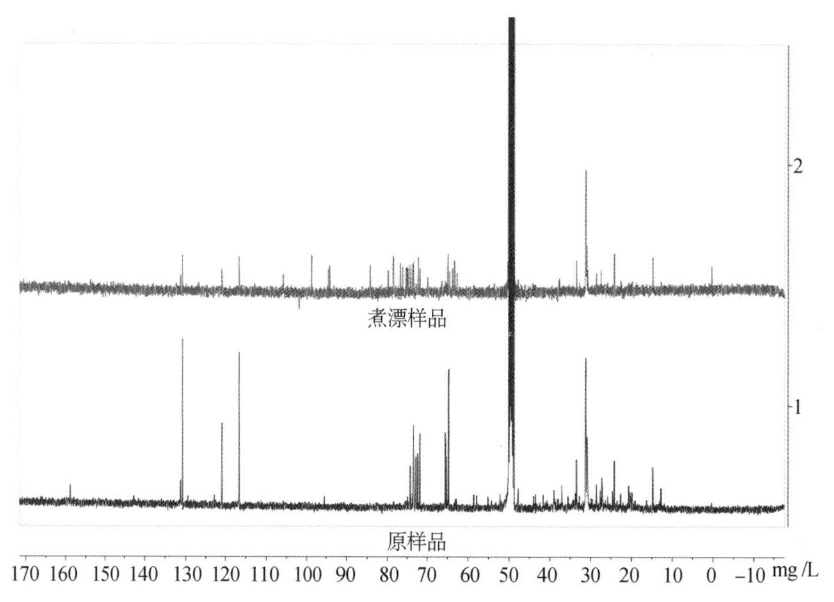

图 3-15 超临界 CO_2 处理煮漂亚麻粗纱分离物 C 谱图

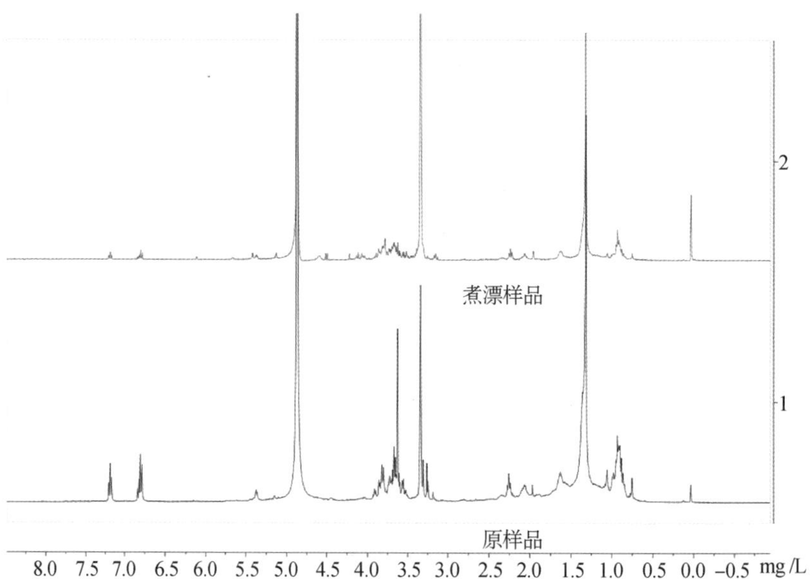

图 3-16 超临界 CO_2 煮漂前后亚麻粗纱分离物 H 谱图

表 3-4 木质素 ^{13}C-NMR 的信号归属

化学位移/(mg·L^{-1})	官能团归属
170.1	—COO—(酰基、肉桂酸、苯甲酸、苯乙酸)
152.1	C_3/C_5(紫丁香基),C_3/C'_3(5-5′), C_α(阿魏酸),C_3/C_4(醚化的愈创木基),C_α(肉桂醛)
147.8	C_3/C_5(紫丁香基),C_3/C_4(愈创木基)
132.7	C_1(愈创木基)
121.5	C_α(松柏醇)
115.8	C_3/C_5(阿魏酸,醚化的 *p*-肉桂酸),C_3/C_5(对羟苯基),C_5(愈创木基)
113.7	C_2(愈创木基)
103.6	C_2/C_6(紫丁香基)
97.9	C_1(β-葡萄糖),C_2(木聚糖),C_1(β-木糖)
83.0	C_β(β-O-4),C_α(β-5, β-β)
77.2	$C_3/C_4/C_5$(葡萄糖),C_5(β-甘露糖)
72.3	C_α(β-O-4)
66.2	C_γ(β-5)
63.8	C_5(木聚糖)
55.7	$—OCH_3$
28.9	$—CH_2—(C_5—CH_2—C_5)$
21.5	$—CH_3$(乙酰基)
21.4	$—CH_2$(脂肪族)
20.6	$—CH_3$(半纤维素)

表 3-5 木质素 ^{1}H-NMR 的信号归属

化学位移/ppm	官能团归属
7.3	H(对羟苯基)
6.9	H(愈创木基)
5.2~4.9	H(木聚糖)
4.8	H_γ(β-5, β-1, β-β, β-O-4)
4.0	H_β(β-O-4)
3.9	$H(—OCH_3)$
2.6	DMSO
1.2~2.0	H(脂肪链)

图 3-17 列出了亚麻粗纱分离物中的主要结构成分。图 3-17(a)β-O-4′烷基芳香基醚 G 类型木质素的 δ_C/δ_H 71.0/4.72 和 S 类型木质素的 δ_C/δ_H 71.6/4.6 处;$C_\beta-H_\beta$ 相互关系分别出现在 G 类型木质素的 δ_C/δ_H 83.0/4.2 和 S 类型木质素的 δ_C/δ_H 86.0/4.17 处。

同时，β-β'树脂醇结构[图 3-17(b)]中 C_{β}-H_{β} 相互关系在 NMR 谱图中出现在 δ_C/δ_H 83.0/4.2 处；β-5′苯基香豆满结构[图 3-17(c)]中 C_{β}-H_{β} 相互关系出现在 δ_C/δ_H 53.0/3.5 处。此外，木质素中的其他结构类型也可以在 NMR 谱图中看出，如 β-1′螺二烯酮类结构[图 3-17(d)]、5′-5″二苯并二噁英类结构[图 3-17(e)]和苯丙烯醇基结构[图 3-17(f)]。

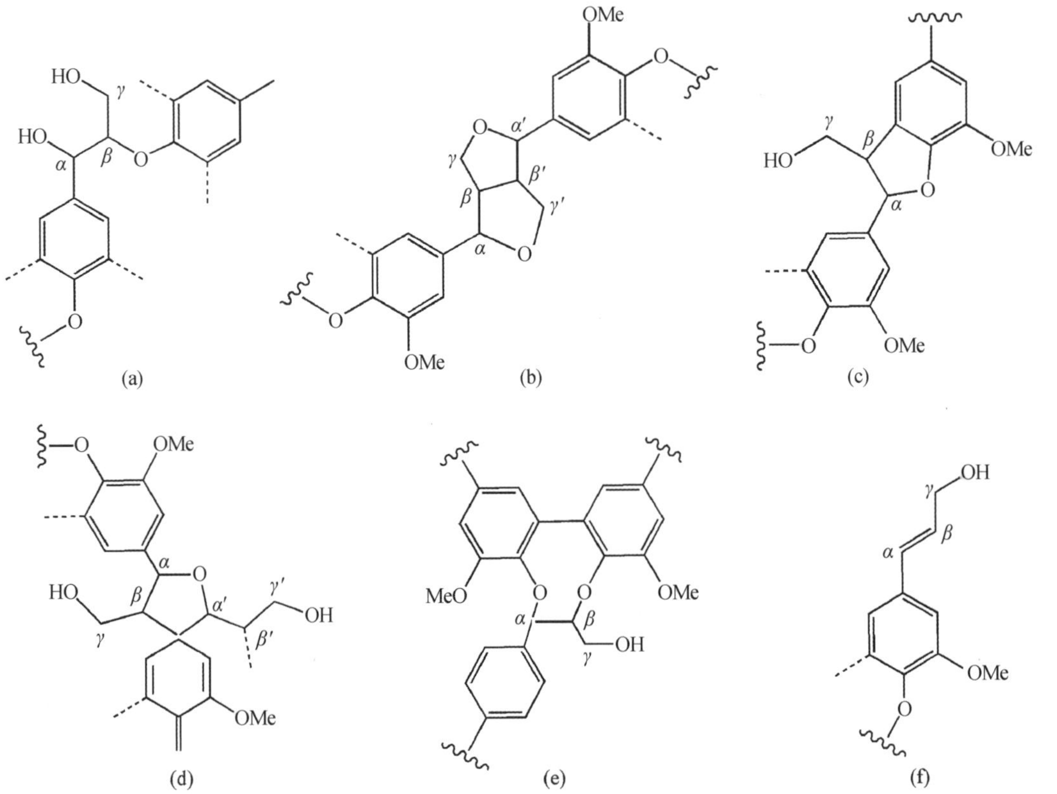

图 3-17　超临界 CO_2 煮漂后亚麻粗纱分离物的主要结构

经超临界 CO_2 无水煮漂后，亚麻粗纱的分离物中除了发现木质素的结构成分外，还含有糖类物质的结构成分。由表 3-6 可知，半乳糖残基的 H_1、H_2、H_3、H_4、H_5、H_6 在 1.0～7.5 mg/L 和 C_1、C_2、C_3、C_4、C_5、C_6 在 15～130 mg/L 区域出现化学位移，这表明分离物中以 β-1,4 糖苷键连接的半乳糖为主。鼠李糖和半乳糖醛酸的质子共振是较弱的，与半乳糖质子共振的强烈信号重叠。α-鼠李糖或 α-半乳糖醛酸 H_1 的化学位移在 4.8～5.5 mg/L，O_4 连接的半乳糖醛酸 H_4 的化学位移在 4.49 mg/L。化学位移 1.22 mg/L 处被认为是鼠李糖的甲基引起，而化学位移 2.05～2.22 mg/L 处是由乙酰中的甲基引起。处理后亚麻粗纱分离物中半乳糖 H_1 的化学位移为 3.51 mg/L，且由 ^{1}H-NMR 谱图中发现半乳糖残基的 H_4 化学位移在 3.86 mg/L，这表明该残基是终端半乳糖。由 ^{1}H-NMR 谱图和表 3-6 可知，残基的 H_1 化学位移 4.55 mg/L、H_2 化学位移 3.51 mg/L 和 H_4 化学位移 3.86 mg/L

与鼠李糖的甲基相对应。因此,终端半乳糖与鼠李糖相连。

表 3-6 亚麻粗纱分离物的碳水化合物中¹H 和¹³C 的化学位移

残基		C_1 H_1	C_2 H_2	C_3 H_3	C_4 H_4	C_5 H_5	C_6 H_6
→4)-β-Galp-(1→	G	105.3 4.53	73.8 3.63	75.2 3.76	79.1 4.17	76.1 3.63	62.4 3.82
β-Galp-(1→	Gt	104.9 4.53	73.4 3.63	74.5 3.66	70.9 3.86	77.3 3.68	62.4 3.76
→4)-β-Galp-(1→	G_R	104.9 4.55	73.4 3.51	75.2 3.78	79.2 4.17	76.1 3.72	62.6 3.86
→4)-β-Galp-(1→	G'_R	104.9 4.53	72.7 3.63	74.9 3.76	77.9 4.17	75.8 3.66	62.6 3.76
β-Galp-(1→	G''_R	104.9 4.55	72.7 3.51	74.2 3.66	70.9 3.87	76.8 3.68	62.4 3.72
→2)-α-Rhap-(1→	R	98.6 5.30	79.0 4.11	70.9 3.82	73.8 3.47	70.9 3.72	19.1 1.25
↓ 4) →2)-α-Rhap-(1→	R′	98.6 5.30	79.2 4.15	71.5 4.08	83.2 3.63	68.5 3.76	19.4 1.28

通过分离物的¹³C-NMR 和¹H-NMR 谱图分析可知,化学位移 105.3/4.53 (C_1/H_1),73.8/3.63 (C_2/H_2)、75.2/3.76 (C_3/H_3)、79.1/4.17 (C_4/H_4)、76.1/3.63 (C_5/H_5)和 62.4/ 3.82 (C_6/H_6) 是 β-半乳糖单元,而化学位移 98.6/5.30 (C_1/H_1)、79.0/4.11 (C_2/H_2)、70.9/3.82 (C_3/H_3)、73.8/3.47 (C_4/H_4)、70.9/3.72 (C_5/H_5)和 19.1/1.25 (C_6/H_6) 是 α-鼠李糖单元。因此,根据以上分析,经超临界 CO_2 流体无水煮漂后,亚麻粗纱分离物中含有木质素和糖类成分。

煮漂温度对亚麻粗纱结晶结构影响:对超临界 CO_2 无水煮漂前后的亚麻粗纱进行 XRD 分析,图 3-18 为在不同温度煮漂处理前后亚麻粗纱的 XRD 衍射图谱。由 XRD 曲线可见,亚麻粗纱有天然纤维素的特征衍射峰:在衍射角 $2\theta=14°\sim17°$ 内有两个小衍射峰(I_{101} 晶面和 I_{10i} 晶面),在 22.6°附近有一个大衍射峰(I_{002} 晶面)。在超临界 CO_2 无水煮漂过程中,随着温度的逐渐升高,在 $2\theta=14°\sim17°$晶面的两

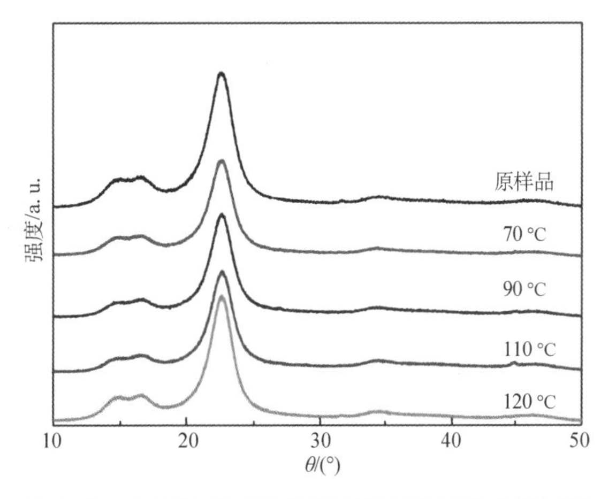

图 3-18 不同温度处理前后亚麻粗纱 XRD 衍射图谱

个小衍射峰和 $2\theta=22.6°$ 附近的大衍射峰强度都略有提高；当处理温度升高到 120 ℃时，衍射峰强度最大。这说明超临界 CO_2 煮漂后，纤维的结晶规整性提高了，结晶度有所降低。

超临界 CO_2 无水煮漂后，亚麻粗纱中的大部分胶质被煮漂分离出来，改变了纤维的化学成分含量，在一定范围内，改善了亚麻粗纱的物理性能；此外，在高温高压条件下，超临界 CO_2 较强的渗透能力对纤维起到了溶胀和增塑作用，增强了纤维大分子间的相互作用，增大了纤维超分子长链间的移动性，从而导致了纤维大分子链段发生重排。因此，超临界 CO_2 无水煮漂后，亚麻粗纱的结晶状态得到了改善。

④ 煮漂温度对亚麻粗纱热性能影响：亚麻粗纱样品的热重分析（TGA）曲线如图 3-19 所示。由 TGA 曲线可知，煮漂后亚麻粗纱的 TGA 曲线均向右偏移，这表明超临界 CO_2 处理后，亚麻粗纱的热稳定性提高，这可能是由于超临界 CO_2 处理在不同程度上去除了部分半纤维素、木质素、果胶和脂蜡质等物质。此外，由 TGA 曲线可以看出，亚麻粗纱的热失重过程主要分为三个阶段。其中，第一阶段是初始降解阶段，出现在 25～120 ℃。引起该阶段变化的主要原因是在纤维无定形区内，纤维素物理性能发生变化，此阶段以析出纤维内的水分为主，包括游离水、物质吸附水和分子中的结晶水。第二阶段是热解阶段，出现在 210～390 ℃。该阶段发生变化的主要原因是在纤维结晶区内，纤维素和半纤维素间 α-1,4 糖苷键发生断裂，使纤维素发生脱水和解聚反应，生成主要成分为左旋葡萄糖的焦油产物，左旋葡萄糖继续发生裂解反应，最终产生 H_2O、CO、CO_2、挥发性低分子糖衍生物及芳香烃物质等。第三阶段是残渣热解阶段，主要出现在 390～620 ℃。引起该阶段变化的主要原因是炭化，在发生炭化过程中，纤维的热失重速率比较缓慢，纤维大分子间发生交联反应和环化反应，但部分脂肪烃是以 C—C 键和 C—H 键断裂的方式而发生热降解，最终产物为 H_2O、CO_2 和固体残渣。

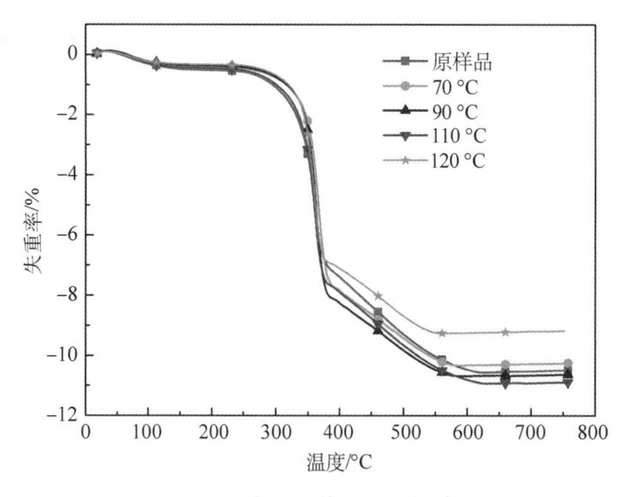

图 3-19　不同温度处理前后亚麻粗纱 TGA 曲线

亚麻粗纱的微商热重(DTG)曲线如图3-20所示。DTG曲线中出现三个峰。其中,第一个峰主要是纤维中水分的蒸发,这与TGA曲线是一致的。第二个峰主要是半纤维素、木质素和果胶等物质的降解。经超临界 CO_2 无水处理后,纤维的降解温度略有升高,这主要是由于经过超临界 CO_2 处理,可以使纤维大分子链段发生重排和重结晶,改变了亚麻粗纱的化学成分含量。由图3-20(a)可看出,处理后的亚麻粗纱在200～300 ℃内未出现肩峰,这主要是因为处理后纤维中的半纤维素、果胶和脂蜡质等物质含量降低,提高了纤维的热稳定性。第三个峰出现在400～700 ℃[图3-20(b)],这是亚麻粗纱降解产物的进一步裂解。

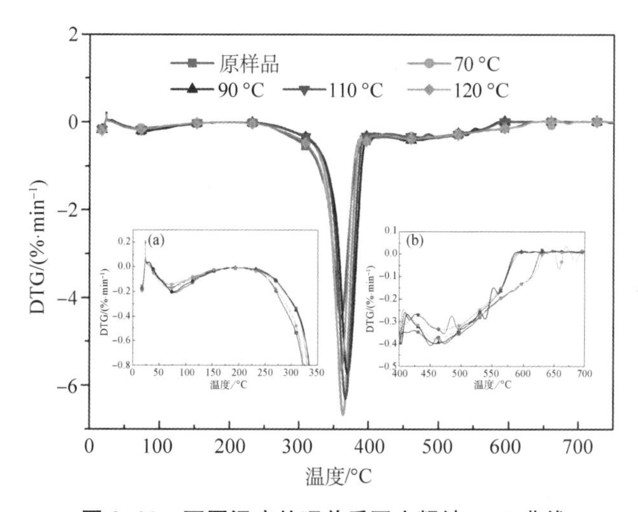

图3-20　不同温度处理前后亚麻粗纱DTG曲线

为了进一步研究亚麻粗纱的热行为及其相转变温度,亚麻粗纱的差示扫描热分析(DSC)曲线如图3-21所示。由图3-21可知,亚麻粗纱原样的相转变温度(79.5 ℃)最高,其次是90 ℃时处理的粗纱(76.8 ℃)、70 ℃时处理的粗纱(68.2 ℃)、120 ℃时处理的粗纱(66.3 ℃),相转变温度最低的是110 ℃时处理的粗纱(63.8 ℃)。这表明经过超临界 CO_2 处理增强了纤维分子链的柔性和不规则程度,增大了纤维素自由体积和无定形区。因此,纤维大分子链段运动需要较少的能量。同时,由DSC曲线可知,粗纱原样在25.2～77.6 ℃出现明显的吸热峰,处理后的粗纱在不同的温度区间出现了放热峰,并

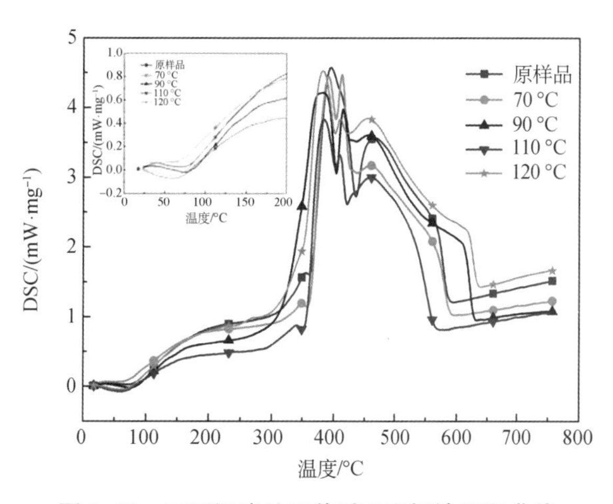

图3-21　不同温度处理前后亚麻粗纱DSC曲线

且 DSC 曲线发生了偏移，这主要是由于在煮漂过程中降解了一部分低聚物。因此，在热降解过程中需要较少的能量。

⑤ 煮漂温度对亚麻粗纱机械性能影响：表 3-7 为超临界 CO_2 在不同温度下处理亚麻粗纱的机械性能参数。粗纱原样的断裂强力、断裂强度和伸长率分别为 9 429.33 cN、16.33 cN/tex 和 1.32%。在不同温度下处理后，粗纱的断裂强力、断裂强度和伸长率分别为 9 453.25～9 372.23 cN、16.70～17.00 cN/tex 和 1.40%～1.84%，与原样相比，均没有太大变化。这表明，超临界 CO_2 流体的优异传质和渗透作用并未破坏亚麻粗纱大分子的结构，对亚麻粗纱的机械性能未造成较大影响。

表 3-7　不同温度煮漂前后亚麻粗纱拉伸断裂性能

粗纱	断裂强力/cN	断裂强度/(cN・tex^{-1})	伸长率/%
原样	9 429.33	16.33	1.32
70 ℃	9 453.25	16.70	1.40
90 ℃	9 398.61	17.12	1.33
110 ℃	9 402.12	17.28	1.54
120 ℃	9 372.23	17.00	1.84

由 SEM、FT-IR、XRD、TGA/DTG、DSC 和 NMR 等表征技术分析得到，采用不同的煮漂温度对亚麻粗纱进行超临界 CO_2 无水煮漂，会对亚麻粗纱表面形貌、化学结晶结构、超分子链构象等物化性能产生一定的影响，可以去除部分半纤维素、木质素等非纤维素物质。因此，采用超临界 CO_2 对亚麻粗纱进行无水煮漂具有一定的可行性。

(2) 亚麻粗纱在超临界 CO_2 流体中的煮漂性能。

① 煮漂温度对亚麻粗纱白度、残胶率的影响：在超临界 CO_2 无水煮漂过程中，亚麻粗纱的煮漂性能受到煮漂温度、煮漂压力、煮漂时间和 CO_2 流量等许多实验因素的影响。在研究过程中发现，煮漂温度对亚麻粗纱的白度和残胶率有很大的影响。在温度 80 ℃、90 ℃、100 ℃、110 ℃、120 ℃，压力 28 MPa，CO_2 流量 30 g/min 的条件下，对亚麻粗纱进行超临界 CO_2 无水煮漂 120 min，其结果如图 3-22 所示。

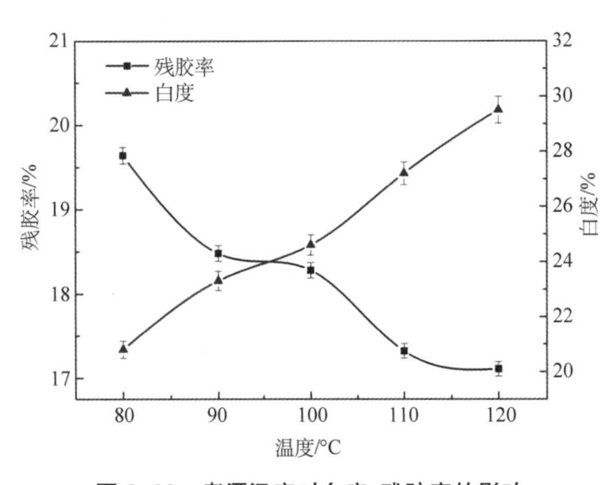

图 3-22　煮漂温度对白度、残胶率的影响

在 80～100 ℃ 内，亚麻粗纱的残胶率逐渐降低，当温度高于 100 ℃ 时，亚麻粗纱的残胶率加速降低，在 110 ℃ 时达到较低值，之后缓慢降低。以超临界 CO_2 流体代替水为煮漂介质，在煮漂温度由80 ℃升高到100 ℃时，亚麻粗纱白度的增加幅度较小，当温度升高到120 ℃时，白度达到最大值。这主要是因为超临界 CO_2 无水煮漂对亚麻纤维的化学组成和纤维大分子结构产生一定的影响。当煮漂温度较低时，亚麻纤维大分子链段相对运动性较差，大分子间未发生变化；但随着煮漂温度逐渐升高，纤维大分子的热运动逐渐加快，增加大分子间的相互碰撞次数，也增加了 CO_2 与纤维大分子的接触机会，使 CO_2 易于进入纤维的非晶区，增加纤维大分子链段间的相对移动速度，有效去除纤维中的半纤维素、木质素、果胶和一些非纤维素物质；温度升高，可以增大 CO_2 的扩散系数，加快传质速度，利于纤维中非纤维素物质的去除。另一方面，随着煮漂温度的升高，超临界 CO_2 密度降低，溶解萃取能力下降，但在相对高压条件下，超临界 CO_2 流体的可压缩性小、密度大，若此时升高煮漂温度，可以增大纤维组分的蒸气压和扩散系数，弥补了因超临界 CO_2 密度减小而引起溶解能力降低，从而使超临界 CO_2 的溶解性能随温度的升高而增强。此外，随着煮漂温度的升高可减弱半纤维素、木质素等非纤维素物质的大分子与纤维大分子链段基本紧密结合的动力学限制，减少脱附过程的能量障碍，提高半纤维素、木质素和果胶等物质的去除效率，降低亚麻纤维的残胶率，提高纤维的白度。

② 煮漂压力对亚麻粗纱白度、残胶率影响：在煮漂压力分别为16 MPa、20 MPa、24 MPa、28 MPa、32 MPa，煮漂温度120 ℃，CO_2 流量30 g/min的条件下对亚麻粗纱进行无水煮漂120 min，如图3-23所示，随着煮漂压力逐渐增加，亚麻粗纱的残胶率逐渐降低，当压力为28 MPa时，亚麻粗纱的残胶率降至17.7%；再进一步增加煮漂压力，粗纱残胶率降低幅度较小。当煮漂压力为16 MPa时，亚麻粗纱的白度低于22%，在压力为20～28 MPa，粗纱白度呈线性增长的趋势；当压力高于28 MPa时，粗纱白度增长值较小。这是由于随着煮漂压力逐渐增大，超临界 CO_2 密度逐渐增大，其溶解能力也逐渐增强，可以溶解部分半纤维素、木质素和果胶等非纤维素物质，然后通过降温、降压去除黏结于纤维外层的胶质物质，从而降低了纤维中胶质物质的含量，提高了纤维的白度。亚麻纤维中半纤维素和木质素的极性较强，即使煮漂压力增大，其溶解度也基本不变，因此，半纤维素和木质素的去除率较低。在适宜条件下，超临界 CO_2 可以使部分果胶发生甲氧基化和酯化，部分甲酯化的 α-1,4-D聚半乳糖醛酸在酯化过程中，可以增大果胶的溶解能力，在低压条件下，就可以分离去除果胶；并且果胶含有极性区和非极性区，在低压分离过程中比较容易去除。此外，当煮漂压力增大到一定数值时，实验过程对煮漂设备的精确性、耐高压性和密封性要求更高，

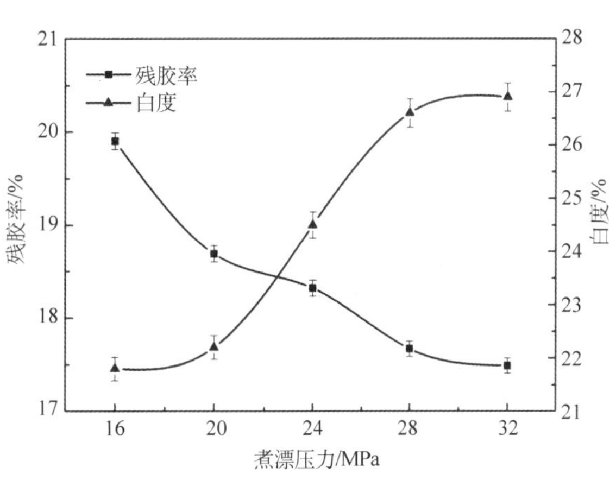

图3-23　煮漂压力对白度、残胶率的影响

增加了生产成本。因此，从生产成本和设备安全方面考虑，煮漂压力选为 28 MPa。

③ 煮漂时间对亚麻粗纱白度、残胶率的影响：超临界 CO_2 煮漂过程可以分为静态煮漂和动态煮漂两个阶段。静态煮漂是指实验条件达到设定值时，停止通入 CO_2，超临界 CO_2 在静止状态下对亚麻粗纱进行煮漂的过程。动态煮漂是指实验条件达到设定值时，继续通入 CO_2，超临界 CO_2 在循环流动的状态下对亚麻粗纱进行煮漂的过程。因此，煮漂时间也相应地分为静态煮漂时间和动态煮漂时间。根据前期大量的实验数据表明，静态煮漂时间对亚麻粗纱煮漂性能的影响几乎可以忽略。因此，只考虑动态煮漂时间对亚麻粗纱煮漂性能的影响。

为了探索煮漂时间对亚麻粗纱煮漂性能的影响，在煮漂温度 120 ℃，煮漂压力 28 MPa，CO_2 流量 30 g/min 的条件下对亚麻粗纱分别煮漂 30 min、60 min、90 min、120 min、150 min，其实验结果如图 3-24 所示。当煮漂时间由 30 min 增加到 120 min 时，亚麻粗纱的残胶率下降幅度较大；在 120 min 时，粗纱的残胶率可达到 17.41%；当继续增加煮漂时间时，粗纱残胶率基本不变。随着煮漂时间的逐渐增加，粗纱的白度值逐渐增大，当煮漂时间为 150 min 时，粗纱白度增大到 35.51%。亚麻粗纱的煮漂过程分为初始阶段、接触阶段和结束阶段三个阶段。在初始阶段，超临界 CO_2 与亚麻粗纱接触时间比较短，单位时间内非纤维素物质的去除量较少；随着煮漂时间的增加，逐渐进入接触阶段，CO_2 与纤维大分子接触比较均匀充分，半纤维素、木质素和果胶等物质去除量增加；在结束阶段，因纤维中非纤维素物质的含量降低，从而单位时间内非纤维素物质的去除量减少。当煮漂时间增加到 120 min 后，粗纱的残胶率增加幅度较小，白度增大幅度也较小。

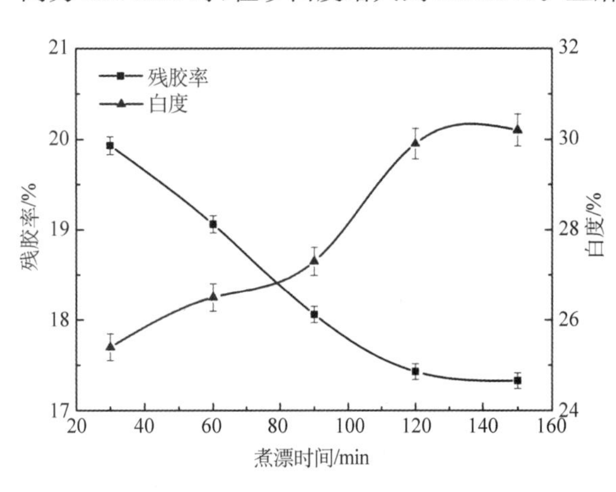

图 3-24　煮漂时间对白度、残胶率的影响

④ CO_2 流量对亚麻粗纱白度、残胶率的影响：CO_2 流量是实际生产中考虑的重要因素之一。动态煮漂阶段 CO_2 流量大时，相当于煮漂剂与亚麻粗纱间有较大的比值，有利于亚麻粗纱中非纤维素物质向超临界流体中扩散。

为了分析 CO_2 流量对亚麻粗纱煮漂性能的影响，亚麻粗纱在 CO_2 流量分别为 10 g/min、20 g/min、30 g/min、40 g/min、50 g/min，煮漂温度 120 ℃，煮漂压力 28 MPa 的条件下进行超临界 CO_2 无水煮漂 120 min。由图 3-25 可知，随着 CO_2 流量由 10 g/min 增加到 30 g/min，亚麻粗纱的残胶率逐渐降低，在 CO_2 流量为 30 g/min 时，粗纱的残胶率降低到最低值，而后继续增加 CO_2 流量，粗纱的残胶率反而增大；另外，亚麻粗纱的白度随着 CO_2 流量的增加而增大，在 CO_2 流量为 30 g/min 时，粗纱白度增加到最大，进一步增加 CO_2 流量，粗纱白度有所下降。这主要有两方面原因：一方面，随着 CO_2 流量的增加，超临

界 CO_2 在煮漂系统内停留的时间相应减少，不利于粗纱中半纤维素、木质素和果胶等非纤维素物质的去除；另一方面，在煮漂过程中，提高 CO_2 流量，可以加快超临界 CO_2 通过亚麻粗纱层的速度，相对增加了 CO_2 与粗纱的接触次数，增强了 CO_2 流体的传质能力，提高了 CO_2 流体的传质速率，改善了亚麻粗纱的煮漂效果。同时，CO_2 流量过高，会导致 CO_2 流体与纤维表面接触的时间过短，不利于超临界 CO_2 流体对亚麻粗纱的萃取，此外，CO_2 流量持续也增大了 CO_2 的消耗量，增加煮漂设备磨损。

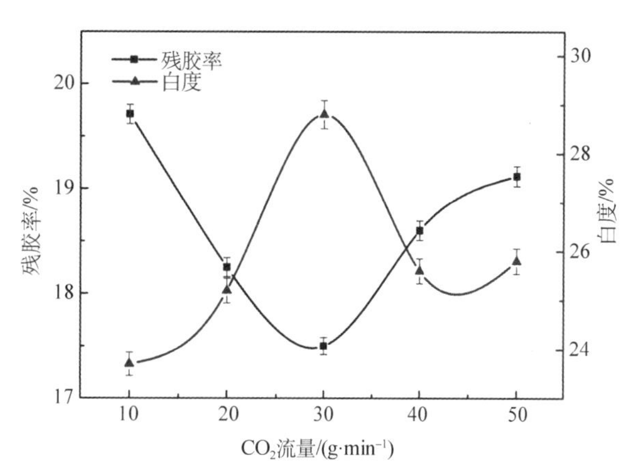

图 3-25　CO_2 流量对白度、残胶率的影响

⑤ 亚麻粗纱物理机械性能：亚麻粗纱的主要成分是纤维素，纤维素中含有较多的羟基，而羟基之间相互形成结合力很强的氢键，导致大分子间的黏结力很大。因此，亚麻纤维具有优良的力学性能。通过查阅文献得到，亚麻纤维的断裂强度、断裂伸长率和弹性模量分别达到 41.47 cN/tex、3.91% 和 2 405.32 cN/tex，这表明亚麻纤维的断裂强力较高，机械性能较好。因此，对煮漂前后亚麻粗纱的断裂强度和断裂伸长率进行检测分析（图 3-26），

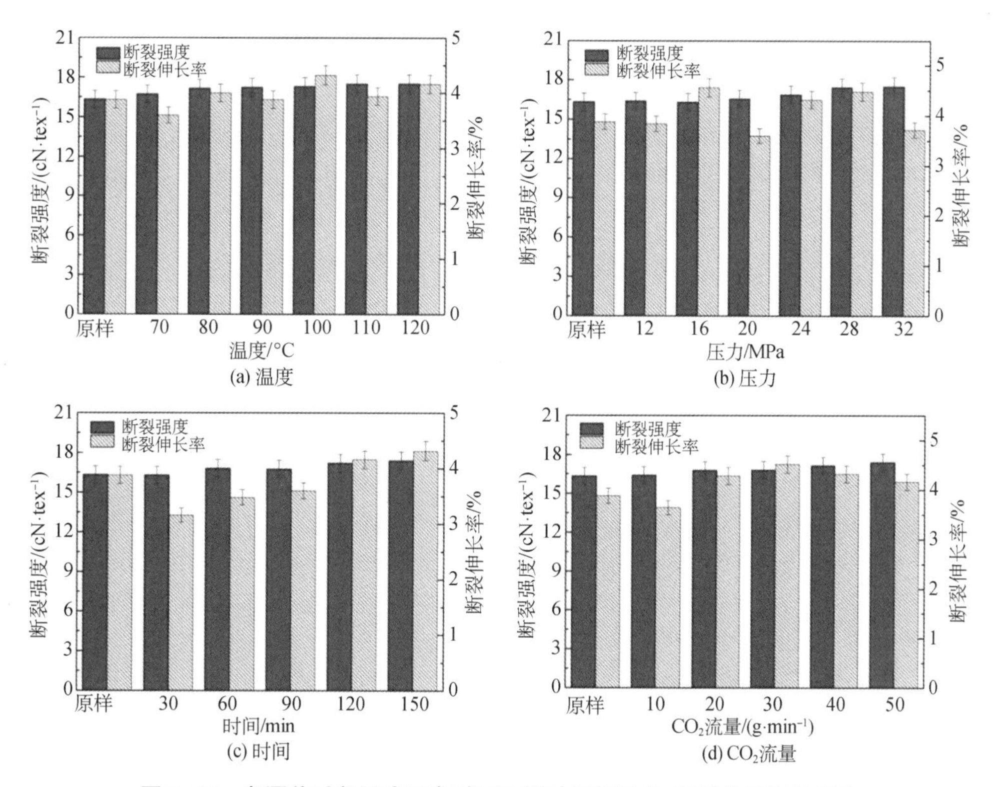

图 3-26　煮漂前后各影响因素对亚麻粗纱断裂强度、断裂伸长率的影响

以确定其力学性能的变化情况。

煮漂前，亚麻粗纱的断裂强度为16.33 cN/tex。与原样相比，煮漂后，亚麻粗纱的断裂强度和断裂伸长率随着煮漂温度的升高而略微增大；随着煮漂压力的增大，粗纱的断裂强度几乎没有变化，而断裂伸长率整体略微增大；当煮漂时间增加到120～150 min时，粗纱的断裂强度略微增大，而断裂伸长率随煮漂时间的增加而增大；当CO_2流量增加到40～50 g/min时，粗纱的断裂强度和断裂伸长率增加幅度不大。这是由于在煮漂过程中，超临界CO_2的可压缩性要大于液体，因此CO_2分子的自由体积较大，当超临界CO_2分子与亚麻纤维充分接触时，在分子间吸引力的作用下，CO_2分子就会聚集在纤维周围，将纤维包裹起来。在这一过程中，由于CO_2流体的扩散系数大、黏度小和渗透性高等特点，CO_2分子极易渗透进入亚麻纤维内部，起到良好的溶剂作用，有效地去除半纤维素、木质素和果胶等非纤维素物质，因而纤维中的纤维素含量相对增加，纤维的柔软性增大。因此，在该煮漂过程中，对亚麻粗纱的结构性能没有造成显著影响。

3.3 亚麻粗纱超临界CO_2生物酶体系煮漂研究

超临界CO_2流体是一种可供选择的非水溶剂，以超临界CO_2为介质，对亚麻粗纱煮漂性能产生一定的影响。超临界CO_2的临界温度低于大多数生物酶的最适温度，有利于生物酶催化反应的进行；同时，超临界CO_2具有扩散系数大、黏度小和表面张力低等特点，有利于物质扩散和向固体基质渗透；此外，超临界CO_2溶解性能受压力影响较大，压力的微小改变就可以改变底物和产物的溶解度，利于产物的分离和回收。因此，超临界CO_2作为一种非水性溶剂，在生物酶的催化反应中具有许多优势。将生物酶催化技术和超临界CO_2萃取技术相结合，可以加快生物酶催化反应进程，实现生物酶催化反应与产物分离一体化。

根据生物酶的专一性，木聚糖酶的作用是降解木聚糖，主要是通过催化断裂木聚糖大分子之间的β-1,4-糖苷键，使其降解成木二糖及以上的寡聚木糖等小分子物质；纤维素酶的作用是降解木质素，主要是通过催化断裂木质素与糖类之间的连接键，使其降解成木质素的基本结构单体；葡萄糖氧化酶的作用是催化氧化β-D-葡萄糖产生H_2O_2，使到漂白亚麻粗纱的作用。其中，木聚糖酶和纤维素酶的作用是去除木聚糖和木质素，相当于传统化学煮漂法中的煮练过程，而葡萄糖氧化酶的作用是催化漂白粗纱，提高粗纱白度，相当于传统化学煮漂法中的漂白过程。因此，只有将木聚糖酶、纤维素酶和葡萄糖氧化酶三种生物酶复配，才能达到好的煮漂效果。

3.3.1 亚麻粗纱超临界CO_2生物酶煮漂工艺

3.3.1.1 生物酶用量对亚麻粗纱白度、残胶率的影响

以下分析是在煮漂温度50 ℃、煮漂压力15 MPa、煮漂时间60 min和CO_2流量

30 g/min 的条件下，探讨三种单一生物酶（木聚糖酶、纤维素酶、葡萄糖氧化酶）和四种复配生物酶（木聚糖酶和纤维素酶复配、木聚糖酶和葡萄糖氧化酶复配、纤维素酶和葡萄糖氧化酶复配以及木聚糖酶、纤维素酶和葡萄糖氧化酶三种生物酶复配）用量对亚麻粗纱煮漂效果的影响。

由图 3-27 可以看出，随着生物酶用量的增加，亚麻粗纱的白度逐渐增加，当生物酶用量增加到 3%(o. w. f)[①]后，再继续增加生物酶用量对亚麻粗纱白度的影响不大；经复配生物酶煮漂后，亚麻粗纱的白度明显高于木聚糖酶、纤维素酶和葡萄糖氧化酶煮漂后的白度，且木聚糖酶、纤维素酶和葡萄糖氧化酶三种酶复配的煮漂白度可达到 41.1%，明显高于其他生物酶的煮漂白度。由图 3-28 可知，随着生物酶用量的增加，亚麻粗纱的残胶率先下降后趋于基本不变；复配生物酶（木聚糖酶、纤维素酶和葡萄糖氧化酶）煮漂后，亚麻粗纱的残胶率可降低到 17.28%，明显低于其他生物酶煮漂后的残胶率。这主要是由于在超临界 CO_2 流体中，随着生物酶用量的增加可以增多 CO_2 中携带的生物酶分子数量，增大生物酶分子与纤维表面及杂质的接触，去除更多的半纤维素、木质素和一些杂质。另外，生物酶用量的不同将会导致超临界 CO_2 流体湿度的不同。在超临界状态下，煮漂系统内部的超临界 CO_2 湿度对生物酶活性的影响较大。一方面，由于生物酶具有刚性结构，在湿度为 0 的超临界 CO_2 环境中，它的活性部位呈锁定状态，在亚麻粗纱煮漂系统环境中必须具有一定的湿度，才能使生物酶的活性中心与纤维的大分子更好地相结合；另一方面，煮漂系统中的湿度过高，会引起生物酶活性中心内部水簇的生成，降低了蛋白质大分子带电性或与极性氨基酸之间的相互作用，改变了生物酶活性中心的结构，降低了生物酶的活性。因此，为了保持生物酶的活性，在超临界 CO_2 煮漂系统内，必须具有一定的湿度。

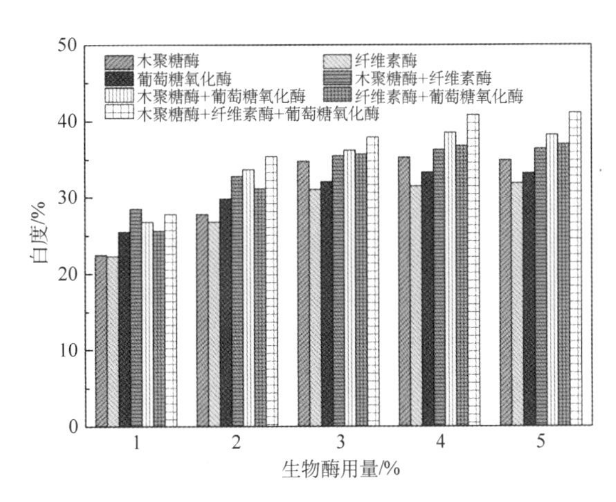

图 3-27　生物酶用量对亚麻粗纱白度影响

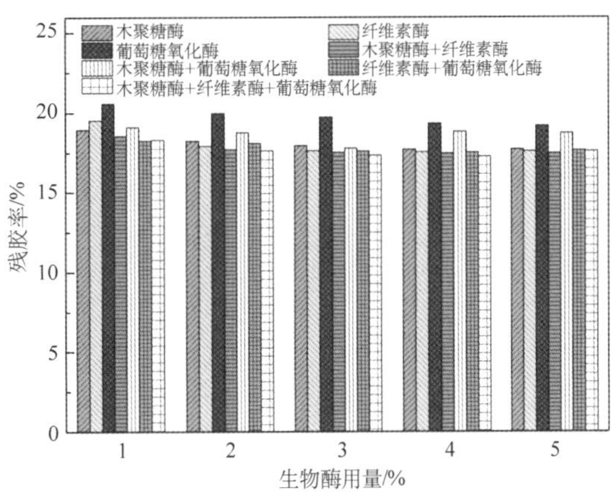

图 3-28　生物酶用量对亚麻粗纱残胶率影响

① o. w. f：on weight the fabric，印染工艺词汇，表示染料与织物的重量的比值。

3.3.1.2 生物酶配比对亚麻粗纱白度、残胶率影响

利用木聚糖酶、纤维素酶和葡萄糖氧化酶为基础，进行两种及三种生物酶复配为煮漂剂，保持生物酶用量 3%、煮漂温度 50 ℃、煮漂压力 15 MPa、煮漂时间 60 min、CO_2 流量 30 g/min，对亚麻粗纱进行超临界 CO_2 无水煮漂。

由图 3-29 可知，随着生物酶复配比的增大，煮漂后亚麻粗纱的白度逐渐提高，当复配比达到 1∶3 时，再增加生物酶复配比，对粗纱白度基本没有影响；木聚糖酶和葡萄糖氧化酶复配后的煮漂白度要分别高于木聚糖酶和纤维素酶复配、纤维素酶和葡萄糖氧化酶复配。由图 3-30 可看出，亚麻粗纱的残胶率随着生物酶复配比的增加先逐渐降低后趋于基本不变；其中纤维素酶和木聚糖酶复配后对亚麻粗纱残胶率的降低程度要分别高于木聚糖酶和葡萄糖氧化酶复配、纤维素酶和葡萄糖氧化酶复配。由图 3-31 可知，随着木聚糖酶比例的增大，对亚麻粗纱白度、残胶率的影响最大，当纤维素酶、木聚糖酶和葡萄糖氧化酶的复配比为 1∶2∶1，亚麻粗纱的白度值可达到 41.5%，残胶率可达 16.25%，其煮漂效果明显好于单一生物酶及两种生物酶复配。

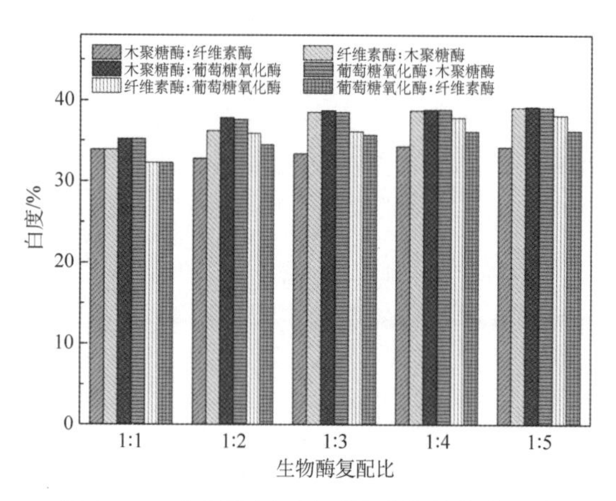

图 3-29 生物酶复配比对亚麻粗纱白度影响

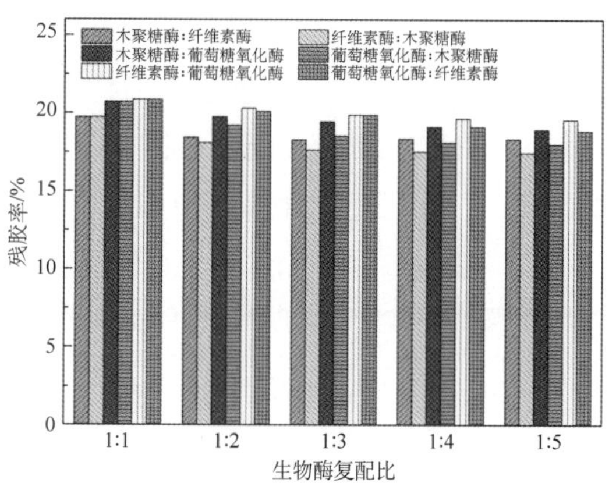

图 3-30 生物酶复配比对亚麻粗纱残胶率影响

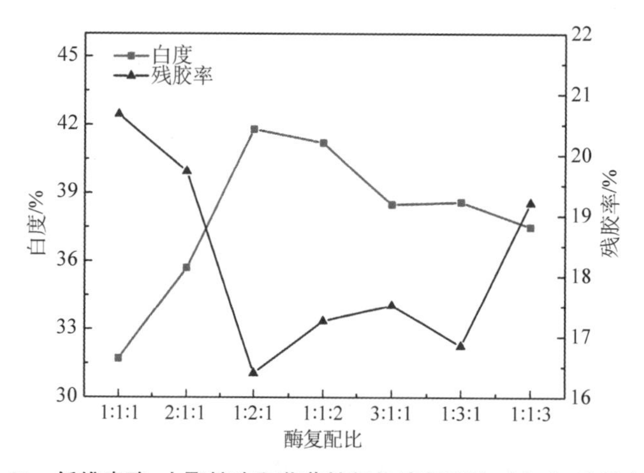

图 3-31 纤维素酶、木聚糖酶和葡萄糖氧化酶复配比对白度、残胶率影响

亚麻粗纱中物质成分较多，结构也很复杂，故使用单一生物酶煮漂效果较差，复配生物酶的煮漂效果较好。这主要是由于在煮漂过程中，木聚糖酶比例增加，去除的半纤维素和木质素含量较多，可以减少半纤维素和木质素的空间阻碍，使得纤维素酶更加容易吸附在纤维素上，增强了纤维素的酶解作用，提高了葡萄糖氧化酶的催化漂白作用；但随着反应时间的增加，酶解产物逐渐增多，产物抑制明显，木聚糖酶所体现的作用逐渐减弱。随着纤维素酶比例的增加，半纤维素的去除量也增多，纤维素的水解作用增大。根据中间产物学说，催化反应可分为两步，酶促反应的速度是以反应产物的生产速度来表示；根据质量守恒定律，产物的生产决定于中间产物的浓度，中间产物的浓度越高，反应速度越快。在底物大量存在时，产生的中间产物量就取决于生物酶的用量。当生物酶相对分子质量增加时，则底物转化为产物也会相应地增加。因此，当纤维素酶过量时，由于纤维素酶与纤维素结合饱和，再增加用量，对催化反应影响不大。葡萄糖氧化酶可以催化 β-D-葡萄糖产生 H_2O_2，再利用生成的 H_2O_2 漂白亚麻粗纱。生物酶复配中葡萄糖氧化酶比例的增加，可以使被催化氧化的葡萄糖量增多，因而产生的 H_2O_2 量增加，所以亚麻粗纱白度得到提高；当葡萄糖氧化酶增加到一定比例后，在设定的实验时间内，未被氧化的葡萄糖就会发生焦化黄变现象，在粗纱表面产生并黏附有色物质，降低了粗纱白度值。

3.3.1.3 煮漂温度对亚麻粗纱白度、残胶率影响

利用木聚糖酶、纤维素酶和葡萄糖氧化酶为煮漂剂，在煮漂温度 30～70 ℃时，保持生物酶用量 3%、生物酶复配比 1：2：1（纤维素酶：木聚糖酶：葡萄糖氧化酶）、煮漂压力 15 MPa、煮漂时间 60 min，CO_2 流量 30 g/min，对亚麻粗纱进行超临界 CO_2 无水煮漂。

由图 3-32 可知，由木聚糖酶、纤维素酶和葡萄糖氧化酶、两种生物酶复配（木聚糖酶和纤维素酶复配、纤维素酶和葡萄糖氧化酶复配、木聚糖酶和葡萄糖氧化酶复配）及三种生物酶复配（木聚糖酶、纤维素酶和葡萄糖氧化酶复配）作煮漂剂，亚麻粗纱的白度随着煮漂温度的升高逐渐增大，当煮漂温度升高到 50 ℃后，再继续升高，粗纱的白度反而降低；且亚麻粗纱经三种生物酶复配煮漂后的白度分别高于两种生物酶复配、单一生物酶煮漂后的白度。在超临界 CO_2 流体中，亚麻粗纱经单一生物酶和复配生物酶煮漂后的残胶率含量如图 3-33 所示。随着煮漂温度的升高，亚麻粗纱的残胶率先降低后增大，在煮漂温度达到 50 ℃时，由三种生物酶复配煮漂后，粗纱的残胶率达到最小值 16.68%。

煮漂温度对亚麻粗纱白度和残胶率的影响主要与生物酶的活性有关。煮漂温度升高可以加快生物酶与亚麻纤维的反应速度，缩短反应时间。煮漂温度过高或过低，生物酶的活性都会相对降低，因此在煮漂过程中必须控制好温度。温度对木聚糖酶、纤维素酶和葡萄糖氧化酶的作用主要包括两个方面：一是在煮漂温度为 30 ℃时，并没有达到超临界 CO_2 的临界温度（T = 31.26 ℃），煮漂系统内没有形成超临界 CO_2 流体，而是处于亚临界状态，

因此，CO_2 流体对生物酶的作用较差。当在木聚糖酶、纤维素酶和葡萄糖氧化酶的生存温度范围(40～55 ℃)内，随着煮漂温度的升高，煮漂装置中形成超临界 CO_2 流体，改变优化了木聚糖酶、纤维素酶和葡萄糖氧化酶的空间结构和重叠方式，使其活性逐渐提高，加快了生物酶与亚麻纤维的反应速度。二是当煮漂温度高于木聚糖酶、纤维素酶和葡萄糖氧化酶的生存温度，再继续升高煮漂温度，会导致生物酶的肽键断裂和氨基酸水解，空间结构被破坏，从而使木聚糖酶、纤维素酶和葡萄糖氧化酶逐渐失去活性。因此，生物酶的反应速度和生物酶的作用效率降低。此外，在煮漂过程中，葡萄糖氧化酶催化葡萄糖生成 H_2O_2，H_2O_2 在较低温度下的漂白作用较差，随着煮漂温度的升高，H_2O_2 稳定性降低，大部分 H_2O_2 分解转化成 HOO^-，HOO^- 漂白作用增强，当煮漂温度为 50～70 ℃时，H_2O_2 对亚麻粗纱的漂白效果最佳，当继续升高煮漂温度，H_2O_2 的分解速率增加，无法起到漂白作用。

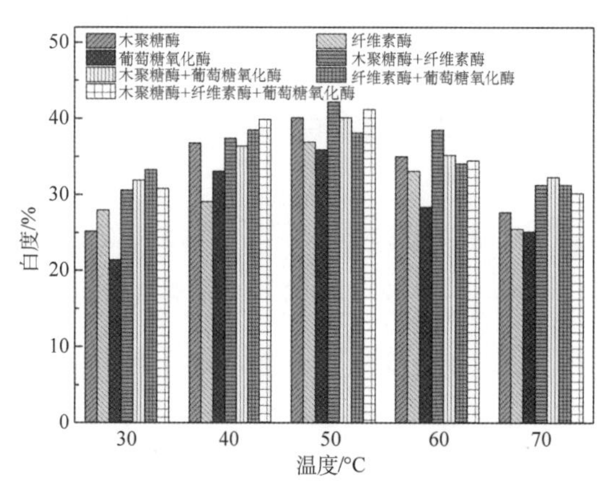

图 3-32　煮漂温度对亚麻粗纱白度影响

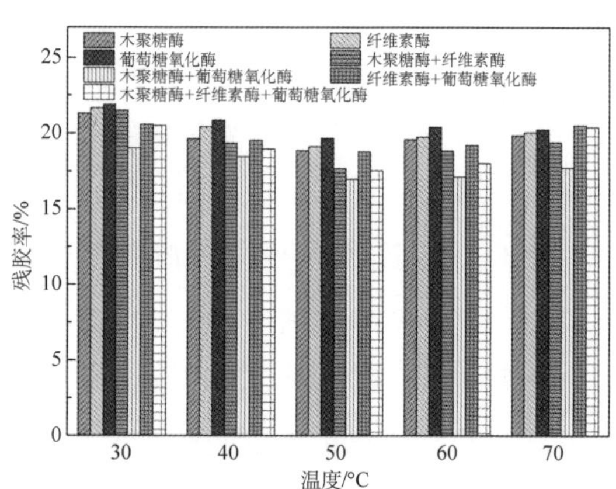

图 3-33　煮漂温度对亚麻粗纱残胶率影响

3.3.1.4　煮漂压力对亚麻粗纱白度、残胶率影响

利用木聚糖酶、纤维素酶和葡萄糖氧化酶为煮漂剂，在煮漂压力 10～30 MPa 时，保持生物酶用量 3%、生物酶配比 1∶2∶1(纤维素酶∶木聚糖酶∶葡萄糖氧化酶)、煮漂温度 50 ℃、煮漂时间 60 min，CO_2 流量 30 g/min，对亚麻粗纱进行超临界 CO_2 流体无水煮漂。

图 3-34、图 3-35 分别为加入生物酶煮漂剂后，超临界 CO_2 煮漂压力对亚麻粗纱白度、残胶率的影响。当煮漂压力逐渐增加时，亚麻粗纱的白度不断提高，当煮漂压力达到 15 MPa 时，白度达到最大值。当超临界 CO_2 流体煮漂压力由 10 MPa 逐渐增加到 15 MPa 的过程中，亚麻粗纱的残胶率逐渐降低；继续增加煮漂压力后，粗纱的残胶率反而略微增加。此外，木聚糖酶、纤维素酶和葡萄糖氧化酶三种生物酶复配作为煮漂剂的煮漂效果要分别好于单一生物酶、两种生物酶复配的煮漂效果。

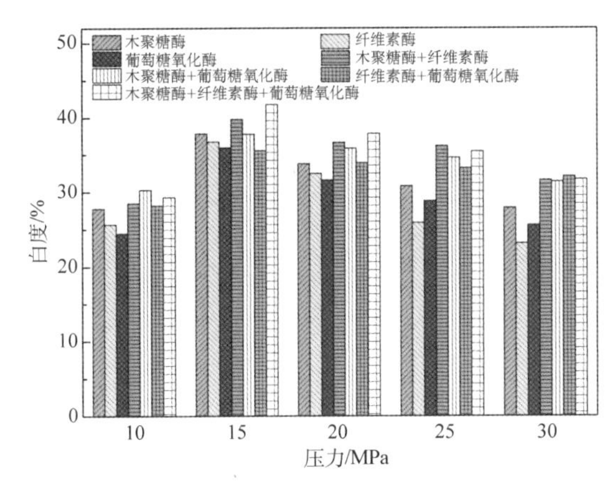

图 3-34 煮漂压力对亚麻粗纱白度影响

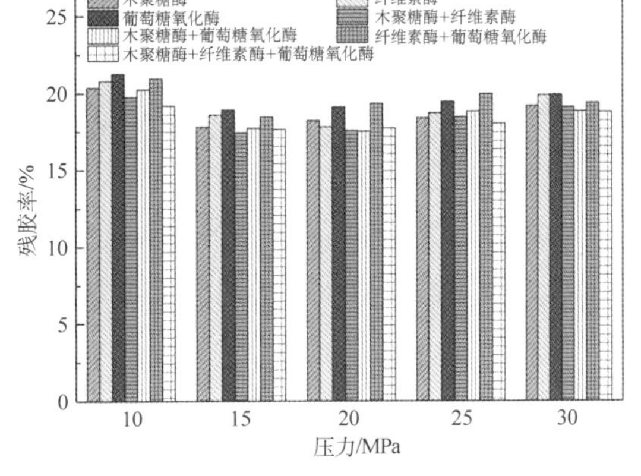

图 3-35 煮漂压力对亚麻粗纱残胶率影响

在煮漂过程中,煮漂压力能直接引起超临界 CO_2 流体性质的改变,从而影响生物酶的活性。在煮漂温度和生物酶用量一定的情况下,在一定的煮漂压力范围内,当煮漂压力升高时,超临界 CO_2 的密度增加,物质在超临界流体中的溶解度增大,木聚糖酶和纤维素酶对亚麻纤维的作用增强,纤维大分子链段间断裂程度增大,半纤维素、木质素的去除量增大,减少了空间阻碍,利于葡萄糖氧化酶进入纤维内部进行漂白。当煮漂压力增加到一定程度时,木聚糖酶、纤维素酶和葡萄糖氧化酶的大分子结构随着煮漂压力的增加而有所改变,从而导致生物酶活性降低,对纤维的催化降解作用减小,纤维的残胶率略微增加,白度值降低。此外,在煮漂过程中,减压对生物酶活性的影响较大。慢速减压,流体有足够的时间从生物酶和煮漂釜内流出,减压太快,则会因流体无法及时从生物酶中流出而在局部造成相对较高压力,从而易于导致生物酶失活。

3.3.1.5 煮漂时间对亚麻粗纱白度、残胶率影响

利用木聚糖酶、纤维素酶和葡萄糖氧化酶为煮漂剂,在煮漂时间 30～150 min 的条件下,保持生物酶用量 3%、生物酶配比 1∶2∶1(纤维素酶∶木聚糖酶∶葡萄糖氧化酶)、煮漂温度为 50 ℃、煮漂压力 15 MPa、CO_2 流量 30 g/min,对亚麻粗纱进行超临界 CO_2 无水煮漂。

由图 3-36 可见,随着煮漂时间增加,亚麻粗纱的白度逐渐提高,当煮漂时间为 90 min 时,白度达到最大值,之后处于稳定状态;由纤维素酶、木聚糖酶和葡萄糖氧化酶三种生物酶复配为煮漂剂,煮漂后的粗纱白度可达 41.5%,明显优于由单一生物酶、两种生物酶复配的煮漂白度。图 3-37 表明了亚麻粗纱的残胶率随着煮漂时间的增加而降低,当煮漂时间达到 60 min,再继续增加煮漂时间,残胶率的降低幅度较小;由纤维素酶、木聚糖酶和葡萄糖氧化酶复配煮漂后,粗纱的残胶率降低程度最大。

虽然煮漂时间对生物酶的活性基本无影响,但作为超临界 CO_2 煮漂的实验因素,仍对

粗纱的煮漂效果有一定的影响。在一定的温度和压力下，物质在超临界 CO_2 中溶解度确定，木聚糖酶、纤维素酶和葡萄糖氧化酶的活性基本保持不变，随着煮漂时间的增加，超临界 CO_2 携带的木聚糖酶、纤维素酶和葡萄糖氧化酶有足够的时间进入纤维内部，使较多的纤维大分子链段被破坏而发生降解，从而半纤维素和木质素的去除量逐渐增加；如果时间过短，半纤维素和木质素没有被完全分解，导致去除量较低，从而影响纤维的白度和残胶率；如果时间过长，半纤维素和木质素的去除量已达到一定程度后，再继续增加煮漂时间，对半纤维素和木质素的去除基本无影响，可能会对纤维内的纤维素物质造成破坏影响。

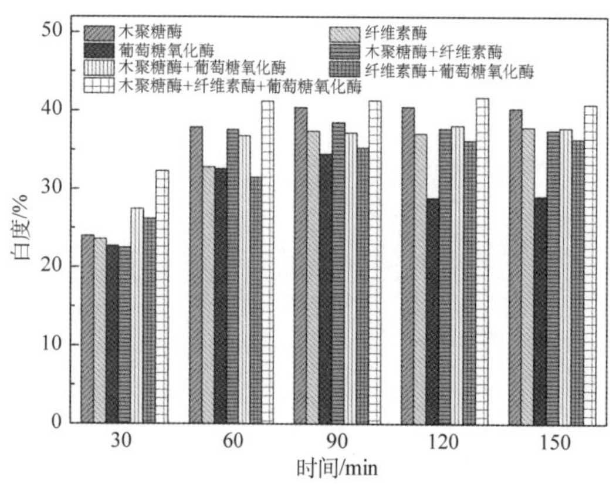

图 3-36　煮漂时间对亚麻粗纱白度影响

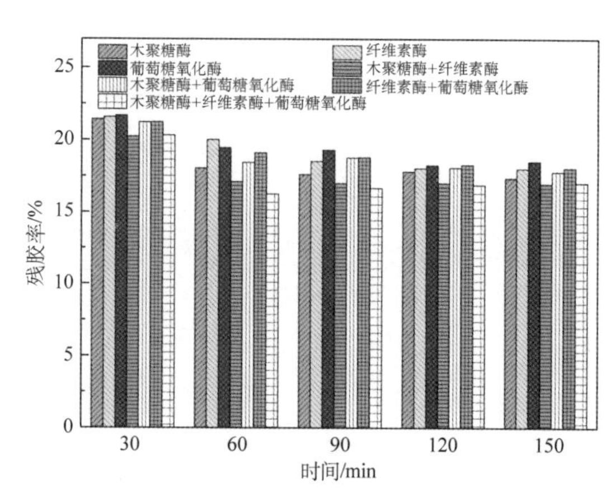

图 3-37　煮漂时间对亚麻粗纱残胶率影响

3.3.1.6　CO_2 流量对亚麻粗纱白度、残胶率影响

利用木聚糖酶、纤维素酶和葡萄糖氧化酶为煮漂剂，在 CO_2 流量为 10～50 g/min 的条件下，保持生物酶用量3%、生物酶配比1：2：1(纤维素酶：木聚糖酶：葡萄糖氧化酶)、煮漂温度 50 ℃、煮漂压力 15 MPa、煮漂时间 60 min，对亚麻粗纱进行超临界 CO_2 无水煮漂。

如图 3-38 和图 3-39 所示，在煮漂釜体内，随着单位时间内通入 CO_2 流体质量不断增加，超临界 CO_2 流体携带更多的生物酶大分子进入纤维内部，催化半纤维素和木质素大分子降解，因而亚麻粗纱残胶率不断降低，白度增大；当 CO_2 流量达到 30 g/min 时，粗纱残胶率达到较小值，白度达到最大值，之后再继续增加 CO_2 流量，白度值反而略微下降。由纤维素酶、木聚糖酶和葡萄糖氧化酶复配为煮漂剂，煮漂后粗纱的煮漂效果明显好于单一生物酶和两种生物酶复配的煮漂效果。在超临界 CO_2 煮漂过程中，CO_2 流量对粗纱煮漂效果的影响主要体现在两个方面：一方面，随着 CO_2 流量的增加，增大了超临界 CO_2 煮漂过程中的传质推动力和传质系数，从而加快了木聚糖酶、纤维素酶对半纤维素和木质素的催化降解速率，提高了葡萄糖氧化酶对纤维的漂白作用；同时，较高的 CO_2 流量可以使木聚糖酶、纤维素酶和葡萄糖氧化酶大分子均匀地进入纤维内部，有益于去除半纤维素和木质素。另一方面，CO_2 流量过高，也会造成煮漂釜内 CO_2 流速的增加，可能导致携带生物酶大分子的 CO_2 流体在纤维表面驻留时间过短，不利于生物酶对纤维催化氧化作用的进行。

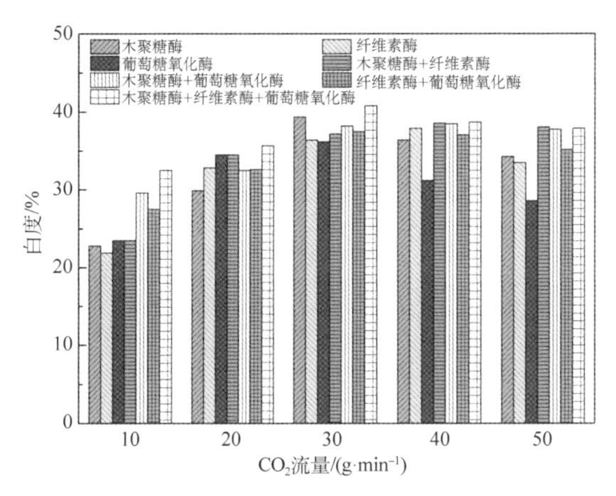

图 3-38 CO_2 流量对亚麻粗纱白度影响

图 3-39 CO_2 流量对亚麻粗纱残胶率影响

3.3.2 亚麻粗纱超临界 CO_2 生物酶煮漂后性能

3.3.2.1 生物酶对亚麻粗纱表观形貌影响

由图 3-40(a)、(b)可知，原样纤维表面有薄层覆盖，这些薄层是半纤维素、木质素和果胶等非纤维素物质，这些非纤维素物质大多包围在纤维外表，半纤维素伴生物在纤维素周围，呈网络结构，果胶将半纤维素等杂质与纤维素相互交结在一起形成亚麻纤维束，因此必须去除半纤维素物质，释放出纤维并呈单纤维分离状态。与原样相比，煮漂后的亚麻粗纱，其表面薄层基本得到降解，并使其部分从表面脱落，纤维表面比较光滑、清晰，且纤维分裂效果很好；由木聚糖酶、纤维素酶和葡萄糖氧化酶复配[图 3-40(i)]煮漂后的纤维表面发生部分剥离，也侵蚀到纤维的胞壁胞腔和微原纤中，纤维表面初生胞壁被剥离，造成微纤分离，纤维变细。同时，超临界 CO_2 优异的传质性能与较低的表面张力，使纤维表面出现较多的竖槽和凸起，在一定限度上增加了纤维表面的粗糙度。

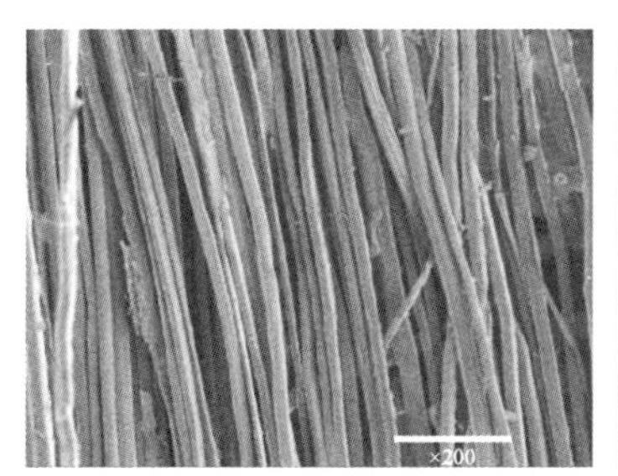

(a) 原样

(b) 原样

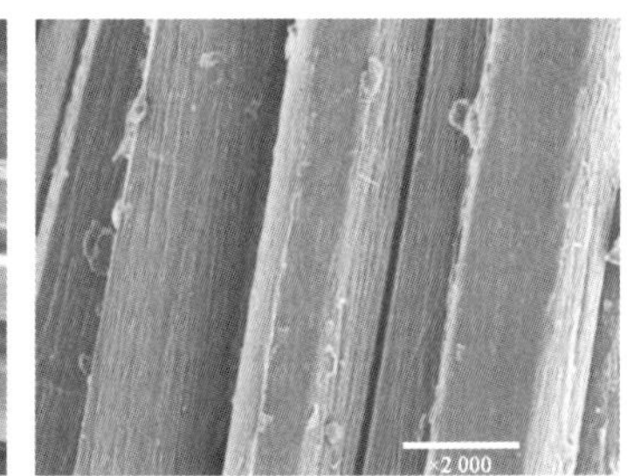

(c) 木聚糖酶

(d) 纤维素酶

(e) 葡萄糖氧化酶

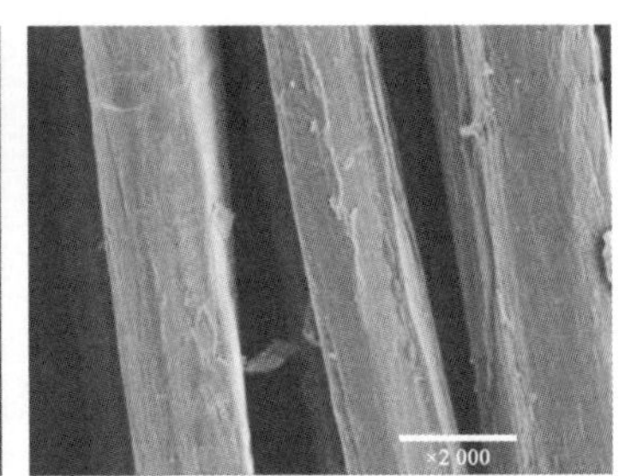

(f) 木聚糖酶/纤维素酶

(g) 木聚糖酶/葡萄糖氧化酶

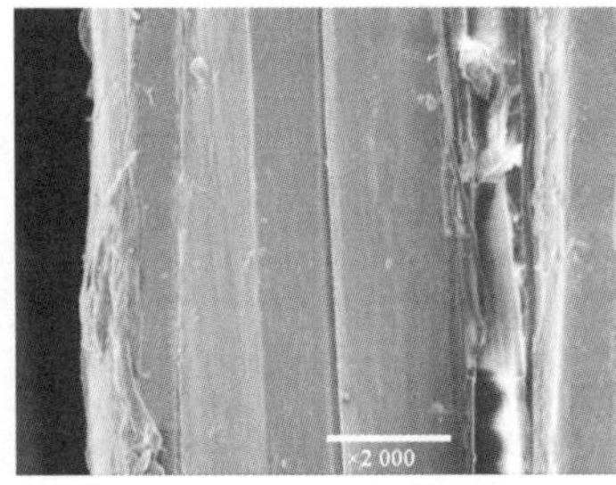

(h) 纤维素酶/葡萄糖氧化酶

(i) 木聚糖酶/纤维素酶/葡萄糖氧化酶

图 3-40　生物酶煮漂亚麻粗纱 SEM 图

3.3.2.2　生物酶对亚麻粗纱煮漂性能影响

利用生物酶对亚麻粗纱进行超临界 CO_2 煮漂前后的红外光谱图如图 3-41 所示。采用不同的生物酶为煮漂剂，煮漂后亚麻粗纱的谱图曲线和原样基本相同，未发生显著变化，这表明煮漂前后，亚麻粗纱的化学结构变化不是非常剧烈。亚麻粗纱中 β-D-葡萄糖苷键、C—O—C 的特征峰出现在 1 158 cm^{-1} 处，而由不同生物酶煮漂后的亚麻粗纱在 1 158 cm^{-1} 处的吸收峰没有发生变化，这表明采用木聚糖酶、纤维素酶和葡萄糖氧化酶作为煮漂剂，对纤维素没有明显的改变和破坏。但与原样相比，煮漂后粗纱的红外光谱图中曲线还是存在一些明显的变化。半纤维素中木聚糖的碳氢键对称和不对称伸缩振动峰出现在 2 852～2 950 cm^{-1} 处，该峰发生了明显的变化，说明煮漂后纤维中半纤维素含量发生了变化，采用生物酶煮漂有利于半纤维素胶质的去除；糖醛酸羧基的伸缩振动峰出现在 1 630～1 730 cm^{-1}，经过生物酶煮漂后，该峰发生较大变化，表明粗纱中果胶的含量有所降低，使胶质结构不再紧密，胶粘现象减弱，胶质得到去除；愈创木基环和 C═O 的伸缩振动峰出现在 1 271 cm^{-1} 处，即为木质素的特征吸收峰，该处吸收峰也发生了变化，这说明采用木聚糖酶、纤维素酶和葡萄糖氧化酶复配作为煮漂剂煮漂后，粗纱中的部分木质素得到去除；β-糖苷键振动峰（碳水化合物特征峰）、异头碳（C_1）振动峰（半纤维素）出现在 896 cm^{-1} 处，由三种生物酶煮漂后，该峰发生变动，说明生物酶煮漂降解了部分半纤维素与木质素的混合物；680 cm^{-1} 处为芳环 CH 面外弯曲振动、OH 面外弯曲振动的特征峰，由三种生物酶复配作为煮漂剂煮漂后，纤维该特征峰的吸收强度发生变化，说明煮漂后纤维的羟基数量增多，利于粗纱漂白工序的进行。因此，在超临界 CO_2 流体煮漂过程中，较好流动性的 CO_2 流体携带生物酶扩散进入纤维内部，有效去除了纤维中的半纤维素、木质素和果胶等非纤维素物质，降低了纤维的残胶率，提高了纤维的白度值。

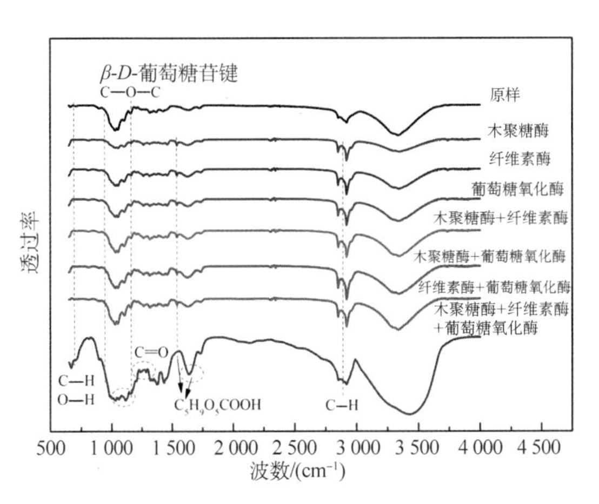

图 3-41　生物酶煮漂后亚麻粗纱红外光谱图

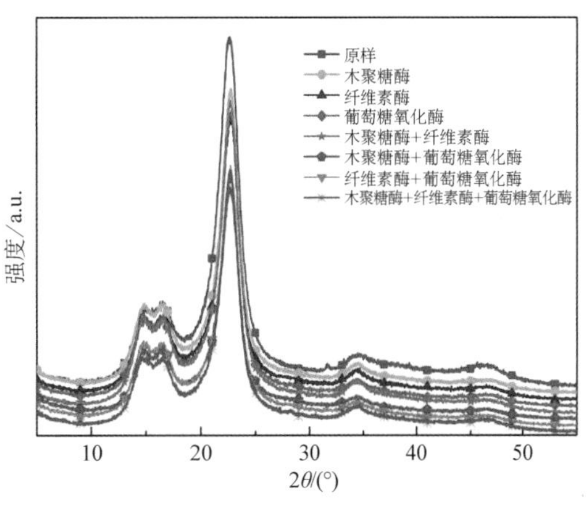

图 3-42　生物酶煮漂亚麻粗纱 XRD 谱图

由图 3-42 可知，以木聚糖酶、纤维素酶和葡萄糖氧化酶作为煮漂剂煮漂后，亚麻纤维的一个衍射峰出现在 17.0°～17.08°处，另一个强衍射峰出现在 22.78°～22.88°处。超临界 CO_2 煮漂前后亚麻纤维的 X 射线衍射曲线基本相似，衍射峰所对应的衍射角也基本相同，这说明在煮漂过程中亚麻纤维的纤维素晶形是稳定的，且煮漂后纤维并没有发生化学结构的本质变化。同时，与原样相比，发现煮漂后纤维的衍射峰强度减弱，说明纤维的结晶度发生了变化。根据 X 射线衍射曲线分峰计算结晶度的方法得到煮漂后纤维的结晶度为 68.72%，低于原样的结晶度 76.47%。上述变化的原因可能是，由木聚糖酶、纤维素酶和葡萄糖氧化酶煮漂后，木质素、果胶和半纤维素中的木聚糖大分子链段发生断裂，降解为小分子单体，去除了部分半纤维素、木质素和果胶等非纤维素物质，从而引起纤维结晶度发生轻微的变化。

如图 3-43 所示，超临界 CO_2 无水煮漂前，亚麻粗纱在主要热降解区 210～390 ℃范围内损失重量比为 62.23%，并且亚麻粗纱的最大热降解温度出现在 344.39 ℃；在超临界 CO_2 介质中，其中采用木聚糖酶、纤维素酶和葡萄糖氧化酶复配为煮漂剂煮漂后，亚麻粗纱的损失重量比最高(69.52%)，最大热降解温度为 361.96 ℃，与原样相比，煮漂后粗纱的损失重量比增大 7.29%，最大热降解温度提高 17.57 ℃。这表明，在超临界 CO_2 无水煮漂过程中，由木聚糖酶、纤维素酶和葡萄糖氧化酶作为煮漂剂煮漂后，亚麻粗纱的纤维素重量比增大，纤维的热稳定性提高。这主要是由于超临界 CO_2 流体为介质，可以使亚麻纤维大分子结构发生一定的变化，并且加入木聚糖酶、纤维素酶和葡萄糖氧化酶后，增大了纤维大分子链段的规整程度，从而提高了纤维的热稳定性；此外，纤维素酶、木聚糖酶和葡萄糖氧化酶可以催化木质素和半纤维素中的木聚糖降解成小分子物质，有利于在超临界 CO_2 流体中去除，因而降低了粗纱的残胶率，提高了粗纱的白度。

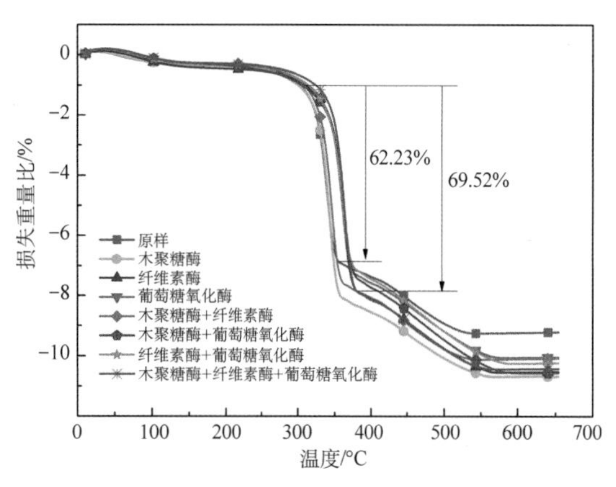

图 3-43　生物酶煮漂亚麻粗纱 TGA 谱图

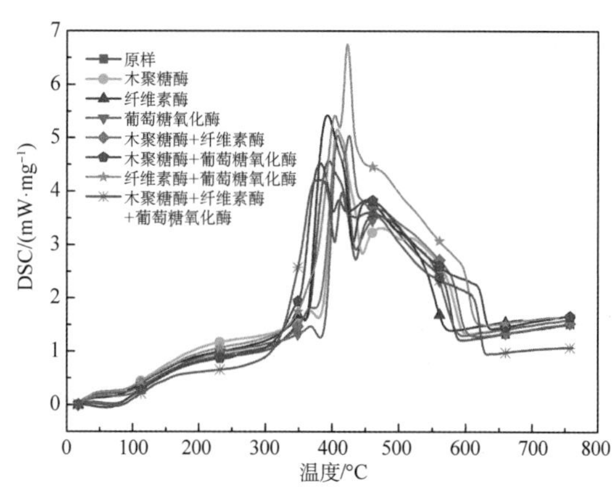

图 3-44　生物酶煮漂亚麻粗纱 DSC 谱图

为了进一步研究木聚糖酶、纤维素酶和葡萄糖氧化酶作为煮漂剂对亚麻粗纱热行为及其相转变的影响，对煮漂前后亚麻粗纱进行 DSC 分析。如图 3-44 所示，采用不同生物酶作为煮漂剂，煮漂后亚麻粗纱的 DSC 曲线均出现吸热峰，吸热峰的峰值均向左偏移，这说明在煮漂过程中有部分半纤维素、木质素和果胶被降解；且木聚糖酶、木聚糖酶和纤维素酶复配、木聚糖酶、纤维素酶和葡萄糖氧化酶复配作为煮漂剂，煮漂后纤维的峰宽相对变窄，这可能是由于纤维中的部分低聚物被降解，从而使纤维的残胶率降低。

3.3.2.3　生物酶对亚麻粗纱力学性能影响

采用纤维素酶、木聚糖酶和葡萄糖氧化酶作为煮漂剂，煮漂前后亚麻粗纱断裂强度和断裂伸长率如图 3-45 所示。与亚麻粗纱原样相比，在超临界 CO_2 无水煮漂过程中，采用纤维素酶、木聚糖酶和葡萄糖氧化酶作为煮漂剂后，亚麻粗纱的断裂强度和断裂伸长率都略有增加，并且纤维素酶、木聚糖酶和葡萄糖氧化酶三种生物酶复配作为煮漂剂，增长幅度较大。这可能是因为超临界 CO_2 无水煮漂过程中，加入纤维素酶、木聚糖酶和葡萄糖氧化酶后，可以催化部分半纤维素中的木聚糖大分子和木质素大分子链断裂，使其降解成小分子物质，在煮漂过程中，随着 CO_2 流动被携带进入分离釜中，去除了部分半纤维素和木质素等非纤维素物质，相对提高了纤维素的含量，同时也增加了纤维的柔软性。因此，纤维的断裂强度和断裂伸长率有一定程度的增加。

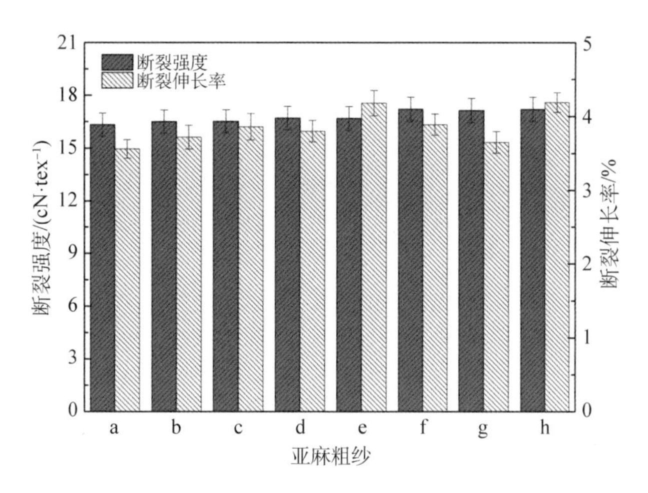

a—原样　b—木聚糖酶　c—纤维素酶　d—葡萄糖氧化酶
e—木聚糖酶+纤维素酶　f—木聚糖酶+葡萄糖氧化酶
g—纤维素酶+葡萄糖氧化酶　h—木聚糖酶+纤维素酶+葡萄糖氧化酶

图 3-45　生物酶煮漂亚麻粗纱力学性能

3.4　亚麻粗纱超临界 CO_2 生物酶煮漂机理

热失重分析主要是用来研究物质材料的热稳定性、成分的定量分析和分解动力学等化学现象。在实际的材料分析中热失重分析法经常与其他分析方法联用，进行综合热分析，为判定亚麻粗纱煮漂影响因素、热分解机制和煮漂机理提供一定的理论依据。

从化学动力学的角度分析，其构成纤维材料的化学成分较多，在热降解过程中发生的化学反应较为复杂，因此，针对纤维中各种单一成分的热降解过程进行研究分析，从而得到纤维的热降解过程。亚麻纤维主要是由纤维素、半纤维素和木质素等物质组成，在热降解过程中，不同的文献对热解温度范围有不同的分段，大致可分为：180～240 ℃、240～310 ℃、310～400 ℃三段，或 200～260 ℃、260～390 ℃、390～500 ℃三段。虽然热解温度范围不同，但每个热解温度范围对应的热解物质是一样的，第一段是半纤维素热降解，第二段是纤维素热降解，第三段是木质素热降解。由此表明，半纤维素、纤维素和木质素的热降解过程是从低温到高温分开进行的，彼此热降解温度交集较小。

采用热失重分析法来初步探索亚麻纤维的热降解特性，并采用微分法或积分法求解动力学反应级数和动力学参数，其方法主要有 Coats-Redfern 法、Kissinger 法、Ozawa 法和分布活化能模型(DAEM)。以下主要分析亚麻粗纱热降解的第二个阶段(210～390 ℃)，采用 Coats-Redfern 法计算亚麻粗纱热降解的表观活化能 E、频率因子 A 及反应级数 n。

3.4.1　亚麻粗纱的热解反应动力学分析

粗纱样品初始质量为 M_0，经过升温发生分解反应，在某一时间 t，质量变为 M，根据热失重曲线分析，可按公式(3-1)计算出转化率 α：

$$\alpha=\frac{M_0-M}{M_0-M_\infty} \tag{3-1}$$

式中：M_0——初始质量，kg；

M——时间 t 时的质量，kg；

M_∞——不能分解的残余物质量，kg。

热分解速率为

$$\frac{\mathrm{d}\alpha}{\mathrm{d}t}=kf(\alpha) \tag{3-2}$$

式中：t——热分解时间，min。

式(3-2)中函数 $f(\alpha)$取决于反应机制，对于简单的反应，$f(\alpha)$一般可用式(3-3)表示：

$$f(\alpha)=(1-\alpha)^n \tag{3-3}$$

式中：n——反应级数。

根据 Arrhenius 公式，可以得到：

$$k=A\mathrm{e}^{\frac{-E}{RT}} \tag{3-4}$$

式中：k——速率常数；

E——表观活化能，kJ/mol；

A——频率因子，m/s；

T——温度，K（K 数值上等于摄氏度值加上 273.15）；

R——气体常数，取 8.314 J/(K · mol)。

将式(3-3)、式(3-4)代入式(3-2)可以得到：

$$\frac{\mathrm{d}\alpha}{\mathrm{d}T}=A\mathrm{e}^{\frac{-E}{RT}}(1-\alpha)^n \tag{3-5}$$

设升温速率为 β，$\beta=\frac{\mathrm{d}T}{\mathrm{d}t}$，则：

$$\frac{\mathrm{d}\alpha}{\mathrm{d}T}=\frac{A}{\beta}\mathrm{e}^{\frac{-E}{RT}}(1-\alpha)^n \tag{3-6}$$

利用 Coats-Redfern 积分法，将式(3-6)分离变量积分整理，并取近似值可得到：

$$\begin{cases}\lg\left[\frac{1-(1-\alpha)^{1-n}}{(1-n)T^2}\right]=\lg\frac{AR}{\beta E}\left(1-\frac{2RT}{E}\right)-\frac{E}{2.303RT}\frac{1}{T} & (n\neq1)\\ \lg\left[\frac{-\ln(1-\alpha)}{T^2}\right]=\lg\frac{AR}{\beta E}\left(1-\frac{2RT}{E}\right)-\frac{E}{2.303RT}\frac{1}{T} & (n=1)\end{cases} \tag{3-7}$$

对于亚麻粗纱热分解的温度区域及大部分的表观活化能 E 而言，$\lg\frac{AR}{\beta E}\left(1-\frac{2RT}{E}\right)$ 基本为常数。所以，以 $\frac{1}{T}$ 为自变量，分别对 $\lg\left[\frac{1-(1-\alpha)^{1-n}}{(1-n)T^2}\right]$ 和 $\lg\left[\frac{-\ln(1-\alpha)}{T^2}\right]$ 作图。若选定的值正确，则两者均为直线，其斜率为 $-\frac{E}{2.303R}$，截距为 $\lg\frac{AR}{\beta E}\left(1-\frac{2RT}{E}\right)$，由此可求出活化能 E 和频率因子 A 的值；当 $n=1$ 时，以自变量 $\frac{1}{T}$ 对 $\lg\left[\frac{-\ln(1-\alpha)}{T^2}\right]$ 作图，即可得到一条直线。因此，利用一级反应动力学模型，对亚麻粗纱热降解反应进行动力学解析，其结果见表 3-8。

表 3-8　亚麻粗纱在不同升温速率下的热解动力学参数

样品	煮漂剂	升温速率/(℃·min^{-1})	热解温区/℃	E/(kJ·mol^{-1})	$\ln A$/min^{-1}	r^2
S_0	原样	10	345.8～377.9	36.07	9.85	0.999 88
		20	321.4～368.3	35.72	8.31	0.999 28
		30	315.2～373.1	36.21	9.11	0.998 17
S_1	木聚糖酶	10	324.8～365.7	40.62	12.78	0.997 51
		20	334.1～365.4	43.15	14.62	0.999 15
		30	314.5～373.0	44.08	15.01	0.998 63
S_2	纤维素酶	10	325.2～387.1	49.46	13.52	0.997 94
		20	326.4～378.2	51.28	14.79	0.998 16
		30	341.7～382.4	48.92	11.61	0.999 17
S_3	葡萄糖氧化酶	10	305.3～362.4	35.93	10.82	0.999 98
		20	336.7～385.1	37.15	12.16	0.998 79
		30	342.6～378.7	36.09	11.85	0.999 16
S_4	木聚糖酶+纤维素酶	10	325.3～378.9	54.74	15.03	0.999 84
		20	341.5～387.1	58.26	14.64	0.999 19
		30	316.3～364.8	60.07	16.15	0.998 65
S_5	木聚糖酶+葡萄糖氧化酶	10	345.2～387.9	38.81	12.39	0.999 27
		20	336.5～384.2	39.93	13.64	0.999 15
		30	325.6～379.5	39.54	11.18	0.998 25
S_6	纤维素酶+葡萄糖氧化酶	10	318.9～364.5	39.75	13.16	0.999 95
		20	336.2～384.3	40.84	13.57	0.999 18
		30	327.5～371.4	38.54	12.95	0.998 57
S_7	木聚糖酶+纤维素酶+葡萄糖氧化酶	10	324.8～376.9	54.52	15.02	0.999 35
		20	336.2～381.5	58.51	17.59	0.999 42
		30	345.8～385.3	54.47	14.53	0.998 07

采用同种生物酶作为煮漂剂，煮漂后亚麻粗纱活化能 E 受升温速率的影响不大，但频率因子 A 会产生较大的变化；采用不同生物酶作为煮漂剂，煮漂后亚麻粗纱的活化能 E 数值大小在一定范围内发生了变化，但亚麻粗纱热降解的总过程均可用一级平行反应动力学模型描述，且拟合相关系数 r 较高。与原样相比，由生物酶作为煮漂剂煮漂后，亚麻粗纱的活化能均有一定程度的提高，且木聚糖酶、纤维素酶和葡萄糖氧化酶复配作为煮漂剂，亚麻粗纱的最大活化能为 58.51 kJ/mol，比原样的活化能增大 22.79 kJ/mol。这说明煮漂后，亚麻粗纱第二阶段的热降解需要较高的能量才能完成，也说明了生物酶煮漂对亚麻粗纱的纤维大分子结构产生了一定的影响；煮漂后亚麻粗纱的频率因子 A 呈增大趋势，随频率因子 A 的增大，大分子间的有效碰撞次数增多，反应较易进行，反应程度也增大。因此，亚麻粗纱超临界 CO_2 无水煮漂过程中，生物酶作为煮漂剂可以改善煮漂效果，提高粗纱白度，降低粗纱残胶率。

3.4.2 亚麻粗纱结晶热力学分析

结晶度是指聚合物中结晶部分所占的比例。其测试方法有密度法、DSC、XRD、FT-IR、NMR 等方法，各种方法的测试结果差别较大，因此，在计算结晶度时，要说明测试方法。在用 DSC 仪器记录热流计算时，结晶度（X_c）则可以用单位质量高聚物的结晶熔融焓 ΔH_c 与理想状态下 100%结晶时晶体的熔融焓 ΔH_0 之比表示，如式(3-8)所示。

$$X_c = \frac{\Delta H_m}{\Delta H_m^0} \times 100\% \tag{3-8}$$

式中：ΔH_m——聚合物试样的熔融热，J/g；

ΔH_m^0——完全结晶试样的熔融热，J/g。

聚合物发生熔融时，一般都是结晶区发生变化，因此聚合物发生熔融可以看作是破坏结晶区所需要的热量，其值与结晶度成正比。完全结晶的聚合物试样不易获得，一般是用不同结晶度的聚合物分别测定其熔融热，然后外推到 100%结晶度，通过查阅文献，以棉纤维的熔融热作为参照值，其值为 425 J/g。根据公式(3-8)计算得到以不同生物酶作为煮漂剂，煮漂后亚麻纤维的结晶度值见表 3-9。

表 3-9 不同生物酶煮漂后亚麻纤维的结晶度

样品	煮漂剂	X_c/%
S_0	原样	76.47
S_1	木聚糖酶	73.35
S_2	纤维素酶	75.12
S_3	葡萄糖氧化酶	76.02
S_4	木聚糖酶＋纤维素酶	71.36
S_5	木聚糖酶＋葡萄糖氧化酶	73.71
S_6	纤维素酶＋葡萄糖氧化酶	73.9
S_7	木聚糖酶＋纤维素酶＋葡萄糖氧化酶	68.72

与原样相比，经过木聚糖酶、纤维素酶和葡萄糖氧化酶煮漂后，亚麻纤维的结晶度降低，且由木聚糖酶、纤维素酶和葡萄糖氧化酶复配作为煮漂剂，煮漂后亚麻纤维的结晶度降低程度最大。这主要是由于以超临界 CO_2 流体为介质，采用木聚糖酶、纤维素酶和葡萄糖氧化酶煮漂过程中，纤维发生溶胀，大分子链的排列变疏松，降低了大分子间的内应力，使纤维的结晶区被破坏，非结晶区增加，因而纤维结晶度下降，这说明通过超临界 CO_2 和生物酶结合对亚麻粗纱进行煮漂，可以改善纤维的高结晶、高取向结构，增加纤维的柔软性。

3.4.3 亚麻粗纱结晶动力学分析

聚合物的结晶过程与小分子的结晶过程类似，包括成核和生长两个阶段，但以片晶的特有结构形成晶体。根据亚麻纤维的等温结晶，可以了解纤维的结晶机理、温度与结晶的关系，得到亚麻纤维结晶动力学的一些基本参数，从而推测出不同生物酶煮漂对亚麻粗纱化学结构的影响。

将亚麻纤维放置在 DSC 仪中，尽快降温到预定结晶温度，记录恒温放热曲线，这时根据 Kolmogoroff-Avrami-Evans 理论，在一定的实验条件下，由 DSC 测量的结晶热焓值可以计算得到样品相对结晶度（X_t）：

$$X_t=\frac{\int_0^t(\mathrm{d}H/\mathrm{d}t)\mathrm{d}t}{\int_0^\infty(\mathrm{d}H/\mathrm{d}t)\mathrm{d}t}=\frac{a}{A} \tag{3-9}$$

$$1-X_t=\exp(-kt^n) \tag{3-10}$$

式中：X_t——t 时刻的相对结晶度；

$\mathrm{d}H/\mathrm{d}t$——热流速率，mW/mg，DSC 曲线的纵坐标；

a——t 时刻的结晶峰面积，mV · s；

A——结晶完成后结晶峰总面积，mV · s；

n——Avrami 指数，反映成核和生长机理，其值等于生长的空间维数与时间维数之和；

k——结晶速率，min^{-1}，其值越大，表示结晶速率越快。

采用 DSC 仪器的部分积分程序，可以获得不同温度下的相对结晶度，相对结晶度与温度的关系曲线如图 3-46 所示。经过木聚糖酶、纤维素酶和葡萄糖氧化酶煮漂后，亚麻纤维的相对结晶度曲线逐渐向低温偏移，这说明煮漂后纤维的结晶温度降低，且由木聚糖酶、纤维素酶和葡萄糖氧化酶复配作为煮漂剂煮漂后的亚麻纤维结晶温度降低程度最大。

为了进一步分析计算得到纤维的结晶动力学参数，最常用的数据处理方法是将 Avrami 指数方程(3-10)化成以下的线性形式：

$$\ln\{-\ln[1-X(t)]\}=\ln k+n\ln t \tag{3-11}$$

以 $\ln\{-\ln[1-X(t)]\}$ 对 $\ln t$ 进行线性回归分析，得到直线，斜率为 $\ln k$，截距为

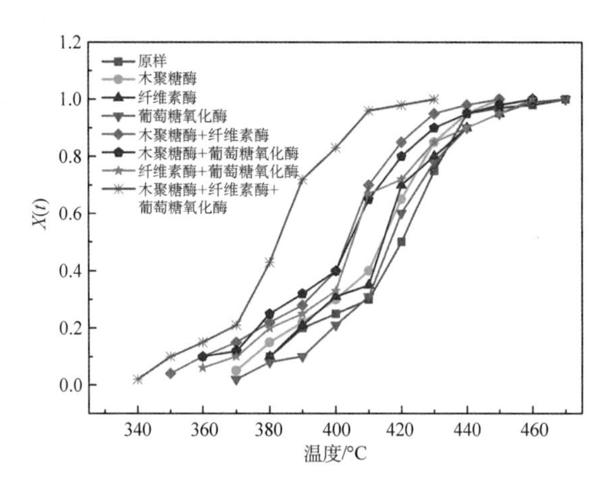

图 3-46　相对结晶度与温度的关系

Avrami 指数 n。

另一个反映结晶速率的参数是半结晶时间 $t_{1/2}$，即体积收缩率达到一半时所需要的时间。由于等温结晶动力学曲线是一条反 S 形曲线，变化终点所需要的时间不明确，不能用结晶全过程所需的时间来衡量，因而用体积收缩较快中间阶段的某一点（这里用体积收缩一半）来衡量比较科学。当 $X_t=0.5$ 时，可得亚麻纤维的半结晶时间 $t_{1/2}$：

$$t_{1/2}=\left(\frac{\ln 2}{k}\right)^{1/n} \tag{3-12}$$

显然，由公式(3-12)可知，$t_{1/2}$ 越小结晶越快。由 DSC 测试的结果计算得出亚麻纤维的 X_t，并代入 Avrami 方程，所有的结晶动力学参数结果列于表 3-10。

表 3-10　亚麻纤维结晶动力学参数

样品	煮漂剂	初次结晶阶段			二次结晶阶段		
		n	$k/(\mathrm{min}^{-1})^n$	$t_{1/2}$/min	n	$k/(\mathrm{min}^{-1})^n$	$t_{1/2}$/min
S_0	原样	1.12	0.15	12.31	1.49	1.10	8.12
S_1	木聚糖酶	1.25	0.27	10.08	1.79	1.26	6.45
S_2	纤维素酶	1.18	0.19	11.59	1.82	1.17	5.92
S_3	葡萄糖氧化酶	1.15	0.07	12.28	1.76	1.15	8.11
S_4	木聚糖酶+纤维素酶	1.42	0.39	9.76	2.32	1.44	7.34
S_5	木聚糖酶+葡萄糖氧化酶	1.47	0.45	9.82	4.15	1.45	5,61
S_6	纤维素酶+葡萄糖氧化酶	1.23	0.32	9.80	2.97	1.23	6.87
S_7	木聚糖酶+纤维素酶+葡萄糖氧化酶	1.36	0.49	6.72	3.89	1.35	5.13

亚麻纤维初结晶阶段的 Avrami 指数 n 要比第二结晶阶段的 Avrami 指数 n 低，这表明，在低温时，纤维结晶体的生长方式是低维数方式，而在高温时，则是以高维数方式生长。在低温度时，n 值近似为 1，若成核过程是预先成核，那就表示结晶体是以束状一维方式生长，纤维的结晶过程可用一级反应动力学模型来近似描述；在较高温度下的结晶过程，n 值大于 1，意味着结晶体具有更高维数的生长方式，可形成折叠链结晶体。对于结晶速率 k，与原样相比，经过生物酶煮漂后，k 值增大，表明煮漂后的纤维结晶速率增加；对于半结晶时间 $t_{1/2}$，煮漂后纤维的 $t_{1/2}$ 值减小，也表明了煮漂后纤维的结晶速率增加；且初次结晶阶段的 $t_{1/2}$ 值要高于二次结晶阶段的 $t_{1/2}$ 值，这说明亚麻纤维的结晶过程主要在初次结晶阶段完成。此外，由木聚糖酶、纤维素酶和葡萄糖氧化酶复配煮漂后，纤维的 k 值和 $t_{1/2}$ 值分别高于两种生物酶复配、单一生物酶煮漂后的数值，这表明由木聚糖酶、纤维素酶和葡萄糖氧化酶复配作为煮漂剂对亚麻纤维的化学结构影响较大，这与结晶热力学分析结果是一致的。

3.4.4　亚麻粗纱煮漂机理

3.4.4.1　木聚糖酶催化机理

（1）木聚糖酶分子结构及性能。木聚糖酶是以内切方式降解木聚糖分子中木糖苷键的复合酶系。为了研究木聚糖酶对亚麻粗纱的催化降解作用机理，首先要全面了解木聚糖酶的蛋白质大分子结构。木聚糖酶是由催化结构域、纤维素结合结构域、木聚糖结合结构域和连接序列等多个区域组成。木聚糖酶有的只包含一个糖苷水解酶催化结构域，有的含有催化结构域和多种非催化结构域。

① 催化结构域（catalytic domain，CD）：CD 是木聚糖酶分类的依据之一，决定了木聚糖酶的催化功能。根据氨基酸序列的不同，木聚糖酶可以分为多个家族，不同家族的木聚糖酶，其催化结构域也具有很大的差异。本文采用的是第 10 家族木聚糖酶，是由 8 个 α 螺旋和 8 个 β-折叠构成桶状结构，结构形状像“色拉碗”，直径大的一面与催化物结合，直径小的一面内部含有 5 个吡喃型木糖的结合位点，它的三维分子结构图像采用 PyMOL 软件进行绘制，其结构如图 3-47 所示。

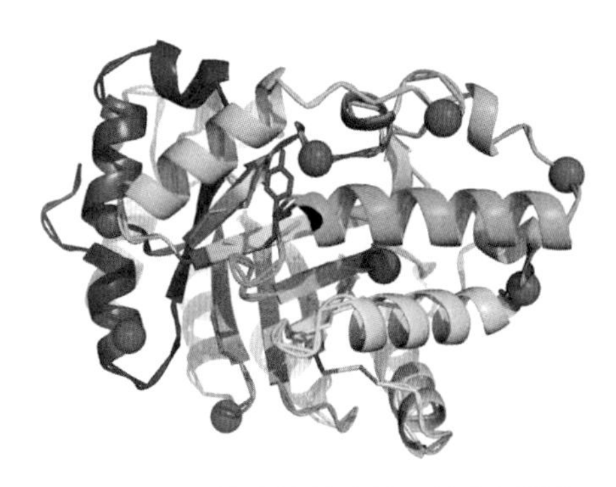

图 3-47　10 族木聚糖酶的三维分子结构

② 纤维素结合区（cellulose-binding domain，CBD）：CBD 是一个独立、无催化功能的区域，它既能水解纤维素，也能水解木聚糖，成为双功能酶。CBD 的主要作用是协助木聚糖酶结合到纤维素上，使木聚糖酶更加靠近底物，调节木聚糖酶对可溶性、不溶性纤维素底物的特殊活力。

③ 木聚糖结合区(xylan-binding domain, XBD):通过 XBD,可以使木聚糖酶大分子与底物接近,有效地降解木聚糖。XBD 和 CBD 都是木聚糖酶分子中独立的无催化功能区域,可以与木聚糖结合。与 CBD 相比,木聚糖酶中 XBD 较少,可能是由于木聚糖大分子中含有较多类型的取代基所致。有些木聚糖酶中的 XBD 对木聚糖和纤维素产生很大的吸附力,主要是由于木聚糖大分子侧链基团带有大量的负电荷,通过离子间的静电作用与木聚糖酶结合。

④ 连接序列(linker sequence):该部分的主要作用是连接木聚糖酶大分子的各功能区域,形成柔韧可伸展的铰链区,该序列或含有丝氨酸残基,或含有脯氨酸残基和苏氨酸残基等,通常被高度 O-糖基化,且长度一般为 6～59 个氨基酸。

(2) 木聚糖酶催化降解机理。亚麻纤维细胞壁主要是由纤维素、半纤维素和木质素等组成,其中半纤维素含量仅次于纤维素,占纤维细胞干重的 15%～35%,其主要成分是木聚糖。木聚糖是一种杂合多聚分子,主要分布在亚麻纤维细胞的次生壁,连接着木质素和其他多聚糖,其主链是通过 β-1,4-木糖苷键连接多个吡喃木糖基而成,侧链上连着多种不同代基:O-乙酰基、4-甲基-D 葡萄醛酸残基、L-阿拉伯糖残基等,这些侧链与亚麻纤维中的纤维素、木质素、果胶等以共价键或非共价键连接。

由于木聚糖的结构比较复杂,若其完全降解也是一个复杂的过程,需要多种生物酶协同完成,本文采用 β-1,4-内切木聚糖酶,木聚糖酶主要作用于木聚糖主链的内侧糖苷键,使之降解成低聚木糖和少量的木糖、阿拉伯糖。如图 3-48 所示,第一步,木聚糖酶中活性位点的谷氨酸的羧基提供 1 个质子随机攻击并结合到木聚糖主链 β-1,4-糖苷键上的 O 原子上,致使β-1,4-糖苷键断裂,使木聚糖降解为木寡糖,其水解产物主要为木二糖与木二糖以上的寡聚木糖,也有少量的木糖和阿拉伯糖;然后由带负电的天冬氨酸残基、谷氨酸残基或组氨酸残基作为亲核基团,攻击木聚糖的异构碳原子而形成共价中间体,再由木聚糖酶溶液中的 H_2O 分子提供 OH^- 给木糖的 C-1 还原糖残基,提供 H^+ 给谷氨酸的羧基,使木聚糖酶恢复了非离子化的形式,以使木聚糖酶进行下一步催化降解木聚糖(图 3-49)。第二步,降解生成的低聚木糖和少量的木糖、阿拉伯糖在超临界 CO_2 流体的循环带动下进入分离釜被分离去除。

木聚糖酶在降解木聚糖大分子的同时,还可以使木质素—碳水化合物复合体的部分连接键断裂,使部分大分子木质素被小分子化,然而这部分小分子木质素并不能去除,只会被暴露在纤维表面,形成脱木质素或有利于脱木质素的状态,为下一步木质素的去除提供有利条件。此外,木聚糖酶还可以降低亚麻纤维大分子中的活性基团(易被氧化而转化成发色基团)和半纤维素含量,从而抑制了煮漂后纤维的返黄现象,提高了纤维的白度,降低了纤维的残胶率。

(3) 纤维素酶催化机理。

① 纤维素酶分子结构及性能:纤维素酶是一种对水解纤维素大分子具有特殊催化作

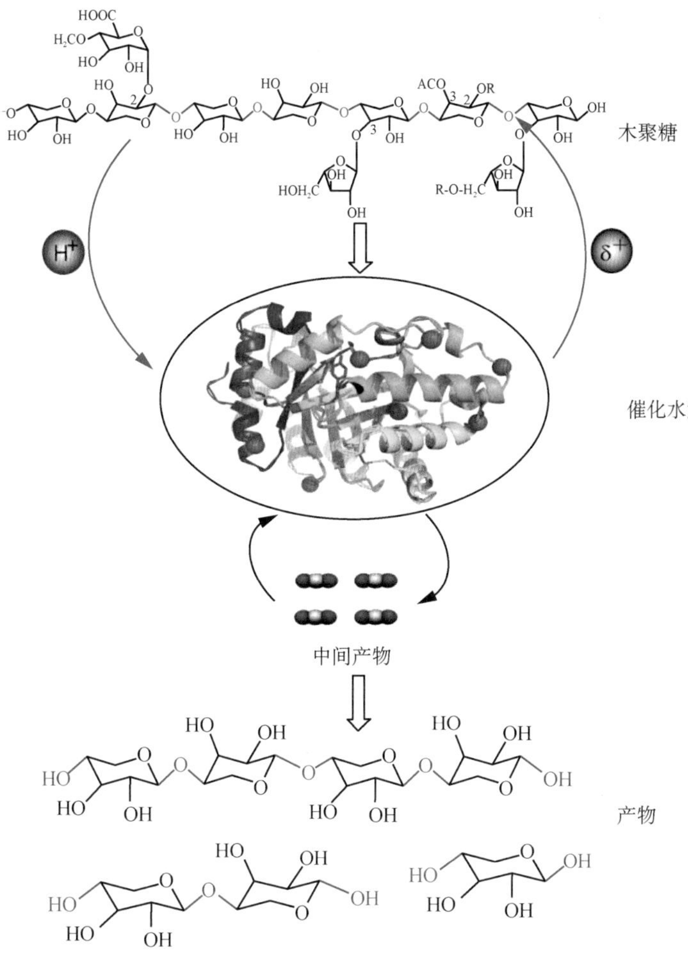

木聚糖

催化水解

中间产物

产物

图 3-48　亚麻纤维中木聚糖降解机理

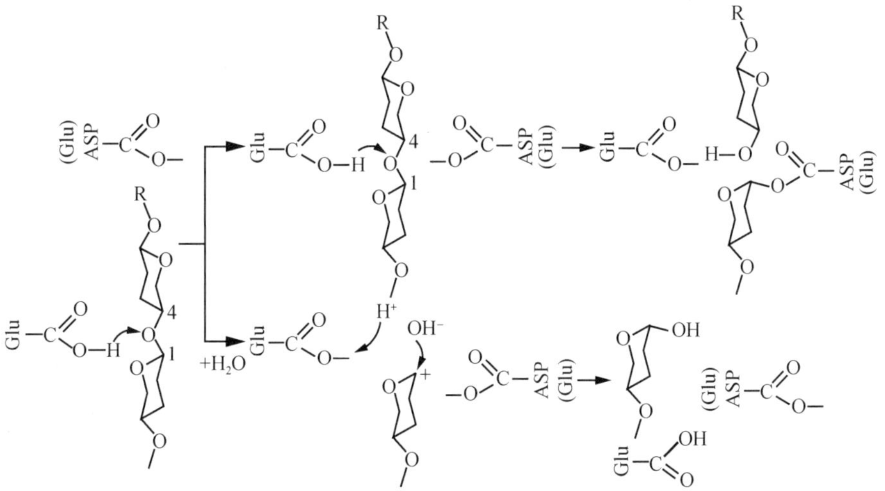

图 3-49　木聚糖酶催化反应过程

用的活性蛋白质，主要由木霉属菌、曲霉属菌、镰刀属菌等有机物发酵而成。其主要组成部分有碳水化合物结合结构域（cellulose binding domain，CBD）、催化结构域（catalytic domain，CD）和连接二者的肽链（linker）。

结合结构域（CBD）：在纤维素酶中存在一个或多个 CBD 结构域，CBD 通常位于纤维素酶大分子链的羧基端或氨基端，通过一段高度糖基化的肽链与催化区域相连，对纤维素的降解效率起着重要作用，此外，还可以与甲壳素、木聚糖、木质素等碳水化合物的聚合物相结合。

催化结构域（CD）：不同纤维素酶中含有不同催化功能区域，该区域是纤维素酶中最长的催化核心区域，通过对基因缺失、蛋白截短的研究表明，CD 在完全独立的情况下具有催化活性，同时可溶性底物也能被水解。目前研究表明，外切葡聚糖酶的催化区域是由 5 条 α 螺旋链和 7 条 β 折叠链形成一条长度为 50 Å、包括 4 个结合点的隧道，水解糖苷键发生在第二个和第三个结合点之间；内切葡聚糖酶的活性位点表面没有一个环覆盖的结构，类似一个沟槽形状，可以从纤维素链的中间位置随机断裂纤维素链。本文使用的是外切葡聚糖酶，其三维分子结构图像采用 PyMOL 软件进行绘制，如图 3-50 所示。

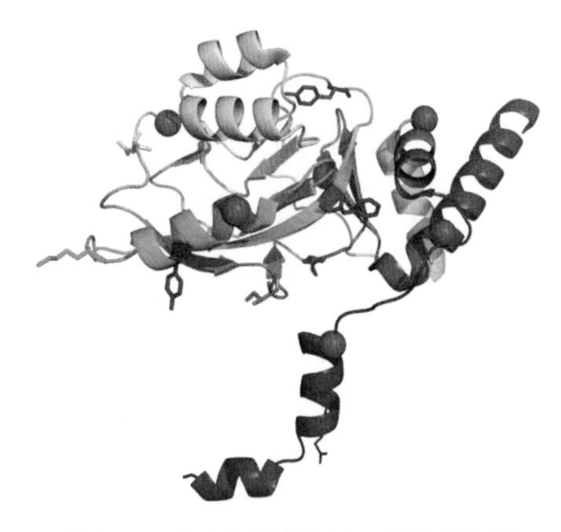

图 3-50　外切葡聚糖酶三维分子结构

连接肽桥（linker）：连接肽桥是一段简单或重复序列（富含丝氨酸、脯氨酸、苏氨酸以及甘氨酸）组成的柔性短肽，其作用为连接、控制 CBD 和 CD 两个功能区域，并为 CBD 和 CD 作用的有效发挥提供足够的空间距离。

② 纤维素酶催化降解机理：木质素是由苯基丙烷类结构单元通过 C—C 键和 C—O—C 键连接而成的高分子聚合物，与亚麻纤维中的纤维素、半纤维素等聚糖以化学键及氢键方式结合，最终以三维网状结构的木质素—碳水化合物复合体（lignin-carbohydrate complexes，LCC）的形式共同构成植物细胞壁的主体结构。资料显示，木质素与糖类的连接方式主要有糖苷键、苯甲醚键、缩醛键/半缩醛键以及酯键。如图 3-51（a）所示，糖苷键主要是以 γ-糖苷键或 β-糖苷键形式存在于苯丙烷侧链，是由木质素大分子侧链的酚羟基和糖类的苷羟基缩合而成；图 3-51（b）所示醚键在 LCC 中的含量较高，是由葡萄糖 C_6 上羟基与木质素侧链 C_α 上的羟基结合而成；图 3-51（c）所示缩醛键是由木质素侧链 C_γ 上的醛基与两个游离糖羟基结合而成，半缩醛键则是 C_γ 上的醛基与一个游离糖羟基结合而成；图 3-51（d）所示酯键主要是由木质素侧链的羟基与糖醛酸结合而成。木质素与纤维素的主要连接键是苯甲醚键、酯键和缩醛键；与半纤维素是通过苯基糖苷键和苄基醚键连接；与多羟基聚合物是通过化学键和氢键连接。

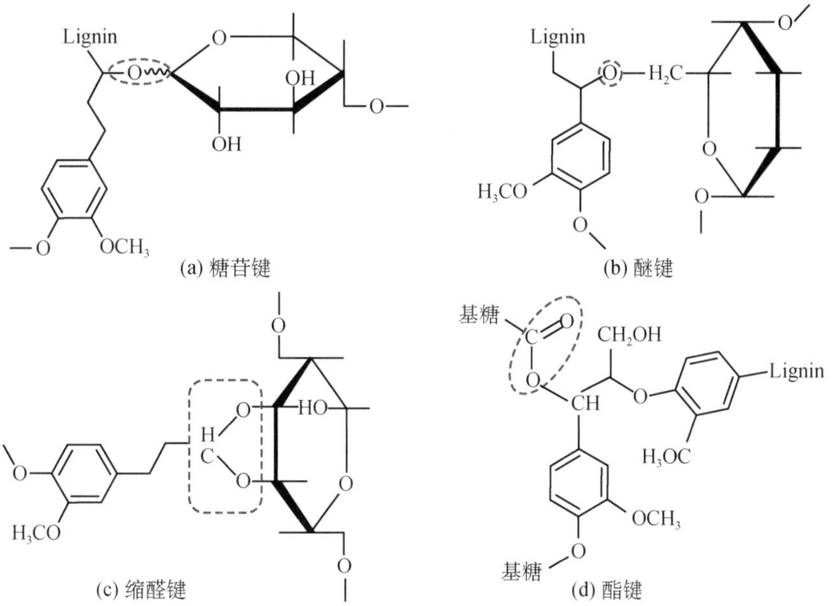

(a) 糖苷键　(b) 醚键　(c) 缩醛键　(d) 酯键

图 3-51　木质素与糖类的连接键

LCC结构较为复杂，在亚麻粗纱煮漂过程中，为了降解去除木质素大分子，首先采用纤维素酶切断木质素大分子与糖类的连接，其纤维素酶催化断裂木质素与糖类的过程如图3-52所示。木质素主要是由愈创木基(G)、紫丁香基(S)和对羟基苯基(H)三种基本结构单元通过醚键(β-O-4、C—O—C)、碳碳键(C—C)等连接而成，其中 β-O-4 醚键占60%～70%，是最常见的连接方式。在超临界 CO_2 流体无水煮漂系统中，所用的纤维素酶的等电点(PI)介于3.5～9.5，因此大部分纤维素酶带正电荷，而木质素上的酸性基团离子化使木质素带负电荷，因此通过静电吸附效应，纤维素酶吸附在木质素表面，可以催化 β-O-4 醚键断裂，使木质素大分子降解为愈创木酚基小分子单体(图3-53)，最后由超临界 CO_2 流体的循环运动带入分离釜。

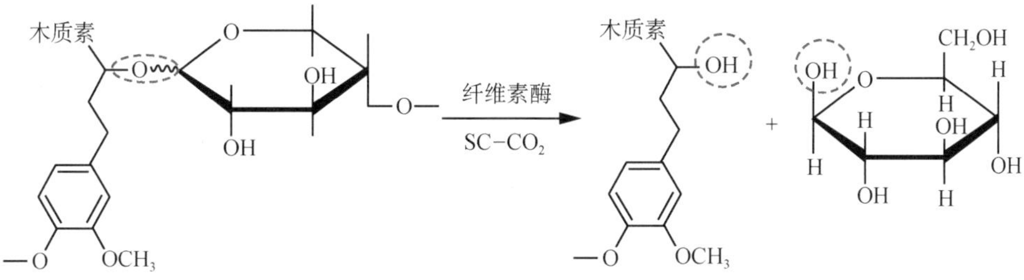

(a) 糖苷键断裂

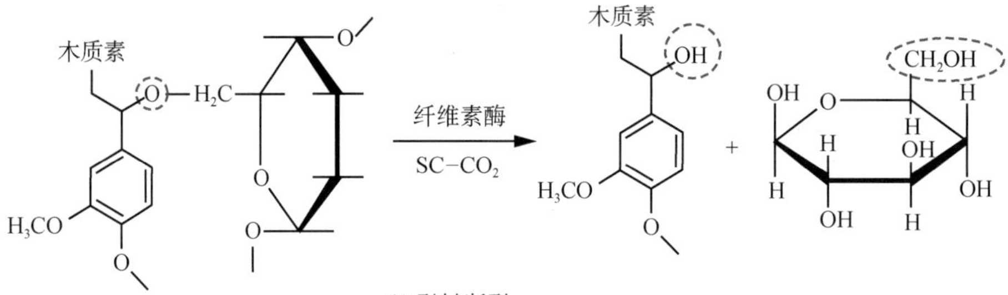

木质素
O—H_2C
H_3CO
O
纤维素酶
SC-CO_2
木质素
OH
H_3CO
O
+
CH_2OH
OH　O　H
H　OH
H　H
H　OH　OH
OH　H

(b) 醚键断裂

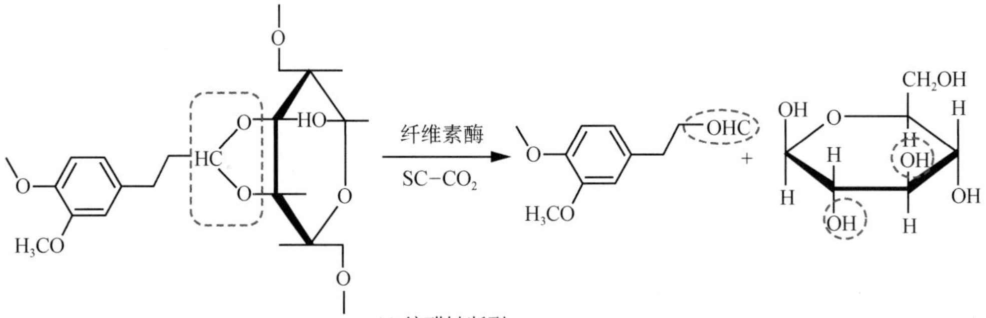

O
HO
O
HC
O
H_3CO
O
纤维素酶
SC-CO_2
OHC
H_3CO
+
CH_2OH
OH　O　H
H　OH
H　H　OH
OH　H
O

(c) 缩醛键断裂

基糖
C=O
O
CH_2OH
CH
O
木质素
H_3OC
OCH_3
基糖—O
纤维素酶
SC-CO_2
基糖
C=O
OH
+
CH_2OH
HO
CH
O
木质素
H_3OC
OCH_3
基糖—O

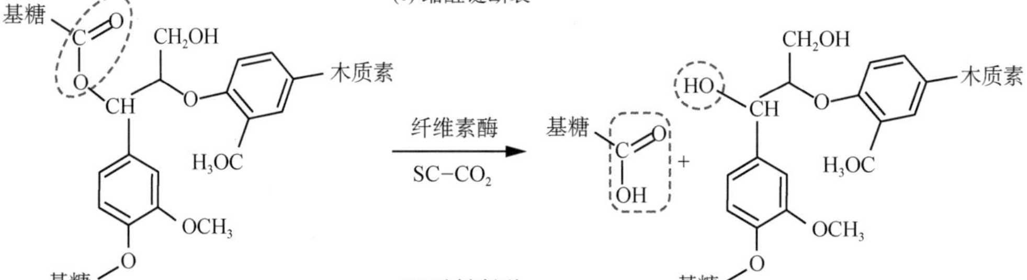

(d) 酯键断裂

图 3-52　木质素与糖类连接键断裂过程

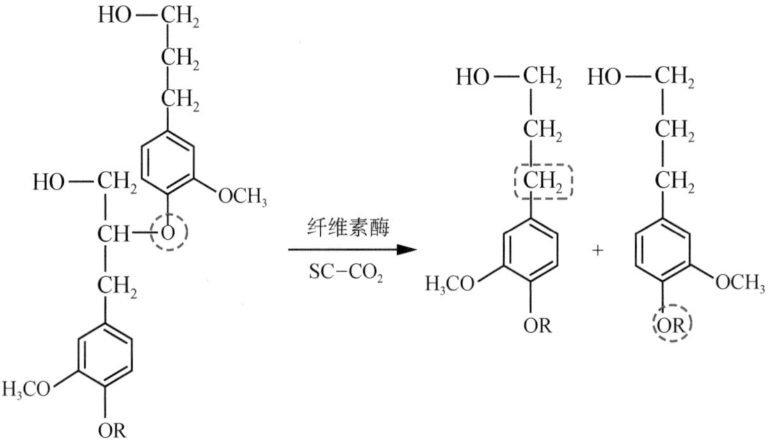

HO—CH_2
CH_2
CH_2
HO—CH_2
OCH_3
CH—O
CH_2
H_3CO
OR
纤维素酶
SC-CO_2
HO—CH_2　HO—CH_2
CH_2　CH_2
CH_2　CH_2
H_3CO　+　OCH_3
OR　OR

R为—H、$—CH_3$、—CHO、$—CH_2COOH$等基团

图 3-53　木质素大分子中 *β*-O-4 醚键断裂

(4) 葡萄糖氧化酶催化机理。

① 葡萄糖氧化酶分子结构及性能：葡萄糖氧化酶(glucose oxidase，简称 GOD)是一种同型二聚体分子，由两个完全相同的亚基通过二硫键共价连接。每个亚基中都含有一个黄素腺嘌呤二核苷酸(FAD)结合位点和两个完全不同的区域：一是 β 折叠，该区域与部分 FAD 非共价但紧密结合；二是由 4 个 α-螺旋支撑 1 个反平行的 β 折叠，该区域与底物 β-D-葡萄糖结合，其三维分子结构图像采用 PyMOL 软件进行绘制，结构如图 3-54 所示。GOD 大分子中含有约 16% 的碳水化合物，主要包括半乳糖、甘露糖以及微量葡萄糖等，而组成蛋白质的氨基酸则以普通氨基酸为主，其中谷氨酸、谷氨酰胺、丙氨酸、亮氨酸以及天冬氨酸的含量较高，蛋氨酸、胱氨酸、色氨酸则相对较少。GOD 具有极强的底物专一性，在有氧的条件下，能特异性催化 β-D-葡萄糖生成葡萄糖酸和 H_2O_2，但对相应的 α 异构体基本不起作用。

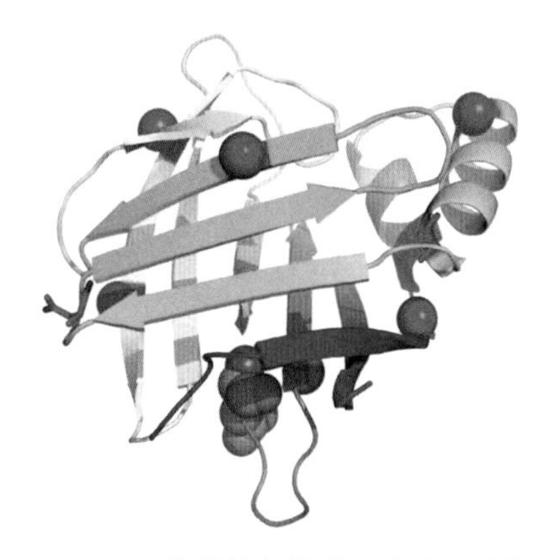

图 3-54　葡萄糖氧化酶三维分子结构

② 葡萄糖氧化酶氧化漂白机理：亚麻粗纱经过木聚糖酶和纤维素酶煮漂后，去掉部分木聚糖和木质素，有利于 GOD 氧化漂白作用的进行。GOD 催化氧化 β-D-葡萄糖分为两步完成(图 3-55)，第一步是还原反应：GOD 催化氧化 β-D-葡萄糖生成 D-葡萄糖酸-δ-内酯，D-葡萄糖酸-δ-内酯非酶水解成葡萄糖酸，同时 GOD 的辅基 FAD 环被还原为 $FADH_2$；第二步是氧化反应：还原态的 GOD 再次被氧化，生成 H_2O_2。

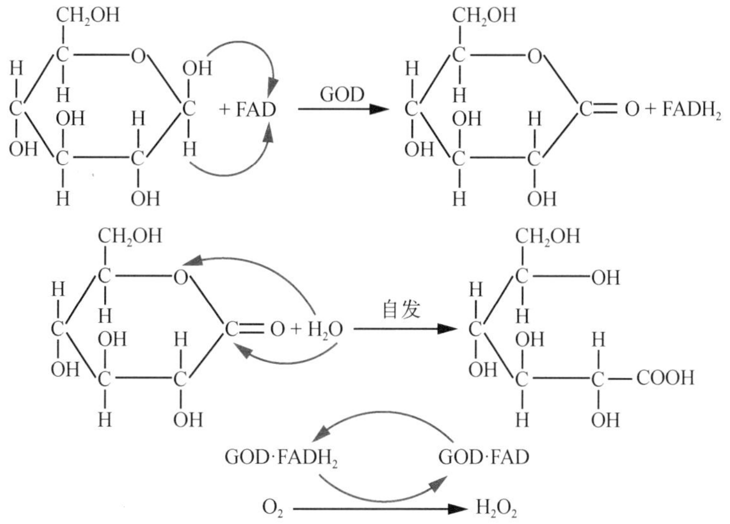

图 3-55　葡萄糖氧化酶催化反应过程

H_2O_2 是一种弱二元酸，性质不稳定，可按下式电离：

$$H_2O_2 \leftrightarrow H^+ + HOO^-$$

但 HOO^- 是不稳定的，是按下式分解：

$$HOO^- \leftrightarrow OH^- + (O)$$

HOO^- 又是一种亲核试剂，具有引发 H_2O_2 形成游离基的作用：

$$HOO^- + H_2O_2 \leftrightarrow HOO\cdot + HO\cdot + OH^-$$

在煮漂过程中，煮漂液中分解出的 H_2O_2 阴离子 HOO^- 氧化可以去除木质素，将木质素氧化后析出，其反应机理如图 3-56 所示。由于超临界 CO_2 流体是弱碱环境，增加了 OH^- 离子的浓度，从而在一定范围内增加了 HOO^- 离子的浓度，提高了 H_2O_2 的氧化作用，更加彻底地去除木质素。

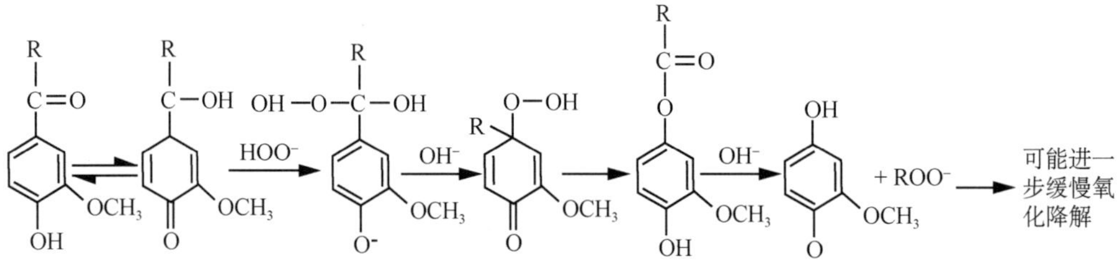

(a) H_2O_2与木质素侧链羰基反应

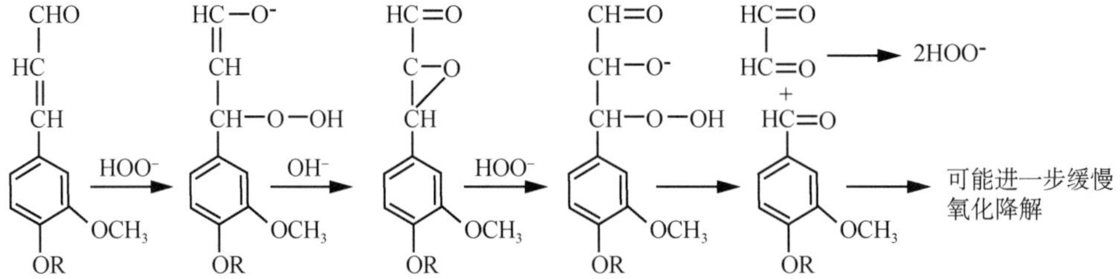

(b) H_2O_2与木质素侧链双键反应

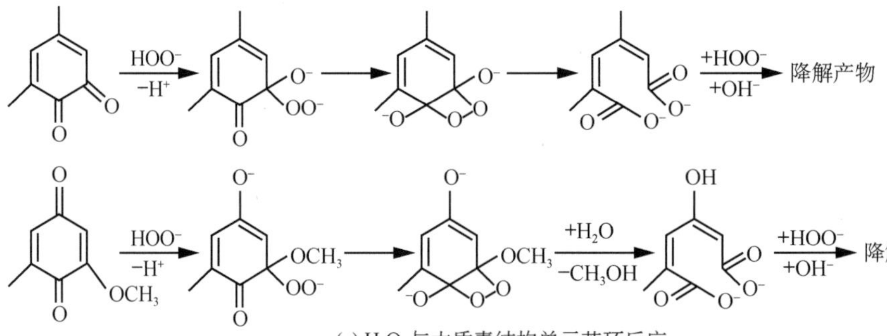

(c) H_2O_2与木质素结构单元苯环反应

图 3-56 H_2O_2 与木质素反应

H_2O_2 在氧化漂白过程中，除了氧化木质素之外，还破坏了亚麻纤维色素分子中色素基团(图 3-57)，起到漂白效果。在超临界 CO_2 流体弱碱性体系中，H_2O_2 分解产生的 HOO^- 离子与色素醌型结构 α 位 C 发生亲核反应，生成色素过氧负离子，然后，色素过氧负离子与醌型结构的羰基 C 形成双氧四环结构，使环发生开裂，开裂的产物可以继续被氧化降解，从而达到亚麻纤维漂白的作用。

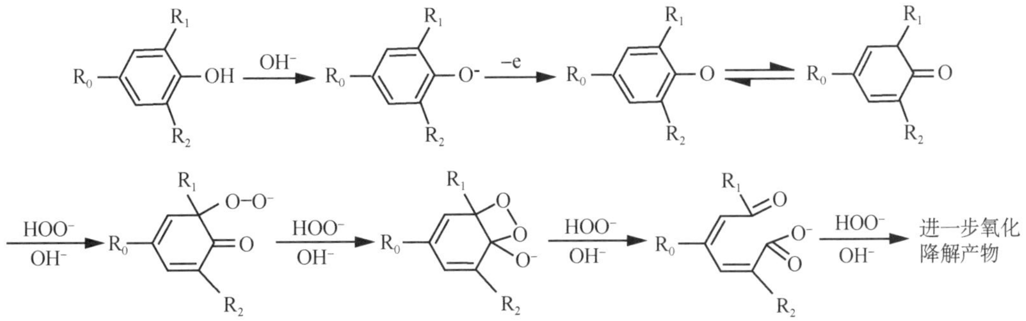

图 3-57　H_2O_2 与色素的反应

3.4.5　亚麻粗纱超临界 CO_2 煮漂扩散数学模型

以超临界 CO_2 流体为介质，采用木聚糖酶、纤维素酶和葡萄糖氧化酶的单一生物酶以及复配生物酶为煮漂剂，在一定程度上改善了亚麻粗纱的煮漂性能。在超临界 CO_2 流体无水煮漂过程中，木聚糖酶、纤维素酶可以催化降解亚麻纤维中的半纤维素、木质素，葡萄糖氧化酶可以催化氧化 β-D-葡萄糖产生 H_2O_2，从而起到了漂白的效果。因此，建立超临界 CO_2 流体—生物酶煮漂模型可以对亚麻粗纱在实际煮漂生产中提供一定理论参考依据。

在超临界 CO_2 流体中，木聚糖酶、纤维素酶和葡萄糖氧化酶对亚麻粗纱的煮漂过程如图 3-58 所示，一般可以分为五个阶段：一是超临界 CO_2 流体携带木聚糖酶大分子、纤维素酶大分子和葡萄糖氧化酶大分子通过亚麻纤维外围的流体滞流膜层吸附至纤维外表面；二是大量的木聚糖酶、纤维素酶和葡萄糖氧化酶大分子随超临界 CO_2 流体的循环运动从亚麻纤维外表面通过纤维催化降解层扩散至催化降解界面；三是当接近催化降解界面的木聚糖酶、纤维素酶和葡萄糖氧化酶大分子达到一定程度后，依靠分子间作用力吸附在木聚糖、木质素、纤维素表面，与之发生催化水解、催化氧化作用，即超临界 CO_2 流体和生物酶大分子在被降解的小分子物质周围发生包合现象，随后转变成超临界 CO_2 与降解小分子物质的混合物；四是超临界 CO_2 流体混合物通过纤维催化降解界面层扩散至纤维外表面；五是超临界 CO_2 与降解小分子物质的混合物从纤维外表面通过流体滞流膜层扩散至超临界 CO_2 流体主体中，最后进入分离釜，完成亚麻粗纱的煮漂工作。

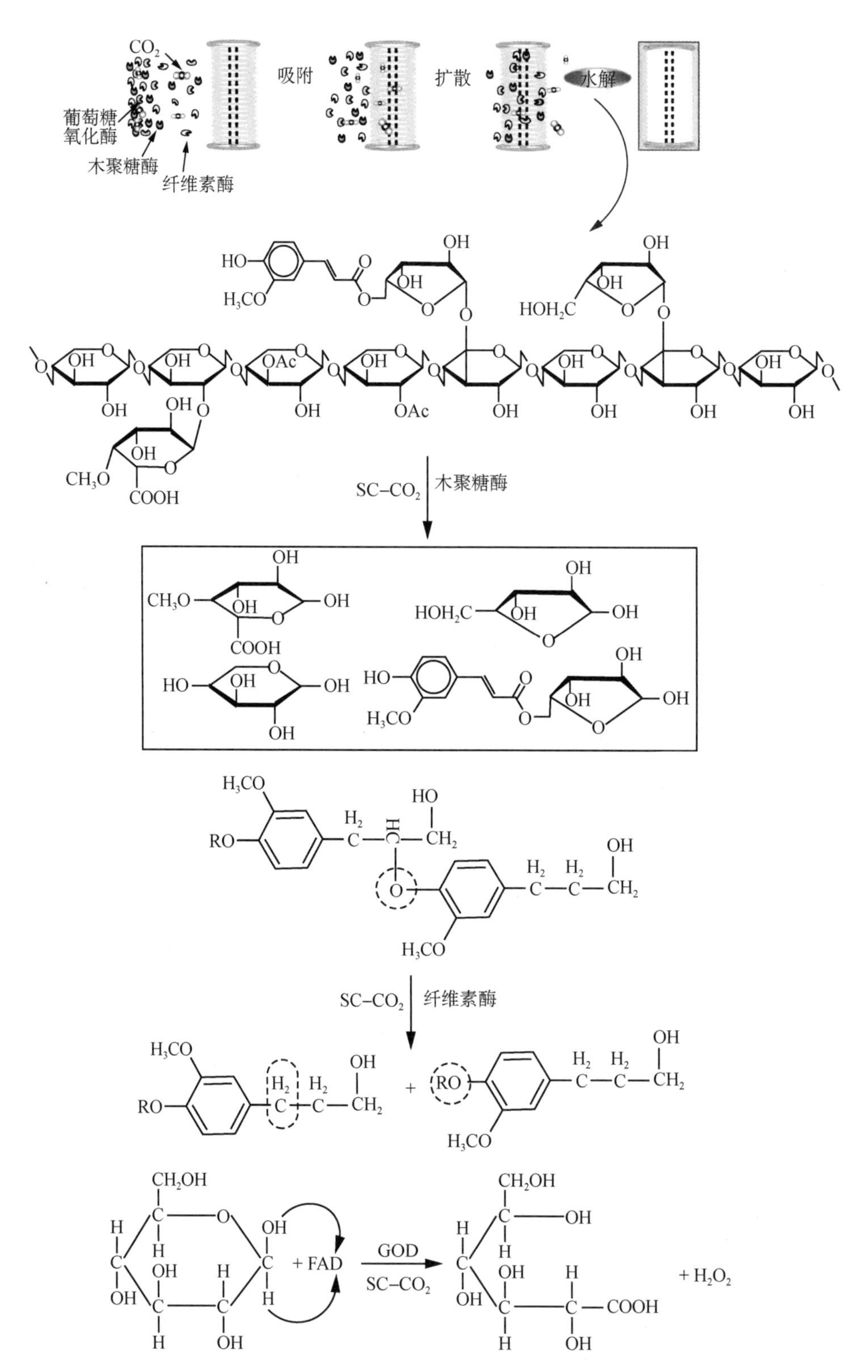

图 3-58 亚麻粗纱生物酶超临界 CO_2 煮漂过程

3.4.5.1　模型推导过程

超临界 CO_2 无水煮漂过程中，把亚麻粗纱看作由多根单纤维组成，每根单纤维横截面近似成圆形。亚麻粗纱煮漂模型示意简图如图 3-59 所示，在流体滞流膜层及纤维催化降解层内，超临界 CO_2 由外向内扩散，而带有降解小分子物质的超临界 CO_2 则运动方向相反。超临界 CO_2 与生物酶的浓度由外向内逐渐降低，而带有降解小分子物质超临界 CO_2 混合物的浓度则与之相反。如图 3-59 所示，下标 f 表示超临界 CO_2 流体；下标 m 表示带有降解小分子物质的超临界 CO_2 混合物；下标 w 表示流体滞流膜层表面；下标 k 表示纤维外表面；下标 j 表示催化降解界面；c_f、c_m 表示纤维层内任一径向位置 R 处超临界 CO_2(f) 和带有降解小分子物质的超临界 CO_2 混合物(m)的浓度。

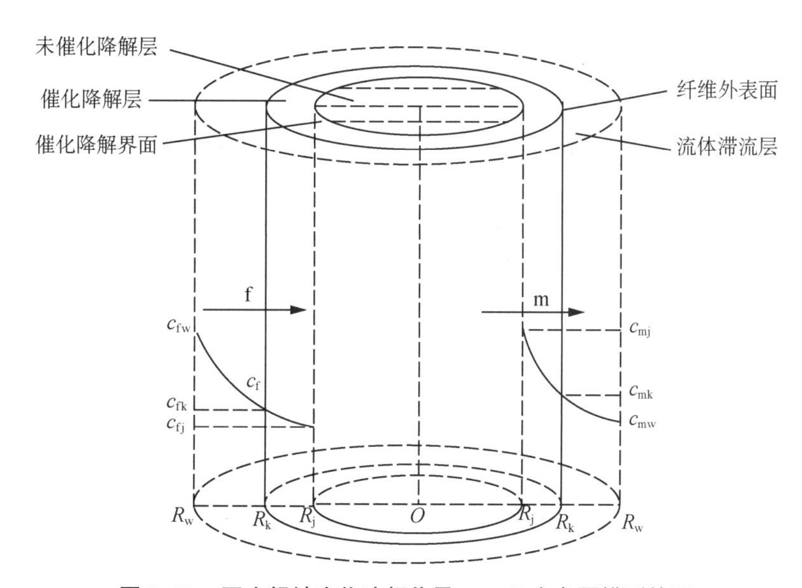

图 3-59　亚麻粗纱生物酶超临界 CO_2 无水煮漂模型简图

根据 Fick 定律，超临界 CO_2 流体携带生物酶在单位时间内扩散至纤维外表面的量为

$$J_f = 4\pi R_k^2 D_{fw}(c_{fw} - c_{fk}) \tag{3-13}$$

式中：J_f——煮漂过程中，超临界 CO_2 的传质速度，kmol/s；

R_k——粗纱中单根纤维半径，m；

D_{fw}——超临界 CO_2 在流体滞流膜层的对流传质系数，m/s；

c_{fw}——超临界 CO_2 和生物酶在流体滞流膜层外的浓度，kmol/m³；

c_{fk}——超临界 CO_2 和生物酶在单根纤维外的浓度，kmol/m³。

在单位时间内，超临界 CO_2 携带生物酶通过纤维催化降解层扩散至催化降解界面的量为

$$J_f = 4\pi R_j^2 D_{fj}\left(\frac{dc_f}{dR}\right)_{R=R_j} \tag{3-14}$$

式中：R——纤维催化降解层内任一径向位置处的半径，m；

R_j——催化降解界面的位置，即单纤维中未发生催化降解部分的半径，m；

D_{fj}——超临界 CO_2 在纤维催化降解层内的有效扩散系数，m^2/s；

c_f——超临界 CO_2 和生物酶在纤维催化降解层内的浓度，$kmol/m^3$；

$\frac{dc_f}{dR}$——超临界 CO_2 和生物酶在纤维催化降解层内沿半径方向的变化率，$kmol/(m^3 \cdot m)$。

在纤维催化降解层内的径向位置 R 处取厚度为 ΔR 的微元体，在设定的实验条件下对此微元体作超临界 CO_2 与生物酶的物料衡算。因超临界 CO_2 与生物酶在此微元体中不发生催化氧化作用，因此，

$$4\pi R^2 D_{fj}\left(\frac{dc_f}{dR}\right)_R - 4\pi(R+\Delta R)^2 D_{fj}\left(\frac{dc_f}{dR}\right)_{R+\Delta R} = 0 \tag{3-15}$$

当 $\Delta R \to 0$ 时，有

$$\frac{d}{dR}\left(R^2 \frac{dc_f}{dR}\right) = 0 \tag{3-16}$$

边界条件如下：

$$\begin{cases} c_f = c_{fk} & (R = R_k) \\ c_f = c_{fj} & (R = R_j) \end{cases} \tag{3-17}$$

对式(3-16)求解，令 $R = R_j$，得到超临界 CO_2 携带生物酶催化氧化过程的传质速率为

$$J_f = 4\pi \frac{D_{fj} R_k R_j}{R_k - R_j}(c_{fk} - c_{fj}) \tag{3-18}$$

单位时间内，超临界 CO_2 与生物酶在催化降解界面上被消耗而转化为带有降解小分子物质的超临界 CO_2 混合物的量为

$$J_f = 4\pi R_j^2 \lambda c_{fj} \tag{3-19}$$

式中：λ——催化界面层的催化速率常数，m/s；

c_{fj}——超临界 CO_2 与生物酶在催化降解界面处的浓度，$kmol/m^3$。

根据煮漂过程的连续性得到超临界 CO_2 的传质速率为

$$J_f = 4\pi R_k^2 D_{fw}(c_{fw} - c_{fk}) = 4\pi R_j^2 D_{fj}\left(\frac{dc_f}{dR}\right)_{R=R_j} = 4\pi R_j^2 \lambda c_{fj} \tag{3-20}$$

联立式(3-13)、式(3-18)、式(3-19)，可将式(3-20)表示为

$$J_f = 4\pi R_k^2 D_{fw}(c_{fw} - c_{fk}) = 4\pi \frac{D_{fj} R_k R_j}{R_k - R_j}(c_{fk} - c_{fj}) = 4\pi R_j^2 \lambda c_{fj} \tag{3-21}$$

由于式(3-21)中的中间变量 c_{fk} 和 c_{fj} 不方便测量，因此式(3-21)变换为

$$J_f = \frac{4\pi R_k^2 R_j^2 c_{fw}}{R_k^2/\lambda + R_j^2/D_{fw} + R_k R_j (R_k - R_j)/D_{fj}} \tag{3-22}$$

式中：催化降解界面半径 R_j 为时间 t 的函数。

根据单纤维的结构特征，单位时间内单根纤维中物质 B 被催化降解的量为

$$J_B = \frac{\rho_B}{M_B}\frac{d}{dt}\left(\frac{4}{3}\pi R_j^3\right) = -\frac{4\pi R_j^2 \rho_B}{M_B}\frac{dR_j}{dt} \tag{3-23}$$

式中：ρ_B——物质 B 的密度，$kg \cdot m^{-3}$；

M_B——物质 B 的摩尔质量，kg/kmol。

根据超临界 CO_2 和生物酶混合物与物质 B 发生催化降解作用的计算系数关系，得到：

$$J_f = \frac{1}{l}J_B = -\frac{4\pi R_j^2 \rho_B}{l M_B}\frac{dR_j}{dt} \tag{3-24}$$

联立式(3-22)和式(3-24)，得到：

$$\begin{cases} J_f = \dfrac{4\pi R_k^2 R_j^2 c_{fw}}{R_k^2/\lambda + R_j^2/D_{fw} + R_k R_j (R_k - R_j)/D_{fj}} \\ J_f = -\dfrac{4\pi R_j^2 \rho_B}{l M_B}\dfrac{dR_j}{dt} \end{cases} \tag{3-25}$$

为估算亚麻粗纱超临界 CO_2 生物酶煮漂时间，即超临界 CO_2 与生物酶对纤维中的木聚糖、木质素催化降解所需的时间，必须找出 R_j 与催化降解时间 t 的关系。因此，由式(3-25)可以得到：

$$-\frac{dR_j}{dt} = \frac{l M_B R_k^2 c_{fw}/\rho_B}{R_k^2/\lambda + R_j^2/D_{fw} + R_k R_j (R_k - R_j)/D_{fj}} \tag{3-26}$$

按照 $t=0$，$R_j=R_k$ 的边界条件对式(3-26)进行积分，得到：

$$-\frac{l M_B R_k^2 c_{fw}}{\rho_B}\int_0^t dt = \int_{R_k}^{R_j}\left[\frac{R_k^2}{\lambda} + \frac{R_j^2}{D_{fw}} + \frac{R_k R_j (R_k - R_j)}{D_{fj}}\right] \tag{3-27}$$

引入无因次参数

$$t' = \frac{l M_B \lambda c_{fw}}{\rho_B R_k} \tag{3-28}$$

$$X_1 = \frac{D_{fj}}{D_{fw} R_k} \tag{3-29}$$

$$X_2=\frac{\lambda R_k}{D_{fj}} \tag{3-30}$$

$$X_3=\frac{R_j}{R_k} \tag{3-31}$$

根据式(3-27)～式(3-31)整理积分，得到纤维中木聚糖、木质素催化降解(亚麻粗纱煮漂扩散)所需的估算时间为

$$t'=(1-X_3)\left\{1+\frac{X_1X_2}{3}(X_3^2+X_3+1)+\frac{X_2}{6}[(X_3+1)-2X_3^2]\right\} \tag{3-32}$$

3.4.5.2 模型求解

推导的亚麻粗纱超临界 CO_2 无水生物酶煮漂扩散数学模型需要的模型参数主要是 X_1、X_2 和 X_3，对于 X_1、X_2 和 X_3 的进一步求解，需要涉及的参数有超临界 CO_2 密度 ρ、超临界 CO_2 黏度 μ、超临界 CO_2 相传质系数 D_{fw}、超临界 CO_2 在纤维催化降解层内的有效扩散系数 D_{fj}、超临界 CO_2 的空隙流速 u、单纤维半径 R_k 等。

(1) 超临界 CO_2 密度 ρ。采用 Peng-Robinson 状态方程计算，该方程形式如下：

$$P=\frac{RT}{\nu-b}-\frac{\alpha(T)}{\nu(\nu+b)+b(\nu-b)} \tag{3-33}$$

$$\alpha(T)=0.457\,24\frac{R^2T_c^2}{P_c}[1+r(1-T_r^{0.5})]^2 \tag{3-34}$$

$$r=0.374\,64+1.542\,26\omega-0.269\,92\omega^2 \tag{3-35}$$

$$b=0.077\,8\frac{RT_c}{P_c} \tag{3-36}$$

式中：P_c——临界压力，其值为 7.38 MPa；

T_c——临界温度，其值为 31.1 ℃；

T_r——对比温度，其值等于 T/T_c；

ω——偏心因子，其值为 0.225；

r——摩尔比容，m^3/mol；

R——8.314 J/(mol · K)。

(2) 超临界 CO_2 黏度 μ。采用 Stiel 等提出的方程计算，该方程根据对比密度的范围(ρ_r)和低压条件下气体黏度(μ^0)来确定超临界 CO_2 的黏度(μ)。

$$\begin{cases}(\mu-\mu^0)B=1.656\times10^{-7}\rho_r^{1.111} & (\rho_r\leqslant0.1)\\(\mu-\mu^0)B=6.07\times10^{-9}(9.045\rho_r+0.63)^{1.739} & (0.1\leqslant\rho_r\leqslant0.9)\\\log\{4-\log_{10}[(\mu-\mu^0)10^7B]\}=0.643\,9-0.100\,5\rho_r & (0.9\leqslant\rho_r\leqslant2.2)\\\log\{4-\log_{10}[(\mu-\mu^0)10^7B]\}=0.643\,9-0.100\,5\rho_r-4.75\times10^{-4}(\rho_r^3-10.65)^2 & (2.2\leqslant\rho_r\leqslant2.6)\end{cases} \tag{3-37}$$

$$[(\mu-\mu^0)B10^7+1]^{1/4}=1.0230+0.23364\rho_r+0.58533\rho_r^2-0.40758\rho_r^3+0.093324\rho_r^4 \tag{3-38}$$

式中：$B=2\,173.424T_c^{1/6}M^{-1/2}P_c^{-2/3}$；

μ——超临界 CO_2 流体的黏度；

M——相对分子质量，g/mol。

(3) 有效扩散系数 D_{fj}。超临界 CO_2 有效扩散系数采用左玉帮提出的关联式计算：

$$D_{fj}=D_{AB}\cdot\alpha^2 \tag{3-39}$$

$$D_{AB}=\alpha\times10^{-5}\left(\frac{T}{M_A}\right)^{1/2}\exp\left(-\frac{0.3887}{V_{rB}-0.23}\right) \tag{3-40}$$

$$\alpha=14.882+0.005908\frac{T_{cB}V_{cB}}{M_B}+2.0821\times10^{-6}\left(\frac{T_{cB}V_{cB}}{M_B}\right)^2 \tag{3-41}$$

$$V_{rB}=V_B/V_{cB} \tag{3-42}$$

式中：α——颗粒空隙率；

D_{AB}——溶质在溶剂 B 中的二元扩散系数，cm^2/s；

V_{cB}——溶剂的临界体积，cm^3/mol；

T_{cB}——溶剂的临界温度，K。

(4) 传质系数 D_{fw}。溶质在超临界 CO_2 中传质系数 D_{fw} 采用 Tan 等提出的关联式计算：

$$Sh=0.38Sc^{1/3}Re^{0.83} \tag{3-43}$$

式中：Sh——Sherwood 数；

Sc——Schmid 数；

Re——Reynolds 数。

$$Sh=\frac{2RD_{fw}}{D_{fj}} \tag{3-44}$$

$$Sc=\frac{\mu}{\rho D_{fj}} \tag{3-45}$$

$$Re=\frac{2Ru\rho}{\mu} \tag{3-46}$$

式中：ρ——超临界 CO_2 的密度；

μ——超临界 CO_2 的黏度；

u——超临界 CO_2 的空隙流速，m/s。

(5) 单纤维半径 R_k。亚麻粗纱中单纤维半径 R_k 的计算根据各线密度指标的物理意义进行计算：

$$d=2R_k=0.03568\sqrt{\frac{Tt}{\delta}}\ (\text{mm}) \tag{3-47}$$

式中：δ——纤维体积密度，$g \cdot cm^{-3}$。

（6）空隙流速 u。超临界 CO_2 的空隙流速 u 是根据实验中超临界 CO_2 的体积流率及生物酶用量的多少而定。为了进一步确定亚麻粗纱煮漂扩散模型的可信度，本文采用平均相对误差值以考察分析该煮漂扩散模型的准确度。实验平均相对误差值的计算公式见公式（3-48）：

$$\mathrm{MARD}(\%)=\frac{100}{N}\sum_{i=1}^{N}\left[\left|t'_{\mathrm{cal}}-t'_{\exp}\right|/t'_{\exp}\right] \tag{3-48}$$

式中：N——实验总次数。

采用本文推导的煮漂扩散模型对亚麻粗纱超临界 CO_2 无水生物酶煮漂的动力学数据进行拟合和分析，根据公式（3-48）计算得到实验数据的平均相对误差值。不同煮漂条件下，亚麻粗纱超临界 CO_2 煮漂的动力学数据和模型计算的参数值列于表 3-11。

表 3-11 亚麻粗纱生物酶超临界 CO_2 无水煮漂扩散模型参数值

T/℃	P/MPa	酶用量/%	CO_2 用量/($g \cdot min^{-1}$)	t/min	$D_{fw}\times10^5$/($m^2 \cdot s^{-1}$)	$D_{fj}\times10^{11}$/($m^2 \cdot s^{-1}$)	$D_{AB}\times10^9$/($m^2 \cdot s^{-1}$)	λ	MARD/%
30	15	2.5	40	121	0.726	6.272	1.729	0.17	5.32
60	15	1.5	20	107	1.658	13.459	2.981	0.29	5.11
60	25	2.5	20	62	1.227	10.581	2.872	0.27	2.79
30	25	1.5	40	118	0.815	7.082	1.697	0.15	4.52
50	10	2	30	92	1.356	12.475	1.862	0.23	3.12
30	15	1.5	40	139	0.923	8.775	1.529	0.17	2.58
50	30	2	30	57	0.817	10.002	1.498	0.22	5.72
30	20	2	30	142	0.753	11.215	1.528	0.26	6.12
50	20	2	50	105	1.457	12.918	1.754	0.19	5.38
40	25	1.5	20	94	1.152	10.013	1.672	0.27	1.27
40	15	2.5	20	115	1.682	13.521	1.727	0.29	4.05
40	25	2.5	20	87	1.314	12.159	1.514	0.21	4.71
60	25	1.5	20	53	1.556	16.325	2.714	0.27	1.58
70	20	2	30	92	1.772	17.928	2.857	0.31	4.26
40	25	2.5	40	127	1.453	14.002	1.507	0.23	4.93
50	20	3	30	103	1.614	15.349	2.192	0.25	5.41
60	25	2.5	40	97	1.825	17.015	2.119	0.26	4.36
60	25	1.5	40	95	1.803	17.112	2.081	0.25	2.71
40	15	1.5	20	115	1.725	16.831	1.929	0.21	4.53
50	20	2	10	89	1.793	17.003	1.985	0.27	5.28
60	20	1.5	40	98	1.845	18.193	2.259	0.30	3.22
50	20	1	30	81	1.713	18.001	2.117	0.25	4.15
60	15	2.5	20	87	1.921	19.207	2.351	0.27	2.17
60	15	2.5	40	85	1.917	19.035	2.291	0.26	4.45

煮漂温度升高可以增大超临界 CO_2 的扩散系数和对流传质系数，催化速率常数 λ 也随着煮漂温度的升高而逐渐增大，因而对亚麻粗纱中半纤维素、木质素的催化降解作用增强。但是煮漂温度高于 50 ℃时，会造成生物酶失活，催化降解速率反而下降。煮漂压力的增大降低了超临界 CO_2 流体的扩散系数，使得催化降解速率降低，但是超临界 CO_2 密度增大带来的积极效应抵消了扩散系数下降带来的消极效应，使得催化降解速率明显提高。CO_2 流量增大可以加大纤维与超临界 CO_2 两相间的浓度差，使得超临界 CO_2 携带的生物酶大分子增多，从而增加了生物酶与纤维间的作用力，提高了催化降解速率；此外，CO_2 流量增大可以降低亚麻纤维表面的超临界 CO_2 滞留层的厚度，使催化降解界面的传质阻力下降，从而提高降解速率。随着生物酶用量的增多，对超临界 CO_2 的扩散系数和传质系数影响不大，但生物酶浓度增大，使更多的木聚糖酶、纤维素酶、葡萄糖氧化酶进入纤维素和半纤维素的间隙中，促使更多的半纤维素、木质素降解，产生较多的 H_2O_2，提高了纤维的白度和柔软性，缩短了催化降解时间。

该模型的计算值具有足够的模拟精度，最大 MARD 为 6.12%，最小为 1.27%，能够很好地反映亚麻粗纱生物酶超临界 CO_2 流体煮漂扩散的传质现象。

第 4 章　罗布麻韧皮纤维超临界 CO_2 流体脱胶技术

罗布麻是一种多年野生宿根草本植物，属夹竹桃科罗布麻属，有红麻和白麻两种。罗布麻生态适应性强，具有显著的生态特征。罗布麻具有一定耐旱、耐寒、耐盐碱等特性，由于罗布麻叶具有抗旱植物的形态结构，并且罗布麻的根系也十分发达，在沙漠荒地中，罗布麻的根能穿过沙漠化的表土层，进入地下水层以吸收水分而生长。因此，在一般作物不能生长的盐碱沙漠贫瘠的土地上，可以进行罗布麻的人工栽培和种植，这样既可增加经济效益，又可绿化环境，起到防风固沙、控制水土流失和防止沙漠扩展的作用。

罗布麻纤维是从罗布麻韧皮中分离出来的一种高品质纺织纤维，其具有良好的吸湿性、较好的透气性、强力高，手感良好，表面有光泽且光滑细腻，最重要的是罗布麻纤维还具有一定的医疗保健功能，因此罗布麻纤维一般用作高档的服装面料。罗布麻纤维可与棉、毛、丝及部分化纤进行混纺，生产出的高级服装面料，其性能要优于一般的棉毛纺织品。因此，在生活水平日益提高、人们越来越重视卫生和保健的今天，罗布麻这种天然纤维原料更加受到人们重视。

由于罗布麻原麻中含有许多胶质，纤维被非纤维素成分黏结在一起，无法满足纺织加工的需要，因此，需要脱胶后才能达到纺纱生产的要求。脱胶就是脱去罗布麻原麻中的胶质成分，使罗布麻中的单纤维相互分离，以满足纺织后续加工的要求。目前，罗布麻一般采用化学脱胶法、生物脱胶法和生物化学联合脱胶法进行脱胶处理。

① 化学脱胶法：目前企业使用最多的脱胶方法是化学脱胶法，主要利用原麻中的纤维素和胶质成分对碱、无机酸和氧化剂的作用性质不同，在不损伤或尽量少损伤纤维原有力学性质的原则下，通过煮练、水洗等化学、物理机械手段使胶质与纤维分离。为了弥补脱胶过程中化学药剂作用的不足，通常在此过程中还辅以一定的机械外力作用。为了改善脱胶效果和提高产品质量，在碱液脱胶工艺前后还需要浸酸预处理和给油后处理两大工艺。目前工厂常用的化学脱胶工艺流程是：原麻→扎把→浸酸→水洗→装笼→一煮→水洗→二煮→水洗→打麻→漂白→酸洗→水洗→给油→脱水→抖麻→烘干→软麻→精干麻。近年来国内外一些学者对化学脱胶方法进行了改进研究。

② 生物脱胶法：由于化学脱胶存在污染严重的问题，因此生物脱胶技术近来备受瞩

目。生物脱胶就是利用以胶质为碳素营养来源的微生物，在生长过程中菌体本身或产生的酶液能够将果胶、半纤维素和木质素等胶质转化成单糖、低聚糖等小分子，从中得到微生物生命活动所需的营养物质，形成菌产酶、酶脱胶和胶养菌的生物循环，从而完成脱胶过程。在工业生产中，首先在试验室把能够产生脱胶酶的微生物分离纯化，然后通过人工发酵的方式，将菌液或酶液的量放大，进而对麻纤维进行脱胶处理，分解胶质。这种方法的脱胶效果较好，在脱胶过程中无需使用化学试剂，对环境的污染较小。根据生物脱胶的方式可分为微生物脱胶和酶法脱胶，而微生物脱胶又可分为天然水沤麻微生物脱胶法和人工接种微生物脱胶法。

a. 天然水沤麻微生物脱胶法：我国很早就有关于天然水沤麻微生物脱胶的记录。其脱胶方式就是将收割的麻秆捆成小捆或将麻皮从麻秆上剥离下来捆扎，将其浸泡在沟渠、池塘、湖泊等天然水域中，利用天然水中存在的各种微生物将果胶、半纤维素和木质素等高分子降解为小分子物质，从而将纤维素从胶质中分离出来。由于脱胶微生物在天然水域中都是自然存在的，因此在脱胶过程中不需要另外加菌，操作简单。但是该脱胶方式需要大量的水，受环境影响较大，季节和气候对麻脱胶过程有着显著的影响，不同水源的水质、水温以及水源中的微生物也都影响着脱胶过程，使沤麻过程难以控制。此外，此方法脱胶时间长，杂质多，沤麻过程散发异味，对环境污染很大。

b. 人工接种微生物脱胶法：针对天然沤麻微生物脱胶工艺存在的诸多问题，国内外许多学者对人工筛选细菌的脱胶工艺进行了研究。人工接种微生物脱胶最重要的一步是菌种的筛选，就是从麻田土、沤麻水或泥中筛选所需要的脱胶菌种，菌种分布的广泛性、生长周期、营养差异性和脱胶的效果都影响着菌种的筛选。然后在适宜的条件下，利用筛选得到的优势脱胶菌株对麻纤维进行处理。在繁殖过程中，菌种产生大量酶液分解胶质，从而达到脱胶目的。人工接种的微生物大多是通过直接筛选得到的，黑曲霉（Aspergillus Niger）和芽孢杆菌属（Bacillus spp.）是麻脱胶过程中使用最多的两个菌种，其中黑曲霉菌属于真菌，而芽孢杆菌属于细菌。因为真菌生长速度慢，所以脱胶时间长，但脱胶效果好；而霉菌在繁殖过程中会产生纤维素酶，降解破坏麻皮中的纤维素，对麻纤维强力会造成一定的损伤，脱胶效果不是很理想。另外，此脱胶方法存在菌种退化的现象，而且单一菌种脱胶工艺还不能生产出满足纺织生产要求的麻纤维。

c. 酶法脱胶：酶法脱胶就是将筛选得到的脱胶菌种在适宜的培养基中扩大培养，通过过滤和离心处理得到粗酶液，并用其来浸渍麻纤维，催化水解麻纤维中的胶质成分，从而实现脱胶过程。也可以将粗酶液进行浓缩提纯处理，将浓缩液干燥成酶制剂。在使用时将酶制剂直接溶于水，配成一定浓度的酶溶液，再把原麻浸泡在酶溶液中进行脱胶处理。

③ 生物化学联合脱胶法：生物脱胶方法在脱胶过程中不需加入化学试剂，对环境污染小，但脱胶过程中受其环境因素的制约，温度、水质、pH 等都能对脱胶过程产生很大的影

响。另外，此方法脱胶时间长，脱胶得到的精干麻质量稳定性差。而化学脱胶法是在高温下用酸、碱和氧化剂对麻进行脱胶，胶质去除比较彻底，脱胶速度也比较快，但是在高温下化学试剂对麻纤维损伤较大，耗能高，化学试剂的残留还对环境造成了一定的污染。因此针对上述两种方法的优缺点，一些学者提出了原麻的生物化学联合脱胶法，利用两者的优势来弥补各自的不足，提高脱胶麻的质量和品质，为后道纺织加工工序提供符合生产要求的原料。

麻类脱胶是纺织领域研究的一个重要方面，针对上述微生物脱胶和化学脱胶的特点，部分学者还探讨了一些其他脱胶方法，力图找到一种方便快捷、操作简单、环境友好的工艺，并且脱胶效果良好的脱胶途径。例如，细菌化学联合脱胶技术，采用菌对苎麻进行前处理，但在精炼工序中，研究者还是在高温高压条件下采用氢氧化钠对苎麻进行精炼。还有学者初步研究了超临界流体脱胶技术，利用超临界流体扩散系数大、黏度小，对溶质具有一定的溶解度等特点，对麻纤维进行脱胶处理。在脱胶过程中，超临界 CO_2 分子能够扩散到纤维的结晶区，使非纤维素物质与纤维素分离，从而达到脱胶的目的，因为超临界流体是一种理想介质，其脱胶工艺代表了无污染、高效绿色化工的发展方向，符合当今对于环境保护追求。

4.1 罗布麻韧皮纤维超临界 CO_2 预处理

由于胶质复合体的存在，在纺织加工前必须对罗布麻韧皮纤维进行脱胶处理，且脱胶质量是决定罗布麻韧皮纤维后续加工的关键。常规麻脱胶以水为介质，大量的污水排放造成严重的环境污染，因此，国内外许多学者对麻脱胶技术进行了探索和研究，其中包括超临界流体在麻脱胶上的应用。

超临界 CO_2 流体易于渗透进纤维中使其溶胀，这种作用将影响纤维大分子间的作用力，从而影响纤维的性能。近 20 年来超临界 CO_2 对高聚物的溶胀及物理性能影响已在多篇文献中进行了报道。同样，天然纤维、植物在超临界 CO_2 中也会发生溶胀。如果罗布麻韧皮纤维在脱胶之前已经发生了溶胀，那么在脱胶过程中，一方面增大了生物酶与罗布麻韧皮中非纤维素物质结合的概率，另一方面提高了传质速度，从而使脱胶速度加快。

4.1.1 单因素试验

在温度 50 ℃，压力 20 MPa，CO_2 流量 20 g/min 的工艺下，将罗布麻韧皮纤维在无夹带剂和夹带 70%乙醇的条件下，分别处理 20 min、40 min、60 min、80 min 和 120 min，并测量其密度。结果如图 4-1 所示，随着处理时间的增加，罗布麻韧皮纤维的密度逐渐下降，60 min 后几乎不再发生变化。罗布麻韧皮纤维经超临界 CO_2 处理 60 min 后，在无夹带剂条件下，其密度从 1.183 g·cm^{-3} 降低到 1.129 g·cm^{-3}，而夹带 70%乙醇罗布麻韧皮纤维的密度降低到 1.096 g·cm^{-3}。这是因为乙醇溶液的存在可以增加罗布麻韧皮纤维在超临界中的弹性和柔软度，使纤维获得更大的溶胀，所以在超临界 CO_2 流体和乙醇溶液的双重作用下，罗布麻韧皮纤维的溶胀性更大，使得孔隙率越大，密度也就越小。这与 M. Stamenic 用超临界处理蛇麻球果的结果一致。

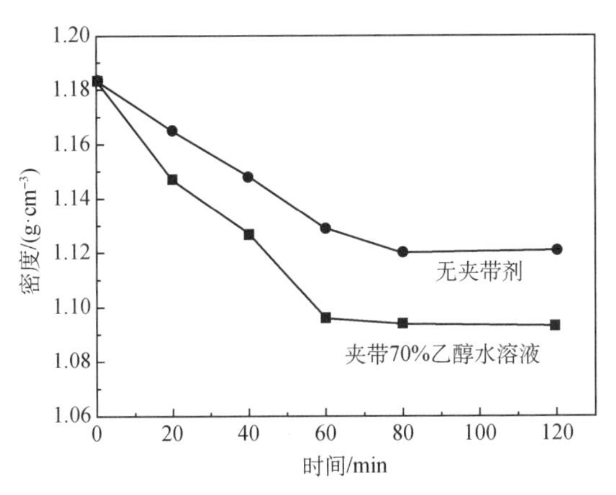

图 4-1　时间和夹带剂对罗布麻韧皮纤维溶胀性影响

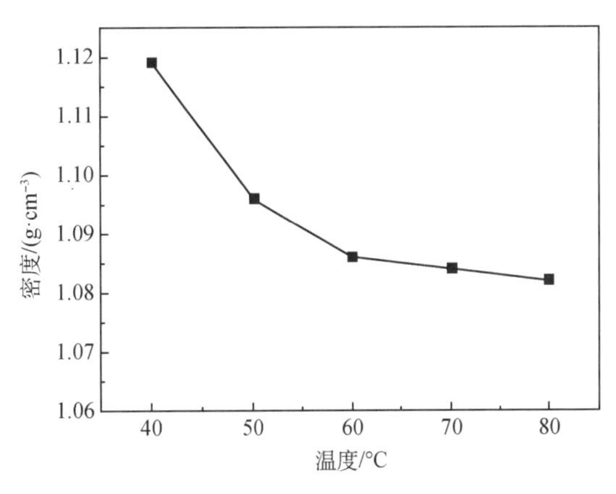

图 4-2　温度对罗布麻韧皮纤维溶胀性的影响

温度对超临界 CO_2 流体的物理状态有着直接的影响，纤维经不同状态的超临界 CO_2 流体处理后，其结构将会发生显著的改变。在压力 20 MPa，时间 60 min，夹带 70%乙醇溶液，CO_2 流量 20 g/min 时，在温度 40 ℃、50 ℃、60 ℃、70 ℃和 80 ℃时处理罗布麻韧皮纤维。试验结果如图 4-2 所示，可知随处理温度的升高，罗布麻的溶胀性不断增大。其中可能的原因为在高温条件下，CO_2 分子较为活跃，可以对罗布麻韧皮纤维产生更大的冲击性和渗透性，使得纤维的溶胀越大。但是，当温度超过 60 ℃后，罗布麻纤维的溶胀性就不再发生明显变化，这是因为相同压力下，继续提高温度，导致 CO_2 的密度降低，从而使得单位面积内的流体对罗布麻韧皮纤维的溶胀作用减小。

压力单因素试验条件如下：温度 50 ℃，时间 60 min，CO_2 流量 20 g/min，夹带 70%乙醇，结果如图 4-3 所示。随着处理压力的增加，罗布麻韧皮纤维溶胀性逐渐增加，但是当压力超过 20 MPa 后再继续增加压力，罗布麻溶胀性未见明显增加。这主要是因为在高压条件下 CO_2 流体的密度较大，可压缩性变小，使得其对罗布麻韧皮纤维的溶胀性减弱。

CO_2 流量单因素试验如下：温度 50 ℃，时间 60 min，压力 20 MPa，夹带 70%乙醇，结果如图 4-4 所示。随着 CO_2 流量不断提高，其对罗布麻韧皮纤维的溶胀性变化不大。

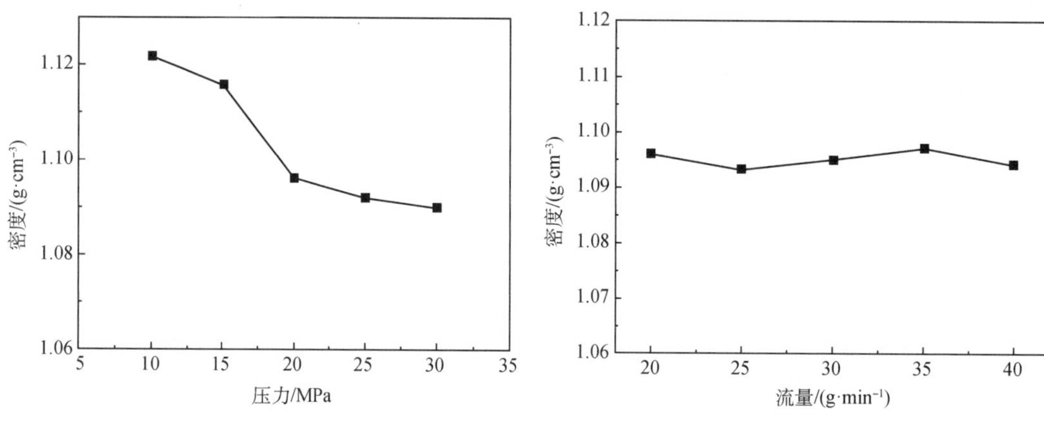

图 4-3　压力对罗布麻韧皮纤维溶胀性的影响　　**图 4-4　CO_2 流量对罗布麻韧皮纤维溶胀性的影响**

4.1.2　预处理工艺响应面优化

在单因素试验基础上，选择对罗布麻溶胀影响较大的三个因素（温度、时间、压力）为考察对象，以罗布麻韧皮纤维密度为响应值，设计三因素三水平试验，其试验结果见表 4-1。

表 4-1　Box-behnken 设计表及试验结果

试验	因素			密度/(g·cm^{-3})
	时间/min	温度/℃	压力/MPa	
1	60	40	15	1.125
2	40	40	20	1.132
3	60	60	25	1.088
4	60	50	20	1.101
5	60	50	20	1.098
6	80	50	15	1.104
7	60	50	20	1.092
8	40	50	25	1.118
9	40	50	15	1.128
10	60	60	15	1.095
11	80	50	25	1.092
12	60	40	25	1.115
13	60	50	20	1.093
14	80	60	20	1.089
15	40	60	20	1.093
16	60	50	20	1.096
17	80	40	20	1.104

对表 4-1 中的数据用 Design Expert 8.06 软件进行分析，获得回归方程：

$$Y=1.547-0.0039X_1-0.0054X_2-0.014X_3+0.00003X_1X_2-0.000005X_1X_3+0.000015X_2X_3+0.000017X_1^2+0.000019X_2^2+0.00032X_3^2$$

经过优化分析，可计算出其最优工艺条件为 X_1 为 63 min、X_2 为 58 ℃、X_3 为 21 MPa。

4.1.2.1　方差分析

对试验所得纤维密度用 Design Expert 进行回归统计计算分析，结果见表 4-2。

表 4-2　溶胀方差分析

方差来源	总偏差平和方	自由度	F 值	P 值	显著性
模型	0.003 2	9	25.35	0.000 2	**
X_1	0.000 84	1	59.58	0.000 1	**
X_2	0.001 5	1	109.17	$<$0.000 1	**
X_3	0.000 19	1	13.48	0.008	**
X_1X_2	0.000 14	1	10.21	0.015	*
X_1X_3	0.000 01	1	0.071	0.797 7	
X_2X_3	0.000 03	1	0.16	0.701 5	
X_1^2	0.000 18	1	13.10	0.008 5	*
X_2^2	0.000 01	1	1.05	0.339 8	
X_3^2	0.000 26	1	18.51	0.003 6	*
误差项	0.000 1	7			
失拟项	0.000 04	3	1.10	0.444 7	
纯误差	0.000 05	4			
所有项	0.003 32	16			

由方差分析表可知，在超临界 CO_2 溶胀罗布麻韧皮纤维的工艺参数中，时间、温度和压力的一次项对罗布麻韧皮纤维的溶胀性影响极为显著（<0.01），时间和温度交互作用及时间和压力的二次项也较为显著（<0.05）。试验数据与模型相符情况可以通过失拟项来表现，失拟项越大，说明实验数据与模型不相符情况就越少，从表 4-2 中可以看出失拟项 $p=0.4447>0.1$，失拟不显著，说明模型选择正确。

4.1.2.2　响应面分析

根据回归方程，时间、温度和压力对罗布麻密度的响应面分析图，如图 4-5～图 4-7 所示。

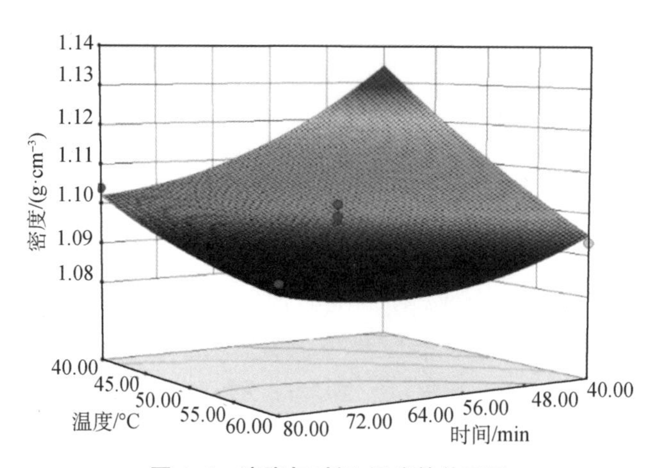

图 4-5 溶胀与时间、温度的关系图

由图 4-5 可知，在 40 ℃的超临界 CO_2 中处理罗布麻韧皮纤维，纤维的密度在处理 40 min 以后仍在缓慢下降，处理 80 min 后才逐渐趋于平稳；而在处理温度为 60 ℃时，纤维的密度在 40 min 后就不再发生明显变化，即罗布麻韧皮纤维溶胀性基本不变。由此说明时间和温度的交互作用对罗布麻韧皮纤维的溶胀性有着显著的影响。

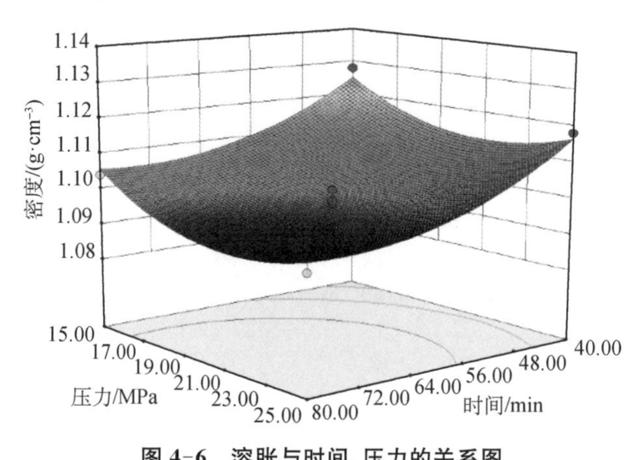

图 4-6 溶胀与时间、压力的关系图

由图 4-6 可知，时间与压力交互作用不显著，罗布麻韧皮纤维的溶胀性主要由时间决定，当时间一定时，罗布麻韧皮纤维的密度随压力的增大先降低再升高，因此选择适中的处理压力即可获得较大的纤维溶胀。从图 4-7 可以看出，压力一定时，罗布麻韧皮纤维的密度随温度的升高而减小，且变化幅度较大；而温度一定时，纤维的密度随压力升高先降低再升高，但变化幅度不大，说明两者交互作用影响不明显。

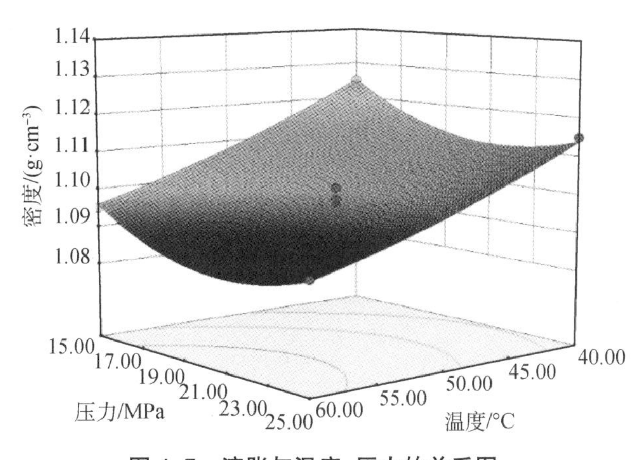

图 4-7　溶胀与温度、压力的关系图

4.1.3　罗布麻韧皮纤维性能分析

原麻和经过超临界 CO_2 预处理的罗布麻韧皮纤维化学组成结果见表 4-3。罗布麻韧皮纤维经过超临界 CO_2 预处理，不但可以使纤维发生溶胀，而且还可以有效去除部分脂蜡质、水溶物和果胶，而对半纤维素和木质素几乎没有作用。这是由于脂蜡质、水溶物和部分水溶性的果胶等一些小分子物质在超临界 CO_2 和 70%乙醇混合体中有很好的溶解性，而半纤维素和木质素这些大分子物质在超临界流体中是不溶的，如要去除这些物质必须将其降解为可溶于超临界流体的小分子物质，在超临界状态中才能去除，这也就是说仅仅依靠超临界流体就想实现罗布麻韧皮纤维的脱胶几乎不太可能，必须在超临界状态中辅助一定的生物化学技术才能完成罗布麻的脱胶。

表 4-3　超临界预处理前后罗布麻韧皮纤维化学组成　　单位：%

	纤维素	半纤维素	木质素	果胶	脂蜡质	水溶物
原麻	41.41	18.13	17.26	8.02	2.97	12.21
超临界预处理之后	44.18	18.34	17.61	7.72	1.96	10.19

罗布麻原麻和经过超临界预处理的罗布麻韧皮纤维的红外光谱测试结果如图 4-8 所示。在 3 500～3 000 cm^{-1} 处的较宽的特征峰为—OH 伸缩振动吸收峰，1 432 cm^{-1}、1 164 cm^{-1}、1 058 cm^{-1} 处是纤维素结构的特征吸收峰，此吸收峰几乎没有变化，说明罗布麻纤维经超临界 CO_2 预处理后，纤维素大分子结构变化不大。但两者也有明显的区别，罗布麻原麻在 2 916 cm^{-1} 和 2 852 cm^{-1} 有两个明显的吸收峰，它们分别对应着—CH 和—CH_2 不对称伸缩振动峰，这可能是原麻中脂蜡质的特征吸收峰。经超临界预

处理后的罗布麻红外光谱图 2 852 cm^{-1} 处的吸收峰几乎消失，2 916 cm^{-1} 处的吸收峰强度下降明显，说明了在超临界 CO_2 预处理过程中能够有效地去除罗布麻原麻中蜡质等杂质。

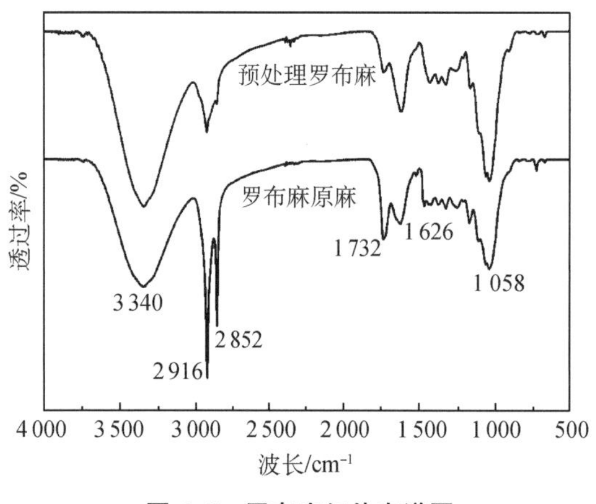

图 4-8　罗布麻红外光谱图

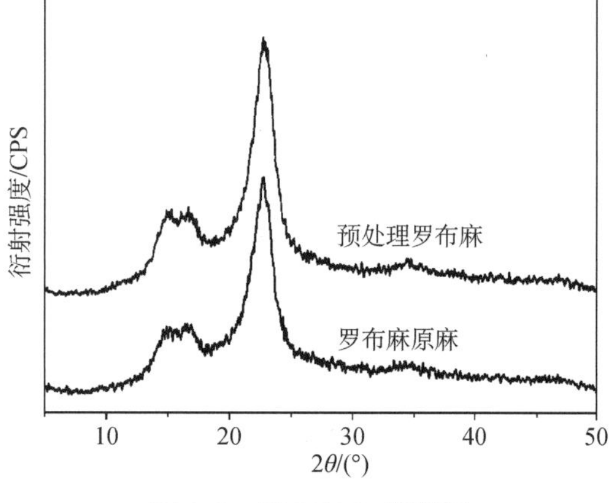

图 4-9　罗布麻 X-衍射图

如图 4-9 所示，罗布麻纤维经过超临界预处理后，其晶型结构并未改变。衍射强度的不同反映出结晶程度不同，从图中可以看出罗布麻韧皮纤维经超临界溶胀预处理后在 22.5°处的衍射峰更为尖锐，经 Segal 方程和 Scherrer 方程计算可得，经超临界溶胀预处理的罗布麻结晶指数为 75.3%，晶粒尺寸为 43.7 Å，大于罗布麻原麻的结晶指数 72.9%和晶粒尺寸 41.4 Å。这是因为在超临界 CO_2 中，CO_2 溶入罗布麻韧皮纤维中，使罗布麻发生溶胀，分子间距离增大，分子间相互作用变小，可降低某些晶型结晶时的能垒，产生诱导结晶，从而导致大分子链重新排列，使结晶指数发生改变。

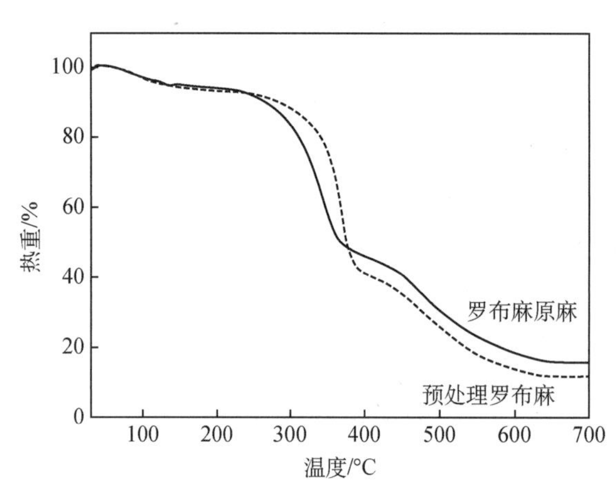

图 4-10　热失重(TGA)曲线

由图 4-10 可以看出罗布麻韧皮纤维超临界处理前后的热重曲线过程可分为三个阶段。第一阶段，温度在 25～120 ℃，失重大约 5.5%，此阶段主要以水分析出为主，失去的水分包括游离水、吸附水和分子中的结晶水，与纤维中非结晶区有关，这一阶段处理前后的热重曲线十分相似。第二阶段，温度在 200～390 ℃，果胶、半纤维素和纤维素间糖苷键发生热降解，达到热失重速率最大值。在此阶段超临界处理后罗布麻 TGA 曲线向右偏移，380 ℃ 达到热最大失重速率，而原麻达到热最大失重速率的温度为 340 ℃，这表明处理后罗布麻纤维热稳定性提高，这可能与大分子的重排有关。第三阶段，温度在 400～600 ℃，其失重速率基本保持不变。

图 4-11(a)中罗布麻原麻表面含有大量的胶质等非纤维素物质，纤维表面较粗糙，不光滑，不平整。图 4-11(b)为无夹带剂情况下，罗布麻韧皮纤维经超临界 CO_2 处理后的 SEM 图，在图中可以看出，纤维表面的变化情况不大。图 4-11(c)中，当夹带 70%乙醇溶液时，纤维的表面情况发生了很大变化，罗布麻纤维表面一些大的杂质(如脂蜡质等)被去除了很多。这是因为由于水的存在，罗布麻韧皮纤维在超临界溶胀预处理过程中，罗布麻纤维表面就会形成许多气泡，气泡的表面张力取决于内外部的压力差和气泡的半径。当 CO_2 的压力超过气泡表面张力的临界值时，气泡就会破裂。一些与纤维主体结合较弱的胶质或脂蜡质等，气泡破裂产生的张力将会破坏它们之间的连接，这些脱离纤维主体的脂蜡质将被超临界 CO_2 溶解析出。

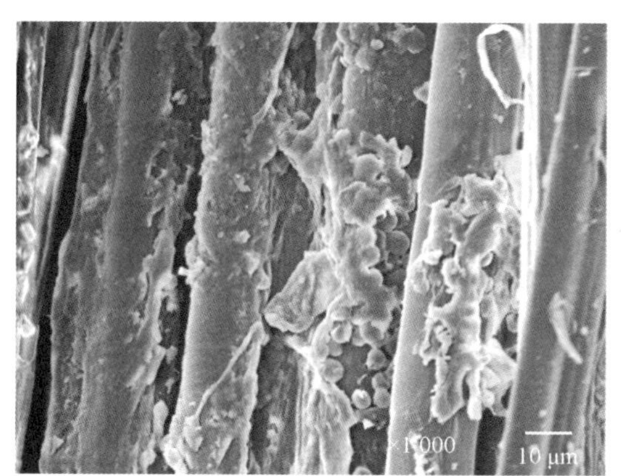

(a) 原麻

(b) 无夹带剂预处理

(c) 夹带70%乙醇预处理

图 4-11　罗布麻 SEM 图

4.2 超临界 CO_2 萃取罗布麻韧皮纤维黄酮

黄酮(Flavone)是一种在植物中分布很广的多酚类天然产物,几乎存在于所有绿色植物中。其化学结构式一般由一个C3部分桥连着两个苯环所组成,其结构可用C6—C3—C6来表示,C3部分可以为直线形的脂肪链,也可以与桥连的苯环相结合形成六元或五元氧杂环。根据C3部分结构的不同,可分为黄酮类、黄酮醇类、查尔酮、橙酮、异黄酮、花青素以及上述各类的二氢衍生物。由于黄酮A、B环上的取代基不同,形成了种类丰富的结构不同的黄酮化合物,不同结构的黄酮也就表现出不同的功能和生物活性,其药理作用主要有抗氧化活性、抗衰老和抗疲劳作用,对心血管疾病的作用,抗癌和抗肿瘤作用以及抑菌性等。其抑菌性表现在对自然界中很多病原微生物有抑制和杀灭的作用。S. Bennis解释了其抑菌机理,黄酮类化合物含有酚羟基,可以破坏细胞壁和细胞膜,导致微生物细胞释放胞内成分引起膜的营养吸收、核苷酸合成、电子传递、腺嘌呤核苷三磷酸(ATP)活性等功能障碍,从而抑制微生物的生长。Johann S.等人研究分析了对8-羟基-3,4′,5,6,7-五甲氧基黄酮和8-羟基-3,3′,4′,5,6,7-六甲氧基黄酮对真菌的抑制作用,他们发现这两种合成黄酮化学物对真菌的生长具有明显的影响。洋槐中萃取的3,4′,7,8-四羟基二氢黄酮和teracacidin的抑菌性是通过清除真菌细胞外的虫漆酶所产生的自由基而抑制真菌的生长,从而产生抑菌性。罗布麻韧皮中也含有种类丰富的黄酮类化合物,但传统的罗布麻脱胶工艺并未对其进行利用,使得黄酮组分多以废液形式排放到环境中,造成了资源的浪费。

4.2.1 超临界 CO_2 萃取基本原理

根据相似相溶原理,超临界 CO_2 萃取黄酮是利用超临界 CO_2 的密度及溶解能力可以调节的性质,有选择性地溶解罗布麻韧皮中的黄酮组分。超临界 CO_2 的密度影响黄酮在超临界流体中的溶解度,而超临界 CO_2 流体的密度又与超临界状态条件有关,且在临界点附近,温度、压力的细微变化就能引起超临界密度的巨大改变。利用这一性质,可在较高压力下,使黄酮溶解于超临界 CO_2 流体中,然后采用降压升温的方式,黄酮因超临界流体的密度下降而析出。

4.2.2 超临界流体萃取传质模型

超临界 CO_2 萃取罗布麻韧皮中的黄酮,即在一定温度和压力下,超临界 CO_2 将罗布麻韧皮中的黄酮物质溶解并携带出萃取釜,接着改变超临界条件分离出其所携带的黄酮,从而实现罗布麻韧皮中的黄酮萃取。在萃取过程中,黄酮的萃取率主要取决于超临界 CO_2 在反应装置中的流动状态。研究超临界 CO_2 的流动状态和萃取动力学模型,对于超临界萃取工业化生产和最优化操作具有一定的指导意义。目前,超临界萃取天然产物有效成分的数学模型主要有三种：经验模型、类比传热模型和微分质量平衡模型。由于天然产物成分结构复杂，萃取产物不单一，要做出萃取过程精确的传质模型还十分困难，对此还没有形成比较统一的认识。

经验模型主要有 Naik 等在 Langmuir 气体等温吸附关系基础上建立的模型，提出一个萃取率 y 与萃取时间 t 的关系式，其方程为

$$y_e = \frac{y_\infty t}{b+t} \tag{4-1}$$

式中：y_e——萃取率；

y_∞——无限时间的萃取率；

t——萃取时间，h；

b——常数。

在超临界萃取过程中，类比于传热过程的传质模型主要有两种：一种是单个球形颗粒的扩散模型；另一种是单板模型，主要就是模拟热量在无限厚的平板不断衰减的过程。基于微分质量平衡模型是根据萃取过程中的微分质量平衡关系所建立的，可以将萃取介质分为两相：一是待萃取物质，也就是固体相；一是超临界流体，通常为 CO_2，也就是流体相。

Stastova 利用超临界 CO_2 萃取了沙棘种子和果浆中的精油，分析了萃取条件对溶解度和传质速率的影响，并提出了传质模型。他认为萃取过程可分为三个阶段：第一阶段，萃取釜出口处精油的浓度基本保持不变，这一过程可以由萃取曲线中的直线部分表示，此过程 CO_2 萃取的主要是游离于萃取物表面的自由状态的油脂；而在第二阶段，精油在 CO_2 中的浓度比平衡溶解度低，这时精油的萃取能力受其扩散控制；随着萃取的继续进行，在第三阶段时，游离于细胞外的油脂已被完全萃取，CO_2 开始从细胞内萃取精油。其萃取过程为

$$\frac{E}{Nx_0}=\begin{cases}\psi[1-\exp(-Z)] & \psi<\dfrac{G}{Z}\\ \psi-\dfrac{G}{Z}[Z(h_k-1)] & \dfrac{G}{Z}\leqslant\psi<\psi_k\\ 1-\dfrac{1}{Y}\ln\left\{1+[\exp(Y)-1]\exp\left[Y\left(\dfrac{G}{Z}-\psi\right)\right](1-G)\right\} & \psi\geqslant\psi_k\end{cases} \tag{4-2}$$

式中：ψ——无因次时间，h；

E——精油质量，kg；

N——待萃取物质量，kg；

x_0——精油萃取物中的初始浓度，kg/m^3；

Z 和 Y——分别与两个传质系数呈正比关系。

4.2.3 罗布麻韧皮中的超临界 CO_2 萃取黄酮物质

4.2.3.1 萃取影响因素

(1) 夹带剂含量对黄酮萃取影响。在温度为 50 ℃，压力为 20 MPa，CO_2 流量为 30 g/min，以 70%乙醇水溶液为夹带剂，其含量分别为 1%(与 CO_2 质量分数)、2%和 3%的条件下，进行罗布麻黄酮萃取。由图 4-12 可以看出，夹带剂含量对罗布麻黄酮萃取的影响。随着夹带剂含量的不断增加，黄酮的萃取率也随之增加，当夹带剂含量为 1%时，萃取 2 h，黄酮萃取率为 0.196%；当夹带剂含量为 2%时，相同时间的黄酮萃取率为 0.337%，这是因为超临界 CO_2 的极性会随着夹带剂含量的增加而显著增强，随着超临界流体极性的增强就会增加黄酮在超临界 CO_2 的溶解性能，进而提高黄酮萃取率。此外，夹带剂含量的增加，尤其是水在超临界状态中会呈现弱酸性，这就会破坏黄酮分子与罗布麻韧皮纤维基体之间的相互作用，使黄酮更容易从中析出，从而提高罗布麻中的黄酮萃取率。

但是，当超临界 CO_2 中夹带剂的含量为3%时，虽然萃取时间为2 h 时的黄酮萃取率为 0.367%，略高于夹带剂含量为 2%的萃取率。但此时超临界流体中水分含量过大，萃取结束后萃取釜内有液体残留，说明在萃取过程中萃取釜中呈现了两相溶剂，即超临界流体和液体，对萃取过程产生了一定的影响。这是因为当萃取釜内产生两相溶剂时，多余的水分在萃取过程中容易堵塞管路，有时还会形成断路，使萃取釜中的压力急剧变大，改变了黄酮萃取条件，另外由于黄酮在超临界中的扩散系数要远远高于在液体中的扩散系数。基于以上两点，夹带剂含量过多会影响黄酮的萃取率。

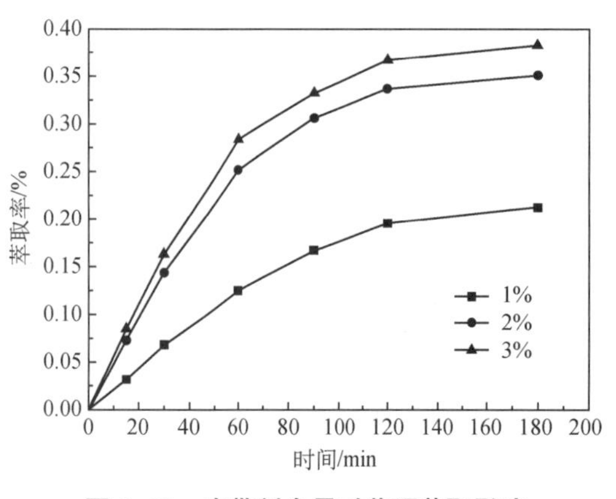

图 4-12 夹带剂含量对黄酮萃取影响

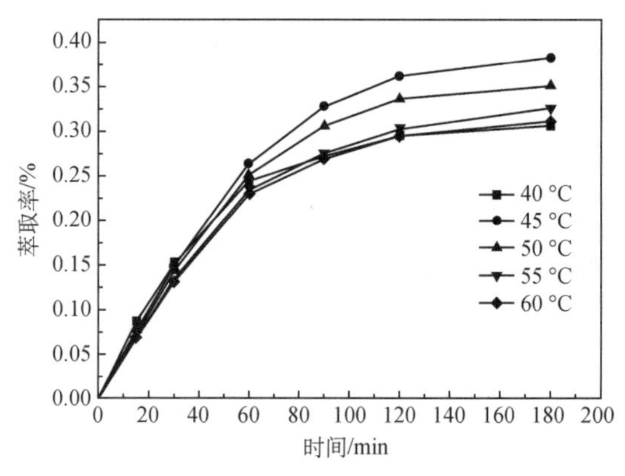

图 4-13 温度对黄酮萃取影响

(2) 温度对黄酮萃取影响。以 70%的乙醇水溶液为夹带剂，含量为 2%，压力为 20 MPa，CO_2 流量为 30 g/min，在 40～60 ℃的条件下进行黄酮萃取。从图 4-13 可以看出，当温度从 40 ℃升高到 45 ℃时，黄酮萃取速率明显增加，但是温度继续升高萃取速率反而不断下降。萃取 120 min 时，黄酮萃取率从 40 ℃时的 0.296% 增加到 45 ℃时的 0.362%，升高了 22.3%。温度从 40 ℃升高到 45 ℃，虽然超临界 CO_2 的密度从 839.81 kg·m^{-3} 下降到 812.69 kg·m^{-3}，下降了 3.2%，其黏度从 78.322 μPa·s 下降到 73.364 μPa·s，降低了 6.3%，并且黄酮的蒸气压随着温度的增加而增加，从而导致黄酮在超临界 CO_2 中的扩散系数升高，因而黄酮的萃取量增加，这说明在 40～45 ℃，流体黏度和蒸气压对黄酮萃取过程的贡献大于超临界流体密度的贡献。但是当温度继续升高到 60 ℃时，虽然超临界 CO_2 的黏度下降了 18.2%，但超临界 CO_2 的密度却比 45 ℃时降低了 10.9%，此时黄酮萃取量仅仅相当于 45 ℃时的 81.5%，下降明显。也就是说，当温度高于 45 ℃时，超临界 CO_2 黏度降低和饱和蒸气压升高对于黄酮萃取的积极影响要小于超临界 CO_2 密度降低对于黄酮萃取的不利影响，因此黄酮萃取量呈下降趋势。

(3) 压力对黄酮萃取影响。以 70% 的乙醇水溶液为夹带剂，含量为 2%，操作温度为 50 ℃，CO_2 流量为 30 g/min，在 10～30 MPa 的条件下进行黄酮萃取。压力会给超临界 CO_2 萃取黄酮带来两方面的影响，一方面增大压力超临界流体密度就会增大，而密度的增大又能使黄酮溶解度变大。文献报道了溶质溶解度的对数与超临界流体密度表现为直线关系，故可认为幂相关关系为最终溶解度与超临界流体密度之间的关系。这时压力的增加就会带来目标产物黄酮的萃取速率升高。另一方面，压力又会对超临界流体的黏度产生一定的影响，压力升高，超临界流体的黏度就会增大，从而影响黄酮的扩散系数，进而降低黄酮萃取速率。

如图 4-14 所示，黄酮的萃取率随着压力的升高而增加，当萃取时间为 120 min，萃取压力为 10 MPa、15 MPa、20 MPa 所对应的黄酮萃取率分别为 0.148%、0.264% 和 0.337%。由 PR 方程[①]可知，萃取温度为 50 ℃时，萃取压力为 10 MPa、15 MPa、20 MPa 的条件下 CO_2 密度分别为 384.33 kg/m^3、699.75 kg/m^3、784.29 kg/m^3，压力的升高使得 CO_2 的密度快速增加，溶解度随之增加；此外压力的增大，可能还会对罗布麻原麻的细胞壁造成更大程度的破坏，从而使传质阻力降低。虽然压力升高会降低黄酮的扩散系数，但扩散系数下降带来的消极效应能够完全被流体密度增加带来的积极效应所抵消，使得黄酮萃取率逐渐增加。随着压力的继续增加，黄酮萃取率略微下降，这是因为这一阶段黄酮的超临界萃取主要受扩散影响所控制，因而会出现黄酮萃取率的降低。如果压力继续升高，黄酮的萃取率可能会下降很多，但是由于试验设备的最大操作压力为 40 MPa，受其限制，因此没有验证更大压力试验。

① *PR* 方程：$P=\dfrac{RT}{V-b}-\dfrac{a}{V(V+b)+b(V-b)}$，其中 P 为绝对压力(Pa)；R 为摩尔气体常数(J·mol^{-1}·K^{-1})；T 为热力学温度(K)；V 为摩尔体积(m^3/mol)。

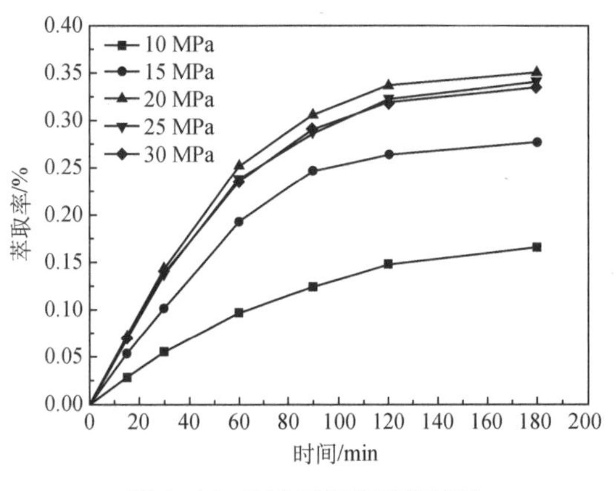

图 4-14 压力对黄酮萃取影响

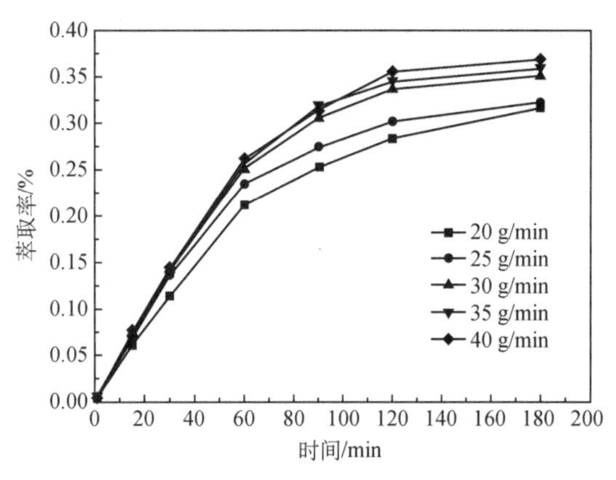

图 4-15 CO_2 流量对黄酮萃取影响

(4) CO_2 流量对黄酮萃取影响。以 70%的乙醇水溶液夹带剂，含量为 2%，操作温度为 50 ℃，压力为 20 MPa，在 CO_2 流量为 20～40 g/min 的条件下进行黄酮萃取。如图 4-15 所示，在其他条件相同的情况下，总黄酮萃取率随着 CO_2 流量的增加而增加。在 20 MPa、50 ℃、萃取时间为 120 min 的操作条件下，CO_2 流量为 20 g/min 时，黄酮萃取率为 0.284%；CO_2 流量为 30 g/min，黄酮萃取率为 0.337%，增加了 18.7%。这是因为流量增加，一方面 CO_2 在萃取器内的停留时间就会缩短，有效扩散系数有所增加，并且随着流量的增加还会使与黄酮分子接触的超临界 CO_2 分子数量增加，因此，溶质与溶剂的分子间相互作用力就会增强，进而增大溶质的溶解；另一方面随着流量的增加将会减小罗布麻固体表面黏性底层的厚度，从而降低流体相的传质阻力，增加黄酮萃取率。但当 CO_2 流量继续增加到 40 g/min，黄酮的萃取率为 0.356%，仅仅增加了 5.6%，但此时高压泵负荷过大，对设备的耐压性能有一定的要求。因此在选择 CO_2 流量时，应当对设备承受能力、成本和萃取率进行综合考虑。

(5) 时间对黄酮萃取影响。超临界 CO_2 萃取罗布麻韧皮纤维中黄酮的步骤大致可以分为三个阶段。第一阶段是萃取初始阶段，萃取速度恒定且比较快，溶质在超临界流体中的溶解度决定着这一阶段的萃取过程。如图 4-16 所示，黄酮在 40 ℃的萃取率反而高于 45 ℃时的萃取率，这是因为 CO_2 在 40 ℃的密度高于 45 ℃时的密度，从而溶解的黄酮增多，萃取速率加快。第二阶段是中间阶段，这是热函(焓)控制的萃取过程，在此过程中黄酮与罗布麻韧皮纤维间的相互作用力必须被破坏，因而显示出一个较慢的萃取速率。第三阶段是扩散控制阶段，此阶段是已与罗布麻韧皮纤维脱离的黄酮从罗布麻韧皮内部缓慢扩散的过程。120 min 以后萃取率显著降低，可以认为罗布麻韧皮纤维超临界萃取黄酮主要受内扩散所控制。在整个萃取过程中，开始阶段黄酮萃取速率较快，这是由于罗布麻破碎，处于自由状态的和受罗布麻基体作用力小的黄酮分子很容易被超临界 CO_2 萃取，因而萃取速率快，随着时间不断增加，当罗布麻纤维表层和比较容易被萃取的黄酮分子的数量不断减少后，萃取速率就会不断下降。

4.2.3.2 超临界 CO_2 萃取罗布麻韧皮中黄酮的数学模型

(1) 模型提出。在超临界萃取中，萃取的快慢取决于传质速率，研究超临界传质机理和萃取动力学模型，对于工艺参数的选择和优化，及超临界萃取的工业放大具有重要意义。Naik 等提出的经验方程无法解释超临界萃取过程的内在实质，没有明确的物理意义，无法进行比较准确的预测，但是其形式简单，能够很好地对试验数据进行拟合，适用于缺少基础数据的萃取过程。具有一定理论基础的类比传热模型，可调变量小，计算简单，且拟合效果较好。虽然微分传质模型拟合效果更好，但其考虑因素多，计算过程复杂。所以采用由 Stastova 提出的类比于干燥过程的传质模型来模拟黄酮的萃取过程。假设在恒定的温度和压力条件下，超临界 CO_2 以平推流的方式通过装有罗布麻韧皮纤维的圆柱形反应釜，在此过程中忽略轴向扩散和黄酮在 CO_2 中的积累，对其进行物料微元衡算。

$$-(1-\varepsilon)\rho_s \frac{\partial x}{\partial t} = J(x \cdot y) \tag{4-3}$$

$$(1-\varepsilon)\rho_s \frac{Q}{N} \frac{\partial y}{\partial t} = J(x \cdot y) \tag{4-4}$$

如果 CO_2 在反应釜入口处不含待萃取的黄酮物质，且黄酮在罗布麻中的初始浓度为 x_0，则其黄酮萃取的边界条件是

$$x(h,\ t=0)=x_0,\ y(h,\ t=0)=0 \tag{4-5}$$

从反应釜中萃取得到的黄酮可以表示为

$$E = Q\int_0^1 y(h=1,\ t)\mathrm{d}t \tag{4-6}$$

在萃取的初始阶段，罗布麻韧皮表面有部分黄酮，CO_2 可以直接接触到黄酮在罗布麻中的量为 Gx_0（G 为破碎率，无因次），这部分黄酮的萃取速率主要由 CO_2 的扩散、对流控制，此时罗布麻黄酮传质表示为

$$J(x,\ y)=k_f \cdot a \cdot \rho_f(y_r - y),\ x > (1-G)x_0 \tag{4-7}$$

当表面直接接触的易被萃取的黄酮萃取完成后，萃取进入第二阶段，这时黄酮从罗布麻内部扩散到罗布麻表面的速度决定了黄酮萃取速度。在此阶段忽略罗布麻内部的复杂结构，用固相传质系数 k_s 解释这一过程，黄酮的传质通量表示为

$$J(x,\ y)=k_s \cdot a \cdot \rho_s(x - x^+),\ x \leqslant (1-G)x_0 \tag{4-8}$$

引入无因次时间

$$\psi = \frac{Qy_r}{Nx_0}t \tag{4-9}$$

我们把超临界 CO_2 萃取罗布麻黄酮过程近似地分成三个阶段，然后按照方程(4-3)～(4-9)进行模拟求解。

(2) 模型推导和求解过程。

① 第一时间段：

将

$$Z=\frac{Nk_{\mathrm{f}}a\rho_{\mathrm{f}}}{Q(1-\varepsilon)\rho_{\mathrm{s}}} \tag{4-10}$$

代入

$$\psi<\frac{G}{Z} \tag{4-11}$$

则由

$$\frac{Qy_{\mathrm{r}}}{Nx_{0}}t<\frac{G}{\frac{Nk_{\mathrm{f}}a\rho_{\mathrm{f}}}{Q(1-\varepsilon)\rho_{\mathrm{s}}}} \tag{4-12}$$

可以推出

$$t<\frac{Gx_{0}(1-\varepsilon)\rho_{\mathrm{s}}}{k_{\mathrm{f}}a\rho_{\mathrm{f}}y_{\mathrm{r}}} \tag{4-13}$$

此时黄酮萃取率 $\frac{E}{Nx_{0}}$ 可按式(4-14)计算：

$$\frac{E}{Nx_{0}}=\psi[1-\mathrm{e}^{-Z}]=\frac{Qy_{\mathrm{r}}}{Nx_{0}}\left(1-\mathrm{e}^{-\frac{Nk_{\mathrm{f}}a\rho_{\mathrm{f}}}{Q(1-\varepsilon)\rho_{\mathrm{s}}}}\right)t \tag{4-14}$$

说明萃取物质量与时间 t 之间的关系在第一时间段符合线性模型，且通过坐标原点，因此可在初始阶段利用一元线性回归模拟拟合参数 y_{r} 和 $k_{\mathrm{f}}a$。

② 第二时间段：

由 $\frac{G}{Z}\leqslant\psi$ 推导出 $t\geqslant\frac{G(1-\varepsilon)\rho_{\mathrm{s}}x_{0}}{k_{\mathrm{f}}a\rho_{\mathrm{f}}y_{\mathrm{r}}}$（推导过程见第一时间段） (4-15)

当 $\psi<\psi_{\mathrm{k}}$ 时，

$$\psi_{\mathrm{k}}=\frac{G}{Z}+\frac{\ln[1-G(1-\mathrm{e}^{Y})]}{Y} \tag{4-16}$$

将

$$Y=\frac{Nk_{\mathrm{f}}ax_{0}}{Q(1-\varepsilon)y_{\mathrm{r}}} \tag{4-17}$$

代入得

$$\frac{Qy_r}{Nx_0}t < \frac{G}{\frac{Nk_f a\rho_f}{Q(1-\varepsilon)\rho_s}} + \frac{Q(1-\varepsilon)y_r}{Nk_f a x_0}\ln\left[1-G\left(1-e^{\frac{Nk_f a x_0}{Q(1-\varepsilon)y_r}}\right)\right] \tag{4-18}$$

即

$$t < \frac{Gx_0(1-\varepsilon)\rho_s}{k_f a\rho_f y_r} + \frac{1-\varepsilon}{k_s a}\ln\left\{1-G\left[1-e^{\frac{Nx_0 k_s a}{Q(1-\varepsilon)y_r}}\right]\right\} \tag{4-19}$$

此时萃取率为

$$\frac{E}{Nx_0} = \psi - \frac{G}{Z}e^{[z(h_k-1)]} \tag{4-20}$$

其中

$$h_k = \frac{1}{Y}\ln\left\{1+\frac{e^{\left[Y\left(\psi-\frac{G}{Z}\right)\right]}-1}{G}\right\} \tag{4-21}$$

即

$$\frac{E}{Nx_0} = \frac{Qy_r}{Nx_0}t - \frac{GQ(1-\varepsilon)\rho_s}{Nk_f a\rho_f}e^{\frac{Nk_f a\rho_f}{Q(1-\varepsilon)\rho_s}(h_k-1)} \tag{4-22}$$

通过式4-22发现 $\frac{E}{Nx_0}$ 与 t 之间不再是线性关系，在实际运算时，由于第一时间段已经拟合出 y_r 及 $k_f a$ 的值，故此时 $Z=\frac{Nk_f a\rho_f}{Q(1-\varepsilon)\rho_s}$ 为已知量。

因此，第二阶段可以简化为

当

$$\frac{GNx_0}{Qy_r Z} \leqslant t < \frac{GNx_0}{Qy_r Z} + \frac{1-\varepsilon}{k_s a}\ln\left[1-G\left(1-e^{\frac{Nx_0 k_s a}{Q(1-\varepsilon)y_r}}\right)\right] \tag{4-23}$$

$$\frac{E}{Nx_0} = \frac{Qy_r}{Nx_0}t - \frac{G}{Z}e^{\left\{Z\left(\frac{Q(1-\varepsilon)y_r}{Nk_s a x_0}\ln\left[1+\frac{e^{\frac{k_s a}{1-\varepsilon}t-\frac{Nk_s a x_0}{Q(1-\varepsilon)y_r}\frac{G}{Z}}}{G}\right]-1\right)\right\}} \tag{4-24}$$

由于 $k_s \cdot a$ 的值很小，再根据 $x \to 0$，$\ln(1+x) \sim x$，此阶段可进一步简化为

$$\frac{GNx_0}{Qy_r Z} \leqslant t < \frac{GNx_0}{Qy_r Z} + \frac{GNx_0}{Qy_r} \tag{4-25}$$

萃取率为

$$\frac{E}{Nx_0} = \frac{Qy_r}{Nx_0}t - \frac{G}{Z}e^{\left[\frac{Z}{G}\left(\frac{Qy_r}{Nx_0}t\right)-1-Z\right]} \tag{4-26}$$

③ 第三时间段：

$$\frac{Qy_{\mathrm{r}}}{Nx_0}t \geqslant \frac{G}{Z}+\frac{\ln[1-G(1-\mathrm{e}^{Y})]}{Y} \tag{4-27}$$

即

$$t \geqslant \frac{GNx_0}{Qy_{\mathrm{r}}Z}+\frac{1-\varepsilon}{k_{\mathrm{s}}a}\ln\left[1-G\left(1-\mathrm{e}^{\frac{Nx_0k_{\mathrm{s}}a}{Q(1-\varepsilon)y_{\mathrm{r}}}}\right)\right] \tag{4-28}$$

萃取率

$$\begin{aligned}\frac{E}{Nx_0}&=1-\frac{1}{Y}\ln\left\{1+(\mathrm{e}^{Y}-1)\mathrm{e}^{Y\left(\frac{G}{Z}-\psi\right)}(1-G)\right\}\\&=1-\frac{Q(1-\varepsilon)y_{\mathrm{r}}}{Nx_0k_{\mathrm{s}}a}\ln\left\{1+\left[\mathrm{e}^{\frac{Nx_0k_{\mathrm{s}}a}{Q(1-\varepsilon)y_{\mathrm{r}}}}-1\right]\left[\mathrm{e}^{\frac{Nx_0k_{\mathrm{s}}a}{Q(1-\varepsilon)y_{\mathrm{r}}}\frac{G}{Z}-\frac{k_{\mathrm{s}}a}{1-\varepsilon}t}\right](1-G)\right\}\end{aligned} \tag{4-29}$$

将其简化得

$$\frac{E}{Nx_0}=1-(1-G)\mathrm{e}^{k_sa\left[\frac{Nx_0}{Q(1-\varepsilon)y_r}\frac{G}{Z}-\frac{1}{1-\varepsilon}t\right]} \tag{4-30}$$

整个过程的萃取率为

$$\frac{E}{Nx_0}=\begin{cases}\dfrac{Qy_{\mathrm{r}}}{Nx_0}\left(1-\mathrm{e}^{-\frac{Nk_{\mathrm{f}}a\rho_{\mathrm{f}}}{Q(1-\varepsilon)\rho_{\mathrm{s}}}}\right)t & t<\dfrac{Gx_0(1-\varepsilon)\rho_{\mathrm{s}}}{k_{\mathrm{f}}a\rho_{\mathrm{f}}y_{\mathrm{r}}}\\[2ex]\dfrac{Qy_{\mathrm{r}}}{Nx_0}t-\dfrac{G}{Z}\mathrm{e}^{\left[\frac{Z}{G}\left(\frac{Qy_{\mathrm{r}}}{Nx_0}t\right)-1-Z\right]} & \dfrac{GNx_0}{Qy_{\mathrm{r}}Z}\leqslant t<\dfrac{GNx_0}{Qy_{\mathrm{r}}Z}+\dfrac{GNx_0}{Qy_{\mathrm{r}}}\\[2ex]1-(1-G)\mathrm{e}^{k_sa\left[\frac{Nx_0}{Q(1-\varepsilon)y_r}\frac{G}{Z}-\frac{1}{1-\varepsilon}t\right]} & t\geqslant\dfrac{GNx_0}{Qy_{\mathrm{r}}Z}+\dfrac{GNx_0}{Qy_{\mathrm{r}}}\end{cases} \tag{4-31}$$

式中：ε——罗布麻韧皮孔隙率，%；

ρ——密度，kg/m^3；

下标 s——固体相；

下标 f——溶剂相；

上标 +——在内部边界；

X——固体相溶质质量分数，kg/kg；

y——CO_2 中的溶质质量分数，kg/kg；

J——传质通量，kg/(m · s)；

Q——CO_2 流量，kg/s；

N——罗布麻质量，kg；

k——传质系数，m · s；

y_r——黄酮的溶解度，kg/kg；

E——萃取的黄酮质量，kg。

超临界 CO_2 的密度根据 PR 方程计算：

$$P=\frac{RT}{V-b}-\frac{a}{V(V+b)+b(V-b)} \tag{4-32}$$

式中，

$$a=a_c\alpha(T)=0.457\ 24\frac{R^2T_c^2}{P_c}\alpha(T) \tag{4-33}$$

$$b=0.077\ 80\frac{RT_c}{P_c} \tag{4-34}$$

$$\alpha(T)=[1+(0.374\ 64+1.542\ 26\omega-0.269\ 92\omega^2)(1-T_r^{0.5})]^2 \tag{4-35}$$

式中：P——绝对压力，Pa；

R——摩尔气体常数，J · mol^{-1} · K^{-1}；

T——热力学温度，K；

V——摩尔体积，m^3/mol。

(3) 模型计算结果及验证。对 Stastova 提出的类比于干燥过程传质模型进行推导，并利用所推导的方程对罗布麻黄酮的超临界萃取动力学数据进行了拟合和分析，计算结果及分析过程如图 4-16 所示，图中 Exp 是试验值，Cal 是模型计算值。

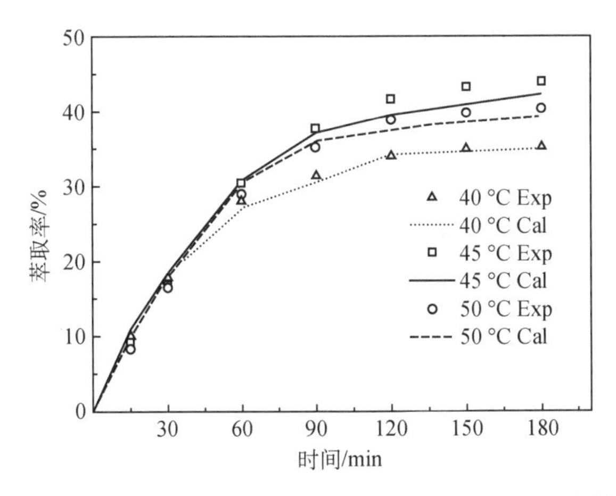

图 4-16　不同温度下模型计算曲线与试验数据的吻合性

图 4-16 是 70%乙醇水溶液为夹带剂时，在夹带剂含量为 2%，压力为 20 MPa，CO_2 流量为 30 g/min 的条件下，模型计算的黄酮萃取曲线和试验数据的对比，由图可以看出模型计算数据与试验数据拟合良好。从表 4-4 可以看出，采用 70%乙醇水溶液作为夹带剂时，

随着温度的上升，第一阶段的传质系数 $K_f \cdot a$ 先增大后减小，而第二阶段的传质系数 $K_s \cdot a$ 持续减小。随着温度升高，加快了 CO_2 运动，溶质的扩散系数就会增加，但温度的升高还会引起溶剂密度的下降以及对溶质溶解能力的下降。在此情况下，导致萃取的初始阶段的扩散系数随温度的升高先增大而后减小；当表面直接接触易萃取的黄酮被萃取完成后，萃取进入第二阶段，此时的传质系数 $K_s \cdot a$ 主要受溶剂密度所控制，因此随温度升高而降低。

表 4-4 不同温度下模型参数计算

温度/℃	压力/MPa	CO_2 流量/($g \cdot min^{-1}$)	CO_2 密度/($kg \cdot m^{-3}$)	CO_2 黏度/($\mu P_a \cdot s$)	$K_f \cdot a$/(s^{-1})	$K_s \cdot a \times 10^6$/(s^{-1})	R^2/%
40			839.81	78.322	0.059	8.62	96.53
45			812.69	73.364	0.062	8.77	95.62
50	20	30	784.29	68.674	0.065	7.27	97.09
55			754.61	64.236	0.053	6.23	93.36
60			723.68	60.042	0.049	5.96	94.57

压力是超临界萃取技术中一个很重要的操作参数。压力升高，流体密度增加，黄酮的溶解度随之增加，进而就会提高黄酮萃取速率，但压力的升高又会使扩散系数下降，就会降低黄酮超临界萃取过程中萃取速率。从图 4-17 和表 4-5 可以看出压力在 20 MPa 以下时，压力的升高使得黄酮萃取速率增加，在此范围内压力升高带来的密度效应控制着传质过程，传质系数随着压力的升高而减小。当压力超过 20 MPa 时，此时压力的升高使得扩散系数下降影响着传质过程，传质系数下降。

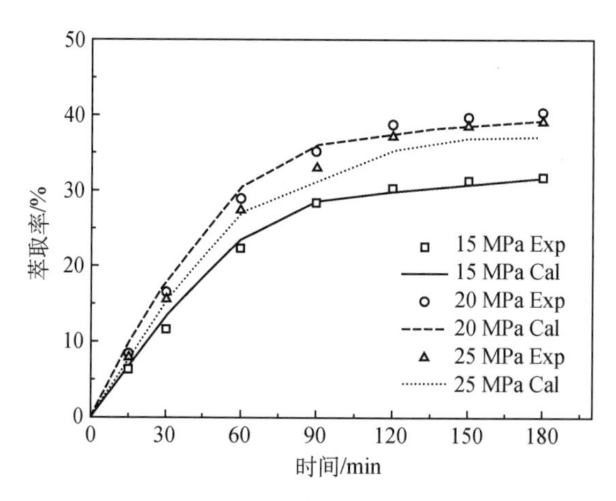

图 4-17 不同压力模型计算曲线与试验数据的吻合性

表 4-5　不同压力下模型参数计算

温度/℃	压力/MPa	CO_2 流量/(g·min^{-1})	CO_2 密度/(kg·m^{-3})	CO_2 黏度/(μPa·s)	$K_f \cdot a$/s^{-1}	$K_s \cdot a \times 10^6$/s^{-1}	R^2/%
50	10	30	384.33	28.368	0.014	5.37	92.27
	15		699.75	56.532	0.029	6.48	97.48
	20		784.29	68.674	0.065	7.27	97.09
	25		934.19	77.429	0.066	6.53	95.69
	30		870.43	84.253	0.069	6.51	93.83

如图 4-18 和表 4-6 所示，增大 CO_2 流量一方面可以减少萃取釜内超临界流体更新的时间，加大黄酮在罗布麻韧皮和超临界流体间的浓度差，并且流量的增加还会使与罗布麻相接触的超临界溶剂分子数量增加，使溶质与溶剂分子间的相互作用力增强，另一方面流量增加可以降低罗布麻韧皮纤维表面黏性底层的厚度，故界面传质阻力下降，传质速率提高，从而使萃取速率增大。

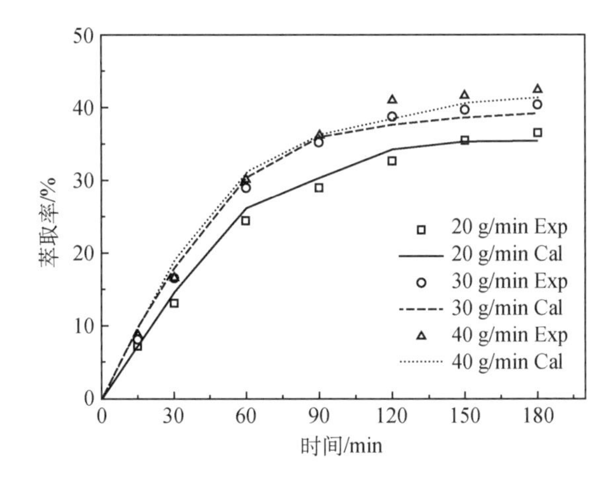

图 4-18　不同 CO_2 流量下模型计算曲线与试验数据的吻合性

表 4-6　不同 CO_2 流量模型参数计算

温度/℃	压力/MPa	CO_2 流量/(g·min^{-1})	CO_2 密度/(kg·m^{-3})	CO_2 黏度/(μPa·s)	$K_f \cdot a$/(s^{-1})	$K_s \cdot a \times 10^6$/(s^{-1})	R^2/%
50	20	20	784.29	68.674	0.043	1.01	95.32
		25	784.29	68.674	0.050	1.62	96.19
		30	784.29	68.674	0.065	7.27	97.09

续表

温度/℃	压力/MPa	CO_2 流量/(g·min^{-1})	CO_2 密度/(kg·m^{-3})	CO_2 黏度/(μPa·s)	$K_f \cdot a$/(s^{-1})	$K_s \cdot a \times 10^6$/(s^{-1})	R^2/%
50	20	35	784.29	68.674	0.141	5.82	95.34
		40	784.29	68.674	0.162	6.77	94.28

(4) 黄酮成分鉴别。黄酮标准品及罗布麻原麻乙醇萃取液、罗布麻纤维超临界萃取液、罗布麻脱胶纤维乙醇萃取液的 HPLC 色谱图如图 4-19～图 4-22 所示。

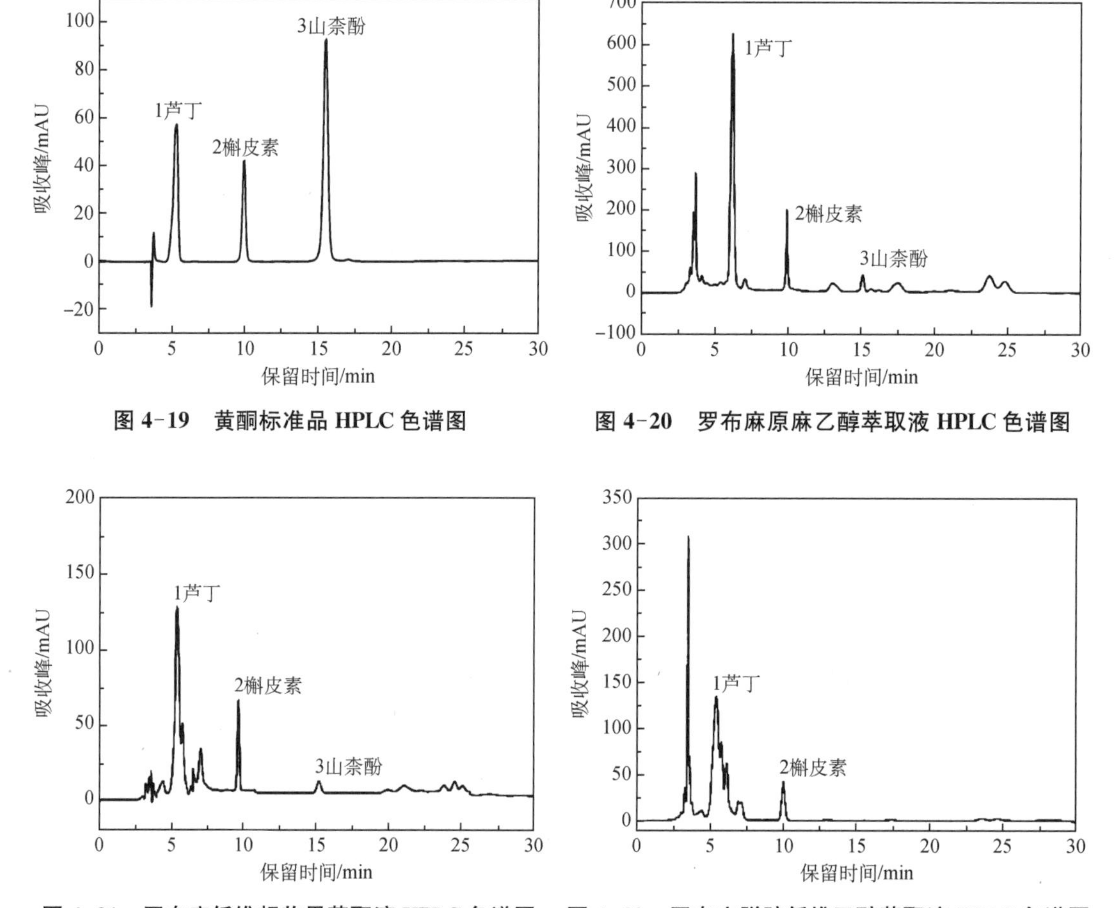

图 4-19　黄酮标准品 HPLC 色谱图

图 4-20　罗布麻原麻乙醇萃取液 HPLC 色谱图

图 4-21　罗布麻纤维超临界萃取液 HPLC 色谱图

图 4-22　罗布麻脱胶纤维乙醇萃取液 HPLC 色谱图

由图 4-19 可知,芦丁、槲皮素和山柰酚分别对应的保留时间为 5.36 min,9.96 min 和 15.46 min。图 4-20 中在罗布麻原麻乙醇萃取液的液相色谱中可以明显看到芦丁和槲皮素的吸收峰,而山柰酚的吸收峰很小,说明山柰酚的含量很低。而罗布麻超临界萃取液的色谱图(图4-21)和经乙醇萃取的色谱图吸收峰大致相同,说明罗布麻韧皮纤维经超临界萃取能有效地萃取出其中的黄酮成分。经化学脱胶的罗布麻纤维液相色谱图(图4-22)仍然有芦丁和槲皮素的吸收峰,山柰酚的吸收峰已经完全消失。也就是说罗布麻皮经过脱胶后,其中黄酮类物质含量减少了很多。罗布麻黄酮含量降低主要原因:在罗布麻皮加工到罗布麻纤维过程中,一方面黄酮类化学成分随着加工过程而流失;另一方面黄酮类化学成分在碱、酸、氧化剂和高温等条件下发生了化学变化。

(5) 罗布麻萃取液的抑菌性。以GB/T 20944《纺织品 抑菌性能的评价》为标准对罗布麻皮、罗布麻纤维对金黄色葡萄球菌和大肠杆菌进行抑菌试验,具体结果见表4-7。

表4-7 罗布麻抑菌性

试样	黄酮含量/%	抑菌性/%	
		金黄色葡萄球菌	大肠杆菌
原麻乙醇萃取液	0.87	89.3	93.6
纤维乙醇萃取液	0.09	57.6	62.5
原麻超临界 CO_2 萃取液	0.36	81.2	86.7
5%芦丁溶液	0.5	84.3	89.2

罗布麻原麻乙醇萃取液对金黄色葡萄球菌、大肠杆菌有很好的抑菌作用。而罗布麻纤维的乙醇萃取液对金黄色葡萄球菌、大肠杆菌的抑菌性较罗布麻原麻降低了很多。这是因为罗布麻在脱胶过程中,伴随着非纤维素物质的分离,黄酮等有效成分也与罗布麻纤维分离,并排放到脱胶废水中,从而使得罗布麻纤维中总黄酮百分含量大幅度降低,因此,它们抑菌效果随着总黄酮物质的含量减少而降低。虽然罗布麻脱胶纤维中残留的黄酮成分(0.09%)很少,但其仍有一定的抑菌效果,说明罗布麻脱胶纤维中可能还含有其他抑菌成分。而罗布麻原麻超临界萃取液具有明显的抑菌效果,对金黄色葡萄球菌和大肠杆菌的抑菌性分别达到了81.2%和86.7%,说明在罗布麻原麻超临界脱胶预处理过程中可以对其中的黄酮组分进行有效萃取,实现资源的综合利用。

4.3 罗布麻韧皮纤维超临界 CO_2 生物酶脱胶

酶是一种具有高效催化活性的蛋白质,通过降低反应过程的活化能来加快反应速度。传统酶催化反应一般是在水环境中进行的,由于酶在水介质中通常不稳定,并且在酸、碱、热等条件下容易失活,其应用范围受到了一定的限制。直到20世纪80年代初,以含微量水有机溶剂为介质的酶催化反应凭借其诸多的优越性引起人们极大的关注。目前,非水介质中酶催化反应已成为生物工程领域中的研究热点。1985年,Hammond首次报道了超临界流体中的酶催化水解反应,Nakamura报道了超临界 CO_2 介质中碱性磷酸酶与脂肪酶催化甘油三酯进行酯交换反应的研究结果。这些最初的研究表明，在超临界 CO_2 中实现酶催化反应具有一定的可行性，引起了学术界的广泛关注。与常规溶剂相比，超临界 CO_2 作为酶催化反应的介质具有以下优点：一是超临界 CO_2 具有良好的传质性能，扩散系数高，黏度低，有利于提高酶催化反应的进行；二是可以通过调节压力和温度来改变超临界 CO_2 的一些物理性质，使其具有适用于多种反应条件的能力；三是 CO_2 的临界温度接近于室温，与酶的最适反应温度比较吻合，能够为酶反应提供较适宜的反应环境，而且产物在此环境中不易发生热分解；四是常温常压下的 CO_2 呈现为气体状态，反应完成后，恢复到常压状态，CO_2 即从反应产物中分离，反应产物中不会残留溶剂。

4.3.1 超临界状态条件对酶稳定性影响

将 1 g 固态的果胶酶、木聚糖酶和漆酶分别在 20 MPa、50 ℃的超临界 CO_2 体系中处理 30 min、60 min、90 min、120 min、180 min，从图 4-23 中可以看出，三种酶的相对活力随着处理时间的增加而减小，处理时间小于 90 min 时，三种酶的活性依然很高，相对活力分别为 90.0%、82.5%和 90.4%。随着处理时间的增加，果胶酶和木聚糖酶的活力下降很快，在处理了 180 min 后，果胶酶和木聚糖酶的相对酶活只有 64.9%和 61.3%，而漆酶的活力几乎不变，处理了 180 min 后，漆酶相对活力为 82.6%。因此，说明果胶酶和木聚糖酶超临界 CO_2 中处理时间小于 90 min 具有较好的稳定性，而漆酶的活性与处理时间关系不明显。

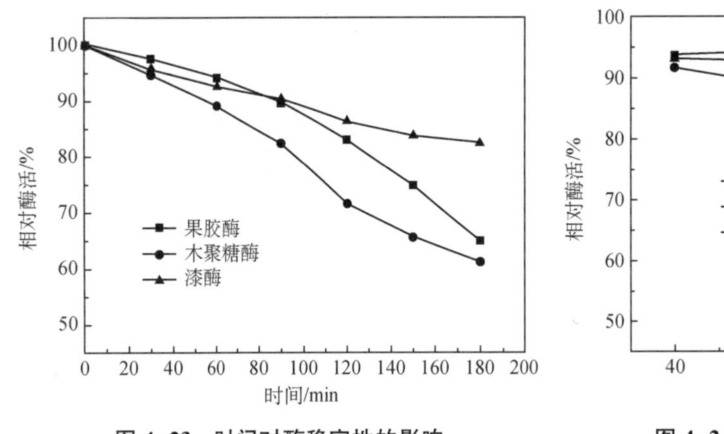

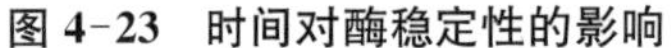
图 4-23 时间对酶稳定性的影响

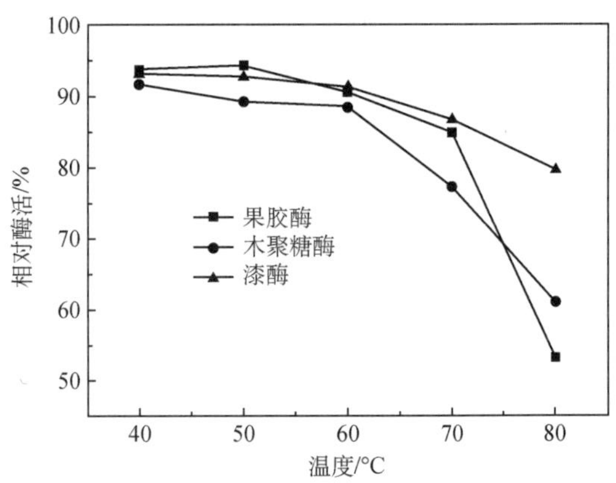

图 4-24 温度对酶稳定性的影响

将 1 g 固态的果胶酶、木聚糖酶和漆酶分别在 20 MPa、温度为 40 ℃、50 ℃、60 ℃、70 ℃、80 ℃的超临界 CO_2 体系中处理 60 min，从图 4-24 可知，三种酶在低于 60 ℃处理时，相对酶活几乎不变，果胶酶、木聚糖酶和漆酶的相对酶活分别为 90.5%、88.4%和 91.3%，随着温度的升高，木聚糖酶的相对活性开始急剧下降，70 ℃和 80 ℃时的相对酶活为 77.3%和 61.0%，果胶酶的相对酶活从 70 ℃时开始快速下降，80 ℃时的相对酶活为

53.2%，而漆酶的相对酶活随温度的升高缓缓下降，80 ℃时的相对酶活为 79.6%，说明漆酶在此温度范围内具有较好的热稳定性，而果胶酶和木聚糖酶只有在低于 60 ℃的超临界 CO_2 体系中才具有较好的热稳定性。

将 1 g 固态的果胶酶、木聚糖酶和漆酶分别在 50 ℃、压力为 15 MPa、20 MPa、25 MPa、30 MPa、35 MPa、40 MPa 的超临界 CO_2 体系中处理 60 min，从图 4-25 中可以看出，果胶酶相对酶活随着压力的升高逐渐降低，在 40 MPa 时，相对酶活为 84.6%。漆酶的相对酶活受压力的影响不大，酶活一直保持在 90.0%以上，说明果胶酶和漆酶具有良好的抗压稳定性。而木聚糖酶的相对酶活随着压力的升高先升高后降低，在 20 MPa 时，木聚糖的相对酶活最高，为 89.2%，当压力达到 40 MPa 时，木聚糖酶的相对酶活为 78.0%，说明木聚糖酶在超临界 CO_2 体系中压力低于 30 MPa 时具有较好的抗压稳定性。

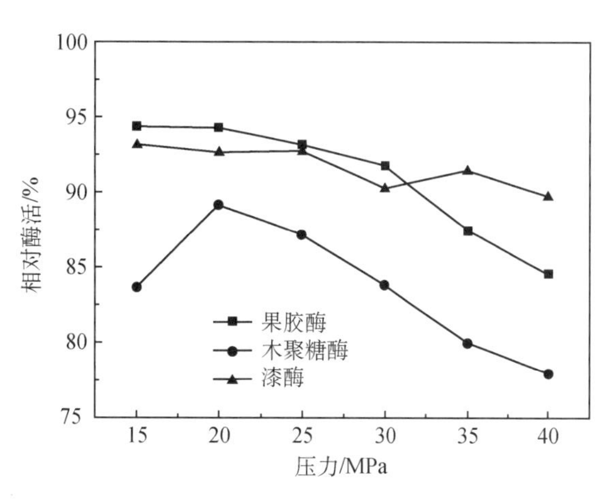

图 4-25　压力对酶稳定性影响

4.3.2　罗布麻韧皮纤维超临界 CO_2 生物酶脱胶

4.3.2.1　单一酶脱胶因素分析

罗布麻超临界 CO_2 脱胶反应中酶溶液的加入方式可以归纳为三种：第一种，将脱胶酶液一次性加入反应釜体中；第二种，将脱胶酶液连续加入反应釜中；第三种，脱胶酶液以间断的方式加入反应釜中。不同的加入方式将会消耗不同量的酶液，而超临界酶脱胶过程中，酶和水的用量又对脱胶有着十分显著的影响。

在 50 ℃、20 MPa、pH = 5 的条件下，如图 4-26 所示，可以看出将果胶酶溶液一次性直接加入反应釜中，开始阶段脱胶速率很快，60 min 时失重率达到了 14.2%，随着时间的增加，失重率不再发生明显变化。这可能是两方面的原因，一是随着在超临界体系中时间的增加，果胶酶的活性逐渐降低；二是由于酶的催化反应一般都需在一定的水环境下才能进行，水的多少对酶活性有着很重要的影响，同样在超临界反应体系中酶的催化反应也需要一定的水，为保证反应的顺利进行，需要在反应过程中不断注入水来平衡反应，补偿因超临界 CO_2 在循环过程中吸水而造成酶分子失水。当果胶酶溶液以夹带剂的形式持续加入时，失重率随时间的增加而逐渐增加，90 min 失重率为 16.5%，180 min 失重率为 18.0%。果胶酶以加 10 min、停 10 min 和加 10 min、停 20 min 的形式加入时，罗布麻韧皮纤维的超临界脱胶曲线与酶液持续加入时效果相当，只是时间稍微有所增加。120 min 时失重率增加缓慢，而当果胶酶溶液以加 10 min、停 30 min 的形式加入时，脱胶效果明显变差。90 min 的失重率只有 10.2%，这是由于此时酶量太少，麻皮中的胶质不能够完全被分解，所以脱胶速率低，脱胶效果差。

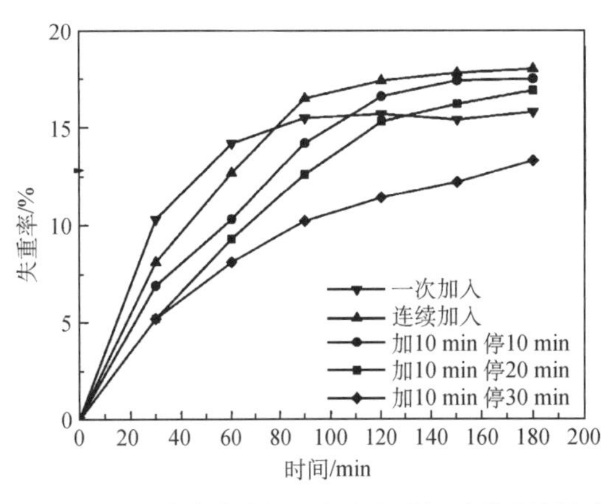

图 4-26　果胶酶酶液加入方式和时间对脱胶的影响

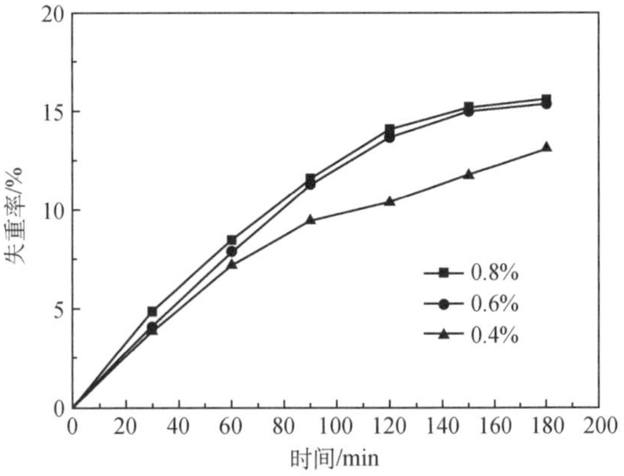

图 4-27　木聚糖酶浓度和时间对脱胶的影响

在 50 ℃、20 MPa、pH＝5 的条件下，将不同浓度的木聚糖酶溶液以加 10 min 停 20 min 的循环形式进行添加，考察浓度即木聚糖酶用量对脱胶的影响。如图 4-27 所示，当木聚糖酶溶液的浓度为 0.4%时，随着时间的增加，失重率持续增加，脱胶速率慢，120 min 失重率仅为 10.4%，180 min 失重率为 13.1%，并且还有继续增加的趋势，这说明此时的酶量不足；而当木聚糖酶溶液的浓度为 0.6%时，脱胶曲线在 120 min 时出现拐点，脱胶速率变慢，从 120 min 到 180 min 失重率仅增加了 1.7%，当木聚糖酶浓度继续增加时(0.8%)，脱胶曲线稍微有所增高，但脱胶完成后，罗布麻短纤维明显增加，说明此时的酶浓度过高。

漆酶浓度和时间对脱胶的影响如图 4-28 所示，在 50 ℃、20 MPa、pH＝5 的条件下，漆酶浓度为 0.6%时，脱胶 180 min，脱胶失重率为 7.0%，随着漆酶浓度的增加，罗布麻脱胶失重率逐渐升高；漆酶浓度为 0.8%，180 min 时，脱胶失重率为 7.9%；当漆酶浓度增加到 1.0%时，脱胶失重率达到了 9.3%；继续增加浓度，失重率不再继续增加。从图 4-28 中还可看出，在脱胶的初始阶段，脱胶失重很快，这是由于罗布麻韧皮纤维中的水溶物和一些小分子物质在超临界状态下迅速去除，而造成失重率的快速增加。

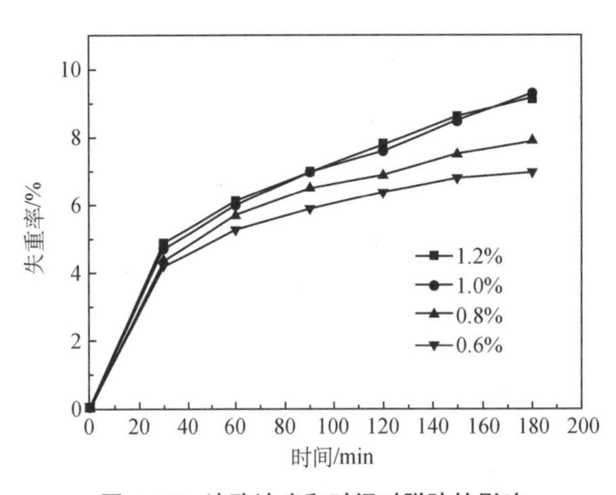

图 4-28　漆酶浓度和时间对脱胶的影响

当温度升高时，酶催化反应速率就会

升高，同时会使酶结构发生改变，造成酶的变性失活。此外，在超临界 CO_2 反应体系中，温度压力和超临界流体的密度有着密切的联系，而温度与压力的联合作用会对底物和产物的溶解度造成很大的影响。一般情况下，在超临界流体中，可通过升高温度来获得较高的溶解度，但酶又可能因为温度太高而失去活性。

在 20 MPa、pH = 5 的条件下，以加 10 min 停 20 min 的加酶方式，分别在 40 ℃、50 ℃、60 ℃、70 ℃、80 ℃脱胶 120 min，如图 4-29 所示，经试验测得果胶酶的失重率分别为 11.5%、15.3%、14.9%、11.3%和 9.6%，木聚糖酶的失重率分别为 10.9%、13.7%、13.3%、10.6 和 9.3%，漆酶的失重率分别为 7.8%、7.6%、7.6%、7.2%和 6.8%。可见，果胶酶和木聚糖酶在 50 ℃时脱胶失重率最大；而漆酶的脱胶效果受温度的影响小，在 60 ℃以下时脱胶失重率几乎不变。

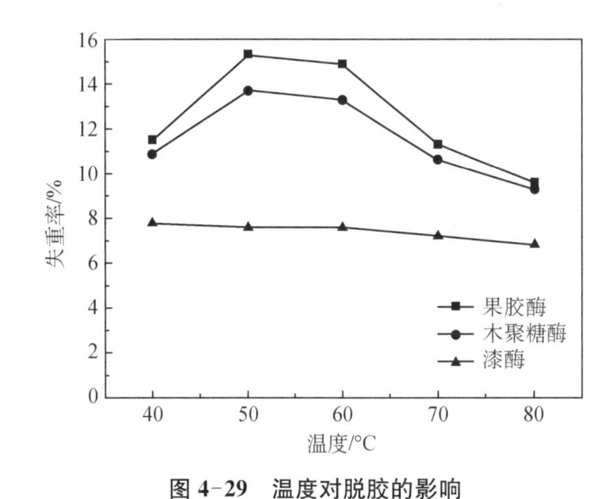

图 4-29　温度对脱胶的影响

超临界 CO_2 的物性会因压力的改变而改变。增大压力，不仅会增大超临界 CO_2 的密度，而且还会减小分子间的传质距离，进而增强传质效率，提高反应速率。超临界 CO_2 流体的黏度随着压力的升高而增大，传质的效果反而变差，从而就会降低反应速率。改变压力有可能使酶的构象发生改变，从而影响酶活性。

从图 4-30 可以看出，果胶酶和木聚糖酶脱胶时，脱胶失重率随着压力的升高先升高再降低。果胶酶在 20 MPa 时，脱胶失重率达到最大，失重率为 15.3%，而木聚糖酶在 25 MPa 时，失重率达到最大为 14.2%。这是因为虽然果胶酶和木聚糖酶酶活随着压力的升高而逐渐降低，但压力的增加会使超临界 CO_2 的密度增加，密度增加带来的正面效应超出了压力增加引起的酶失活的负面效应，所以，此时脱胶失重率随压力的增加而增加。漆酶的脱胶失重随压力升高而逐渐升高，这是因为漆酶的酶活抗压稳定性较好，漆酶脱胶的速率主要受超临界 CO_2 的密度所控制，密度增加，产物溶解度提高，从而脱胶效率增加。

酶脱胶反应需要在一定的 pH 范围内进行。在 50 ℃、20 MPa 的条件下，以加 10 min 停 20 min 的加酶方式，分别在 pH 为 3、4、5、6、7 时脱胶 120 min，测其失重率。如图 4-31

所示，脱胶失重率随 pH 的增加先增加后逐渐降低，果胶酶和木聚糖酶在 pH = 5 的缓冲液中的失重率最大，而漆酶在 pH = 6 的缓冲液中失重率最大。

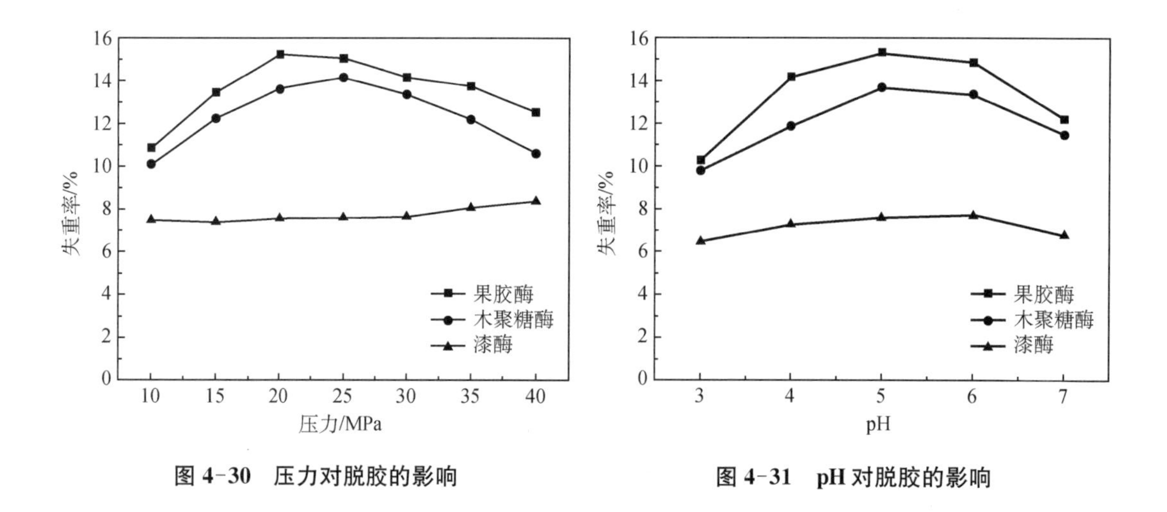

图 4-30　压力对脱胶的影响　　　　图 4-31　pH 对脱胶的影响

4.3.2.2　复配酶脱胶工艺优化

依据 Box-Behnken 法对脱胶工艺进行优化，选择温度、时间、压力和 pH 为考察因素，以罗布麻韧皮纤维脱胶失重率为响应值，设计四因素三水平试验，试验结果见表 4-8。

表 4-8　Box-Behnken 设计表及试验结果

试验	因素				失重率/%
	温度/℃	压力/MPa	pH	时间/min	
1	40	20	6	120	18.3
2	50	20	4	90	20.6
3	60	20	6	120	22.7
4	60	15	5	120	22.6
5	50	20	6	150	28.3
6	40	20	5	150	23.2
7	50	20	4	150	24.7
8	60	20	4	120	19.2
9	50	20	6	90	23.5
10	50	20	5	120	30.4
11	50	15	6	120	25.4
12	40	20	4	120	16.7
13	60	20	5	150	25.2
14	50	25	6	120	24.3
15	60	25	5	120	20.7
16	50	25	4	120	22.8

续表

试验	因素				失重率/%
	温度/℃	压力/MPa	pH	时间/min	
17	50	25	5	90	20.1
18	40	20	5	90	15.7
19	50	15	5	90	21.8
20	40	25	5	120	16.5
21	50	20	5	120	29.4
22	60	20	5	90	21.5
23	40	15	5	120	17.2
24	50	20	5	120	30.8
25	50	15	4	120	21.3
26	50	25	5	150	27.6
27	50	15	5	150	27.2

用 Design Expert 8.06 软件进行计算分析，可获得回归方程：

$$Y=-371.1625+7.59X_1+6.27167X_2+36.83333X_3+0.72083X_4-0.006X_1X_2+0.0475X_1X_3-0.00317X_1X_4-0.13X_2X_3+0.0035X_2X_4+0.00583X_3X_4-0.07125X_1^2-0.145X_2^2-3.5875X_3^2-0.00238X_4^2$$

对所得结果进行方差分析，结果见表 4-9。

表 4-9　方差分析

方差来源	总偏差平方和	自由度	F 值	P 值	显著性
模型	462.28	14	49.74	<0.0001	**
X_1	49.21	1	74.13	<0.0001	**
X_2	1.02	1	1.54	0.2386	
X_3	24.65	1	37.14	<0.0001	**
X_4	90.75	1	136.71	<0.0001	**
X_1X_2	0.36	1	0.54	0.4756	
X_1X_3	0.90	1	1.36	0.2663	
X_1X_4	3.61	1	5.44	0.0376	*
X_2X_3	1.69	1	2.55	0.1366	
X_2X_4	1.10	1	1.66	0.2218	
X_3X_4	0.12	1	0.18	0.6751	
X_1^2	270.75	1	407.87	<0.0001	**
X_2^2	70.08	1	105.58	<0.0001	**
X_3^2	68.64	1	103.40	<0.0001	**
X_4^2	24.37	1	36.71	<0.0001	**

续表

方差来源	总偏差平方和	自由度	*F* 值	*P* 值	显著性
误差项	7.97	12			
失拟项	6.93	10	1.33	0.503 2	
纯误差	1.04	2			
所有项	470.25	26			

从表4-9中可以看出，X_1（温度）、X_3（pH）、X_4（时间）、X_1^2、X_2^2、X_3^2 以及 X_4^2 对失重率的影响极显著；X_1X_4（温度和时间交互作用）对失重率也有着高度显著的影响，这也就说明了试验因素与响应值之间不能用简单的线性关系来表示，部分二次项和平方项都对响应值有很大的影响。此外，试验数据与模型相符情况可以通过失拟项来反映，表4-9中的失拟项 $P=0.503\,2>0.1$，失拟项不显著，说明了模型选择的可靠性。

纤维失重率与脱胶工艺三维响应图如图4-32～图4-37所示。图4-32表明温度与压力对罗布麻脱胶失重率的影响。当压力一定时，失重率随温度的升高先升高后降低，变化幅度比较大；而温度一定时，随压力的升高，脱胶失重率也同样先升高后降低，但变化幅度很小，说明两者的交互作用对失重率影响较小，脱胶主要由温度影响。由图4-33可知，pH一定时，失重率随温度的升高先升高后降低，且变化幅度大；而温度一定时，失重率随pH有微小的变化，说明两者交互作用影响不大。由图4-34表明，温度一定时，随脱胶时间的增加，失重率持续变大，变化幅度稍大，且在一定时间达到最大值；而时间一定时，随温度的升高，罗布麻脱胶失重率先升高后降低，并且变化幅度也很大，说明两者的交互作用对脱胶失重率有着显著的影响，并且失重率极大值存在于两条件的中心点。

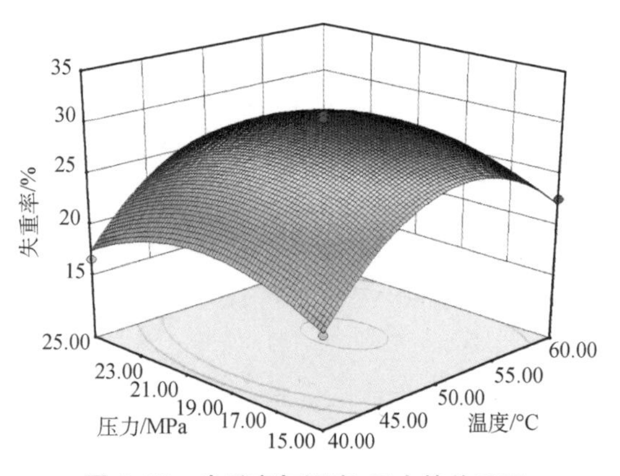

图4-32 失重率与温度、压力的关系图

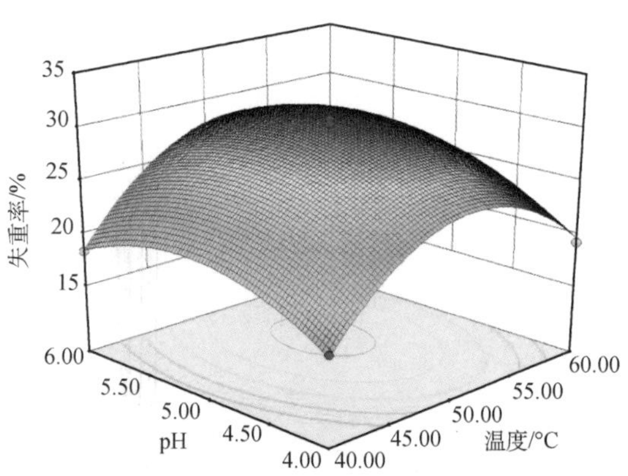

图4-33 失重率与温度、pH的关系图

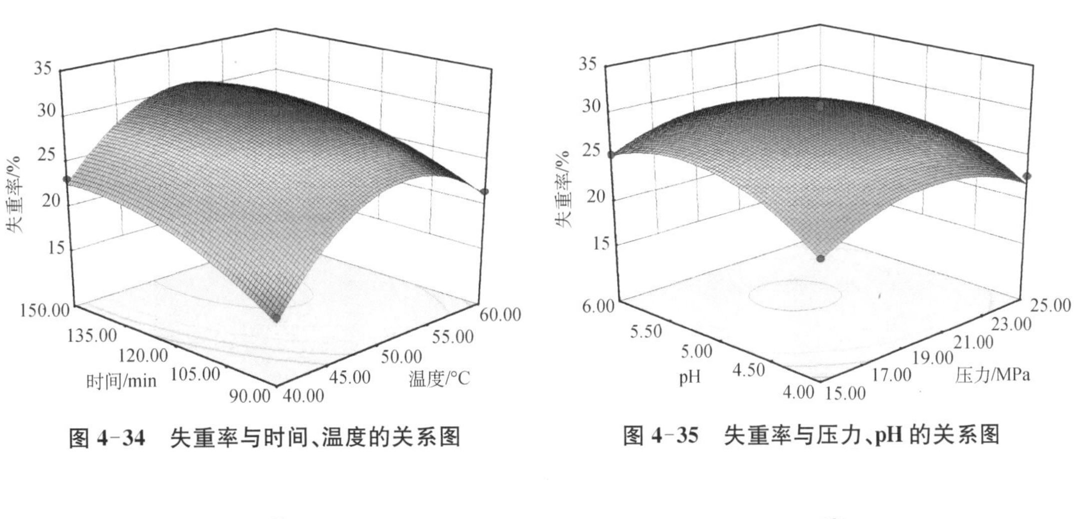

图 4-34　失重率与时间、温度的关系图

图 4-35　失重率与压力、pH 的关系图

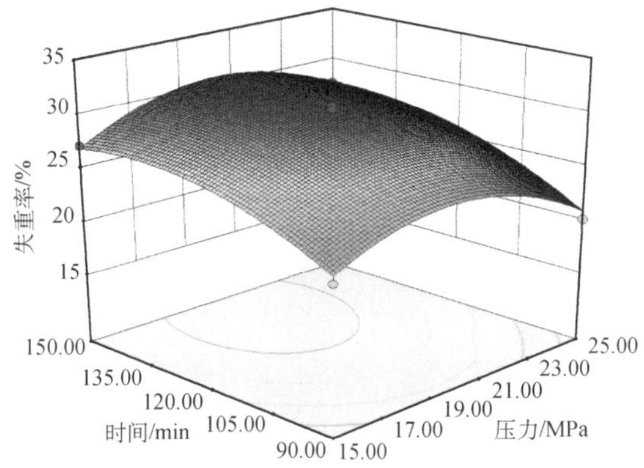

图 4-36　失重率与压力、时间的关系图

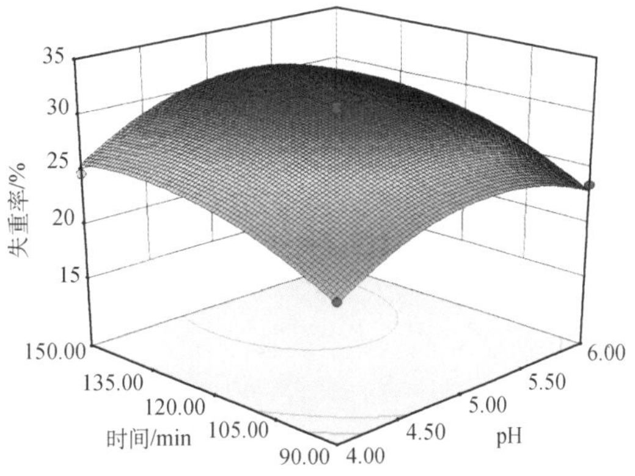

图 4-37　失重率与时间、pH 的关系图

利用 Design Expert 软件对表 4-9 数据进行优化分析，计算得到对应的最优条件为温度(X_1)51 ℃、压力(X_2)20 MPa、pH(X_3)5 和脱胶时间(X_4)为 140 min，回归方程计算的脱胶失重率为 31.16%。

为了检验响应回归方程的可靠性，将上述得到的最优工艺与试验设计中最好工艺进行试验验证，其结果见表 4-10。回归方程得到的最优工艺失重率为 30.9%，略高于试验设计中最好工艺的失重率 30.2%，由于两方案工艺条件已十分接近，因此两者失重率相差并不大，说明了最优工艺的可靠性。因此，罗布麻超临界生物酶脱胶工艺的条件可以用响应面法进行优化，对实际应用有一定的指导意义。

表 4-10　试验验证结果

试验方案	失重率/%			平均失重率/%	残胶率/%
试验设计最好工艺 50 ℃、20 MPa、pH=5、120 min	30.4	29.4	30.8	30.2	30.1

续表

试验方案	失重率/%			平均失重率/%	残胶率/%
回归方程最优工艺： 51 ℃、20 MPa、pH=5、140 min	31.5	30.2	31.0	30.9	29.5

4.3.2.3 超临界生物酶脱胶与常压酶脱胶对比

在 51 ℃、20 MPa、pH=5 的条件下，复配酶溶液各成分果胶酶、木聚糖酶和漆酶的含量分别为 1.0%、0.6%和 1.0%，加酶方式为加 10 min 停 20 min，脱胶 140 min，此时所需的果胶酶、木聚糖酶和漆酶与罗布麻的质量比为 3.0%、1.8%和 3.0%。以此酶量，在 51 ℃、pH=5、浴比 1∶30 的条件下进行常压罗布麻韧皮纤维的脱胶(经超临界脱胶预处理)。

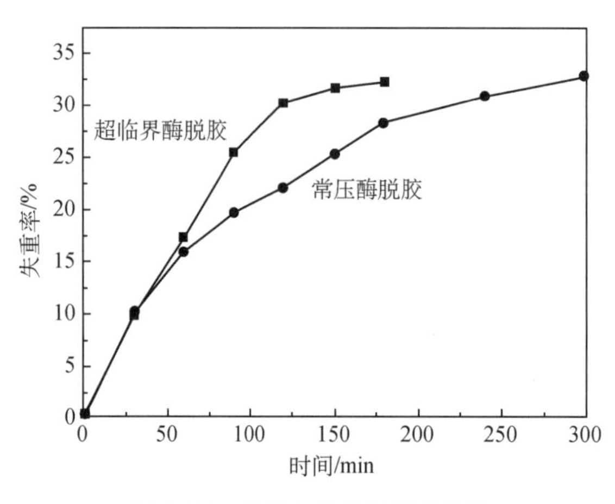

图 4-38　常压与超临界脱胶比较

由图 4-38 可看出，在脱胶初始阶段，常压酶脱胶和超临界酶脱胶的失重率基本相同，60 min 时失重率分别为 15.9% 和 17.3%，随着反应的进行，常压酶脱胶的速度开始下降，120 min 时的失重率为 22.1%，随时间的增加，失重率继续增大，300 min 以后失重率的变化不再明显，此时脱胶失重率为 32.8%；而 120 min 时超临界生物酶脱胶已经基本完成，失重率为 30.2%，且随处理时间的增加不再发生明显的变化。

表 4-11 列出了脱胶过程中几个主要参数，从表中可看出，虽然常压酶脱胶的最大失重率比超临界酶脱胶的失重率稍大，但常压酶脱胶的完成时间为 300 min，而超临界脱胶时间为 120 min，说明超临界酶脱胶的速度要远远大于常压下酶脱胶的速度，脱胶效率高；另外，超临界酶脱胶的用水量为常压下酶脱胶的 27%，采用超临界酶脱胶将节约大量的水资源。

表 4-11　脱胶主要参数

	水用量	最大失重率/%	完成脱胶时间/min
常压酶脱胶	1∶30(浴比)	32.8	300
超临界酶脱胶	1∶8	30.2	120

4.3.2.4 罗布麻韧皮纤维超临界生物酶脱胶机理

酶是具有催化活性的蛋白质，作为催化剂，酶降低了反应的活化能(E_a)，提高了反应速度，由于化学反应速度与过渡态复合物（S^+）的浓度成正比，因此，降低活化能就有效地增加反应速率，酶增加反应速度最有可能是通过特异性的结合并稳定过渡态结构来达到的。

图 4-39 为底物 S 生成产物 P 的化学反应体系中内能的变化，其中 E_a 为正反应酶催化（e）和非催化（u）的活化能，S^+ 为假定的过渡态结构。

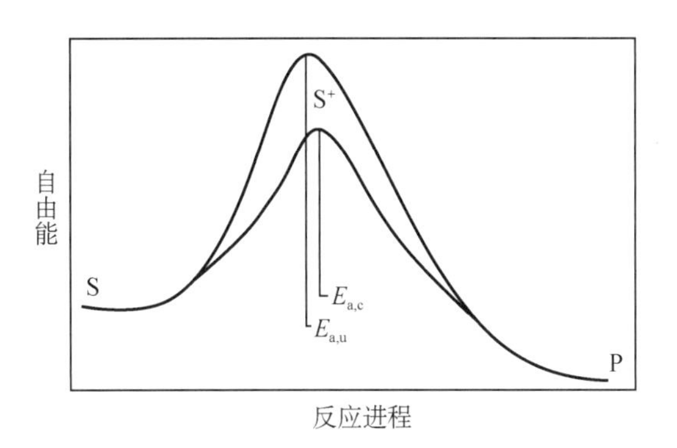

图 4-39　化学反应体系中内能的变化

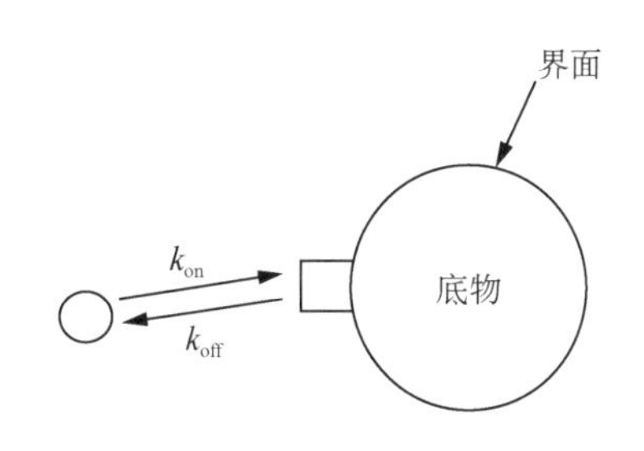

图 4-40　酶与底物的表面结合

Joseph Kraut 指出酶是柔性的分子模板，能够与反应物过渡态产生紧密结合，而不是与反应物直接结合。酶与过渡态强烈结合，大大提高了过渡态的浓度，加快了反应速度，现在一般将酶催化描述为过渡态稳定过程。在罗布麻超临界酶脱胶过程中，果胶酶、木聚糖酶和漆酶要降解罗布麻韧皮中的非纤维素胶质，首先必须与这些胶质相结合，这个结合过程的动力学由一个吸附速度常数和一个解吸速度常数来描述，为了与界面结合（图 4-40），酶的结构通常发生变化并采用一种界面构象，一旦结合，酶就在结合界面有效地作用于底物，这种情况下底物的浓度比较难定义，和界面催化更相关的概念是界面面积浓度，或单位体积的界面面积大小。

可以认为界面酶和底物界面的结合可由吸附等温线准确描述，界面酶的覆盖率为

$$\theta=\frac{(E^*)}{(E^*_{max})} \tag{4-36}$$

式中：E^*——单位面积的界面酶的物质的量，mol/m^2；

E^*_{max}——界面酶的有效饱和界面浓度，mol/m^2。

界面酶的覆盖率（θ）随时间的变化可以表示为

$$\frac{d\theta}{dt}=k_{on}[E][(E^*_{max})-(E^*)][A_S]-k_{off}(E^*)[A_S] \tag{4-37}$$

式中：k_{on}——酶与界面的吸附或结合的速度常数；

k_{off}——酶从界面解吸或解离的速度常数；

$[E]$——溶液中游离酶浓度，mol/l；

$[A_S]$——体系中单位体积中表面积的数量，m^2/L。

平衡时，$\frac{d\theta}{dt}=0$

$$\theta=\frac{(E^*)}{(E^*_{max})}=\frac{[E]}{K^*_d+[E]} \tag{4-38}$$

式中：K^*_d——界面酶解离常数。

$$K^*_d=\frac{k_{off}}{k_{on}}=\frac{[E][(E^*_{max})-(E^*)]}{(E^*)}=\frac{[E](1-\theta)}{\theta} \tag{4-39}$$

罗布麻韧皮纤维超临界界面酶催化过程采用下面的模型：

$$E \overset{K^*_d}{\rightleftharpoons} E^*+S \overset{K_S}{\rightleftharpoons} E^*S \overset{K_{cat}}{\rightleftharpoons} E^*+P \tag{4-40}$$

式中：E——溶液中的游离酶；

E^*——和底物罗布麻界面结合的酶；

E^*S——界面酶—底物复合物。

在罗布麻韧皮纤维超临界酶脱胶过程中，假定影响反应速度的步骤为罗布麻分解为低聚糖的过程，酶与罗布麻界面的结合可以看作是由一个平衡解离常数 K^*_d 描述的一个平衡过程，在此过程中，一旦酶向罗布麻界面分配，就快速与罗布麻结合。那么产物生成的速度方程、酶—界面和酶—底物复合物的解离常数，以及酶的物料衡算分别用以下方程表示：

$$\nu=k_{cat}(E^*)[A_S] \tag{4-41}$$

$$K^*_d=\frac{[E][(E^*_{max})-(E^*)]}{(E^*)} \tag{4-42}$$

$$[E_T]=[E]+(E^*)[A_S] \tag{4-43}$$

用总酶浓度（$\nu/[E_T]$）将速度方程标准化并重排，得到罗布麻酶催化脱胶反应速度表达式如下：

$$\nu=\frac{V_{max}a}{K^*_d+a}=\frac{k_{cat}[E_T](E^*_{max})(1-\theta)[A_S]}{K^*_d+(E^*_{max})(1-\theta)[A_S]} \tag{4-44}$$

在罗布麻韧皮纤维常压水溶液脱胶时，开始阶段由于脱胶液中产物的浓度很低，酶催化降解的反应速度（k_{cat}）较大，随着反应的进行，罗布麻韧皮中需降解的非纤维素越来越少，产物中各种糖浓度越来越大，限制了酶—罗布麻复合物的分解，使酶催化降解速度降低。

超临界 CO_2 生物酶脱胶时，第一，由于纤维的溶胀，$[A_S]$即体系中单位体积中表面积的增大；第二，在脱胶过程中，由于 CO_2 的循环流动，超临界 CO_2 流体与水的混合溶液将脱胶产物携带并析出，从而使反应体系中产物的浓度一直保持在较小的范围，使化学反应式（4-40）能够顺利地向右进行，在反应过程中 k_{cat} 几乎保持不变；第三，在超临界体系中，酶

可能与超临界 CO_2 发生了相互作用。相对而言，有些酶的活性中心是非极性的，在超临界反应体系中，由于酶的催化基团周围充满着非极性的超临界流体，就会排斥、阻止高极性水分子进入酶的活性中心，这样酶催化基团就能更容易地与底物分子的反应键相结合，就能降低酶—界面解离常数，从而有助于酶反应，加快反应速度。

4.4　罗布麻韧皮纤维超临界 CO_2 化学脱胶技术

在超临界 CO_2 流体中加入生物酶能够有效地去除罗布麻中的胶质成分，然而，由于罗布麻原麻中的非纤维素成分多，采用此方法的胶质去除率约为 30.0%，残胶率约为 29.5%，尚未达到后续加工的需要。为了达到纺纱工艺的要求，还需进一步去除纤维中残留的半纤维素和木质素等胶质。

目前，常用的氧化脱胶方法就是将麻纤维浸泡在碱和双氧水混合体系中进行脱胶处理。果胶、半纤维素、木质素等大分子在碱和双氧水的共同作用下，被氧化、切断、降解成为可溶于水的小分子。在酸性环境下双氧水十分稳定，几乎不会分解，而在碱性环境下，双氧水很容易分解。因此，在碱和双氧水的混合体系，碱不仅能够去除罗布麻中的胶质成分，而且还为双氧水的分解提供了适宜环境，双氧水在此环境下可以氧化分解木质素，从而达到去除木质素的效果。目前已有多篇文献对生物质纤维素超临界状态化学催化反应进行了报道。Dmirbas A. 等对生物质纤维在超临界中的转化进行研究，结果证明碱是一种有效的生物质液化催化剂，可以有效地提高纤维素类生物质的转化率。

4.4.1　罗布麻韧皮纤维超临界 CO_2 化学脱胶

经超临界 CO_2 生物酶脱胶后，罗布麻韧皮纤维中残余的胶质主要为半纤维素和木质素。木质素在高温下容易与碱溶液发生反应，亲核试剂 OH^- 将会切断木质素中的各种醚键，将其降解为各种小分子，碱也可以去除残余的半纤维素。

表 4-12　试验方案和试验结果

	A	B	C	D	残胶率/%	平均残胶率/%	*CV* 值/%
1	1	1	1	1	18.18 15.85 17.92	17.31	7.05
2	1	2	2	2	11.47 12.16 13.84	12.49	9.76
3	1	3	3	3	13.05 13.28 12.25	12.86	4.20

续表

	A	B	C	D	残胶率/%	平均残胶率/%	CV 值/%
4	2	1	2	3	8.98 9.47 9.98	9.47	5.28
5	2	2	3	1	10.11 9.43 9.76	9.77	3.48
6	2	3	1	2	11.00 11.55 12.56	11.7	6.76
7	3	1	3	2	9.29 9.84 8.82	9.32	5.47
8	3	2	1	3	9.19 9.76 9.48	9.48	3.00
9	3	3	2	1	11.56 10.77 10.40	10.91	5.43
K_{1J}/%	127.98	108.31	115.47	113.95			
K_{2J}/%	92.82	95.18	98.60	100.51		$T=309.88$	
K_{3J}/%	89.09	106.40	95.82	95.43			
S_J/%	136.18	14.77	21.23	38.50			

由表 4-13 可以看出各因素对罗布麻残胶率的影响程度由大到小依次为温度>NaOH浓度>时间>压力，即脱胶温度对纤维的残胶率影响最大，NaOH 的浓度和时间次之，压力对残胶率的影响最小。由自由度和显著水平表得临界 $F_{0.05}=3.49$，$F_{0.01}=5.84$，由此得出因素 A 和因素 C 高度显著，因素 D 较显著，因素 B 一般显著。最优工艺为 $A_3B_2C_3D_3$，即：脱胶温度为 100 ℃，压力为 20 MPa，NaOH 浓度 10 g/L，脱胶时间为 80 min。

表 4-13 方差分析

方差来源	平方和 S	自由度 f	均方 V	F 值	F 检验值	显著性
A	102.35	2	51.17	45.66		**
B	11.17	2	5.59	4.98	$F_{0.01}=5.84$	*
C	25.12	2	12.56	11.21	$F_{0.05}=3.49$	**
D	20.6	2	10.18	9.08		**
E_1	11.17	2				

续表

方差来源	平方和 S	自由度 f	均方 V	F 值	F 检验值	显著性
E_2	11.24	18				
$E_总$	22.41	20	1.12			

在正交试验表4-12中可以看出，试验表中 $A_3B_1C_3D_3$ 的试验条件下脱胶效果最好，因此对这两个工艺条件进行对比试验，以进行最优工艺的验证。每个条件做3次试验，取其平均值，所得脱胶结果见表4-14。在最优工艺 $A_3B_2C_3D_3$ 条件下罗布麻残胶率为9.08%，而正交试验表中最小残胶率为9.32%，这也就说明了通过计算分析得到的最优工艺可靠性。

表4-14 对比试验结果

试验方案	残胶率/%			平均残胶率/%
$A_3B_2C_3D_3$	9.03	9.45	8.76	9.08
$A_3B_1C_3D_3$	9.29	9.84	8.82	9.32

4.4.2 罗布麻韧皮纤维性能

4.4.2.1 罗布麻韧皮纤维组成

罗布麻韧皮纤维依次经超临界 CO_2 预处理、超临界 CO_2 的生物酶处理和超临界 CO_2 化学处理的化学组成结果见表4-15。罗布麻韧皮纤维在超临界 CO_2 预处理时，可以去除部分脂蜡质、水溶物和果胶，而对半纤维素和木质素几乎没有作用；在超临界 CO_2 酶处理过程中，果胶和水溶物的去除量比较明显，半纤维素也几乎脱去一半，而木质素的去除量比较少；在超临界 CO_2 化学处理过程中，胶质含量进一步下降，纤维素成分含量增加到了90.92%，说明化学试剂在超临界流体中能够有效地去除这些胶质成分。由于残余胶质含量比较高，在后续加工中纺出高质量的纱线还比较困难，还需对超临界化学脱胶试剂进行进一步的研究。

表4-15 罗布麻韧皮纤维化学组成

处理方式	化学组成含量					
	纤维素/%	半纤维素/%	木质素/%	果胶/%	脂蜡质/%	水溶物/%
原麻(韧皮纤维)	41.41	18.13	17.26	8.02	2.97	12.21
超临界预处理	44.18	18.34	17.61	7.72	1.96	10.19
超临界酶脱胶	70.54	9.78	13.12	2.27	1.04	3.25
超临界化学脱胶	90.92	1.02	6.47	0.32	0.11	1.16

4.4.2.2 罗布麻韧皮纤维物理性能指标

与传统化学方法得到的罗布麻纤维相比，采用超临界 CO_2 生化脱胶法得到的纤维在单纤维强力和长度方面指标较好，而细度和残胶率较差（表 4-16）。总的来说，超临界 CO_2 生化脱胶法基本上达到了脱胶的目的和要求。

表 4-16 罗布麻韧皮纤维物理性能指标

纤维指标	超临界 CO_2 生物化学脱胶	传统化学脱胶
长度/mm	32.45±2.24	30.23
细度/dtex	4.16±0.24	3.96
强力/(cN·dtex^{-1})	14.36±1.67	12.83
残胶率/%	9.08±1.35	4.09

罗布麻原麻与经超临界 CO_2 预处理、经超临界 CO_2 生物酶处理和经超临界 CO_2 化学脱胶后的罗布麻红外光谱测试结果如图 4-41 所示。在 3 500～3 000 cm^{-1} 处的较宽的特征峰为—OH 伸缩振动吸收峰，1 432 cm^{-1}、1 164 cm^{-1}、1 058 cm^{-1} 是纤维素结构的特征吸收峰，此吸收峰几乎没有变化，说明纤维素大分子结构变化不大，也就是说超临界 CO_2 对纤维素无影响。然而与原麻相比，经超临界 CO_2 处理的罗布麻在红外光谱的一些特征峰出现了明显不同。罗布麻原麻在 2 916 cm^{-1} 和 2 852 cm^{-1} 处有两个明显的吸收峰，它们为 C—H 和—CH_2—不对称伸缩振动峰，这是由于原麻中蜡质等存在的缘故，经超临界预处理后的罗布麻红外光谱图 2 852 cm^{-1} 处的吸收峰几乎消失，2 916 cm^{-1} 处的吸收峰强度下降明显，说明了超临界预处理可以去除这些脂蜡质成分。1 732 cm^{-1} 处的峰是由于果胶羧酸或半纤维素乙酰基中的 C═O 拉伸而产生的，是果胶和半纤维素的特征峰，经超临界 CO_2 生物酶处理后，此处峰强度的减弱，说明了果胶和半纤维素的去除，1 626 cm^{-1} 处的峰是由木质素中—COO—伸展而形成的，是木质素的特征峰之一，经超临界 CO_2 化学脱胶后此峰的减弱，说明了木质素的去除。

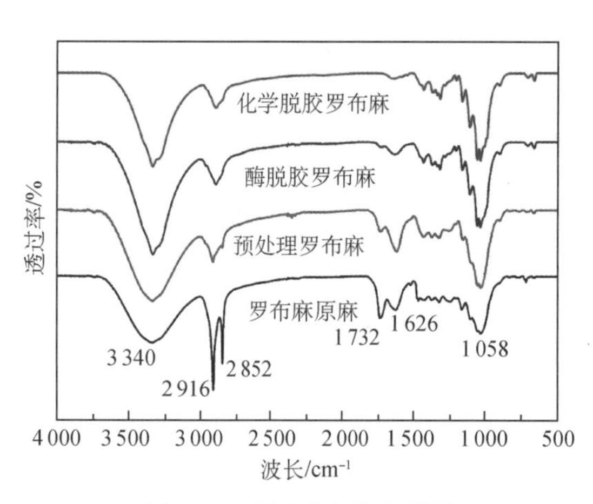

图 4-41 罗布麻红外光谱图

图 4-42 为处理前后的罗布麻纤维 X-射线衍射图。从图中可以看出这四种情况都有 3 个衍射峰，在 22.5°处为最大衍射峰，其他两个峰大约在 15.2°和 16.3°处。超临界 CO_2 生物酶处理和超临界 CO_2 化学处理的罗布麻纤维素含量高，在 15.2°和 16.3°处可以看到两

个明显的衍射峰，原麻和经超临界 CO_2 预处理的罗布麻，木质素和半纤维素含量高，15.2°和 16.3°处两个峰不是很明显。这四种处理情况下罗布麻纤维的结晶指数大小分别为超临界 CO_2 化学处理（82.5%）＞超临界 CO_2 生物酶处理（80.9%）＞超临界 CO_2 预处理（75.3%）＞原麻（72.9%），晶粒尺寸大小为超临界 CO_2 化学处理（50.8 Å）＞超临界 CO_2 生物酶处理（47.6 Å）＞超临界 CO_2 预处理（43.7 Å）＞原麻（41.4 Å）。造成罗布麻结晶结构变化的原因：一是罗布麻韧皮纤维在处理过程中的非纤维素物质的去除，另一个是在超临界 CO_2 中，罗布麻韧皮纤维发生了溶胀，使分子间的距离增大，分子间的相互作用变小，纤维大分子链发生位移，从而导致大分子链重新排列，使结晶指数发生改变。

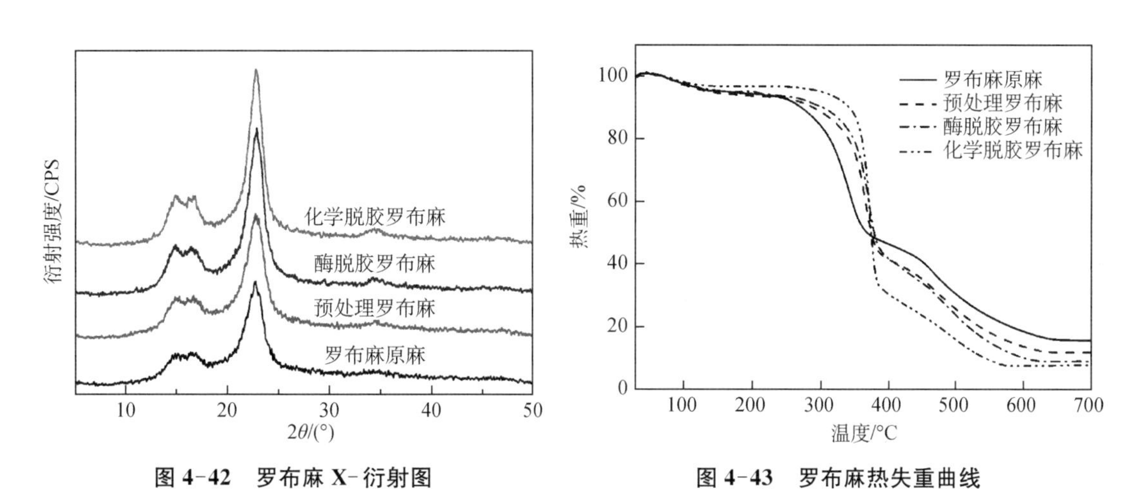

图 4-42　罗布麻 X-衍射图　　**图 4-43　罗布麻热失重曲线**

图 4-43 中的 TGA 曲线表明，不同超临界处理罗布麻韧皮纤维后的热降解行为分为三个阶段：第一阶段，温度 25～120 ℃，失重大约 5.5%；第二阶段，温度 200～390 ℃，果胶、半纤维素和纤维素间糖苷键发生热降解，达到热失重速率最大值；第三阶段，温度 400～600 ℃，其失重速率基本保持不变。从整体上看，与罗布麻原麻相比，经超临界 CO_2 处理后的罗布麻韧皮纤维热重曲线偏右移，这表明经过超临界 CO_2 处理后的罗布麻韧皮纤维的热稳定性较好，稳定性从高到低的顺序为超临界 CO_2 化学处理＞超临界 CO_2 生物酶处理＞超临界 CO_2 预处理＞罗布麻原麻，这可能是因为经过超临界 CO_2 处理后去除了果胶、木质素、半纤维素和脂蜡质等热稳定性不高的物质。

如图 4-44(a)所示大量非纤维素成分半纤维素、果胶、木质素、脂蜡质等杂质覆盖在罗布麻原麻表面，纤维表面十分粗糙。从图 4-44(b)可以看出，经超临界 CO_2 预处理后，罗布麻韧皮纤维表面的部分胶质得到了去除。经超临界 CO_2 生物酶处理和超临界 CO_2 化学处理后的罗布麻纤维表面比较光滑，纤维之间也得到了分离，说明了这两种方法可以有效地去除包覆在纤维周围的胶质。

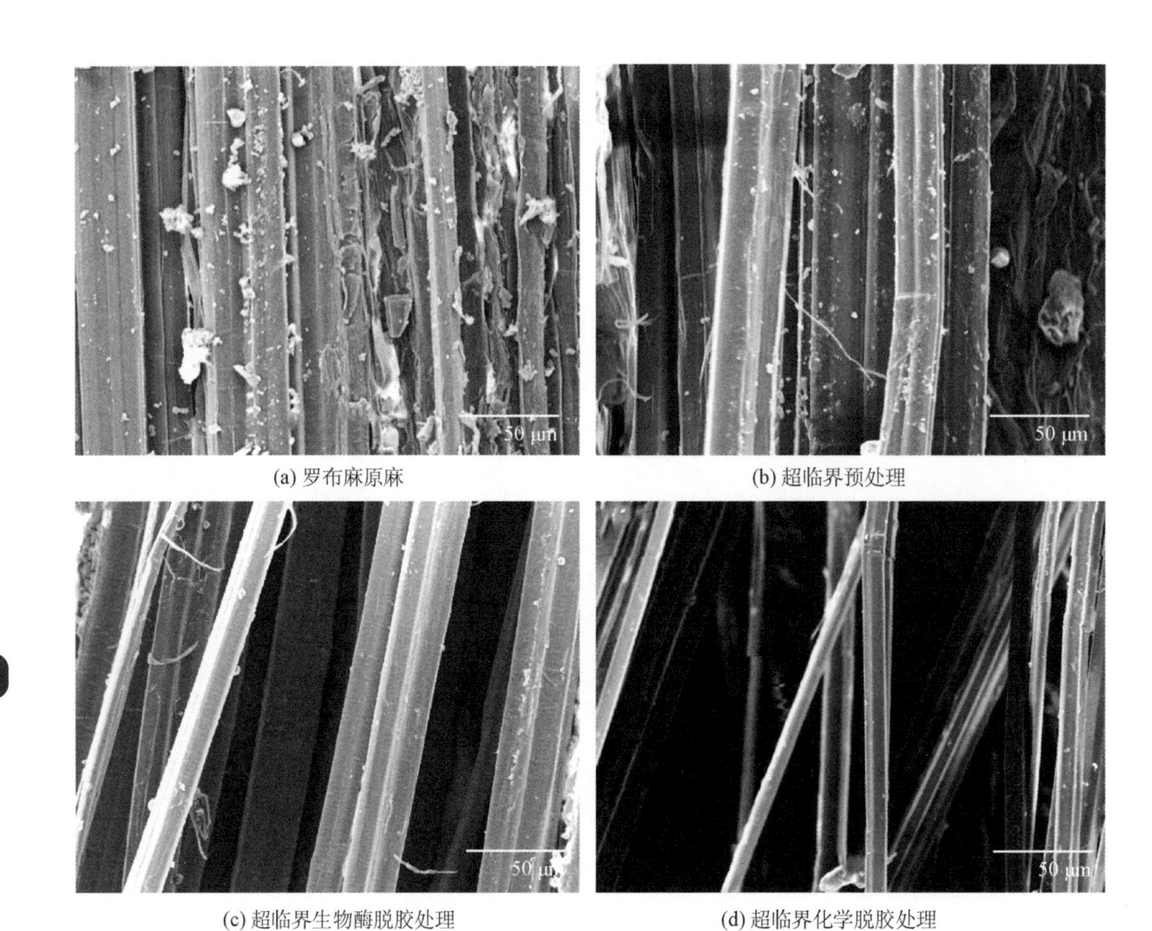

(a) 罗布麻原麻　(b) 超临界预处理

(c) 超临界生物酶脱胶处理　(d) 超临界化学脱胶处理

图 4-44　不同处理方式下罗布麻纤维的 SEM 图

第 5 章　涤纶超临界 CO_2 无水拼配色技术

涤纶(PET)又称聚酯纤维,是由有机二元酸与二元醇缩聚后,经纺丝而得的合成纤维。工业生产则是由对苯二甲酸(PTA)或对苯二甲酸二甲酯(DMT)和乙二醇反应后,对所得高聚物经纺丝和后处理后制成纤维,具有强度大、模量高、耐热、耐疲劳等优点,在鞋材、拉链等服用领域有着广泛的应用。2020 年,我国化学纤维产量达 6 025 万吨,其中聚酯产量占化学纤维总产量 80%以上,聚酯已成为我国纺织原料产业的重要支柱。

涤纶属疏水性纤维,结晶度、取向度高,大分子链间排列紧密,缺少能与染料产生结合的活性基团(图 5-1),常规选择分散染料进行染色。分散染料结构简单,相对分子质量小,主要以分散状态分布于染浴中。分子结构上不含水溶性基团,在水介质中溶解度较低。因此,在分散染料商品化以及水浴染色过程中,需要加入大量的分散剂与匀染剂,以保证织物的上染性与匀染性。但大量染整助剂的加入,导致染后废液中含有大量化学残余,造成了严重的环境污染问题,极大增加了染整行业环境治理的负担。在当前"绿色可持续"发展战略下,传统涤纶染色技术已逐步成为染整行业向前发展的桎梏,必须通过技术创新,以适应当前行业持续发展对环境保护提出的新要求。

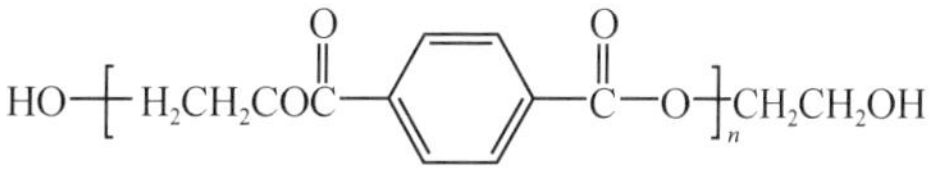

$$HO\!-\!\left[H_2CH_2COC(=O)\!-\!C_6H_4\!-\!C(=O)\!-\!O\right]_n\!-\!CH_2CH_2OH$$

图 5-1　涤纶分子结构

CO_2 是具有两个对称极性键的线性非极性分子,无偶极矩,极性介于正已烷和戊烷之间,独特的四极矩结构使得其对于低极性、小分子分散染料具有较好的溶解能力,从而在聚酯纤维材料染色方面具有显著优势。同时,在超临界流体染色过程中,CO_2 分子易于进入纤维非晶区的自由体积,可以提高部分分子链段的移动性;CO_2 的增塑性导致聚合物玻璃化转变温度降低 20～30 ℃,增大了自由体积,有利于染料分子向纤维内部的扩散转移,可以改善聚合物的染色性能。与传统水基染色相比,超临界 CO_2 染色具有上染速度快、匀染性好、CO_2 可循环利用等优点,符合当前"碳达峰、碳中和"对环境保护提出的要求,是一种新型、节能环保的绿色染整技术。近年来,在诸多研究机构的科研攻关下,涤纶超临界 CO_2 流体染色从实验室研究向着工程化应用不断迈进。M. V. D. Kraan 发现超临界 CO_2 流体染色时,分散染料在涤纶上的吸附遵循 Nernst 型吸附等温线,呈现与水介质染色近似的热动力学特征。A. S. Özcan 在 95 ℃和 30 MPa 的条件下进行了涤纶对分散橙 30 的吸收行为研究，结果表明染色 60 min 后符合拟二级动力学模型，并遵循粒子扩散模型。S. Okubayashi 在配有循环系统的染色装置利用溶剂蓝 35、分散红 60 和分散黄 54 进行了涤纶超临界 CO_2 流体染色，通过调整釜内的不锈钢网、循环染浴与流体释压，可获得 88%～97%的上染率，获得了与水介质相当的染色效果。T. Abou Elmaaty 采用 2%～6%的亚联氨丙腈染料在超临界 CO_2 流体中对涤纶染色，优化得出了其最优染色工艺为 120 ℃和 15 MPa；同时，无水染色样品显示了良好的抗金黄色葡萄球菌与抗大肠杆菌性能。

为了解决我国纺织染整行业水资源消耗高、排放量大、环境污染严重等问题，大连工业大学在我国最早进行了超临界 CO_2 流体染色技术研究，并研发了适用于超临界流体染色的小试、中试及工程化装备。利用设计的散纤维染色架在 80～140 ℃、17～29 MPa 的条件下进行涤纶散纤维工程化染色试验发现，随着染色温度变化、压力的提高和时间的增加，纤维染色性能不断改善，并得到了与水介质染色相当的耐水洗牢度和耐日晒牢度；在自主研制的千升复式超临界 CO_2 流体染色装备中，采用独创的内外染染色工艺获得了匀染性与重现性良好的染色筒纱，并将涤纶筒纱耐水洗、耐摩擦色牢度提高到 4-5 级，耐日晒色牢度达到 6 级以上。通过对比商品分散染料 153 及其原染料染色过程，发现分散染料内的大量助剂对超临界 CO_2 流体染色存在显著影响；随着染色温度的提高，阴离子型磺酸盐分散剂易于造成染料晶粒聚集、晶型转变和晶粒增长，从而降低了染料的传质性能与分散稳定性；在相同条件下，分散红 153 原染料对涤纶的超临界 CO_2 流体染色效果优于商品分散染料。

目前，涤纶、筒纱超临界 CO_2 无水染色技术日趋成熟，已处于产业化前期研究阶段，显示了较为明显的节水节能优势。

在染色过程中，需要将染料混合相容，以实现色光的多样性。因此，将超临界 CO_2 流体染色技术推向工业化，对超临界 CO_2 下混合染料的拼色研究必不可少。根据以往的研究，分散染料上染织物主要是通过氢键和范德瓦耳斯力等作用力进行上染固色，不同分散染料分子与织物分子之间均存在范德瓦耳斯力，因此，分散染料混合上染时，不同染料分子间存在竞争性和选择性，竞争性使得混合染料中存在混合染料上染量小于其某组分单独染色织物时上染量的问题，选择性则会导致不同染料固色位置有所不同。因而导致织物出现拼色效果差、染色效果难以复现、匀染性不好等缺点。因此，针对不同染料在同一染浴中的配伍性研究以及针对染料混合物在不同混合比例下染色的色光多样性研究至关重要。

如果要将超临界流体拼色技术实现工业化生产，那么需考虑“打小样”时间成本，因此，建立和完善配色基础色样数据库也十分必要。通过引入纠正系数，将混合染料染色的理论值与实际值进行匹配校准，以实现无需打样，直接利用校正后的配色系统找到给定样品的染色配方。因此，在前期研究的基础上，探究了适用于超临界 CO_2 体系配色系统的建立，以期为超临界 CO_2 工业化生产提供理论指导，促进涤纶染整行业绿色可持续发展。

5.1 涤纶针织鞋材超临界 CO_2 无水染色性能

相较传统水基染色工艺，超临界 CO_2 流体染色技术以临界点以上的 CO_2 流体为介质，实现了水资源零消耗;染色无需添加各类助剂,CO_2 与剩余染料可回收循环利用;在真正实现了染色过程中零用水、零污染的同时,进一步减少了温室气体排放,符合当前绿色发展理念。但对于针织鞋材超临界 CO_2 无水染色性能,目前未见相关报道。特别是在针织鞋面材料穿着过程中,受到运动中复杂的挤压、摩擦等外力作用,相比服用织物,呈现出更高的物理性能要求。由前期研究发现,在不同的温度与压力下,超临界 CO_2 对聚酯具有各异的增塑、溶胀作用,易引起纤维物化性能的改变。

5.1.1 涤纶针织鞋材超临界 CO_2 无水染色工艺

5.1.1.1 染色压力对色深值影响

在超临界 CO_2 染色温度 120 ℃、染色时间 60 min 的恒定体系条件下,改变系统压力为 18～26 MPa,进行鞋材超临界 CO_2 无水染色,测定染后鞋材的 K/S 值,结果如图 5-2 所示。当染色温度为 120 ℃、时间为 60 min 的条件不变时,在压力为 18～24 MPa 时,随着压力的逐渐增加,针织鞋材的 K/S 值明显增加。这是因为染料溶解度会随着温度和压力的变化而变化,压力增加使得超临界 CO_2 流体密度随之增大,提升了分散染料在超临界 CO_2 流体中的溶解度,鞋材可吸附染料量增加。同时,超临界 CO_2 使涤纶溶胀程度增大,染料更易于进入纤维内部,上染量得到提升。但染料的上染是一个吸附与解吸动态平衡过程,随着压力增加,染料解吸效用也随之增强。当压力高于 24 MPa 时,染料吸附速率与解吸速率基本达到平衡,涤纶鞋材的 K/S 值趋于稳定。

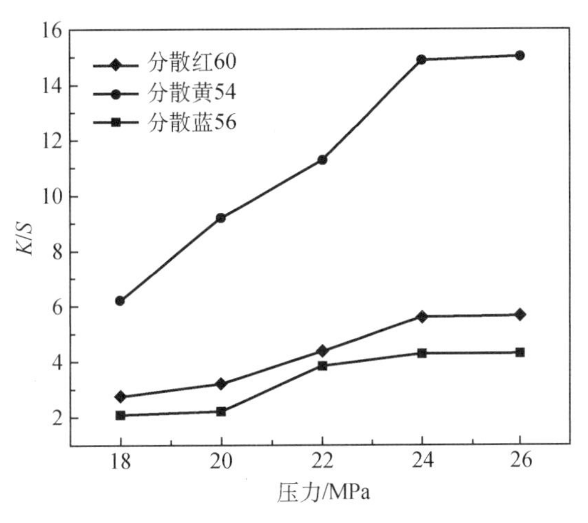

图 5-2 压力对针织鞋材 K/S 值的影响

5.1.1.2 染色温度对色深值影响

在超临界 CO_2 染色压力 24 MPa、染色时间 60 min 的恒定体系条件下,改变系统温度为 105～125 ℃,进行鞋材超临界 CO_2 无水染色,测定染后鞋材的 K/S 值,结果如图 5-3 所示。在相同染色压力(24 MPa)、染色时间(60 min)的条件下,随着染色温度的增加,染后织物的色深值逐渐上升。在温度为 105～120 ℃时,随着温度的升高,染色后针织鞋材的 K/S 值呈明显上升趋势。由前期研究可知,分散染料在超临界 CO_2 涤纶染色中符合自由体积扩散模型。针对染料分子而言,温度影响着染料分子在超临界 CO_2 中的聚集状态,若聚集体尺寸大于纤维微孔尺寸,则会导致染料分子难以扩散入纤维内部,随着温度升高,染料活化能发生改变,聚集体解聚为单分子形式,从而提升了染料的溶解扩散能力。针对涤纶鞋材而言,体系温度逐渐上升，超过涤纶的玻璃化温度 T_g，涤纶大分子链振荡加剧，无定形区的空隙增大，染料分子更易于向纤维内部扩散。但在等压条件下，继续升高温度，会导致混合体系密度降低，超临界 CO_2 流体溶解、扩散作用降低。当温度达到 120 ℃时，涤纶鞋材的 K/S 值趋于稳定。

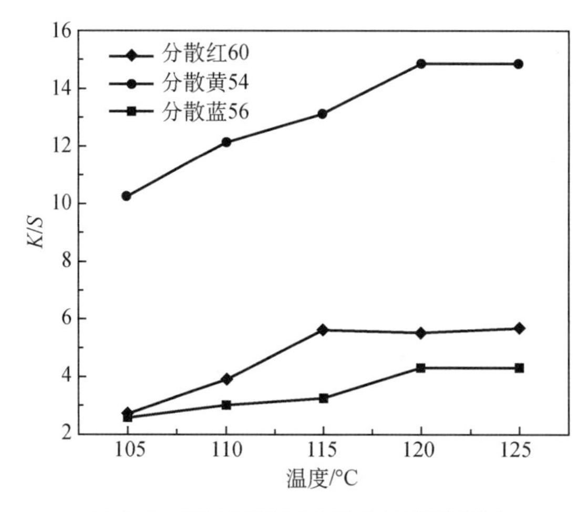

图 5-3 温度对针织鞋材 K/S 值的影响

5.1.1.3 染色时间对色深值影响

在超临界 CO_2 染色温度 120 ℃、染色压力 24 MPa 的恒定体系条件下，改变系统时间为 20～100 min，进行鞋材超临界 CO_2 无水染色，测定染后鞋材的 K/S 值，结果如图 5-4 所示。

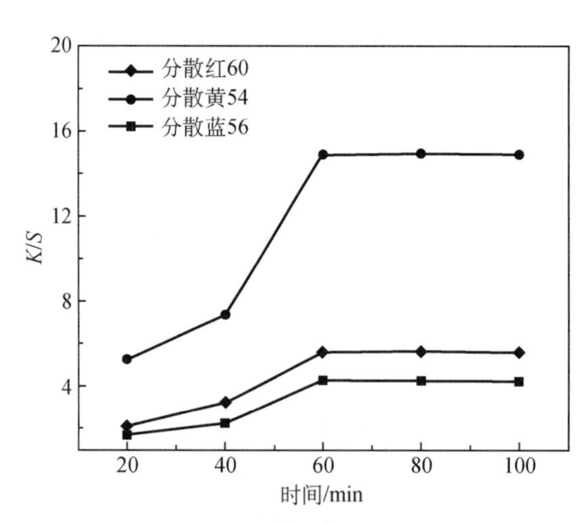

图 5-4 时间对针织鞋材 K/S 值的影响

伴随染色保温时间的延长，针织鞋材的 K/S 值呈上升趋势。在处理 20～60 min 时，随着处理时间的增加，针织鞋材 K/S 值不断增加。这是由于超临界 CO_2 对纤维具有增塑溶胀作用，使得染料在体系中能够快速地进入纤维内部，从而大大缩短了染色时长。染色未达到动态平衡时间时，染料上染不够充分，当时间达到 60 min 时，在染色系统内温度、压力恒定不变的条件下，涤纶表面或内部可供染料栖息的染座是有限的，纤维无法吸附更多的染料。由此可知，相较于水基染色，超临界 CO_2 流体可以在较短时间内(60 min)完成对涤纶针织鞋材的染色过程。

5.1.1.4　色牢度与匀染性分析

在染色条件为 120 ℃、24 MPa、60 min 时，分别测试了分散红 60、分散黄 54、分散蓝 56 上染鞋材的色牢度与色深偏差值，结果见表 5-1。

表 5-1　色牢度测试结果

染料名称	耐摩擦牢度/级		耐洗牢度/级		
	干摩	湿摩	棉沾色	原布沾色	褪色
分散红 60	4-5	4-5	4-5	4-5	4-5
分散黄 54	4-5	4-5	4	4	4-5
分散蓝 56	4-5	4-5	4-5	4-5	4-5

由表 5-1 可知，用该自制超临界 CO_2 流体染色设备染色后针织鞋材的耐洗色牢度达到 4 级，耐摩擦色牢度达到 4-5 级，符合国家标准。由表 5-2 可知，用该自制超临界 CO_2 流体染色设备染色后针织鞋材的 S_λ 稳定在 0.1±0.05，可认为具有良好的匀染性。

表 5-2　匀染性测试结果

染料名称	样品点个数	K/S	S_λ
分散红 60	8	5.62	0.137
分散黄 54	8	14.89	0.092
分散蓝 56	8	4.28	0.142

5.1.2　涤纶针织鞋材超临界 CO_2 无水染色力学性能分析

5.1.2.1　弯曲性能分析

织物的弯曲性能作为纺织品风格测试的一项重要指标，其弯曲性能的好坏将直接影响织物的柔软性、抗皱性等特征。抗弯刚度与最大抗弯力越大，说明织物手感更加挺括。分别在染色压力为 24 MPa，温度为 105～125 ℃；染色温度为 120 ℃，压力为 18～26 MPa，染色时间均为 60 min 的条件下，对染色涤纶针织鞋材的抗弯刚度以及最大抗弯力进行测试。

如图 5-5 所示，随着压力增加，织物的抗弯刚度和最大抗弯力均呈上升趋势。这是因为 CO_2 分子是非极性分子，超临界 CO_2 具有较强的疏水性，依据相似相溶原理，超临界 CO_2 以溶质的形式进入疏水的纤维“溶剂”中，改变了纤维大分子间的作用力，对纤维起到了增塑膨化作用。与压力相比，温度对染色后的鞋材弯曲性能影响更为显著。随着温度升高，鞋材的抗弯刚度与最大抗弯力均有显著增大。这主要是由于涤纶鞋材有良好的热塑性能，在温度较低时，只有非结晶区分子间作用力小的分子链活动，织物表现比较柔软。随着温度的逐渐升高，涤纶鞋材的结晶速度加快，结晶区比例增高，从而表现为织物手感更加刚硬。

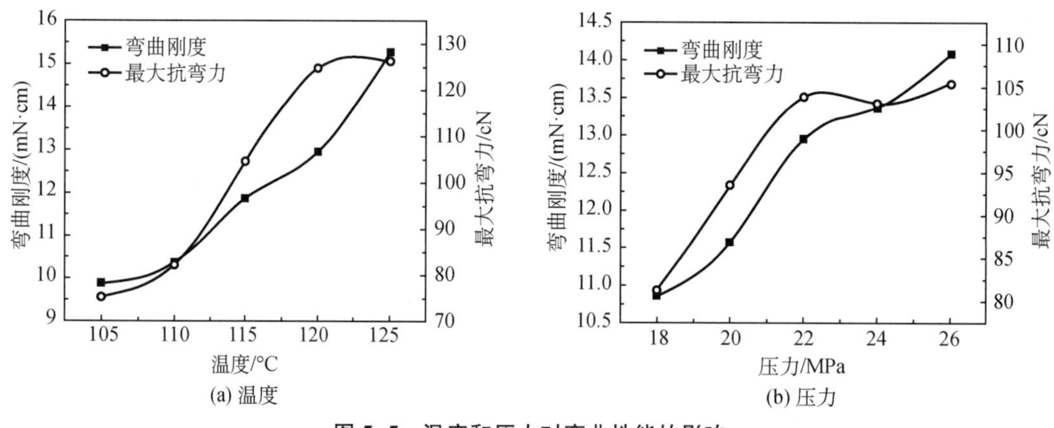

图 5-5 温度和压力对弯曲性能的影响

5.1.2.2 收缩性能分析

涤纶鞋材作为一种热塑性材料，在不同条件下进行热处理，其收缩程度也不尽相同。分别在压力为 24 MPa，温度为 105～125 ℃；温度为 120 ℃，压力为 18～26 MPa，时间均为 60 min 的条件下，对染色涤纶针织鞋材的纵向与横向收缩率进行测试。

如图 5-6 所示，随着温度的升高，鞋材纵向与横向收缩率皆呈现上升趋势。一方面，超临界 CO_2 的溶胀作用使纤维截面积增大，纤维轴向产生收缩，从而导致鞋材整体的收缩趋势；另一方面，超临界 CO_2 对纤维的增塑作用增大了纤维大分子链的活动空间，分子链发生旋转折叠，引起织物收缩。

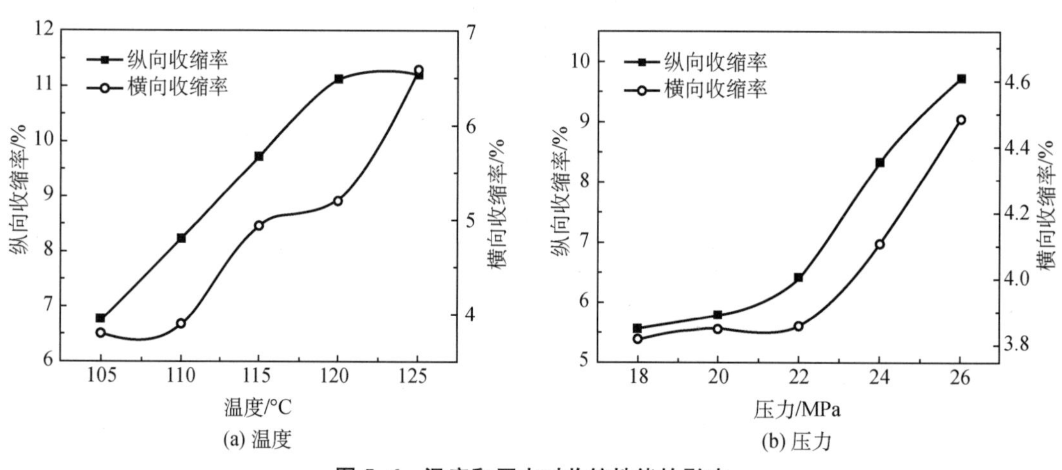

图 5-6 温度和压力对收缩性能的影响

5.1.2.3　摩擦性能分析

织物的爽滑度代表着织物抵抗摩擦变形的能力，常以定压力下摩擦力大小表示。运动过程中，针织鞋材四周会受到鞋面内外的摩擦力。因此，分别在压力为 24 MPa，温度为 105～125 ℃；温度为 120 ℃，压力为 18～26 MPa，时间均为 60 min 的条件下，对染色针织鞋材的静摩擦系数、动摩擦系数进行测定，以明晰超临界 CO_2 流体染色对涤纶针织鞋材摩擦性能的影响。

如表 5-3 所示，在不同的染色温度与压力下，针织鞋材的静摩擦系数与动摩擦系数略有增加。一方面，随着温度、压力的升高，超临界 CO_2 进入纤维内部，对纤维增塑作用增强，纤维内部低聚物向纤维表面转移，纤维表面低聚物增多，少部分低聚物溶解于超临界 CO_2，大部分低聚物附着于纤维表面结晶生长；另一方面，超临界 CO_2 对纤维具有显著的清洗效果，可清除纤维表面的颗粒杂质，使纤维表面更加洁净。在双重作用下，降低了超临界 CO_2 对织物爽滑度的影响。

表 5-3　不同温度、不同压力下针织鞋材的摩擦系数

温度/℃	静摩擦系数	动摩擦系数	压力/MPa	静摩擦系数	动摩擦系数
105	0.336	0.233	18	0.316	0.191
110	0.322	0.319	20	0.376	0.218
115	0.383	0.311	22	0.371	0.211
120	0.355	0.276	24	0.396	0.175
125	0.394	0.224	26	0.376	0.203
原样	0.312	0.217			

5.1.2.4　拉伸性能分析

织物的拉伸性能主要体现在当受到拉伸力作用时，抵抗自身形变的能力。分别在压力为 24 MPa，温度为 105～125 ℃；温度为 120 ℃，压力为 18～26 MPa，时间均为 60 min 的条件下，对染色涤纶针织鞋材断裂强力以及断裂伸长率进行测试。

如图 5-7 所示，随着温度和压力的升高，鞋材的断裂强力增大，断裂伸长率降低。这是因为随着温度和压力的升高，纤维结晶度增加，晶体域作为非晶体域间的连接形式存在，会限制涤纶大分子链间的相对运动；其次，拉力逐渐增加使纤维取向度逐渐上升，增加了纤维间物理交联点，涤纶大分子链抵抗变形的能力得到增强，从而导致断裂强力的增加以及断裂伸长率的降低。

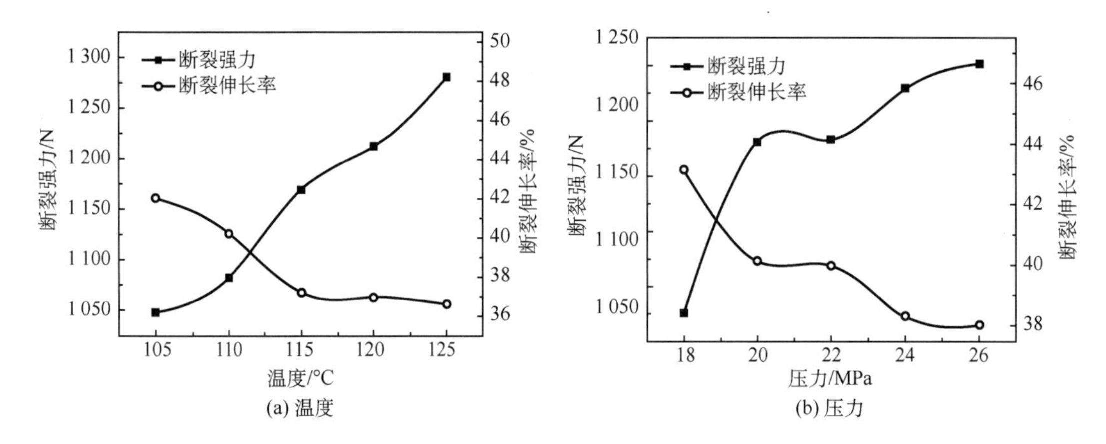

图 5-7 温度和压力对拉伸性能的影响

5.1.2.5 耐用性能分析

针对针织物容易变形的特性，顶破强力测试可直观反映织物从变形到破裂的过程，体现织物耐用性。分别在压力为 24 MPa，温度为 105～125 ℃；温度为 120 ℃，压力为 18～26 MPa，时间均为 60 min 条件下，对染色涤纶针织鞋材的顶破强力进行测试。如图 5-8 所示，随着温度和压力的提高，鞋材的顶破强力随之提高。这是因为一方面温度和压力的升高促进了超临界 CO_2 的增塑作用；另一方面，超临界 CO_2 对织物的表面粗糙程度影响不大，受力时纤维间不易滑移，对鞋材顶破强力的提高起到了一定的促进作用，从而增大鞋材顶破强力。

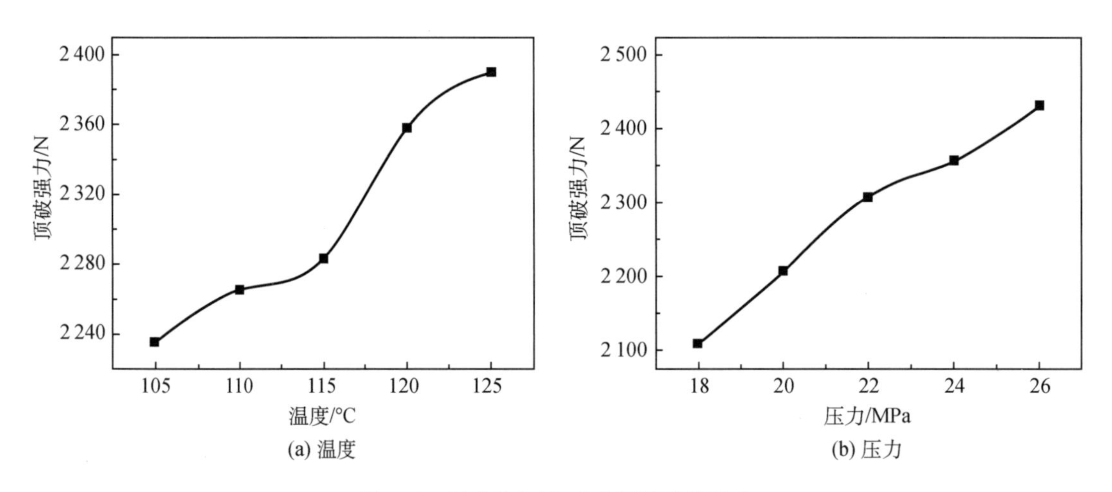

图 5-8 温度和压力对耐用性能的影响

5.2　鞋材/拉链/纽扣超临界CO_2拼色

在染色过程中，不同的染料结构、染色性能的差异，对染料复配与拼染色光多样性造成了极大的影响。在以往的研究中，实验者通过多浴染色，即将织物进行多次单色染色，成功实现多种染色色光。但此方法工艺复杂，染色周期长，极大提高了染色成本。因此，筛选相容性匹配的染料，在此基础上进一步对复配染料配方与拼染色光变化规律进行探究，对超临界CO_2染色技术工业化应用至关重要。此外，由于纺织辅料相较于常规面料结构上的特殊性，导致其在超临界CO_2中的上染也存在较大差异，为拓宽超临界CO_2染色应用领域，对纺织辅料的染色乃至拼色研究也十分必要。

本章探究了三原色染料分散红60、分散黄54、分散蓝56在超临界CO_2中的拼色相容性，通过半染时间与提升力测试，验证分散红60、分散黄54、分散蓝56的配伍性能；此外，选用涤纶鞋材、拉链、聚酯纽扣依次进行拼色实验，构建色光变化三角图，对染料配比与色光变化规律进行了研究。

5.2.1　超临界CO_2无水拼色及配伍性

色三角设计方案如图5-9所示。其中，R代表分散红60，Y代表分散黄54，B代表分散蓝56，混拼染料总浓度为3%(o. w. f)，图中编号依次对应拼色试样编号。利用电脑测色仪Color-Eye 700A，将涤纶鞋材对折两次，按照测色仪使用说明测试试样的L^*、a^*、b^*、C_{ab}、H^*值。拼色三角图由三条边组成，其中三个顶点均为单色，左腰为红黄色拼色，即橙色边；右腰为红蓝拼色，即紫色边；底边为黄蓝拼色，即绿色边；三角形内部由三原色染料拼混而成。

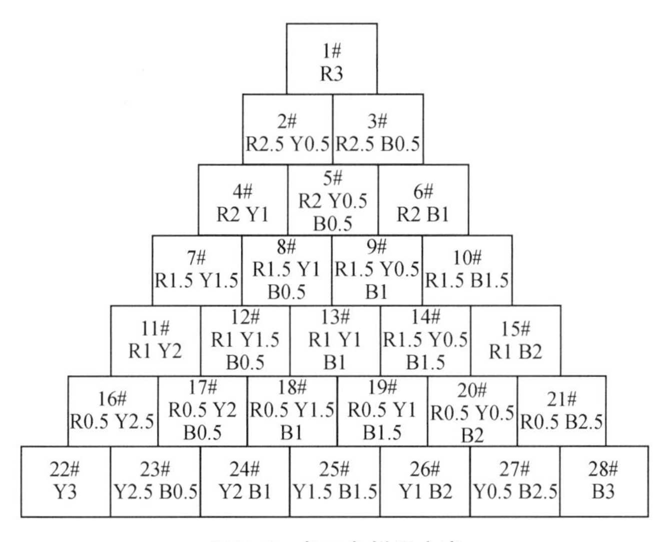

图5-9　色三角拼混方案

三原色染料分散红 60、分散黄 54 以及分散蓝 56 进行复配拼染之前，应首先探究三种染料在超临界 CO_2 中的配伍性能。

5.2.1.1 上染速率曲线

染料混合拼染时，应具备相似的上染速率，即半染时间接近，半染时间是染色过程中染料用量达到平衡量一半所需的时间，可用来表示染色的速度。几种染料混合在一起，一般半染时间相差不大，不同分散染料的染色速率曲线匹配。上染速率相差较大，则会导致匀染、透染等方面出现问题。固定染料用量为 1%(o. w. f)时，依次测试三原色分散染料在超临界 CO_2 中的半染时间。图 5-10 描述了染料浓度为 1%(o. w. f)的超临界 CO_2 条件下，不同分散染料的染色率。可以看出，分散蓝 56、分散红 60 和分散黄 54 的染色率呈相似的上升趋势。半染时间在 30～40 min，呈现出较快的染色速度，染色平衡时间接近。由此可见，从染色速率曲线来看，3 种分散染料在超临界 CO_2 中均表现出良好的相容性。

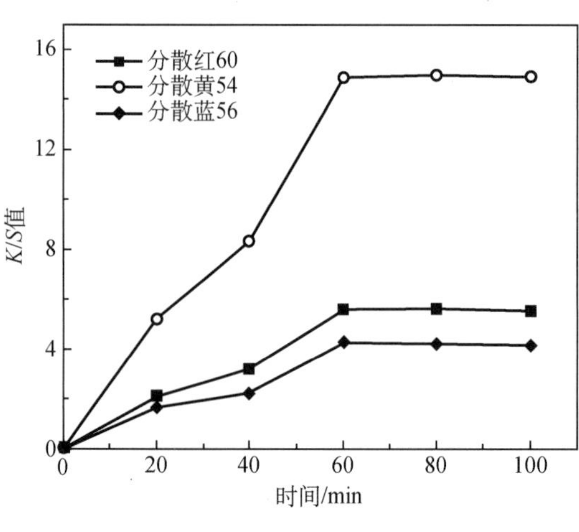

图 5-10 上染速率曲线

5.2.1.2 染料提升力

受染料分子结构影响，不同染料提升力趋势相差较大，当染料浓度过高时，染料分子在超临界 CO_2 中产生聚集现象，影响染料的溶解度以及染料分子向纤维内部的扩散能力，即最高染料量应不大于织物能够承载的最大上染量，不同染料的最高染料量不同。改变染料用量为 0.15%～4%(o. w. f)时，三种分散染料提升力变化趋势如图 5-11 所示。当染料用量小于 1%(o. w. f)时，涤纶鞋材的 K/S 值与染料用量接近一次线性关系。其原因可能是染浴内染料浓度较低时，处于其中的染料分子具有较小的缔合度，染料以分子形式分布于超临界 CO_2 中，提升了染料的溶解度以及染料分子向纤维内部的扩散能力。当染料用量大于 1%(o. w. f)时，此时分布于体系中的染料分子增多，染料分子在超临界 CO_2 中发生聚集现象，染

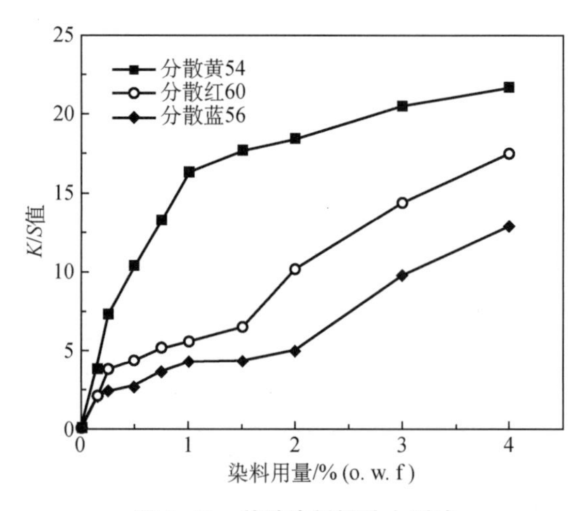

图 5-11 单种染料提升力测试

料在超临界 CO_2 中的溶解度降低。染料聚集后，难以向纤维内部扩散。分散红 60、分散黄 54 以及分散蓝 56 提升力曲线变化趋势大致相同，可认为三种染料具有良好的相容性，进行混合染色具有一定的可行性。

5.2.2 超临界 CO_2 无水拼色工艺

5.2.2.1 涤纶针织鞋材拼色研究

将分散红 60、分散黄 54 和分散蓝 56 按照色三角拼色原理图投料比进行配制混合，分别对涤纶针织鞋材进行超临界 CO_2 染色，条件为 120 ℃、24 MPa、60 min。如图 5-12 所示，改变三原色染料投料比，染后鞋材的 L^*、a^*、b^* 也相对应改变，说明通过在超临界 CO_2 中改变复配染料各组分比值以实现颜色多样性可行。

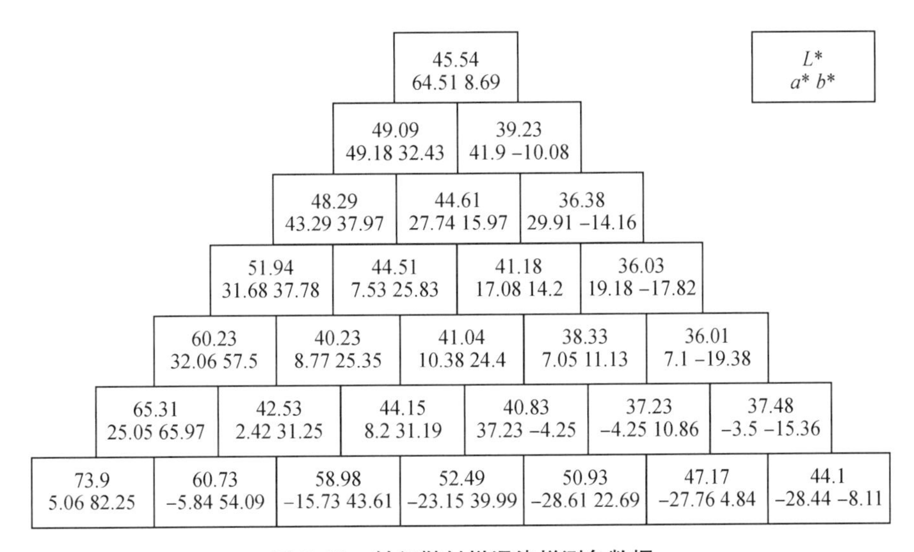

图 5-12 针织鞋材拼混染样测色数据

如图 5-13 所示，1#、2#、4#、7#、11#、16#、22# 为红黄拼色，1# 为红色单色，22# 为黄色单色。当分散红 60 配比降低，分散黄 54 配比增加，a^* 呈下降趋势，b^* 呈上升趋势，符合色度学参数变化规律；L^* 呈递增趋势，这是由于相较于分散红 60、分散蓝 56，相同浓度下分散黄 54 具有更高的色深值。如图 5-15 所示，1#、3#、6#、10#、15#、21#、28# 为红蓝拼色，1# 为红色单色，22# 为蓝色单色，当分散红 60 配比增大，分散蓝 56 配比降低，a^*、b^* 呈上升趋势，符合色度学参数变化规律，L^* 呈递增趋势，颜色更加明亮；22#、23#、24#、25#、26#、27#、28# 为黄蓝拼色，22# 为黄色单色，28# 为蓝色单色，如图 5-15 所示，当黄色染料配比降低，蓝色染料配比增加，a^*、b^* 呈下降趋势，符合色度学参数变化规律，同时因为分散黄用量减少，L^* 呈递减趋势。色三角中部为三种染料拼色效果，即 5#、8#、9#、12#、13#、14#、17#、18#、19#、20#，相同染料浓度下，越靠近色三角中央，其明度值越低。

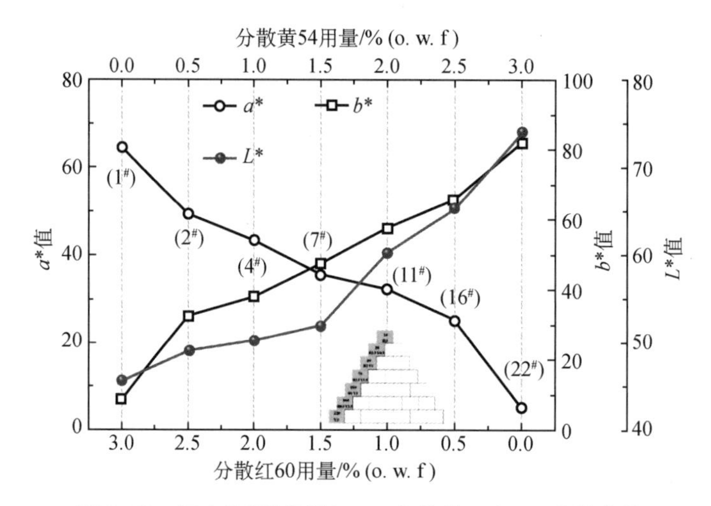

图 5-13　混合染料(分散红 60,分散黄 54)CIE 参数曲线

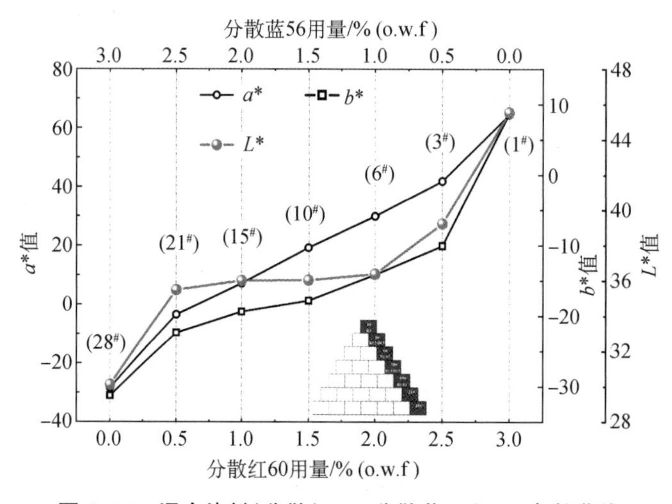

图 5-14　混合染料(分散红 60,分散蓝 56)CIE 参数曲线

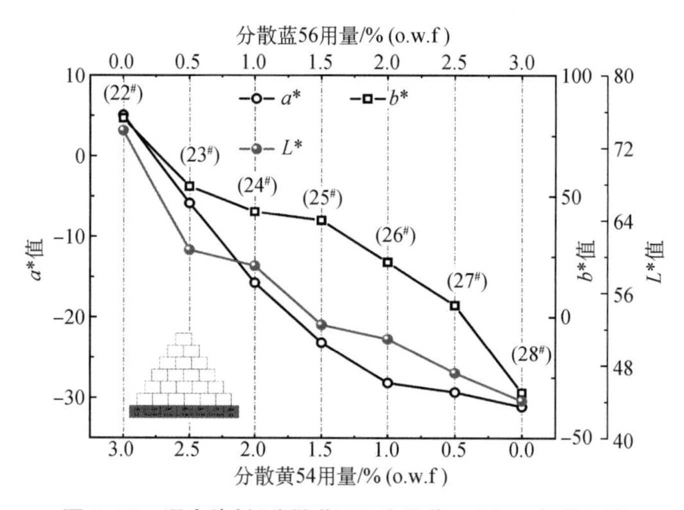

图 5-15　混合染料(分散蓝 56,分散黄 54)CIE 参数曲线

由图 5-16 可得，鞋材拼染样品色深偏差值皆稳定在 0.2 以内，可以认为具有良好的匀染性，同时验证了分散红 60、分散黄 54、分散蓝 56 在超临界 CO_2 中良好的配伍性能。图 5-17 为超临界 CO_2 拼染鞋材布样图。

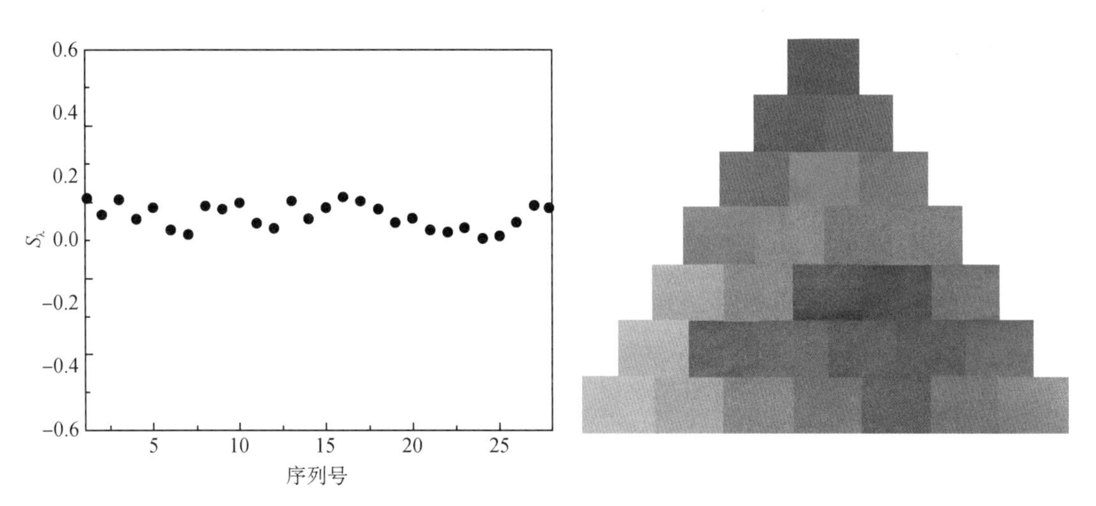

图 5-16　针织鞋材拼混染样匀染性

图 5-17　超临界 CO_2 拼染鞋材布样

5.2.2.2　涤纶拉链拼色

将分散红 60、分散黄 54 和分散蓝 56 按照色三角拼色原理图投料比进行配制混合，分别对涤纶拉链进行超临界 CO_2 染色。染色条件为 120 ℃、24 MPa、60 min。如图 5-18 所示，改变三原色染料投料比，染后拉链的 L^*、a^*、b^* 也相对应改变，说明通过在超临界 CO_2 中改变复配染料各组分比值以实现拉链颜色多样性可行。

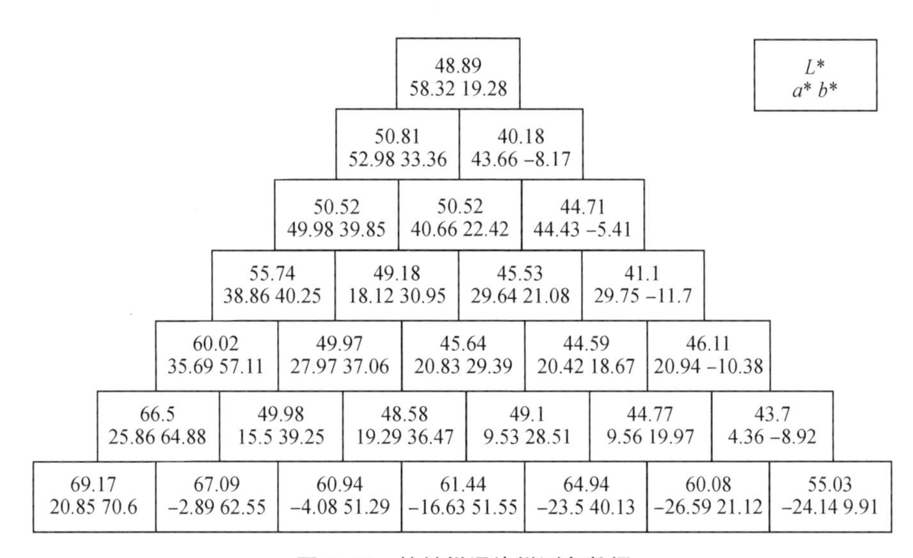

图 5-18　拉链拼混染样测色数据

如图 5-19 所示，1#、2#、4#、7#、11#、16#、22# 为红黄拼色，1# 为红色单色，22# 黄色单色。当分散红 60 配比降低，分散黄 54 配比增加，a^* 呈下降趋势，b^* 呈上升趋势，符合色度学参数变化规律；L^* 呈递增趋势。同理，如图 5-20 所示，1#、3#、6#、10#、15#、21#、28# 为红蓝拼色，1# 为红色单色，22# 为蓝色单色，当分散红 60 配比增大，分散蓝 56 配比降低，a^*、b^* 呈上升趋势，符合色度学参数变化规律，L^* 呈递增趋势；22#、23#、24#、25#、26#、27#、28# 为黄蓝拼色，22# 为黄色单色，28# 蓝色单色，如图 5-21 所示，当黄色染料配比降低，蓝色染料配比增加，a^*、b^* 呈下降趋势，符合色度学参数变化规律，L^* 呈递减趋势。色三角中部为三种染料拼色效果，即 5#、8#、9#、12#、13#、14#、17#、18#、19#、20#。

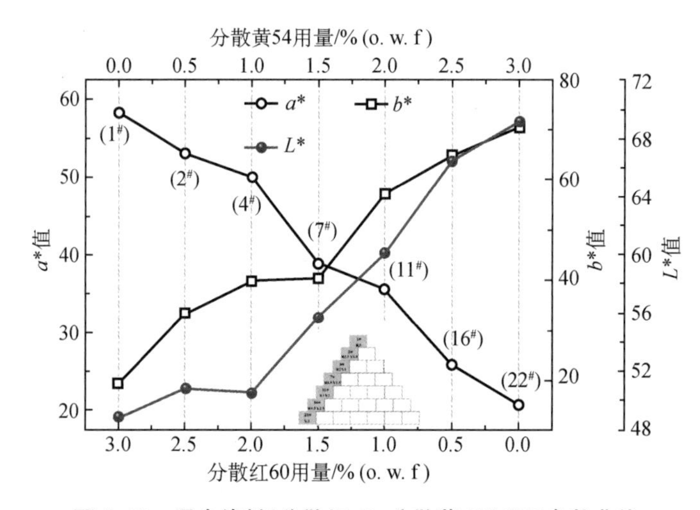

图 5-19 混合染料(分散红 60，分散黄 54)CIE 参数曲线

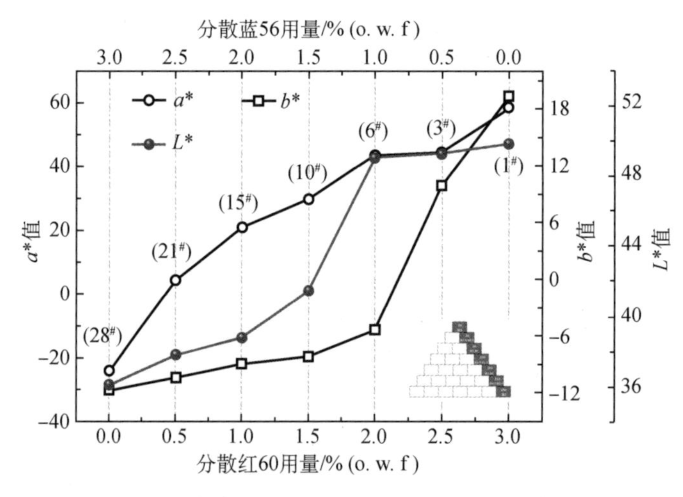

图 5-20 混合染料(分散红 60，分散蓝 56)CIE 参数曲线

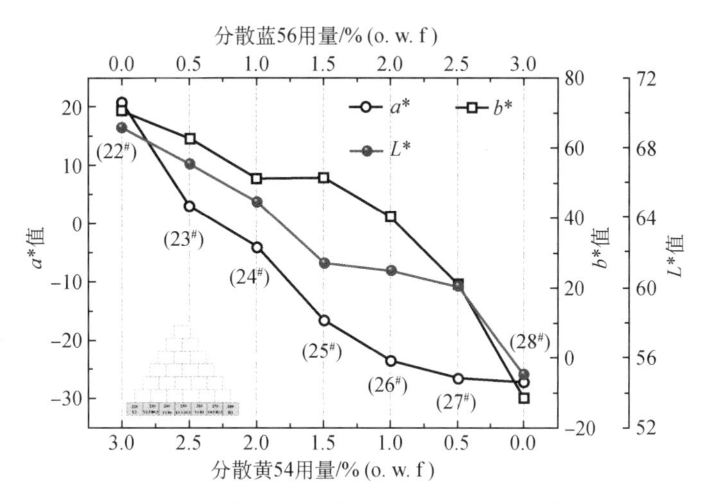

图 5-21 混合染料(分散蓝 56,分散黄 54)CIE 参数曲线

由图 5-22 可得,拉链拼染样品色深偏差值皆稳定在 0.2 以内,可以认为其具有良好的匀染性,图 5-23 为超临界 CO_2 拼染拉链布样图。

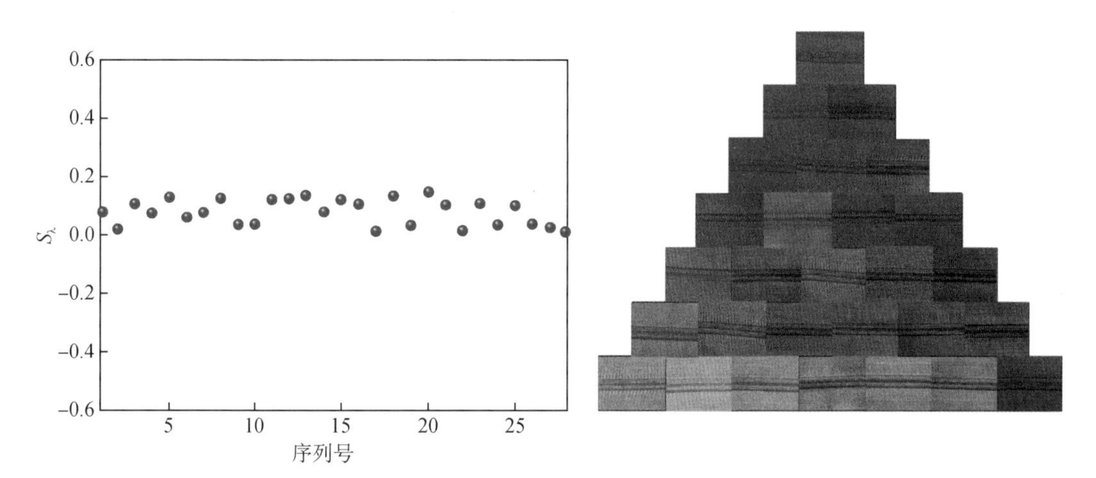

图 5-22 拉链拼混染样匀染性　　**图 5-23 超临界 CO_2 拼染拉链布样**

5.2.2.3 聚酯纽扣拼色

将分散红 60、分散黄 54 和分散蓝 56 按照色三角拼色原理图投料比进行配制混合,分别对聚酯纽扣进行超临界 CO_2 染色。染色条件为 120 ℃、24 MPa、60 min。如图 5-24 所示,改变三原色染料投料比,染后纽扣的 L^*、a^*、b^* 也相对应改变,说明通过在超临界 CO_2 中改变复配染料各组分比值以实现纽扣染色多样性可行。

如图 5-25 所示,1#、2#、4#、7#、11#、16#、22# 为红黄拼色,1# 为红色单色,22# 为黄色单色。当分散红 60 配比降低,分散黄 54 配比增加,a^* 呈下降趋势,b^* 呈上升趋势,符合

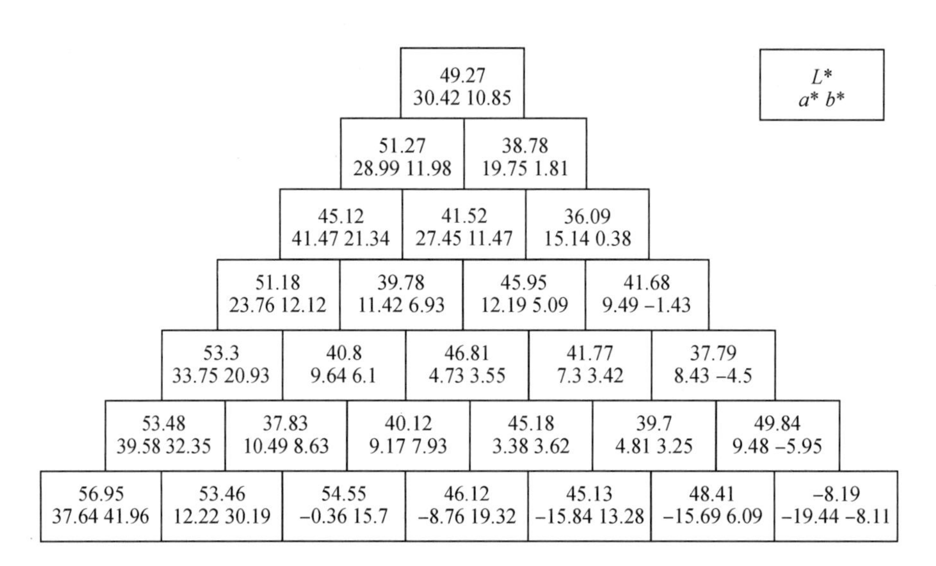

图 5-24 纽扣拼混染样测色数据

色度学参数变化规律。如图 5-26 所示，1#、3#、6#、10#、15#、21#、28# 为红蓝拼色，1# 为红色单色，22# 为蓝色单色，当分散红 60 配比增大，分散蓝 56 配比降低，a^*、b^* 呈上升趋势，符合色度学参数变化规律；如图 5-27 所示，22#、23#、24#、25#、26#、27#、28# 为黄蓝拼色，22# 为黄色单色，28# 为蓝色单色，当黄色染料配比降低，蓝色染料配比增加，a^*、b^* 呈下降趋势，符合色度学参数变化规律。色三角中部为三种染料拼色效果，即 5#、8#、9#、12#、13#、14#、17#、18#、19#、20#。从图 5-25～图 5-27 中可以看出，拼染纽扣 L^* 浮动较大，这是由于常规超临界 CO_2 染色釜体多适用于布料染色，无法保证纽扣染色时超临界 CO_2 均匀流通，因此，出现染色不匀、L^* 值波动等问题。图 5-28 为纽扣拼染实物图。

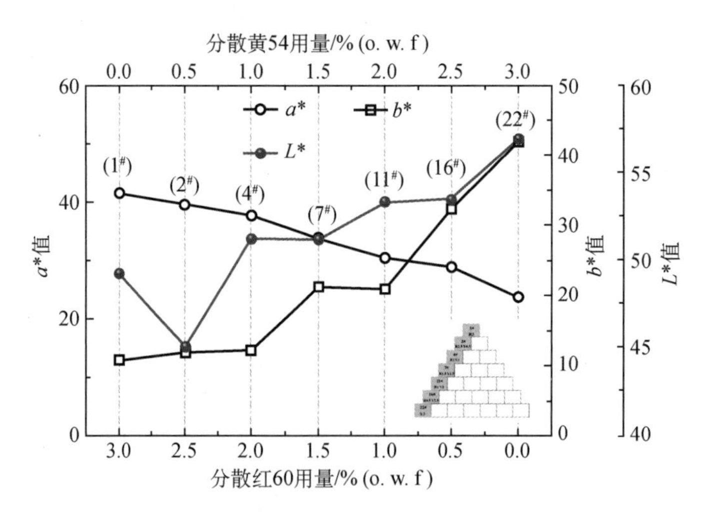

图 5-25 混合染料(分散红 60，分散黄 54)CIE 参数曲线

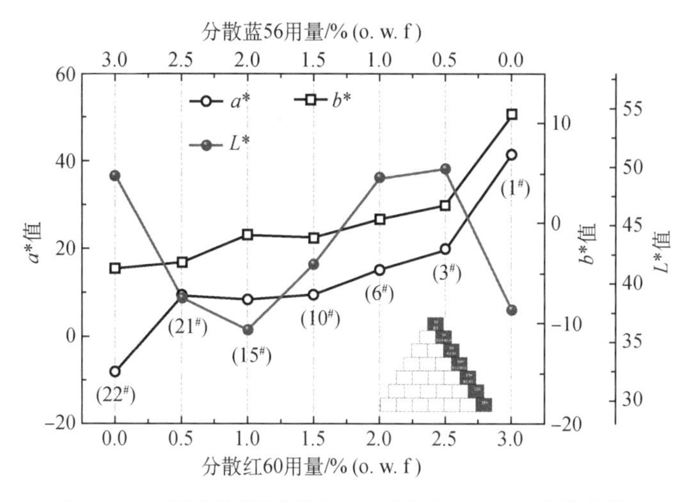

图 5-26　混合染料(分散红 60,分散蓝 56)CIE 参数曲线

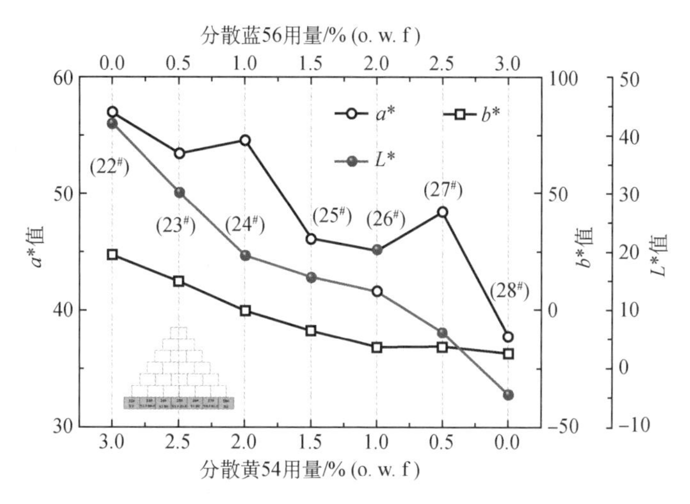

图 5-27　混合染料(分散蓝 56,分散黄 54)CIE 参数曲线

图 5-28　拼色纽扣染色样品

5.2.2.4 色牢度测试

表 5-4 色牢度测试结果

拼色样品	耐摩擦牢度/级		耐洗牢度/级		
	干摩	湿摩	棉沾色	原布沾色	褪色
涤纶鞋材	4-5	4-5	4-5	4-5	4-5
拉链	4-5	4-5	4-5	4-5	4-5

由表 5-4 可知，拼色样品的耐洗色牢度达到 4-5 级，耐摩擦色牢度达到 4-5 级，符合国家标准。

5.3 超临界 CO_2 无水染色配色系统

超临界 CO_2 体系下利用混合染料进行一浴染色以产生更多的色光对超临界 CO_2 染色技术的工业应用至关重要，但伴随生产能力提升的同时，常规“打样法”已难以匹配实际生产对效率的要求。传统水染技术通过与计算机技术相结合，搭建适用于水基染色的计算机配色系统以提升生产效率，但鉴于超临界 CO_2 所特有的物化性能，水基配色系统难以应用于超临界 CO_2 染色。因此，构建适用于超临界 CO_2 计算机配色系统以提升生产效率十分必要。

本章在分散红 60、分散黄 54、分散蓝 56 单色染色工艺与拼染研究的基础上，构建三种染料的高效配色系统。进一步丰富超临界 CO_2 分散染料基础数据库，并基于此改进超临界 CO_2 配色算法，为推广超临界 CO_2 配色系统提供数据支持。

5.3.1 配色系统建立

5.3.1.1 基础数据库建立

将三原色分散染料分散红 60、分散黄 54 和分散蓝 56 依次按照不同浓度梯度进行超临界 CO_2 单色上染，并对染后的织物进行测色仪测色。

5.3.1.2 基础数据库检验

由于人员操作等不可控因素造成的误差，应对打样后建立的基础数据库进行检验整理，对于基础数据有误的色样，应进行及时修正，对于误差较大的色样数据，需进行重新打样更换。

（1）$R \sim \lambda$ 曲线图。同一染料在不同染料用量梯度下，染色后反射率 R 值曲线应呈现平行分布趋势，在可见光范围内，染料用量越大，其色深值越大，反射光线越少，R 值越低；染料用量越小，其反射光线越多，R 值越高。若不同用量曲线呈平行排列无交叉，则认为其基础数据准确。

（2）$K/S \sim \lambda$ 曲线图。同一染料在不同染料用量梯度下，染色后色深值 K/S 值曲线应呈现平行分布趋势，在可见光范围内，染料梯度越高，可供吸附的染料量越大，其 K/S 值越大；染料浓度越低，可供吸附的染料量有限，其 K/S 值越小。若不同浓度曲线呈平行排列无交叉，则认为其基础数据准确。

（3）$K/S \sim C$ 曲线图。染料小用量梯度时，伴随染料浓度的增加，K/S 值增加明显；染料大用量梯度时，K/S 值增加速度变缓；当达到织物最大染料吸附量时，织物无法为染料附着提供染座，染料浓度增加，K/S 值不再发生变化。

表 5-5　分散红 60、分散黄 54、分散蓝 56 单色样分档浓度

样品号	染料用量/%（o.w.f）	样品号	染料用量/%（o.w.f）	样品号	染料用量/%（o.w.f）
R_1	0.15	Y_1	0.15	B_1	0.15
R_2	0.25	Y_2	0.25	B_2	0.25
R_3	0.5	Y_3	0.5	B_3	0.5
R_4	0.75	Y_4	0.75	B_4	0.75
R_5	1	Y_5	1	B_5	1
R_6	1.5	Y_6	1.5	B_6	1.5
R_7	2	Y_7	2	B_7	2
R_8	3	Y_8	3	B_8	3
R_9	4	Y_9	4	B_9	4

注　1. R_1、R_2、R_3、R_4、R_5、R_6、R_7、R_8、R_9 为分散红 60 在不同染料用量下染制的单色样。
2. Y_1、Y_2、Y_3、Y_4、Y_5、Y_6、Y_7、Y_8、Y_9 为分散黄 54 在不同染料用量下染制单色样。
3. B_1、B_2、B_3、B_4、B_5、B_6、B_7、B_8、B_9 为分散蓝 56 在不同染料用量下染制的单色样。

5.3.2　单色样颜色检验

5.3.2.1　$R \sim \lambda$ 曲线

由减法原理可知，染料颜色是其各波长处不吸收光线反射于人眼形成的效果叠加，不同染料对不同波长处光的吸收作用不同，因此染料反射曲线具有“指纹”作用。三原色分散染料分散红 60、分散黄 54 和分散蓝 56 在不同染料用量下，反射率 R 与波长 λ 曲线如图 5-29～图 5-31 所示。染料用量越大，反射率越低；染料用量越小，反射率越高，反射率与染料浓度变化呈反比例关系。这是由于染料用量增加，可供织物吸附的染料增多，上染量提升，从而对光的吸收作用增强，反射率降低。从三种染料 $R \sim \lambda$ 曲线图中可以看出，三种染料反射率曲线相对平滑，呈现相似的变化趋势。由此判断基础数据正确，可用于配色系统的建立。

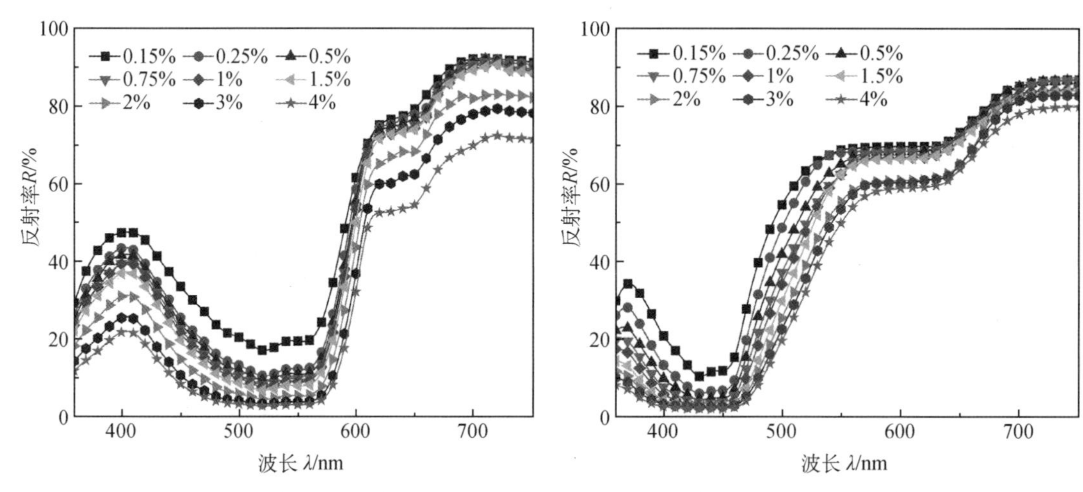

图 5-29　分散红 60 反射率 *R* 与波长 λ 曲线图　　图 5-30　分散黄 54 反射率 *R* 与波长 λ 曲线图

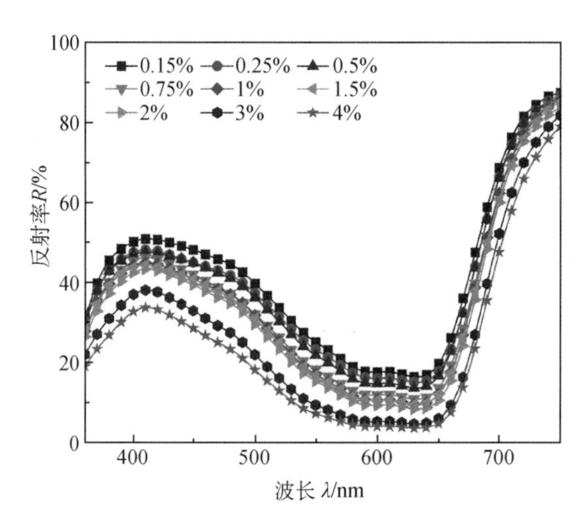

图 5-31　分散蓝 56 反射率 *R* 与波长 λ 曲线图

5.3.2.2　*K*/*S*～λ 曲线

由染料反射曲线的“单一性”可得，不同染料对不同波长处光的吸收作用不同，表现为在不同波长处 *K*/*S* 值的差异。三原色分散染料分散红 60、分散黄 54 和分散蓝 56 在不同染料用量下，*K*/*S*～λ 曲线图如图 5-32～图 5-34 所示。提高染料溶解度与纤维溶胀程度是提升染色效果的关键，在恒定条件下，染料用量增大，超临界 CO_2 单位体积内可溶解染料量增大，最大可接近 Frenkel 线并趋于稳定。从三种染料 *K*/*S*～λ 曲线中可以看出，染料用量增大，织物上染量增加，各波长处色深值增大。三种染料在不同用量梯度下染色，染色色样 *K*/*S* 值曲线呈平行分布趋势，基础数据准确，可用于建立超临界 CO_2 配色系统。

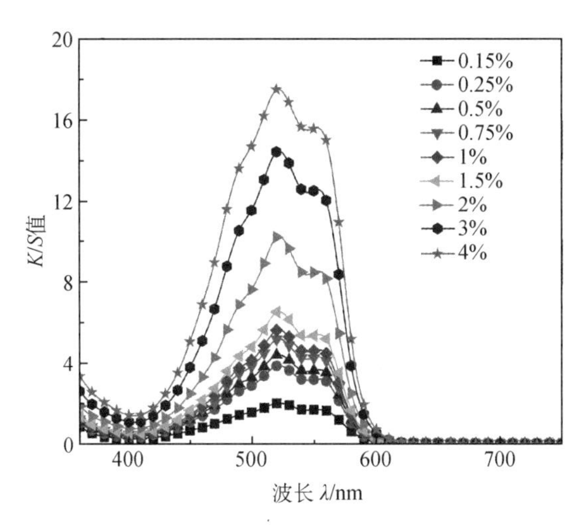

图5-32 分散红60 *K/S* 值与波长λ曲线图

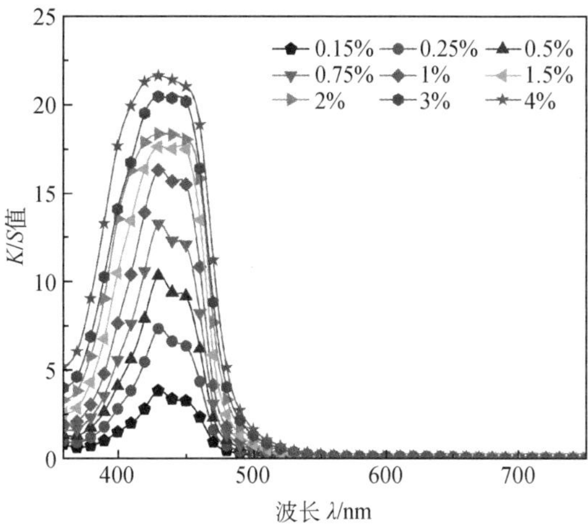

图5-33 分散黄54 *K/S* 值与波长λ曲线图

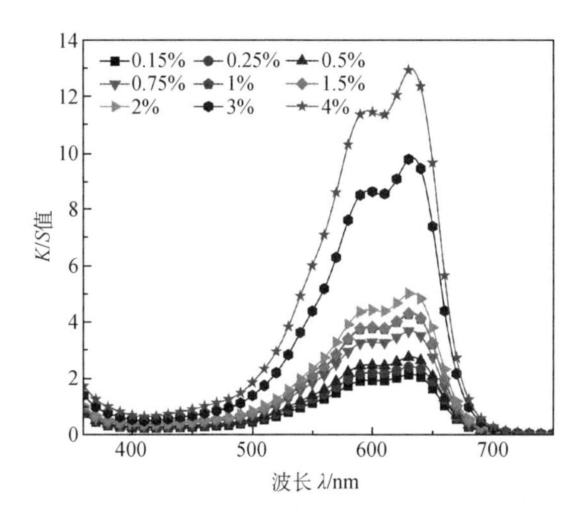

图5-34 分散蓝56 *K/S* 值与波长λ曲线图

5.3.3 单常数配色算法改进

5.3.3.1 *K/S*～*C* 曲线

不同染料在波长430 nm下的 *K/S* 值(表5-6)与浓度 *C* 曲线如图5-35～图5-37所示。

表5-6 最大吸收波长下的 *K/S* 值

染料用量/%(o.w.f)		0.15	0.25	0.5	0.75	1	1.5	2	3	4
分散红60	430 nm	0.4	0.62	0.67	0.72	0.77	0.88	1.29	1.89	2.47
	520 nm	2.01	3.85	4.39	5.18	5.62	6.52	10.2	14.42	17.48
	630 nm	0.04	0.04	0.04	0.04	0.04	0.04	0.04	0.04	0.05

续表

染料用量/%(o.w.f)		0.15	0.25	0.5	0.75	1	1.5	2	3	4
分散黄54	430 nm	3.84	7.36	10.36	13.27	16.32	17.65	18.37	20.47	21.64
	520 nm	0.11	0.13	0.2	0.25	0.29	0.34	0.47	0.58	0.72
	630 nm	0.07	0.07	0.07	0.08	0.08	0.08	0.13	0.13	0.14
分散蓝56	430 nm	0.25	0.27	0.3	0.38	0.39	0.4	0.41	0.56	0.73
	520 nm	0.65	0.75	0.81	1.04	1.1	1.14	1.26	2.19	2.94
	630 nm	2.13	2.4	2.75	3.67	4.28	4.31	5.01	9.78	12.93

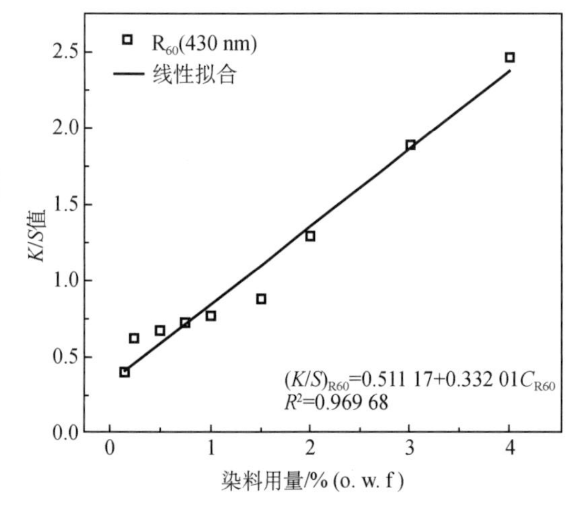

图 5-35 分散红 60 在 430 nm 处 K/S 值与染料用量关系曲线

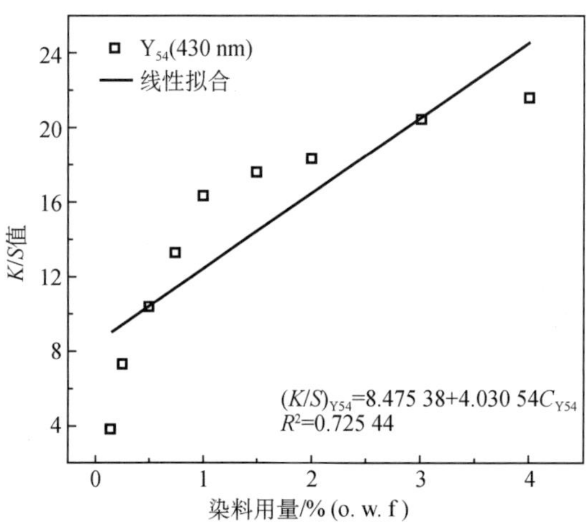

图 5-36 分散黄 54 在 430 nm 处 K/S 值与染料用量关系曲线

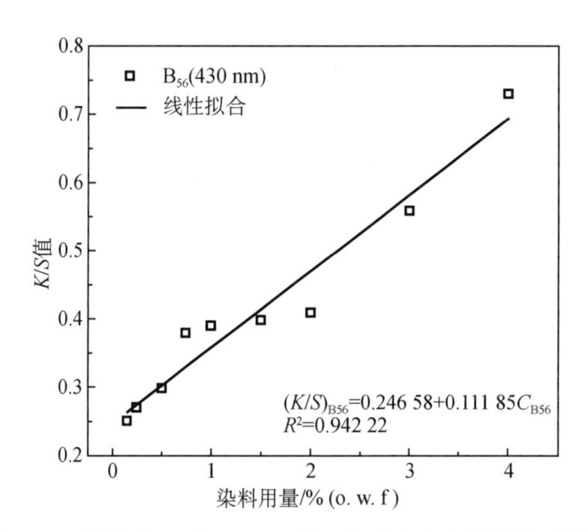

图 5-37 分散蓝 56 在 430 nm 处 K/S 值与染料用量关系曲线

在波长430 nm处，$K/S\sim C$线性拟合方程如下：

$$\begin{cases}(K/S)_{R60}=0.511\ 17+0.332\ 01C_{R60} & R^2=0.969\ 68 \\ (K/S)_{Y54}=8.475\ 38+4.030\ 54C_{Y54} & R^2=0.725\ 44 \\ (K/S)_{B56}=0.246\ 58+0.111\ 85C_{B56} & R^2=0.942\ 22\end{cases} \tag{5-1}$$

式中：$(K/S)_{R60}$——分散红60色深值；

$(K/S)_{Y54}$——分散黄54色深值；

$(K/S)_{B56}$——分散蓝56色深值；

C_{R60}、C_{Y54}、C_{B56}——分散红60、分散黄54、分散蓝56染料用量，%(o.w.f)。

分散红60、分散黄54和分散蓝56分别在分散红60在最大吸收波长520 nm处的K/S值(表5-6)与浓度C曲线，如图5-38～图5-40所示。

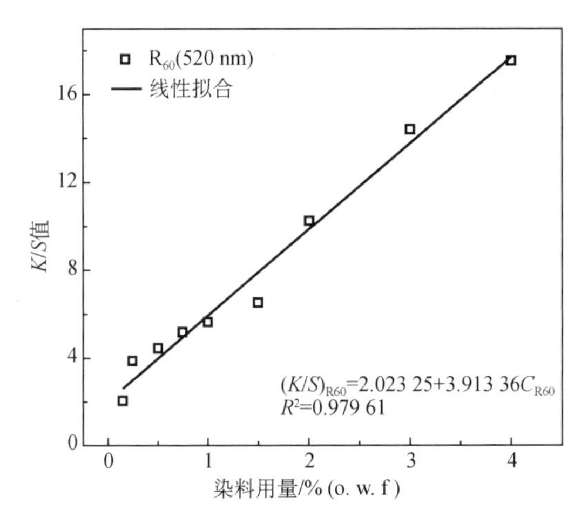

图5-38　分散红60在520 nm处K/S值与染料用量关系曲线

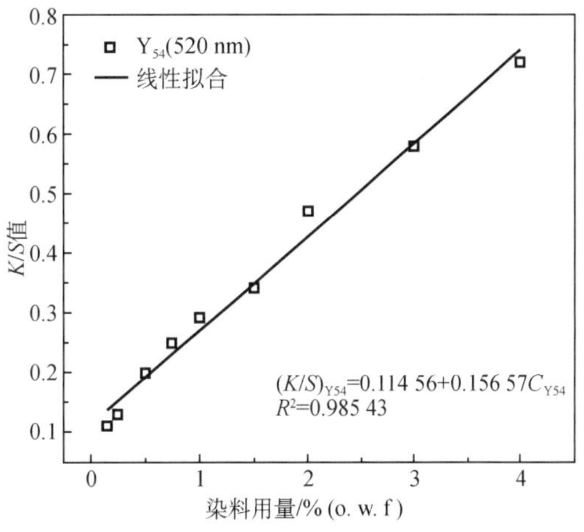

图5-39　分散黄54在520 nm处K/S值与染料用量关系曲线

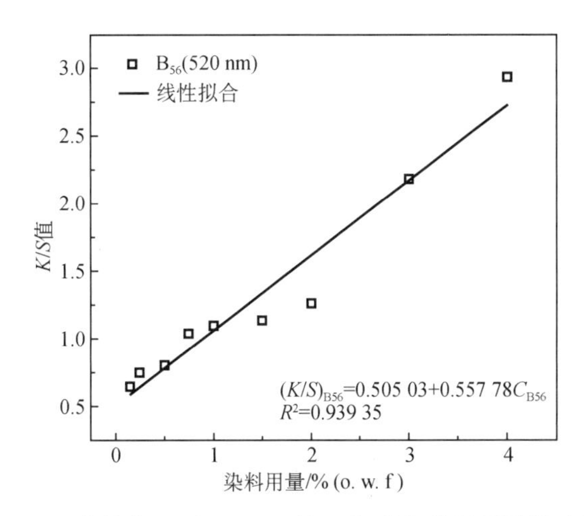

图5-40　分散蓝56在520 nm处K/S值与染料用量关系曲线

在波长 520 nm 处，$K/S \sim C$ 线性拟合方程如下：

$$\begin{cases}(K/S)_{R60}=2.023\,25+3.913\,36C_{R60} & R^2=0.979\,61\\(K/S)_{Y54}=0.114\,56+0.156\,57C_{Y54} & R^2=0.985\,43\\(K/S)_{B56}=0.505\,03+0.557\,78C_{B56} & R^2=0.939\,35\end{cases} \quad (5-2)$$

式中：$(K/S)_{R60}$——分散红 60 色深值；

$(K/S)_{Y54}$——分散黄 54 色深值；

$(K/S)_{B56}$——分散蓝 56 色深值；

C_{R60}、C_{Y54}、C_{B56}——分散红 60、分散黄 54、分散蓝 56 染料用量，%(o. w. f)。

分散红 60、分散黄 54 和分散蓝 56 分别在分散蓝 56 在最大吸收波长 630 nm 处的 K/S 值(表 5-6)与浓度 C 曲线，如图 5-41～图 5-43 所示。

在波长 630 nm 处，$K/S \sim C$ 线性拟合方程如下：

$$\begin{cases}(K/S)_{R60}=0.038\,45+0.001\,82C_{R60} & R^2=0.720\,44\\(K/S)_{Y54}=0.063\,92+0.020\,89C_{Y54} & R^2=0.846\,6\\(K/S)_{B56}=1.285\,31+2.714\,24C_{B56} & R^2=0.943\,52\end{cases} \quad (5-3)$$

式中：$(K/S)_{R60}$——分散红 60 色深值；

$(K/S)_{Y54}$——分散黄 54 色深值；

$(K/S)_{B56}$——分散蓝 56 色深值；

C_{R60}、C_{Y54}、C_{B56}——分散红 60、分散黄 54、分散蓝 56 染料用量，%(o. w. f)。

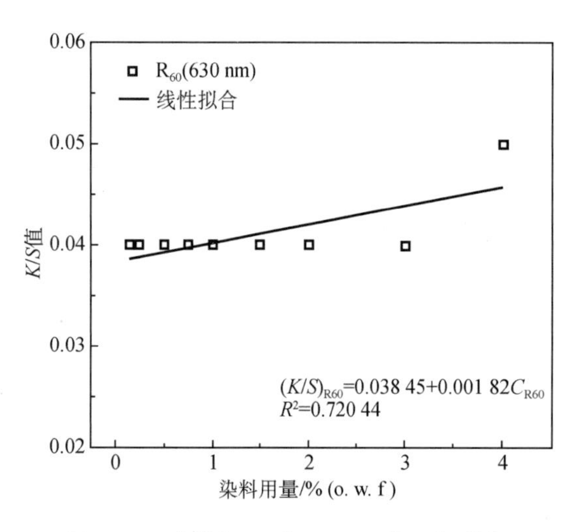

图 5-41 分散红 60 在 630 nm 处 K/S 值与染料用量关系曲线

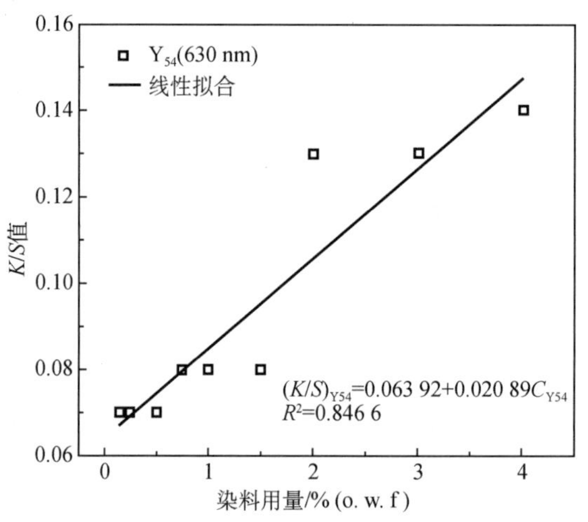

图 5-42 分散黄 54 在 630 nm 处 K/S 值与染料用量关系曲线

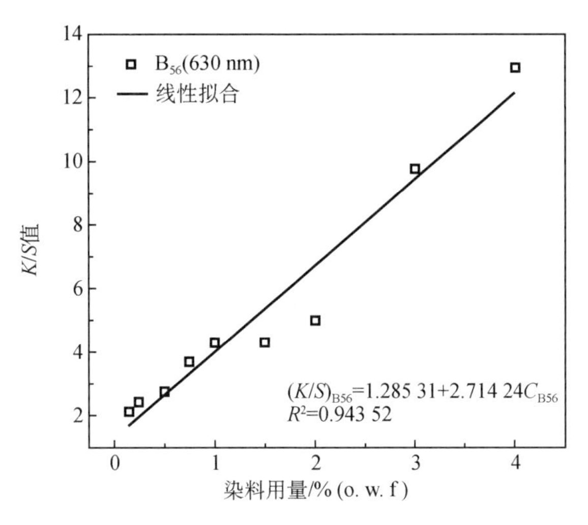

图 5-43　分散蓝 56 在 630 nm 处 K/S 值与染料用量关系曲线

利用一元线性拟合的方法，绘制 $K/S \sim C$ 的拟合曲线，获得拟合方程。根据线性拟合方程(5-1)～(5-3)，依次计算出最大吸收波长 430 nm、520 nm、630 nm 处的理论 K/S 值，与实测 K/S 值作比较，结果见表 5-7～表 5-9。

表 5-7　430 nm 处 K/S 值的理论值与实测值

染料用量/%(o. w. f)			K/S 值(430 nm)		偏差/%
分散红 60	分散黄 54	分散蓝 56	实际值	理论值	
1.5	1	0.5	12.61	13.81	9.52
1	1.5	0.5	15.79	15.66	−0.82
1	1	1	13.94	13.70	−1.72
0.5	2	0.5	17.95	17.51	−2.45
0.5	1.5	1	15.85	15.55	−1.89

表 5-8　520 nm 处 K/S 值的理论值与实测值

染料用量/%(o. w. f)			K/S 值(520 nm)		偏差/%
分散红 60	分散黄 54	分散蓝 56	实际值	理论值	
1.5	1	0.5	4.97	8.94	79.88
1	1.5	0.5	4.86	7.07	45.47
1	1	1	4.95	7.27	46.87
0.5	2	0.5	4.44	5.19	16.89
0.5	1.5	1	4.36	5.39	23.62

表 5-9　630 nm 处 K/S 值的理论值与实测值

染料用量/%(o.w.f)			K/S 值(630 nm)		偏差/%
分散红 60	分散黄 54	分散蓝 56	实际值	理论值	
1.5	1	0.5	2.34	2.76	17.95
1	1.5	0.5	2.14	2.77	29.44
1	1	1	2.77	4.12	48.74
0.5	2	0.5	2.12	2.78	31.13
0.5	1.5	1	2.59	4.13	59.46

通过表 5-7～表 5-9 能够看出，受染料分子相互间影响，Kubelka-Munk 单常数配色算法理论 K/S 值与实测 K/S 值相差较大。这是由于 Kubelka-Munk 理论建立在理想化条件下，且理论只涉及反射率、吸收与反射系数，从而限制了其应用。由此可知 Kubelka-Munk 单常数算法并不完全适用于超临界 CO_2 配色，需要进一步减小实测值与理论 K/S 值间的误差。

5.3.3.2　引进调整系数

理论上，涤纶染色 K/S 值与染料浓度应呈线性关系，但从图 5-36～图 5-44 能够看出，复配混合染料染色时，分散染料分子间产生相互影响。三原色分散染料在各自最大吸收波长下，提升力曲线皆呈向上凸状。为提高配色精确性，采用三次多项式进行拟合并调整系数，得到新的 $K/S \sim C$ 曲线关系：

$$K/S = a_0 + a_1 c + a_2 c^2 + a_3 c^3 \tag{5-4}$$

式中：a_0——基质色深值；

a_1——单位染料浓度色深值；

a_2，a_3——修正常数；

c——染料用量。

(1) 分散红 60、分散黄 54 及分散蓝 56 在波长为 430 nm 处，绘制 K/S 值与染料用量 C 拟合曲线，如图 5-44～图 5-46 所示。

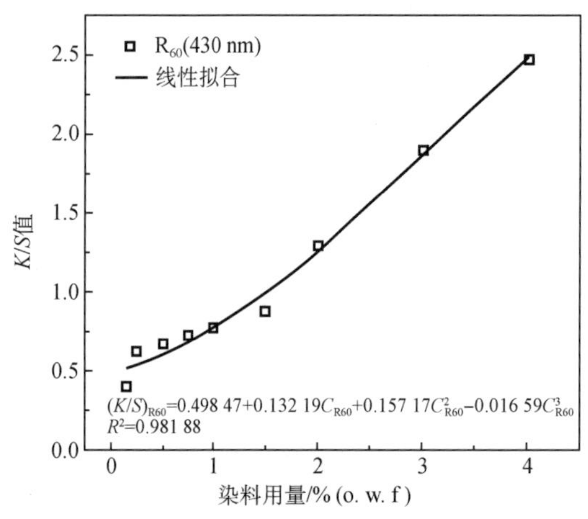

图 5-44　分散红 60 在 430 nm 处 K/S 值与染料用量关系曲线

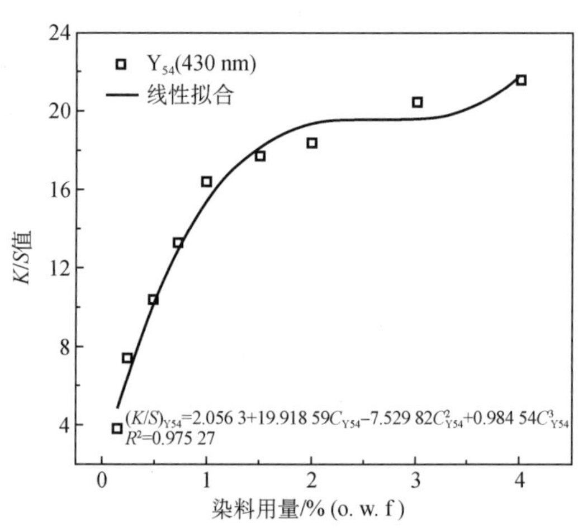

图 5-45　分散黄 54 在 430 nm 处 K/S 值与染料用量关系曲线

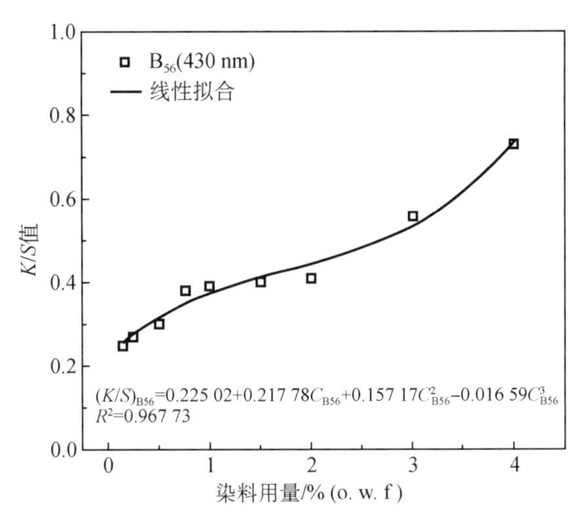

图 5-46 分散蓝 56 在 430 nm 处 K/S 值与染料用量关系曲线

采用 Origin 进行多项式拟合，得到波长 430 nm 处，K/S 值与染料用量关系方程为

$$\begin{cases}(K/S)_{R60}=0.498\,47+0.132\,19C_{R60}+0.157\,17C_{R60}^2-0.016\,59C_{R60}^3 & R^2=0.981\,88\\(K/S)_{Y54}=2.056\,3+19.918\,59C_{Y54}-7.529\,82C_{Y54}^2+0.984\,54C_{Y54}^3 & R^2=0.975\,27\\(K/S)_{B56}=0.225\,02+0.217\,78C_{B56}+0.157\,17C_{B56}^2-0.016\,59C_{B56}^3 & R^2=0.967\,73\end{cases} \tag{5-5}$$

由式(5-5)获取波长 430 nm 时理论 K/S 值与实际测得的 K/S 值比较，结果见表 5-10。

表 5-10 430 nm 处 K/S 值的理论值与实测值

染料用量/%(o.w.f)			K/S 值(430 nm)		偏差/%
分散红 60	分散黄 54	分散蓝 56	实际值	理论值	
1.5	1	0.5	12.61	16.79	33.15
1	1.5	0.5	15.79	19.45	23.18
1	1	1	13.94	16.78	20.37
0.5	2	0.5	17.95	20.62	14.84
0.5	1.5	1	15.85	19.50	23.03

(2) 分散红 60、分散黄 54 及分散蓝 56 在波长 520 nm 处的 K/S 值与染料用量 C 曲线，如图 5-47～图 5-49 所示。

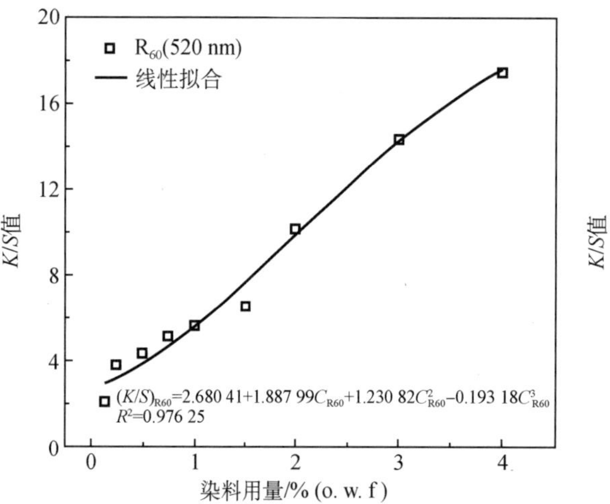

图 5-47　分散红 60 在 520 nm 处 *K/S* 值与染料用量关系曲线

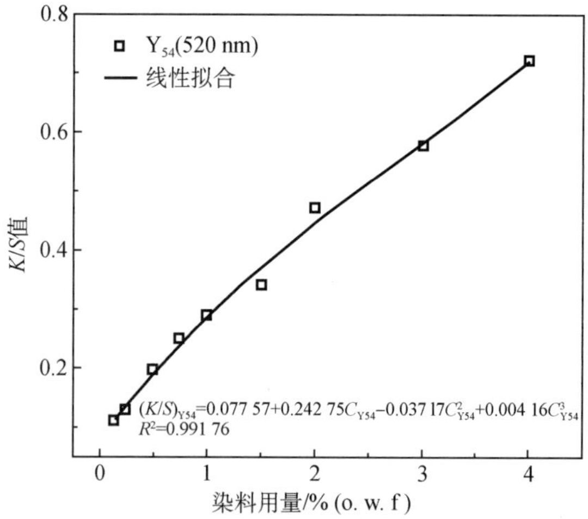

图 5-48　分散黄 54 在 520 nm 处 *K/S* 值与染料用量关系曲线

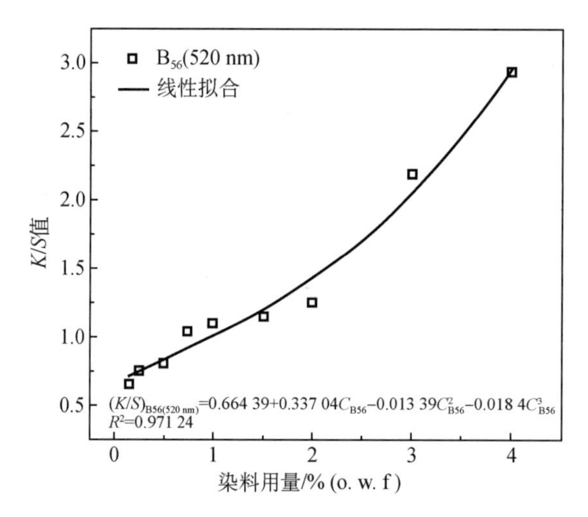

图 5-49　分散蓝 56 在 520 nm 处 *K/S* 值与染料用量关系曲线

采用 Origin 中多项式拟合，在 520 nm 下 K/S 值与染料用量的方程为

$$
\begin{cases}
(K/S)_{R60}=2.680\,41+1.887\,99C_{R60}+1.230\,82C_{R60}^2-0.193\,18C_{R60}^3 & R^2=0.976\,25 \\
(K/S)_{Y54}=0.077\,57+0.242\,75C_{Y54}-0.037\,17C_{Y54}^2+0.004\,16C_{Y54}^3 & R^2=0.991\,76 \\
(K/S)_{B56}=0.664\,39+0.337\,04C_{B56}-0.013\,39C_{B56}^2-0.018\,4C_{B56}^3 & R^2=0.971\,24
\end{cases}
\tag{5-6}
$$

由式(5-6)获取波长 520 nm 时理论 K/S 值与实际测得的 K/S 值比较，结果见表 5-11。

表 5-11　520 nm 处 K/S 值的理论值与实测值

染料用量/%(o.w.f)			K/S 值(520 nm)		偏差/%
分散红 60	分散黄 54	分散蓝 56	实际值	理论值	
1.5	1	0.5	4.97	8.74	75.86
1	1.5	0.5	4.86	6.80	39.92
1	1	1	4.95	6.86	38.59
0.5	2	0.5	4.44	5.18	16.67
0.5	1.5	1	4.36	5.24	20.18

(3) 在波长为 630 nm 处,分散红 60、分散黄 54 和分散蓝 56 的 K/S 值与染料用量 C 拟合曲线,如图 5-50～图 5-52 所示。

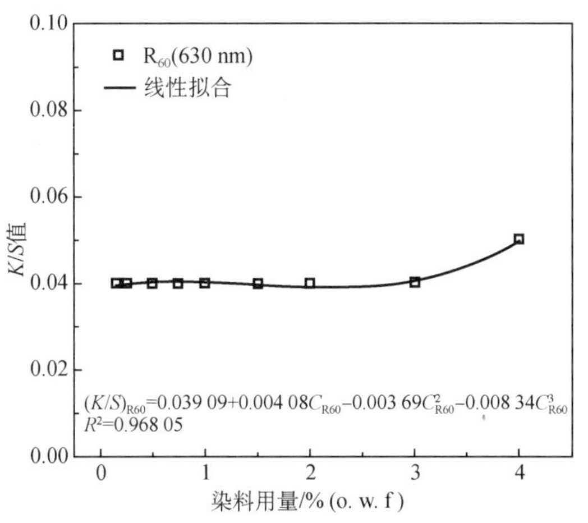

图 5-50　分散红 60 在 630 nm 处 K/S 值与染料用量关系曲线

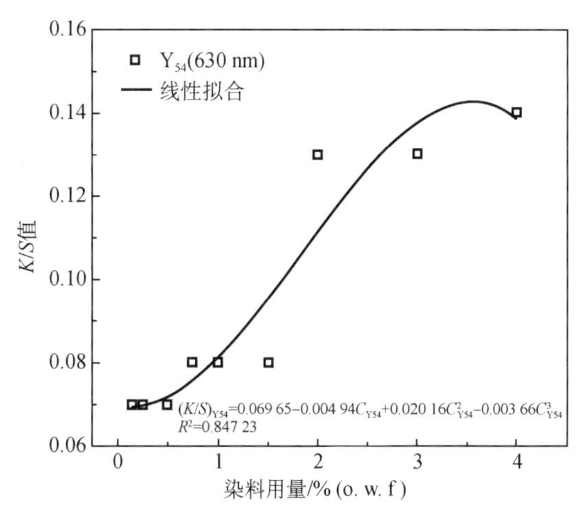

图 5-51　分散黄 54 在 630 nm 处 K/S 值与染料用量关系曲线

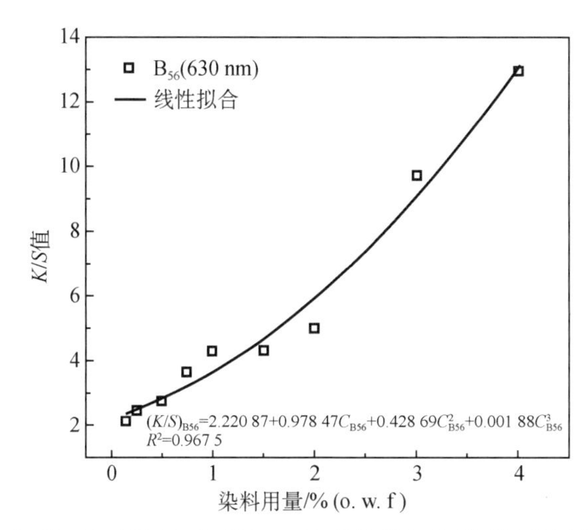

图 5-52　分散蓝 56 在 630 nm 处 K/S 值与染料用量关系曲线

采用 Origin 中多项式拟合，在 630 nm 处 K/S 值与染料用量的方程为

$$\begin{cases}(K/S)_{R60}=0.039\,09+0.004\,08C_{R60}-0.003\,69C_{R60}^2-0.008\,34C_{R60}^3 & R^2=0.968\,05\\(K/S)_{Y54}=0.069\,65-0.004\,94C_{Y54}+0.020\,16C_{Y54}^2-0.003\,66C_{Y54}^3 & R^2=0.847\,23\\(K/S)_{B56}=2.220\,87+0.978\,47C_{B56}+0.428\,69C_{B56}^2+0.001\,88C_{B56}^3 & R^2=0.967\,5\end{cases} \tag{5-7}$$

由式(5-7)获取波长 630 nm 理论 K/S 值与实际测得的 K/S 值比较，结果见表 5-12。

利用三次拟合方程，将配色算法进一步更正，从表 5-10～表 5-12 能够看出，染色涤纶的计算值与实验值依旧存在较大偏差。这是因为在超临界 CO_2 条件下，在染料的最大吸收波长处测得的色深会受到其他染料的影响。在配色过程中，每种染料的上染率与单一染料的上染率不同，而上染率的变化会导致不同的 K/S 值数据。因此，聚酯与染料混合物的 K/S 值不能完全由单一染料的数据来计算。

表 5-12　630 nm 处 K/S 值的理论值与实测值

染料用量/%(o.w.f)			K/S 值(630 nm)		偏差/%
分散红 60	分散黄 54	分散蓝 56	实际值	理论值	
1.5	1	0.5	2.34	2.9	23.93
1	1.5	0.5	2.14	2.94	37.38
1	1	1	2.77	3.74	35.02
0.5	2	0.5	2.12	2.96	39.62
0.5	1.5	1	2.59	3.76	45.17

5.3.3.3　引入纠正系数

考虑到染料在最大吸收波长处的 K/S 值也受染料加入量的影响，引入修正系数 K，以减小染料在配色过程中的相互作用，修正计算值与实验值之间的偏差。分散蓝 56、分散红 60 和分散黄 54 的修正系数表示染料混合物的吸附容量与单一染料的吸附容量之比，如式(5-8)所示：

$$\begin{cases}k_R=\dfrac{(K/S)^S-(K/S)_B^S-(K/S)_Y^S}{(K/S)^R}\\k_Y=\dfrac{(K/S)^S-(K/S)_B^S-(K/S)_R^S}{(K/S)^R}\\k_B=\dfrac{(K/S)^S-(K/S)_R^S-(K/S)_Y^S}{(K/S)^R}\end{cases} \tag{5-8}$$

式中：$(K/S)^S$——最大波长处实测 K/S 值；

$(K/S)_{R\backslash Y\backslash B}^S$——染料在波长处实测 K/S 值；

$(K/S)^R$——染料在波长处理论 K/S 值。

通过 Matlab 进行多元线性回归，校准纠正系数和另种染料用量间的关系，可得纠正系数与染料浓度关系式。

$$\begin{cases} k_Y = 0.9008 - 0.0904C_R - 0.0151C_B \\ k_R = 0.1268 + 0.286C_Y + 0.2068C_B \\ k_B = 0.6212 + 0.1023C_R + 0.0059C_Y \end{cases} \tag{5-9}$$

在超临界 CO_2 中聚酯材料的配色，通过增加修正系数，可以对 Kubelka-Munk 理论的单常数方程进行修正，如式(5-10)所示。

$$(K/S_m) = (K/S)_w + k_R(K/S)_R + k_B(K/S)_B + k_Y(K/S)_Y \tag{5-10}$$

将式(5-10)所得理论值与各波长下实际 K/S 值进行比较，结果见表 5-13～表 5-15。

计算得到的 K/S 值在波长 430 nm、520 nm、630 nm 处经过校正后，见表 5-13～表 5-15。与实验值比较可以发现，K/S 计算值与实验值的偏差减小到 10%以下。由上述结果表明，所得到的修正方程在超临界 CO_2 染色计算机测色与匹配数据库中具有明显的潜在应用前景，可有效降低色差。

表 5-13　430 nm 处 K/S 值的理论值与实测值

染料用量/%(o.w.f)			K/S 值(430 nm)		偏差/%	纠正系数
分散红 60	分散黄 54	分散蓝 56	实际值	理论值		
1.5	1	0.5	12.61	12.49	−0.95	0.7407
1	1.5	0.5	15.79	15.48	−1.96	0.8037
1	1	1	13.94	13.17	−5.52	0.8283
0.5	2	0.5	17.95	17.40	−3.06	0.8641
0.5	1.5	1	15.85	16.25	2.52	0.8075

表 5-14　520 nm 处 K/S 值的理论值与实测值

染料用量/%(o.w.f)			K/S 值(520 nm)		偏差/%	纠正系数
分散红 60	分散黄 54	分散蓝 56	实际值	理论值		
1.5	1	0.5	4.97	5.25	5.63	0.5072
1	1.5	0.5	4.86	5.05	3.91	0.6618
1	1	1	4.95	4.76	−3.84	0.6350
0.5	2	0.5	4.44	4.50	1.35	0.8086
0.5	1.5	1	4.36	4.31	−1.14	0.7472

表 5-15　630 nm 处 *K/S* 值的理论值与实测值

染料用量/%(o.w.f)			*K/S* 值(630 nm)		偏差/%	纠正系数
分散红 60	分散黄 54	分散蓝 56	实际值	理论值		
1.5	1	0.5	2.34	2.26	3.42	0.787 9
1	1.5	0.5	2.14	2.15	0.47	0.716 9
1	1	1	2.77	2.73	-1.47	0.730 0
0.5	2	0.5	2.12	2.05	-3.30	0.692 1
0.5	1.5	1	2.59	2.58	-0.39	0.680 5

第6章　芳纶1414超临界CO_2流体染色技术

芳纶是人工合成的芳香族聚酰胺纤维，也是我国战略性新兴产业发展的重要高性能材料。芳纶包括全芳香族聚酰胺和杂环芳香族聚酰胺纤维，目前已工业化生产的全芳香族聚酰胺纤维主要有间位芳纶和对位芳纶两大类。自1960年以来，美国杜邦公司、日本帝人公司、中国烟台泰和新材料股份有限公司等陆续实现了间位芳纶和对位芳纶的产业化生产。间位芳纶和对位芳纶具有相似的化学结构，但因酰胺键(—CONH—)与苯环上的碳原子连接位置不同使其性能存在差异，应用领域各有不同。对位芳纶(芳纶1414)反应式如图6-1所示。

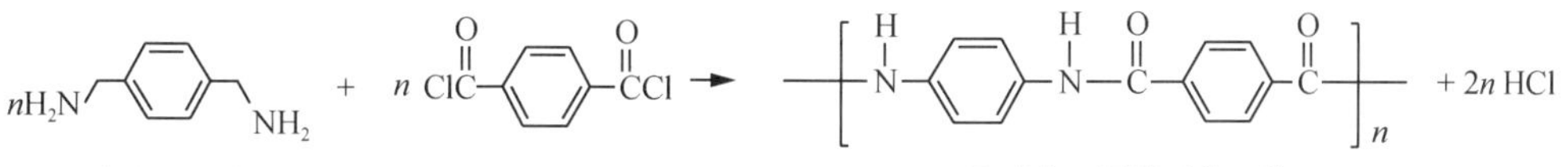

nH₂N—C₆H₄—NH₂ + n ClOC—C₆H₄—COCl → [—NH—C₆H₄—NH—CO—C₆H₄—CO—]$_n$ + 2nHCl

对苯二甲胺　　对苯二甲酰氯　　聚对苯二甲酰对苯二胺

图6-1　芳纶1414反应式

芳纶1414大分子结构中至少有85%的酰胺键直接与苯环对位连接，主链共价键键能较大，具有稳定的化学结构、理想的机械性能、耐酸碱腐蚀、低密轻质、抗老化等优良的结构与性能，广泛用于国防军工、航空航天、汽车工业、环境保护等重要领域。随着社会的发展，芳纶1414的应用逐渐向安全防护服装领域过渡，主要用于特警服、排爆服、抢险救援服、防刺防割耐磨部队作训服等。芳纶1414热稳定性能极佳，阻燃性能优良，能够有效抵御高温、火焰等作业伤害、保护工作人员的安全与健康，在消防避火服、高温炉前服、防电弧焊服装等领域应用广泛。此外，随着我国自主研发的芳纶1414产能不断提升，其纤维制品在民用领域应用也越来越广泛。因此，对芳纶1414染色技术需求正在逐步增加。

然而，芳纶1414玻璃化转变温度(T_g)达350℃，分子结构中缺少活性基团，表面较为光滑致密，染料不易进入纤维大分子非晶区，染色难、可染性差，极大限制了芳纶1414在防护服装领域的应用。目前，芳纶1414在工业生产中大多使用原液着色，但该法对设备沾色严重、清洗过程易产生大量废料、污染环境，处理成本较高；同时，该法不适于小批量生产、色系不全、颜色变化不易控制。此外，以水为介质的预处理改性染色法和载体染色法也需要消耗大量的淡水资源，造成严重的水体污染，水资源难以再利用。

6.1 超临界 CO_2 体系下芳纶 1414 结构及性能演变行为

6.1.1 芳纶 1414 结构与性能

6.1.1.1 芳纶 1414 结构

芳纶 1414(美国杜邦生产的商品名为 Kevlar，日本帝人商品名为 Twaron、Technora，中国烟台泰和新材料商品名为泰普龙)是对位芳香族聚酰胺纤维，由低温缩聚而成。芳纶 1414 大分子结构不同于普通聚合物的柔性分子链，其大分子链间沿轴向和径向形成网状交联结晶高聚物结构。

由图 6-2 所示，沿芳纶 1414 轴向，其大分子主链结构以连续的苯环链为骨架并与酰胺基团共轭，增加了其分子链段的内旋转位能，链段呈高度规整，分子链沿纤维轴向高度有序，无需外力即可按一定方向取向排布，从而产生较好结晶性能；此外，芳纶 1414 分子链间形成的共轭效应，使其分子链段旋转难度增加，无法发生无规卷曲，芳纶 1414 大分子具有直链刚性结构。沿径向，芳纶 1414 链段间为平行排列，在其大分子毗邻高分子链中，氨基($—NH_2$)与羰基($—C═O$)在分子链间形成大量交错氢键作用力，纤维大分子间空隙距离缩短，相互作用力增强，纤维强度高，普通有机试剂无法渗透。此外，氢键共平面在分子链间起滑移面作用，如同金属晶格，使得芳纶 1414 大分子在剪切和拉伸流动作用下形成液晶，芳纶 1414 柔性差、刚性强、分子排列紧密，模量较高。

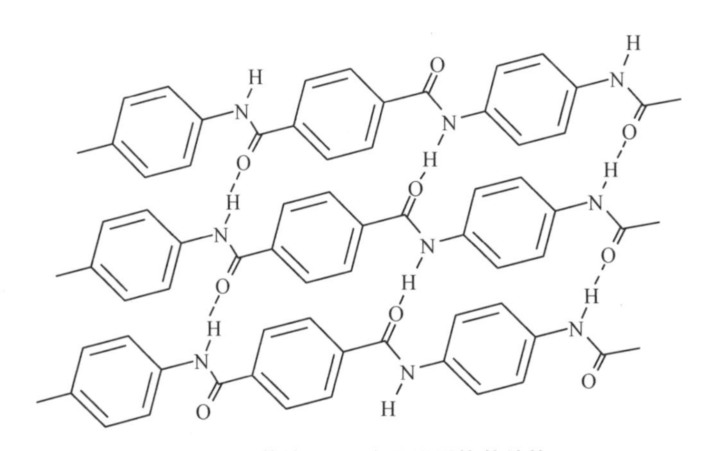

图 6-2 芳纶 1414 分子拟网络状结构

此外，由于芳纶 1414 的轴向结构中苯环和酰胺键形成共轭作用，从而产生了极大的共价键键能，使得对苯二甲基和酰胺基在芳纶 1414 大分子结构中稳固地存在于一个平面内。芳纶 1414 大分子棒状模型和晶胞单元如图 6-3 所示。芳纶 1414 沿主链结构排列规整，使其具有高度结晶和取向，而高结晶度与取向度使得芳纶 1414 不易染色。

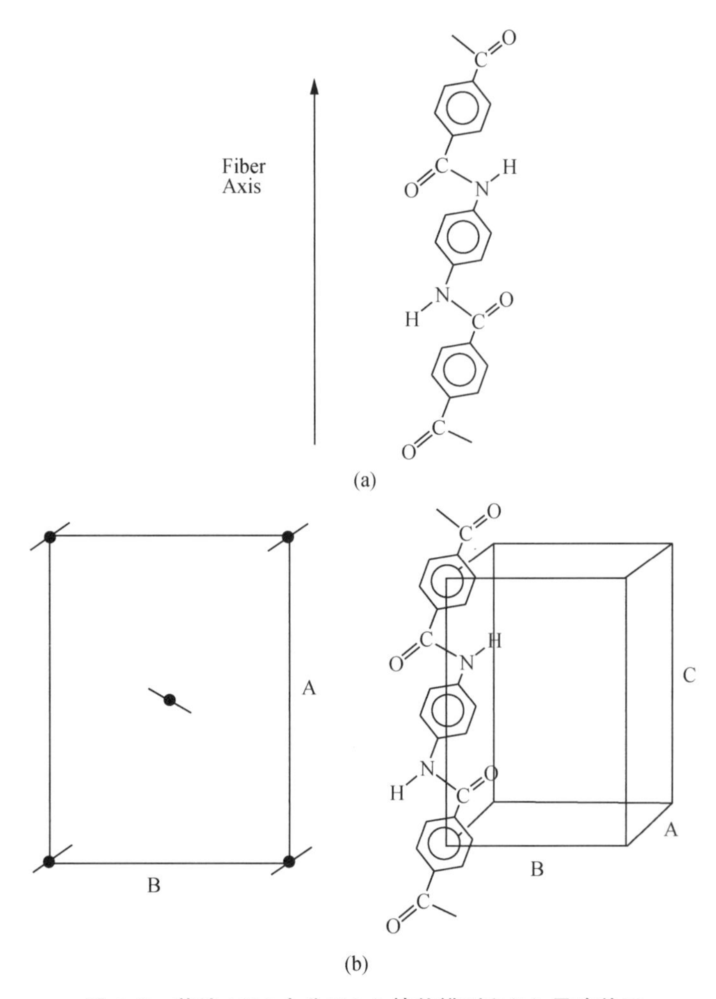

图 6-3　芳纶 1414 大分子(a) 棒状模型和(b) 晶胞单元

6.1.1.2　芳纶 1414 性能

芳纶 1414 因具有特殊的分子结构和纺丝工艺方法，使其拥有稳定的物理化学性能，且各方面均优于普通合成纤维。芳纶 1414 力学性能优异，素有材料界“百变金刚”之称，其强度为钢丝的 5～6 倍，拉伸强度与碳纤维相当；模量为钢丝的 2～3 倍，弹性模量是碳纤维的 0.8 倍；韧性为钢丝的 2 倍，重量是钢丝的 0.2 倍。又因芳纶 1414 具有低密度($1.44\ g \cdot cm^{-3}$)轻质特性，使其具有较高的比强度和比模量。

芳纶 1414 化学稳定性优良。芳纶 1414 大分子结构高度对称，分子间存在大量交错的氢键交联，使其分子间空隙极小，大多数盐溶液以及无机酸等无法渗透到纤维内部，具有良好的耐腐蚀性能；但强酸强碱溶剂会造成芳纶 1414 不同程度强力损失(表 6-1)。此外，由于酰胺基团(发色基团)的存在，使得芳纶 1414 大分子结构对紫外线较为敏感，在 300～

450 nm 波长处吸收紫外线易降解老化，强度下降。

表 6-1 芳纶 1414 在化学试剂中稳定性

化学试剂	温度/℃	时间/h	浓度/%	强度损失/%	
				Kevlar-29	Kevlar-49
盐酸	21	100	37	72	63
氢氟酸	21	100	10	10	6
硝酸	21	100	10	79	77
硫酸	21	1 000	10	59	31
氢氧化钠	21	1 000	10	74	53
丙酮	21	1 000	100	3	1
乙醇	21	1 000	100	1	0
煤油	60	500	100	99	0
自来水	100	100	100	0	2

芳纶 1414 热稳定性极佳。芳纶 1414 对温度不敏感，可在 −196 ℃低温环境中工作；在 150 ℃时热收缩率为零，在 190 ℃时热收缩率≤0.1%；在 300 ℃时短时间作业几乎对强力不产生影响；在 500 ℃高温下不分解，可用作极端环境下工作服，如高温炉前服等。同时，芳纶 1414 阻燃性能突出，极限氧指数高于 28%，可有效抵御高温火焰，可用作消防避火服等。

芳纶 1414 因结构与性能十分优异，使其在安全防护领域应用逐步扩大，因此对芳纶 1414 染色性能提出了更高要求。然而，芳纶 1414 结晶度和取向度较高、化学惰性强、亲水性能差，染色困难，同时对其染色条件和工艺设备也提出了较高要求。芳纶 1414 的染色方法包括纤维成型前着色和成型后染色两种。到目前为止，国内商业化芳纶 1414 色丝生产技术是利用纺前着色的原液染色法，该法省去了印染工序，实现了中大批量化生产；但该法生产不灵活，不适用小批量生产；芳纶 1414 通过成型后染色的方法如预处理改性或载体染色法也被广泛关注。

6.1.1.3 芳纶 1414 染色技术

(1) 原液染色法。芳纶 1414 原液着色法是指将着色剂加入纺丝原料中，通过化学反应或物理机械作用使得着色剂与纺丝原料充分混合，再经纺丝凝固成型，获得有色纤维，从而解决了染料难以通过后染染色进入芳纶 1414 大分子非结晶区内部的难题。

20 世纪 90 年代初期，欧洲一些发达国家先后发明了芳纶 1414 原液着色技术，获得了初始模量高于 50.6 GPa、强度大于 2.28 GPa 的有色纤维。2014 年，中国烟台泰和新材料股份有限公司通过不断探索和改进，成功研发出了芳纶 1414 原液着色色丝生产技术。该法基本过程是将红、黄、蓝三原色颜料作为芳纶 1414 着色剂，通过物理分散方法将有机颜料按配比分散于浓H_2SO_4溶液中，再与聚合物混合、溶解，经干喷湿纺法制备得到芳纶1414色丝，该法无需印染工序，生产流程短，上染率高，得色均匀。但其对生产设备沾色严重，要配备专用混合设备，且换色时要清洗设备，成本较高；色母粒等仅有红、黑、黄等单一颜色，色系不全，色光暗淡，难以满足深色要求；同时，着色后的芳纶1414纤维和长丝不能再进行织后染色，无法灵活应对客户需求；此外，在高温条件下生产加工，颜色难以控制，其工艺参数极微小的变化，均会影响芳纶1414成品的色泽。

(2) 预处理改性染色法。芳纶1414预处理改性染色法是指先对纤维进行化学、物理或化学与物理协同表面改性，将活性基团引入芳纶1414大分子表面或增加其表面粗糙程度，提升芳纶1414表面活性，增加染料与纤维大分子间的相互作用，从而提高其染色性能。化学预处理和物理预处理改性法是芳纶1414常用的预处理改性染色法。

① 化学预处理改性法：芳纶1414的化学预处理改性法主要有酸碱表面刻蚀、接枝和共聚改性三种方式。利用化学试剂作用于芳纶1414，使其大分子结构中的酰胺键断裂，可将—NH_2、—NO_2等活性基团，—COOH、—OH、—COO—等含氧官能团以及柔性第三单体引入纤维表面，增加其染色位点；同时在化学试剂作用下，纤维大分子结晶形态被部分破坏，无定形区域增加，染料更易进入纤维，对芳纶1414染色起到积极作用。

芳纶1414纤维化学预处理改性染色法具有较好的染色深度和牢度，但反应不易得到控制，且化学试剂对芳纶1414造成的不可逆损害影响其机械性能，进而对服用性能产生影响；同时以水为介质的染色和整理过程会加剧环境污染，因此该法工业化生产应用较少。

② 物理预处理改性法：芳纶1414物理预处理改性法通过超声波、等离子体、紫外线、γ射线辐射等技术作用于纤维，在其表面引入极性基团，提高其表面活性与粗糙程度，芳纶1414与染料的结合力以及吸附能力得到提升，有利于染色。

尽管物理改性对芳纶1414损伤小，对环境和人体的危害较小，但因实验所用超声波清洗仪、紫外线辐照设备等均为小型仪器，只适用于小批量生产，若要实现中大批量生产，染色成本增加。此外，物理预处理法有时效性，某种程度上限制了其广泛应用。

(3) 载体染色法。载体染色法是芳纶1414后染生产过程中广泛采用的一种方法。载体是可以促进纤维上染、对纤维和染料都具有亲和性的有机小分子化合物(苯酚、胺、芳烃、酯等)。载体染色法是将纤维与载体共同加入染液中，纤维在含有载体的染液中增塑膨胀，其分子间孔隙扩大，染料分子更易进入孔隙处与纤维结合，染料在其内部扩散速度得到提升，有更多染料上染纤维使其染色效果得到改善。载体作用于芳纶1414纤维大分子，破坏了大分子间氢键，分子间相互作用减弱，链段在无定形区内的活动程度提高，分子结构变得松弛；使得芳纶1414结晶度降低，染色效果提高。

芳纶1414原液染色、预处理改性染色、载体染色等方法提高了芳纶1414的染色效果，但以上染色方法均需要消耗大量淡水资源、产生较多染色污水，有机助剂不易被降解，对环境产生严重影响，不符合绿色生态可持续性发展要求。为解决芳纶1414染色困难、污染严重等问题，探索一种清洁且有效的芳纶 1414 染色方法至关重要。

芳纶 1414 分子结构中活性基团少、化学惰性强、表面亲水性低、界面附着力小、染色性能差，以水为介质的芳纶 1414 的染色方法，在染色过程中会产生大量废水，严重污染环境，导致芳纶 1414 在防护服装领域的应用成为“短板”。超临界 CO_2 流体作为水浴染色的替代技术，具有流程短、无污染、染料可循环、无助剂添加等优势，为芳纶 1414 清洁化染色提供了新视角。

在超临界 CO_2/聚合物二元体系中，CO_2 流体对非晶聚合物有较强的溶胀和增塑作用，使得聚合物非晶区大分子链段活动增强，分布在聚合物分子链间的 CO_2 分子对其分子链的运动起到润滑作用，聚合物高分子链在未达到原来开始运动的温度时提前运动，聚合物大分子的 T_g 下降；同时聚合物活动增强使其链段发生解取向，其结晶区取向部分的反式构象链段向非晶区无规则的顺式构象转变，聚合物大分子链段取向度下降；而聚合物 T_g 和取向度的降低有利于其染色。此外，在超临界 CO_2 体系下对间位芳纶的结构及性能变化规律已有相关报道，且该规律为间位芳纶超临界 CO_2 染色提供了数据支撑。间位芳纶大分子排列为锯齿状，酰胺键与苯环间位连接使其具有柔性结构，并在超临界 CO_2 作用下发生增塑和溶胀，促进了染料在间位芳纶内部扩散，上染率得到提升。与间位芳纶相比，芳纶 1414 大分子主链结构以连续的苯环链为骨架并与酰胺基团共轭，分子链间存在氢键共平面，使得芳纶 1414 表面更为光滑致密且惰性更强。因此，研究超临界 CO_2 体系下芳纶 1414 结构及性能演变行为对探究其染色性能至关重要。然而到目前为止，关于芳纶 1414 超临界 CO_2 体系下结构及性能变化规律鲜有相关报道。

6.1.2 超临界 CO_2 温度对芳纶 1414 结构影响

6.1.2.1 温度对芳纶 1414 表面形貌影响

在 80～200 ℃、24 MPa、处理时间为 60 min 的条件下，观察超临界 CO_2 处理前后芳纶 1414 的表面形貌变化 SEM 图，并与常压变温处理的纤维形貌变化进行对比。图 6-4 所示为常压变温处理前后芳纶 1414 SEM 图，图 6-5 为超临界 CO_2 处理前后 SEM 图。

如图 6-4(a)和图 6-5(a)所示，芳纶 1414 原样表面相对光滑，有较小的颗粒状物质和较浅的凹槽。在 80～120 ℃的常压处理后，芳纶 1414 表面形貌与原样有细微差别[图 6-4(b～c)]；当处理温度在 160～200 ℃时，样品表面粗糙度比纤维原样增加，其表面出现一些微小的凸起和较小的褶皱[图 6-4(d～e)]。与常压变温作用相比，芳纶 1414 经超临界 CO_2 处理后其表面形貌变化较大，且随 CO_2 流体温度的升高变化显著。当 CO_2 流体处理温度为 80 ℃时，芳纶 1414 表面相对光滑；经 120 ℃处理后，纤维表面沟槽数量增加并有凸起出现。由图 6-5(d)和图 6-5(e)可知，当超临界 CO_2 温度达到 160～200 ℃时，芳纶 1414 表面出现了许多不均匀的凸起、较深的沟槽和更多的褶皱，比常压变温处理的表面更粗糙。

这是由于 CO_2 流体处理温度增加，分子运动速率加快，芳纶 1414 大分子链段运动加剧，其表面有低聚物和齐聚物析出。此外，CO_2 流体优异的传质性能和低表面张力也使其表面变得粗糙不均匀。

(a) 原样　(b) 80 ℃　(c) 120 ℃　(d) 160 ℃　(e) 200 ℃

图 6-4　常压变温处理芳纶 1414 SEM 图

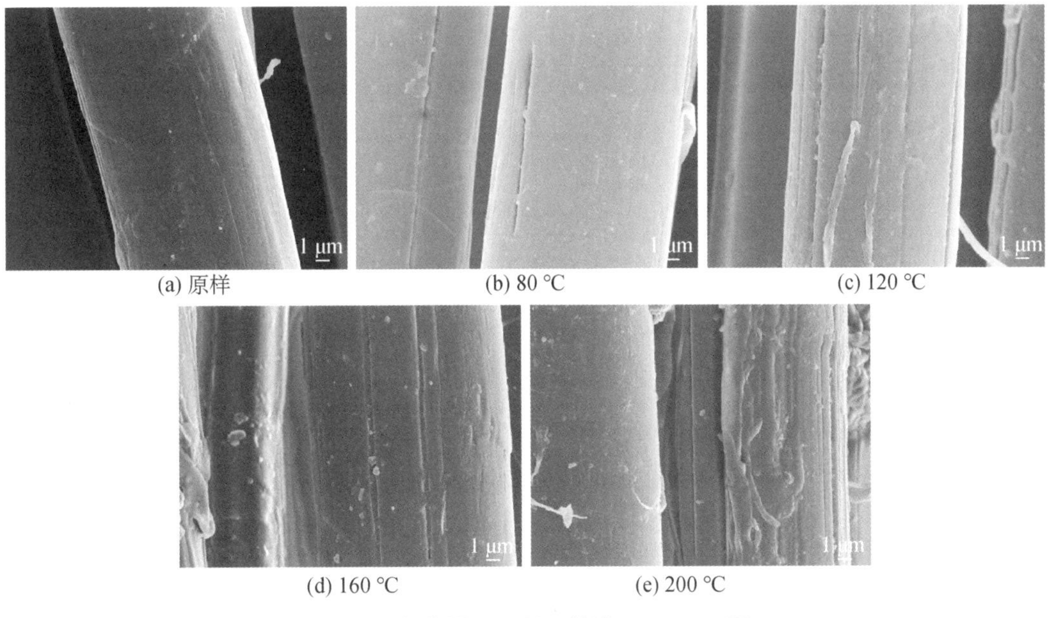

(a) 原样　(b) 80 ℃　(c) 120 ℃　(d) 160 ℃　(e) 200 ℃

图 6-5　超临界 CO_2 处理芳纶 1414 SEM 图

6.1.2.2 温度对芳纶1414大分子结构影响

在80～200 ℃、24 MPa的条件下，采用FT-IR测试了超临界CO_2处理前后芳纶1414大分子结构，并与常压变温处理的纤维结构进行对比。如图6-6所示为处理前后芳纶1414 FT-IR谱图。

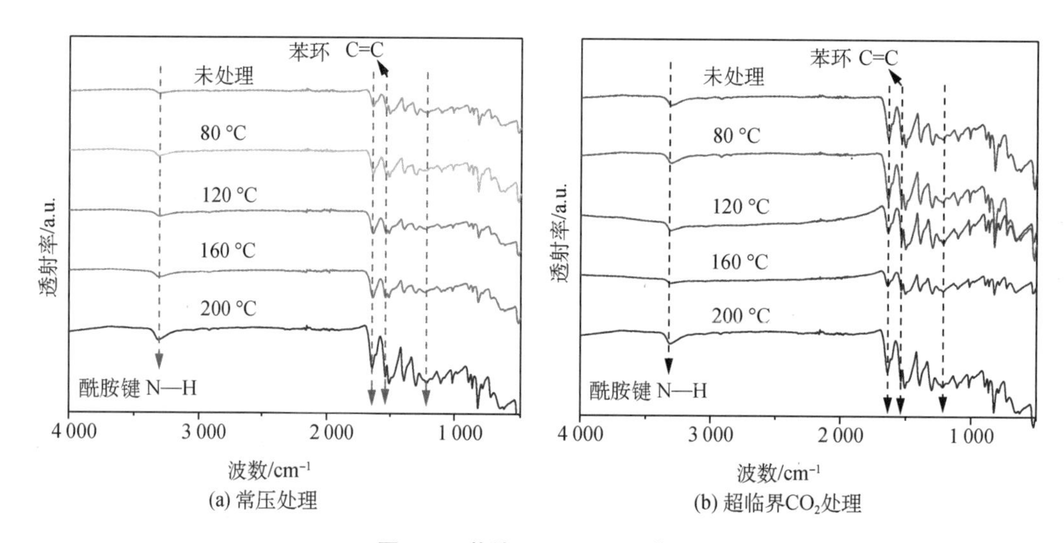

图6-6 芳纶1414 FT-IR谱图

由图6-6可知，未处理的芳纶1414在3 312 cm^{-1}处附近显示出较强的吸收带，对应特征峰归属于芳纶1414大分子结构中酰胺键的N—H伸缩振动；芳纶1414酰胺键的C═O伸缩振动峰显示在1 639 cm^{-1}处附近的吸收带；其酰胺键的C—H伸缩振动对应于1 219 cm^{-1}处的吸收带。此外，在1 537 cm^{-1}处出现了较弱的吸收带，这是由于芳纶1414大分子结构中苯环的C═C伸缩振动而形成的。此外，对比图6-6(a)与图6-6(b)可知，不同温度常压处理和超临界CO_2处理前后，芳纶1414的FT-IR谱图中均未出现新的特征峰，表明超临界CO_2处理对芳纶1414的大分子结构影响不显著。

6.1.2.3 温度对芳纶1414润湿性能影响

理论上，良好的润湿性对芳纶1414材料的界面附着力和染色性能有积极的影响。因此，采用表面张力仪观察超临界CO_2处理前后芳纶1414的润湿行为，并与常压变温处理的芳纶润湿性进行对比，结果如图6-7所示。

由图6-6可知，未处理芳纶1414样品水接触角为136.2°，样品经超临界CO_2处理和常压变温作用后其水接触角显著降低，且随着处理温度的升高，芳纶1414的水接触角降低程度越显著。对比图6-7(a)和图6-7(b)可知，当CO_2流体处理温度从80 ℃升高到200 ℃时，超临界CO_2处理后芳纶1414水接触角均低于常压变温处理的样品水接触角；当CO_2流体温度为200 ℃时，样品的水接触角为91.4°，芳纶1414的亲水性明显改善。这是因为

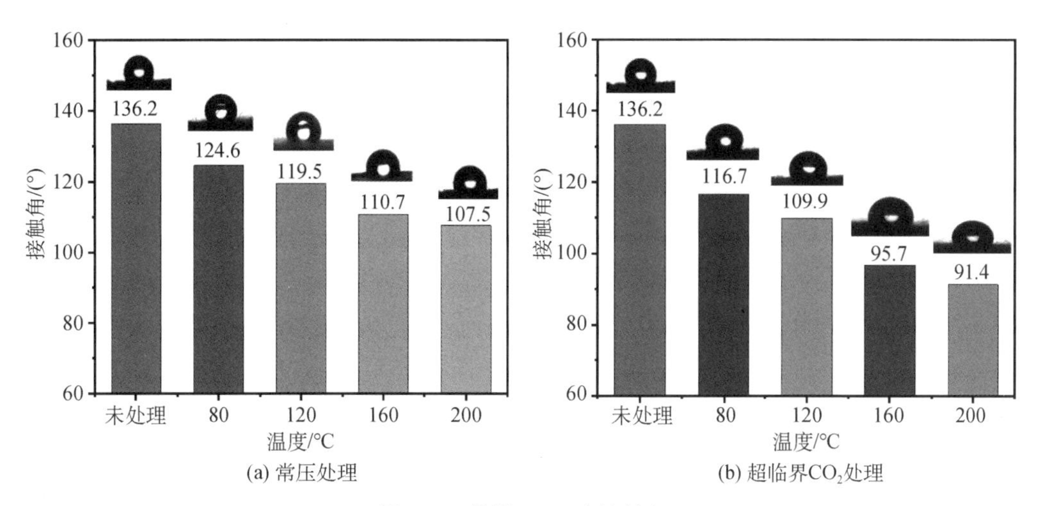

图6-7 芳纶1414水接触角

随着 CO_2 流体处理温度的升高，纤维表面沟槽与皱褶数量增多，芳纶1414表面显示出粗糙程度增大，比表面积随之增加，水分子和纤维大分子间的接触面积增加，亲水性改善，芳纶1414的润湿性能得到提升。此外，由于芳纶1414在生产过程中添加的纺丝油剂或油污在纤维上存在残留，而超临界 CO_2 高温作用能带走纺丝油剂和油污，也在一定程度上改善了其润湿性能。

6.1.2.4 温度对芳纶1414热性能影响

芳纶1414具备优异的热稳定性和极佳的阻燃性，为了探究超临界 CO_2 处理对芳纶1414热稳定性能的影响；在200℃、24 MPa的条件下，采用热重法分析了芳纶1414经超临界 CO_2 处理前后其热分解行为，并与200℃常压处理的芳纶热性能进行对比。芳纶1414原样、常压处理、超临界 CO_2 处理的热降解行为如图6-8所示，热性能参数见表6-2。

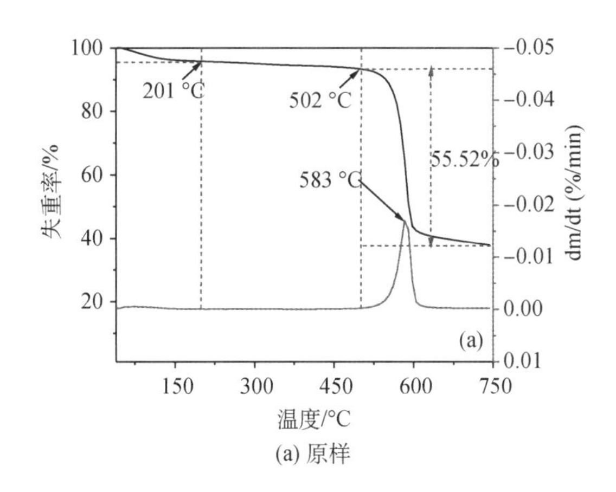

(a) 原样

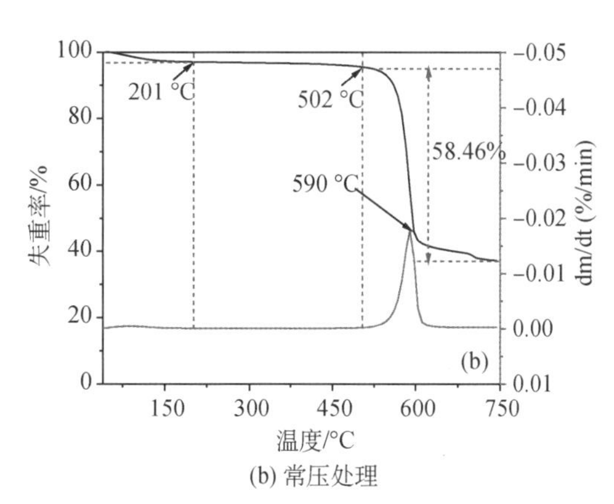

(b) 常压处理

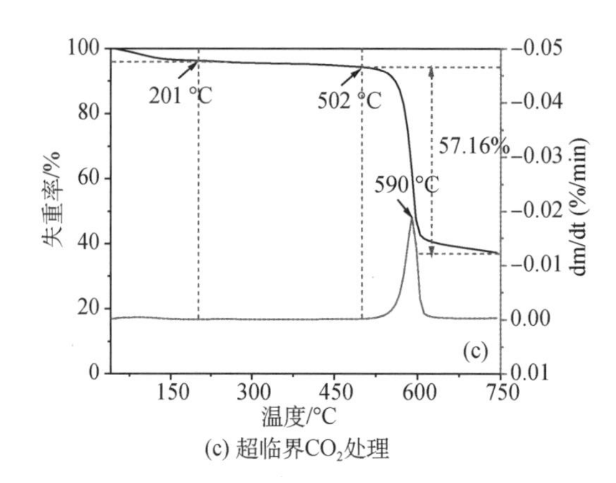

(c) 超临界CO_2处理

图 6-8　芳纶 1414 TG-DTG 曲线

表 6-2　芳纶 1414 热重参数

样品	失重率/%		残留总量/%	最大分解温度/℃
	40～201 ℃	502～750 ℃		
原样	4.21	55.52	37.80	583
常压处理	2.83	58.46	37.22	590
超临界 CO_2 处理	3.63	57.16	37.29	590

由图 6-8 可知，CO_2 流体处理和常压处理前后芳纶 1414 均存在两个主要失重过程，且在 500 ℃前无较大质量损失。芳纶 1414 的第一个失重区在 40～201 ℃，失重率低于 5%，主要由于其大分子吸附的液态水发生汽化所致；第二个失重过程显示在 502～750 ℃，失重率在 55%～59%，失重原因主要是芳纶 1414 大分子结构中酰胺键与苯环的结合键以及氢键的断裂，芳纶 1414 发生快速分解，这与 DTG 曲线上波谷一致。超临界 CO_2 处理和常压处理前后芳纶 1414 的热分解行为未发生明显变化，均只显示出一个吸热峰。由表 6-2 可知，与未处理芳纶 1414 相比，纤维经高温处理后其热稳定性稍有提高；纤维原样最高分解温度出现在 583 ℃，经超临界 CO_2 流体处理和常压处理后样品的最高分解温度出现在 590 ℃；这是由于芳纶 1414 经处理后其表面沉淀物质首先分解。由热性能分析结果可知，在 200 ℃、24 MPa、60 min 的条件下经超临界 CO_2 流体处理后芳纶 1414 纱线仍表现出良好的热稳定性。

6.1.2.5　温度对芳纶 1414 力学性能影响

在 80～200 ℃，研究了芳纶 1414 纱线经不同温度超临界 CO_2 处理和常压变温处理前后的拉伸断裂性能，结果如图 6-9 所示。芳纶 1414 纱线断裂强力随处理温度的增加而呈降低的趋势。当处理温度分别在 80 ℃、120 ℃、160 ℃和 200 ℃时，常压变温处理的纱线断裂强力分别下降了 2.4%、2.9%、4.9%和 7.9%；超临界 CO_2 流体处理后纱线断裂强力分别下降了 1.6%、2.3%、3.1%和 5.2%；同时，芳纶 1414 经超临界 CO_2 流体处理后，其断裂强力比常压变温处理分别提高 0.8%、0.6%、1.8%和 2.7%。这是因为超临界 CO_2 流体具有优异的传质性和渗透作用使其经超临界 CO_2 流体处理后力学性能略好于常压变温处理。

此外，在 200 ℃，常压处理 60 min 后，芳纶 1414 的断裂强力为 2 549.2 N；在 200 ℃、24 MPa，超临界处理 60 min 后，纱线的断裂强力仍可达到 2 622.6 N；表明芳纶 1414 纱线经高温处理后仍显示出较好的拉伸断裂性能。这与芳纶 1414 稳定的结构有关，其大分子主链结构以连续的苯环链为骨架，并与酰胺基团共轭，大分子间存在极大的共价键键能；同时芳纶 1414 分子链间存在氢键共平面，使其具有高强、高模等突出的力学性能。

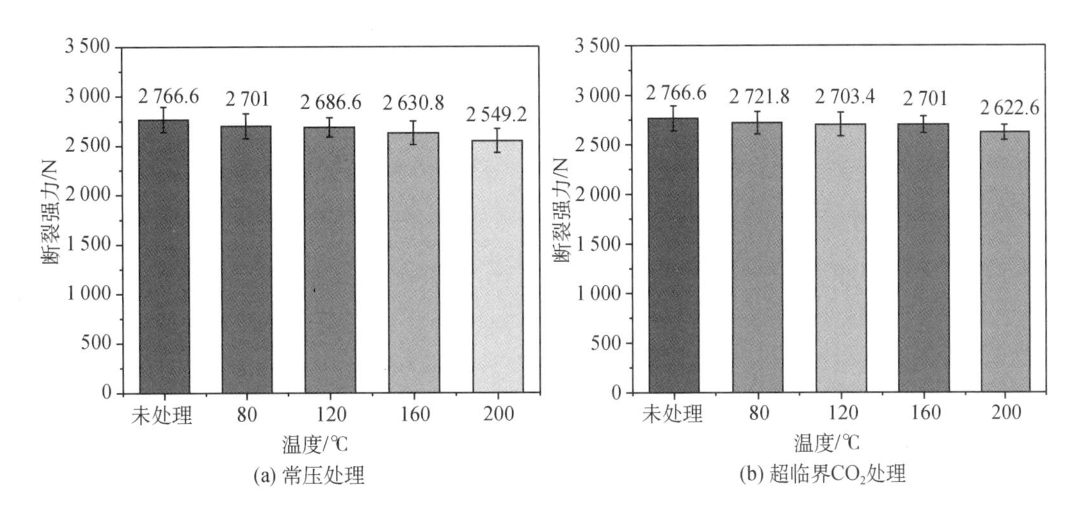

(a) 常压处理　　(b) 超临界 CO_2 处理

图 6-9　芳纶 1414 的机械性能

6.2　芳纶 1414 分散染料超临界 CO_2 染色性能

超临界 CO_2 流体作为一种环保型介质，具有优异的溶解性、良好的扩散性、极佳的传质性能、独特的压缩性，对非极性或极性较弱、相对分子质量较小的染料显示出较好的溶解性能；在所有的染料中，分散染料因其结构中不含水溶性基团、分子极性低、相对分子质量小，在 CO_2 流体中具有良好的溶解性能和扩散性，可用于涤纶、间位芳纶等疏水性纤维在超临界 CO_2 体系下染色，能够获得较好的染色深度和牢度。研究表明，以水为介质的芳纶 1414 分散染料染色也具有较好的染色效果。

分散红 54 给色量高、匀染性好、牢度适中、耐酸碱性好，其在超临界 CO_2 体系下可用于超细涤纶衬布的染色，同时获得较好的染色深度和较高上染量；分散蓝 79 分子结构相对简单、相对分子质量小、疏水性强，在超临界 CO_2 体系下对涤纶拼色染色以及间位芳纶染色具有较好的染色深度和牢度。因此，选用以上两种染料进行芳纶 1414 超临界 CO_2 染色，改善传统水浴染色污染严重的问题。此外，染料的溶解度也是超临界 CO_2 染色过程关键因素之一，其影响了染料在纤维、纱线和织物上的吸附和扩散性能，从而影响了纺织品的染色质量。虽然关于分散红 54 和分散蓝 79 染料溶解度的研究已有文献报道，但由于测试方法和仪器设备以及选取的拟合模型等存在诸多不同，因此，还需对以上两种染料的溶解行为进行分析。

6.2.1 分散红 54 与分散蓝 79 溶解度

6.2.1.1 温度对染料溶解度影响

在超临界 CO_2/染料二元体系中，温度对 CO_2 密度和染料的饱和蒸气压影响较为复杂，两者在不同温度下存在竞争关系。一方面，在压力一定条件下，CO_2 介质密度随二元体系温度升高而下降，分子间距逐渐变大，染料与 CO_2 分子的相互作用减小，溶解度随之降低；另一方面，随二元体系温度升高，染料饱和蒸气压升高，其与 CO_2 分子间的相互作用力增大，溶解性能相应提高。低压区时，温度对 CO_2 密度的影响高于对染料饱和蒸气压的影响，反之亦然，而溶解度曲线变化点，即为“转变压力”。此外，温度升高，超临界体系中溶质和溶剂分子热运动增加，使得固态染料更易于以分子状态进入溶剂介质，染料溶解度也相应增大。

为探究分散红 54 和分散蓝 79 在超临界 CO_2 中的溶解行为，在 80～120 ℃、12～24 MPa 的二元体系下，测定了两种分散染料的溶解度，结果见表 6-3 和表 6-4。由表 6-3 可知，分散红 54 的溶解度数值在 0.57×10^{-6}～10.16×10^{-6} mol/mol 内变化；由表 6-4 可知，分散蓝 79 溶解度在 0.08×10^{-6}～7.16×10^{-6} mol/mol 内变化。在 24 MPa、80～120 ℃时，分散红 54 的溶解度数值由 5.05×10^{-6} mol/mol 增大至 10.16×10^{-6} mol/mol；表明恒定压力下，温度从 80 ℃升高至 120 ℃的过程中，分散红 54 在二元体系中溶解性能不断提升。这是因为二元体系温度增加，分散红 54 饱和蒸气压升高，其与 CO_2 分子间相互作用得到提升，分散红 54 溶解度上升。分散蓝 79 的溶解性能和温度关系较为复杂。分散蓝 79 溶解度在压力低于 22 MPa 时，随二元体系温度升高而呈下降趋势；当压力在 22～24 MPa 内，染料溶解度随压力的升高呈现先增后减的现象，并在 100 ℃时其溶解度达到最大。

表 6-3 分散红 54 溶解度

压力/MPa	$T=80$ ℃		$T=90$ ℃		$T=100$ ℃		$T=110$ ℃		$T=120$ ℃	
	ρ/(kg·m^{-3})	$y/10^{-6}$	ρ/(kg·m^{-3})	$y/10^{-6}$	ρ/(kg·m^{-3})	$y/10^{-6}$	ρ/(kg·m^{-3})	$y/10^{-6}$	ρ/(kg·m^{-3})	$y/10^{-6}$
12	296.74	0.57	264.95	0.81	242.07	1.04	224.47	1.65	210.31	2.39
14	383.38	1.16	335.08	1.37	301.30	1.73	276.12	2.50	256.41	3.02

续表

压力/MPa	T = 80 ℃		T = 90 ℃		T = 100 ℃		T = 110 ℃		T = 120 ℃	
	ρ/(kg·m^{-3})	y/10^{-6}	ρ/(kg·m^{-3})	y/10^{-6}	ρ/(kg·m^{-3})	y/10^{-6}	ρ/(kg·m^{-3})	y/10^{-6}	ρ/(kg·m^{-3})	y/10^{-6}
16	468.44	1.85	408.01	2.09	363.69	2.61	330.47	3.46	304.68	4.51
18	539.07	2.62	475.67	2.93	424.81	3.70	384.99	4.63	353.55	5.90
20	593.89	3.36	533.17	3.90	480.53	4.97	436.85	5.92	401.15	7.28
22	636.74	4.18	580.38	5.01	528.94	5.96	484.04	7.04	445.86	8.79
24	671.27	5.05	619.21	5.95	570.19	7.19	525.80	8.70	486.70	10.16

表 6-4　分散蓝 79 溶解度

压力/MPa	T = 80 ℃		T = 90 ℃		T = 100 ℃		T = 110 ℃		T = 120 ℃	
	ρ/(kg·m^{-3})	y/10^{-6}	ρ/(kg·m^{-3})	y/10^{-6}	ρ/(kg·m^{-3})	y/10^{-6}	ρ/(kg·m^{-3})	y/10^{-6}	ρ/(kg·m^{-3})	y/10^{-6}
12	296.74	0.10	264.95	0.09	242.07	0.09	224.47	0.09	210.31	0.08
14	383.38	0.36	335.08	0.25	301.30	0.19	276.12	0.19	256.41	0.17
16	468.44	0.95	408.01	0.65	363.69	0.47	330.47	0.44	304.68	0.37
18	539.07	1.79	475.67	1.48	424.81	1.10	384.99	0.89	353.55	0.80
20	593.89	2.80	533.17	2.74	480.53	2.06	436.85	1.68	401.15	1.39
22	636.74	4.90	580.38	5.01	528.94	5.03	484.04	4.08	445.86	3.31
24	671.27	6.45	619.21	6.70	570.19	7.16	525.80	6.26	486.70	5.30

6.2.1.2　压力对染料溶解度影响

压力也是影响染料溶解性能的重要因素。当温度一定时，压力从 12 MPa 升高至 24 MPa，分散红 54 和分散蓝 79 溶解度均随二元体系压力的升高呈增大的趋势。在 120 ℃、24 MPa，分散红 54 在二元体系中的溶解度达最大值 10.16×10^{-6} mol/mol；在 100 ℃、24 MPa，分散蓝 79 的溶解度达最大值 7.16×10^{-6} mol/mol。由表 6-3 可知，在 12～16 MPa，分散红 54 的溶解度随体系压力的升高逐渐增大；当压力达到 18 MPa 时，染料溶解度随着压力的升高显著上升。由表 6-4 可知，分散蓝 79 的溶解度也在区低压时呈现缓慢上升趋势，当压力达到 20 MPa 时增加幅度较大。这是因为 CO_2 密度与体系的压力呈正相关，体系压力增大，CO_2 介质密度提高。由表 6-4 可知，在 120 ℃时，压力从 12 MPa 升高至 24 MPa，CO_2 密度由 210.31 kg·m^{-3} 增大到 486.70 kg·m^{-3}；而 CO_2 密度的增加是因为染料分子间的间隔变小，两者间传质距离变短，CO_2 分子与溶质分子间相互作用得到提升，染料的溶解性能得以改善。

6.2.1.3 染料分子结构对溶解度影响

此外，染料的溶解行为与染料相对分子质量大小、分子极性、苯环上取代基团种类等因素有关。染料相对分子质量越小且分子极性越低时，其在 CO_2 流体中越易溶解，有利于染料溶解性能的提升。对比两种分散染料的溶解度数值可以发现，分散红 54 溶解性能总体上优于分散蓝 79。从分子结构角度分析，两种染料同为偶氮类染料，其基本结构相似；与分散红 54 相比，分散蓝 79 的苯环结构上连接了—$NHCOCH_3$、—NO_2 和—OC_2H_5 等极性基团，增加了其分子极性，而根据相似相溶的原理，极性大的分散蓝 79 在二元体系下的溶解度降低。此外，分散红 54 相对分子质量为 415.88 g/mol，低于分散蓝 79，相对分子质量越小越有利于溶解度增加，因此分散红 54 溶解度相对较大。

6.2.1.4 溶解度模型拟合

溶解度模型可用于预测、检验以及校正实验范围内外染料的溶解度，常用的有压缩气体、膨胀流体、计算机模拟以及经验模型四大类。经验模型因其所用溶质物性参数少且关联效果好被广泛应用于关联和预测实验范围内溶质的溶解度。应用较多的经验模型有 Chrastil、Bartle、K-J 和 SS 模型，且以上经验模型可以将染料的溶解度与二元体系温度、压力以及 CO_2 流体密度紧密地联系在一起。因此，选用以上 4 种模型对测定的分散红 54、分散蓝 79 溶解度数值进行拟合，建立溶解度预测方程，为芳纶 1414 染色提供染料溶解行为基础数据。

(1) Christil 模型。Christil 模型是研究最早且应用最广泛的经验模型，表示超临界 CO_2 体系中溶质与溶剂关系，如公式(6-1)所示：

$$\ln y = k\ln\rho + \frac{a}{T} + b \tag{6-1}$$

式中：a、b、k——Chrastil 模型参数，由试验数据多元线性回归得到；

ρ——CO_2 密度，$kg \cdot m^{-3}$；

T——二元系统绝对温度，K。

根据 Chrastil 模型关联拟合得到分散红 54 和分散蓝 79 溶解度预测方程见表 6-5。将表 6-3 和表 6-4 中分散染料的溶解度数据代入公式(6-1)，得到以 $\ln\rho$ 为横坐标，以 $\ln y$ 为纵坐标的拟合曲线(图 6-10)，两种染料 $\ln y$ 值均随 $\ln\rho$ 的增加而增加。分散红 54 和分散蓝 79 对应的 Chrastil 模型总体拟合水平(R^2)分别为 0.98 和 0.99，表明两种染料经 Chrastil 模型拟合后效果均较好。

表 6-5 Chrastil 模型方程和 AARD%值

	拟合方程	AARD%
分散红 54	$\ln y = 2.172\ln\rho - \frac{6\,041.956}{T} - 9.431$	6.74

续表

	拟合方程	AARD%
分散蓝 79	$\ln y = 5.084\ln\rho - \frac{4\,760.314}{T} - 31.603$	12.92

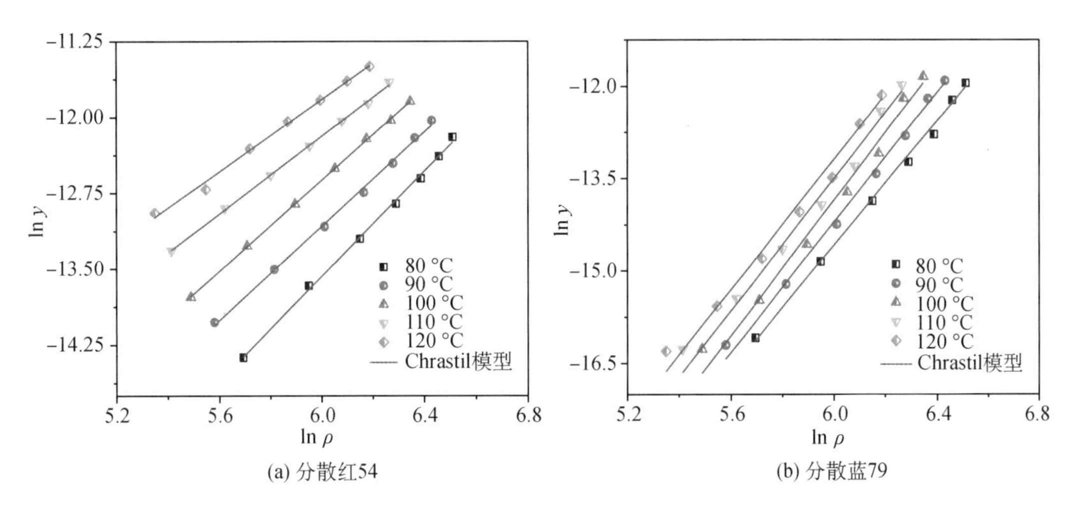

(a) 分散红54　　(b) 分散蓝79

图 6-10　Chrastil 模型拟合曲线

与分散红 54 溶解度相关文献报道相比，选用 Chrastil 模型计算得到的 AARD%值为 6.74%，略小于文献中 AARD%值（6.92%）；与分散蓝 79 溶解度文献相比，本研究中 AARD%值为 12.92%，远小于文献中 AARD%值 27.70%；而 AARD%值越小，表示拟合精度越好。因此得到的两种分散染料溶解度数据具有更好的可靠性。

（2）Bartle 模型。Bartle 模型通过引入参考压力（P_{ref}）、参考密度（ρ_{ref}）来表达溶解度与温度、密度的关系，如公式（6-2）所示：

$$\ln\frac{yP}{P_{ref}} = a + \frac{b}{T} + c(\rho - \rho_{ref}) \tag{6-2}$$

式中：a、b、c——Bartle 模型参数；

P_{ref}——参考压力，0.1 MPa；

ρ_{ref}——CO_2 参考密度，700 kg/m^3。

根据 Bartle 模型关联拟合得到的两种染料溶解度的预测方程见表 6-6，拟合曲线如图 6-11 所示。将实验测得的溶解度数据代入 Bartle 模型公式中，得到以 $\rho - \rho_{ref}$ 为横坐标，以 $\ln(yP/P_{ref})$ 为纵坐标的拟合曲线，且 $\ln(yP/P_{ref})$ 均随 $\rho - \rho_{ref}$ 的增加而增加。分散红 54 和分散蓝 79 对应的 Bartle 模型拟合水平 R^2 分别为 0.99 和 0.98，拟合效果均较好；AARD%值分别为 6.96%和 19.04%，分散红 54 的拟合精度优于分散蓝 79。

表 6-6　Bartle 模型方程和 AARD%值

	拟合方程	AARD%
分散红 54	$\ln\frac{yP}{P_{ref}}=14.534-\frac{7\,410.293}{T}+0.008(\rho-\rho_{ref})$	6.96
分散蓝 79	$\ln\frac{yP}{P_{ref}}=12.504-\frac{6\,367.943}{T}+0.015(\rho-\rho_{ref})$	19.04

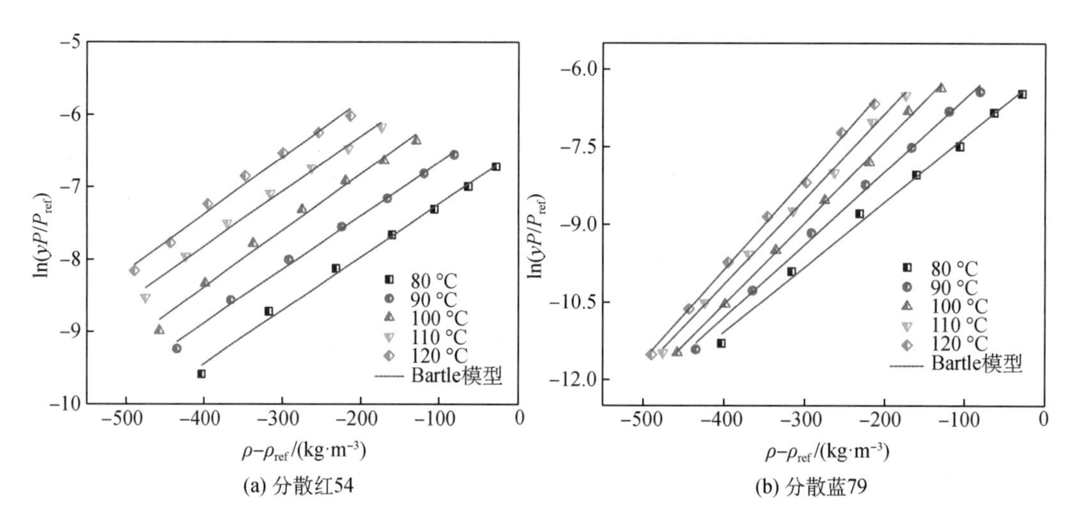

图 6-11　Bartle 模型拟合曲线

(3) K-J 模型。K-J 模型描述溶解度与温度和密度的关系，如公式(6-3)所示：

$$\ln y = A + \frac{B}{T} + C\rho \tag{6-3}$$

式中：A、B、C——K-J 模型经验常数。

根据 K-J 模型关联得到的分散红 54 和分散蓝 79 溶解度预测方程见表 6-7，拟合曲线如图 6-12 所示。将溶解度数据代入 K-J 模型公式中，得到以 CO_2 密度为横坐标，以 $\ln y$ 为纵坐标的拟合曲线，且随横坐标 CO_2 密度的增大，两种染料的 $\ln y$ 值均增加。

表 6-7　K-J 模型方程和 AARD%值

	拟合方程	AARD%
分散红 54	$\ln y=1.859-\frac{6\,265.692}{T}+0.006\rho$	5.98
分散蓝 79	$\ln y=-5.287-\frac{5\,223.342}{T}+0.013\rho$	16.82

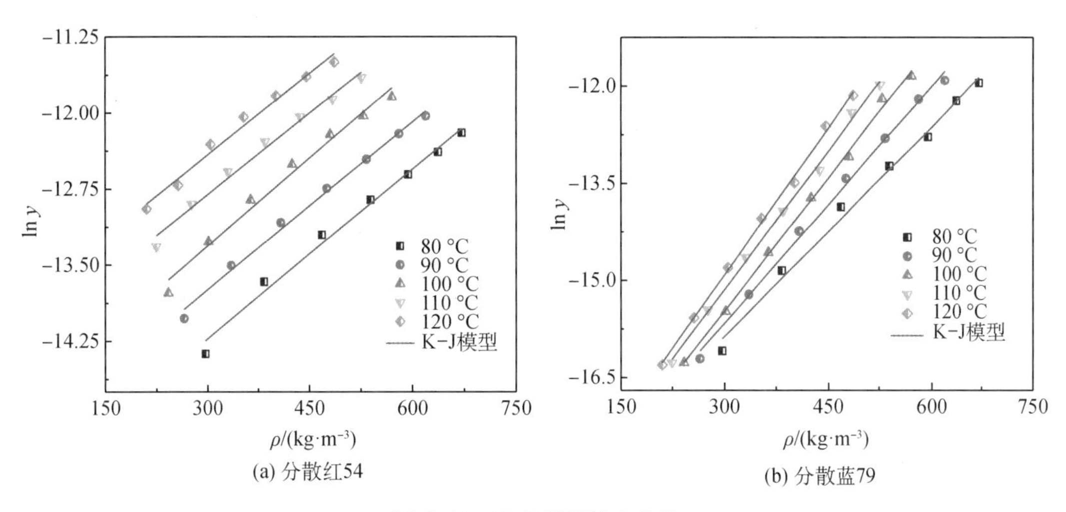

图 6-12　K-J 模型拟合曲线

分散红 54 和分散蓝 79 的 K-J 模型的总体拟合水平 R^2 分别为 0.99 和 0.98，曲线拟合效果较好。两种染料的 AARD%值见表 6-7，与分散蓝 79 文献相比，选用 K-J 模型计算 AARD%值为 16.82%，略小于文献中同种模型值 17.20%。因此，所得到的分散蓝 79 溶解度数据具备更好的可靠性。

(4) SS 模型。SS 模型是经 Chrastil 模型通过多次修改而得，见公式(6-4)：

$$\ln y=\left(c+\frac{d}{T}\right)\ln\rho+\frac{a}{T}+b \tag{6-4}$$

式中：a、b、c、d——SS 模型的经验常数。

根据 SS 模型关联拟合得到的分散红 54 和分散蓝 79 的溶解度预测方程见表 6-8 所示，拟合曲线如图 6-13 所示。

表 6-8　SS 模型方程和 AARD%值

	拟合方程	AARD%
分散红 54	$\ln y=33.390-\frac{22\,014.906}{T}+\left(\frac{2\,653.881}{T}-4.949\right)\ln\rho$	2.88
分散蓝 79	$\ln y=-34.722-\frac{3\,596.701}{T}+\left(-\frac{193.333}{T}+5.603\right)\ln\rho$	12.92

将溶解度数据代入 SS 模型公式，其拟合曲线与 Chrastil 拟合曲线相同，也是描述 $\ln\rho$ 与 $\ln y$ 之间的关系，且 $\ln y$ 随 $\ln\rho$ 的增加而增加。分散红 54 的 SS 模型总体拟合水平 R^2 为 0.997，约为 1；分散蓝 79 的 R^2 为 0.99，两种染料拟合效果均较好。两种染料的 AARD%值如表 6-8 所示，与分散蓝 79 文献相比，选用 SS 模型计算 AARD%值为

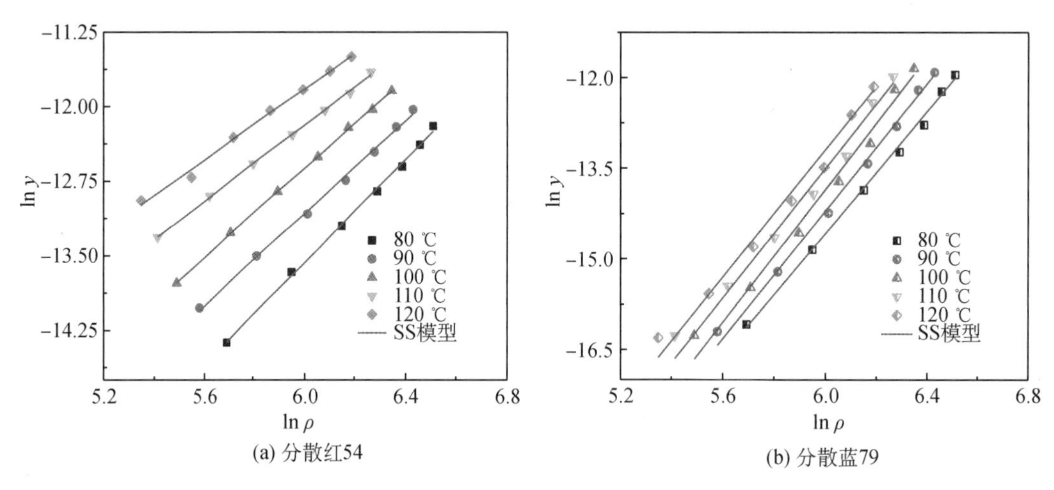

(a) 分散红54　(b) 分散蓝79

图 6-13　SS 模型拟合曲线

12.92%，小于文献中同种模型值(21.10%)；由此可知，本研究中得到的分散蓝 79 溶解度数据具有更好的可靠性。

此外，分散红 54 染料 SS 模型拟合得到的 AARD%值为 2.88%，与另外三种模型相比拟合精度最优，因此可用 SS 模型可预测实验范围内分散红 54 的溶解度。分散蓝 79 染料 SS 模型拟合得到的 AARD%值与 Chrastil 模型拟合值相同，均为 12.92%，与另外两种模型相比拟合精度较优；由此可知，选用 Chrastil 和 SS 分子缔合模型预测的分散蓝 79 的溶解度与实际测量的溶解度值均具有较高的吻合性。

在超临界 CO_2/染料二元体系下，分散红 54 和分散蓝 79 在 80～120 ℃，16～24 MPa 范围内具有较好的溶解性能，且溶解度均随二元体系压力的增加而升高，不同染料结构对溶解度也会产生影响，为其在超临界 CO_2/芳纶 1414/染料三元体系下对芳纶 1414 染色提供依据。因此，基于两种分散染料的溶解行为，探索了不同温度、压力、时间等参数对芳纶 1414 超临界 CO_2 染色效果的影响。

6.2.1.5　超临界 CO_2 工艺对芳纶 1414 染色性能影响

(1) 温度对芳纶 1414 分散染料染色性能影响。为探究超临界 CO_2 流体温度对芳纶 1414 染色性能的影响，在 80～120 ℃、22 MPa、60 min、染料用量在 5%(o. w. f.)的三元体系下对芳纶 1414 进行染色。如图 6-14 所示，当温度为 80 ℃时，两种染料染色后芳纶 1414 K/S 值均在 1.0 以下；当温度从 80 ℃升高到 120 ℃时，芳纶 1414 染色效果得到改善，K/S 值明显增加；在 120 ℃时，K/S 值均达到最大。这是由于在超临界 CO_2 中，温度越高，芳纶 1414 大分子和染料分子的热运动越强，分散红 54 和分散蓝 79 饱和蒸气压增加，两种染料的溶解性能得到改善，更多染料分子向纤维大分子内部扩散，有利于染色。由于聚合物在超临界体系下发生增塑和膨胀，染料分子更易进入芳纶 1414 大分子内部，加快了纤维在三元体系中的染色速率。因此，提高温度有利于芳纶 1414 在超临界 CO_2 流体中染色。

此外，在80～120 ℃的温度范围内，分散红54对芳纶1414的染色效果稍好于分散蓝79。这主要与两种染料分子结构以及相对分子质量大小相关，分散红54的分子极性和相对分子质量均小于分散蓝79，在测试条件范围内，分散红54溶解度总体上稍高于分散蓝79；而染料溶解性能越好，CO_2流体携带的染料越多，与芳纶1414的接触面积越大，染色效果越好。因此，分散红54对芳纶1414的染色效果略好于分散蓝79。

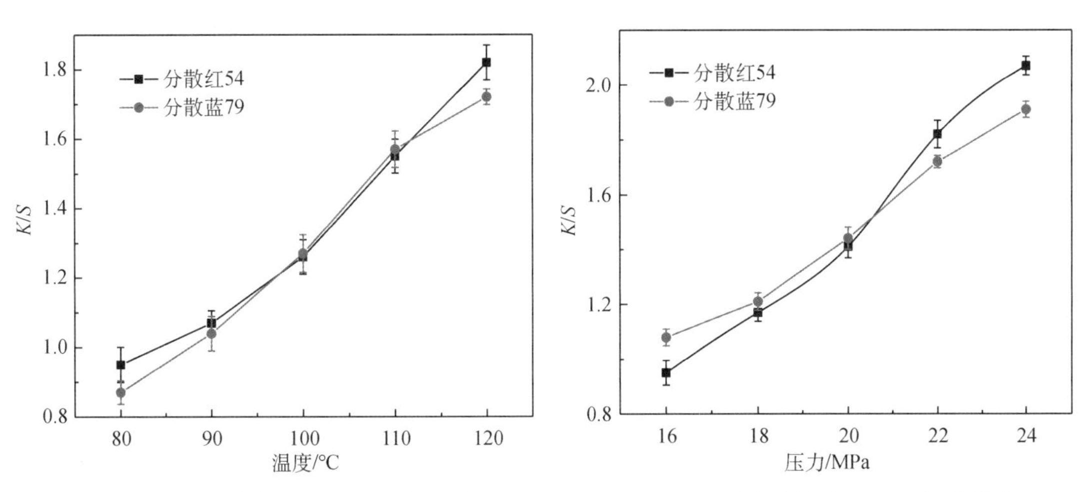

图6-14　温度对芳纶1414 K/S值影响　　图6-15　压力对芳纶1414 K/S值影响

(2) 压力对芳纶1414分散染料染色性能影响。为探究压力对芳纶1414染色效果的影响，考察了在16～24 MPa、120 ℃、60 min、染料用量5%(o. w. f.)的条件下，分散红54和分散蓝79在三元体系中对芳纶1414的染色性能。

由图6-15可知，芳纶1414经两种染料染色后的K/S曲线变化趋势较为相似；当压力为16 MPa时，染色芳纶1414 K/S值均在1.2以下；当三元体系压力从16 MPa增加至24 MPa时，染色样品的K/S值迅速增加，压力越大，其染色效果越好。在压力达到24 MPa时，经分散红54和分散蓝79染色后其K/S值均为实验范围内最大值，分别为2.07和1.91。当三元体系压力增大时，CO_2介质密度升高，其与染料分子间的间距变小，传质距离缩短，染料与CO_2分子间相互作用得到加强，从而增加了染料在三元体系下的溶解性和扩散性，芳纶1414染色效果得到改善。此外，超临界CO_2作为分子润滑剂与芳纶1414聚合物大分子相互作用，使得纤维大分子在较高的压力下发生溶胀作用，CO_2流体携带更多染料进入纤维内部进行染色。

(3) 时间对芳纶1414分散染料染色性能影响。为研究三元体系下染色时间对芳纶1414染色效果的影响，在15～90 min、120 ℃、24 MPa、染料用量在5%(o. w. f.)的条件下对芳纶1414纱线进行染色。

由图6-16可知，当染色时间在15 min时，分散红54和分散蓝79染色后的芳纶1414

的 K/S 值均低于 1.0；当时间从 15 min 延长至 45 min，芳纶 1414 染色试样的 K/S 值迅速升高；当时间达到 60 min 后，K/S 值变化不明显。这表明在超临界 CO_2 作用下，两种分散染料均可以在 60 min 内迅速通过纤维扩散边界层吸附在芳纶 1414 表面，并向其内部扩散，染料在纤维内部实现上染。当染色时间超过 60 min 后，两种染料在超临界 CO_2 作用下吸附接近饱和，继续增加时间对染色芳纶 1414 的 K/S 值几乎不产生影响。

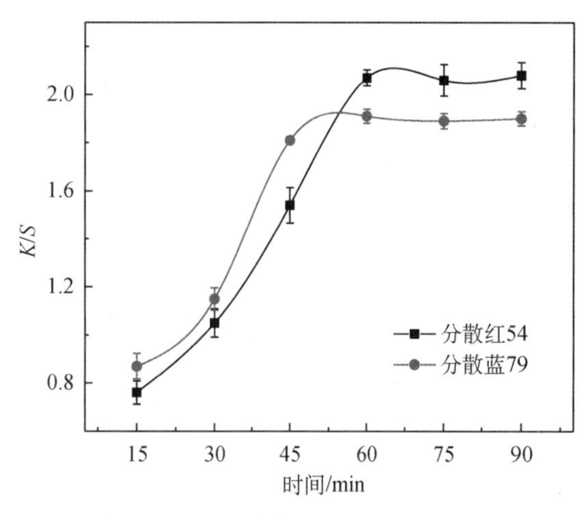

图 6-16　时间对芳纶 1414 K/S 值影响

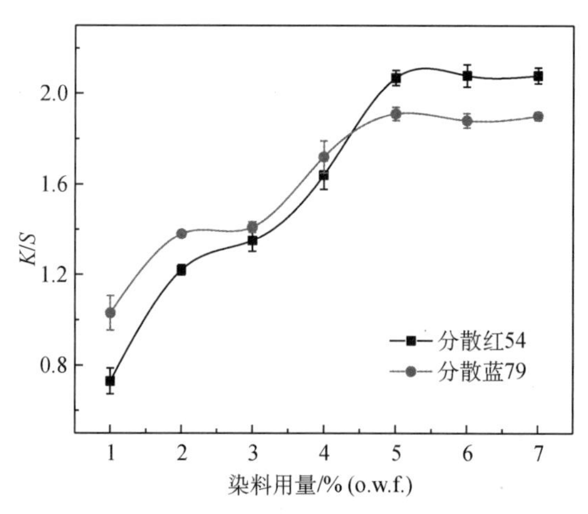

图 6-17　染料用量对芳纶 1414 K/S 值影响

(4) 分散染料用量对芳纶 1414 染色性能影响。为探究分散红 54 和分散蓝 79 用量对芳纶 1414 染色效果的影响，在 120 ℃、24 MPa、60 min、染料用量在 1%～7%(o. w. f.)的三元体系下，分析芳纶 1414 的染色性能。由图 6-17 可知，当染料用量在 1%(o. w. f.)时，染色芳纶 1414 K/S 值较小；当染料用量由 1%(o. w. f.)增加至 5%(o. w. f.)时，染色试样的 K/S 值明显升高；当染料用量达到 5%(o. w. f.)时，继续增加其用量对芳纶 1414 的染色效果影响不明显。这是由于染料用量越大，芳纶 1414 表层吸附的染料量越多，在纤维表层与其大分子内部形成了浓度梯度，染料从高浓度纤维表层迅速扩散到其内部，加速了染料对芳纶 1414 上染过程。当染料用量达到 5%(o. w. f.)时，芳纶 1414 纱线在超临界 CO_2 体系中对分散红 54 和分散蓝 79 的吸附能力达到饱和。

综上所述，芳纶 1414 经分散红 54 和分散蓝 79 超临界 CO_2 染色后，其 K/S 值均随体系温度升高而增加，但在 120 ℃染色芳纶 1414 的 K/S 值仍低于 2。因此，对芳纶 1414 超临界 CO_2 高温染色进行探索。然而，分散红 54 和分散蓝 79 在高温高压条件下容易发生熔融，不适宜超临界 CO_2 高温染色，染深性不足；因此筛选耐高温且能够上染芳纶 1414 的染料至关重要。

(5) 分散染料超临界 CO_2 染色芳纶 1414 物化性能。

① SEM 分析：在 120 ℃、24 MPa、60 min 以及染料用量在 5%(o. w. f.)的三元体系下，对芳纶 1414 纱线染色，并利用 SEM 观察分散染料超临界 CO_2 染色前后芳纶 1414 的表观

形貌。

如图 6-18(a)所示，未染色芳纶 1414 纱线表面形貌相对光滑，几乎没有杂质附着。如图 6-18(b)所示，经分散红 54 超临界 CO_2 流体染色后，芳纶 1414 纱线表面变得粗糙，出现明显的沟槽和褶皱；如图 6-18(c)所示，经分散蓝 79 超临界染色后，芳纶 1414 纱线表面出现许多凸起和斑片状颗粒。与未染色的样品相比，染色芳纶 1414 表面变得粗糙不均匀，这主要是由于超临界 CO_2 具有优异的传质性，使得芳纶 1414 表面有低聚物和齐聚物析出，表面变得更加粗糙。此外，有少量的染料颗粒附着在芳纶 1414 表层使其显色，增加了其表面粗糙程度。

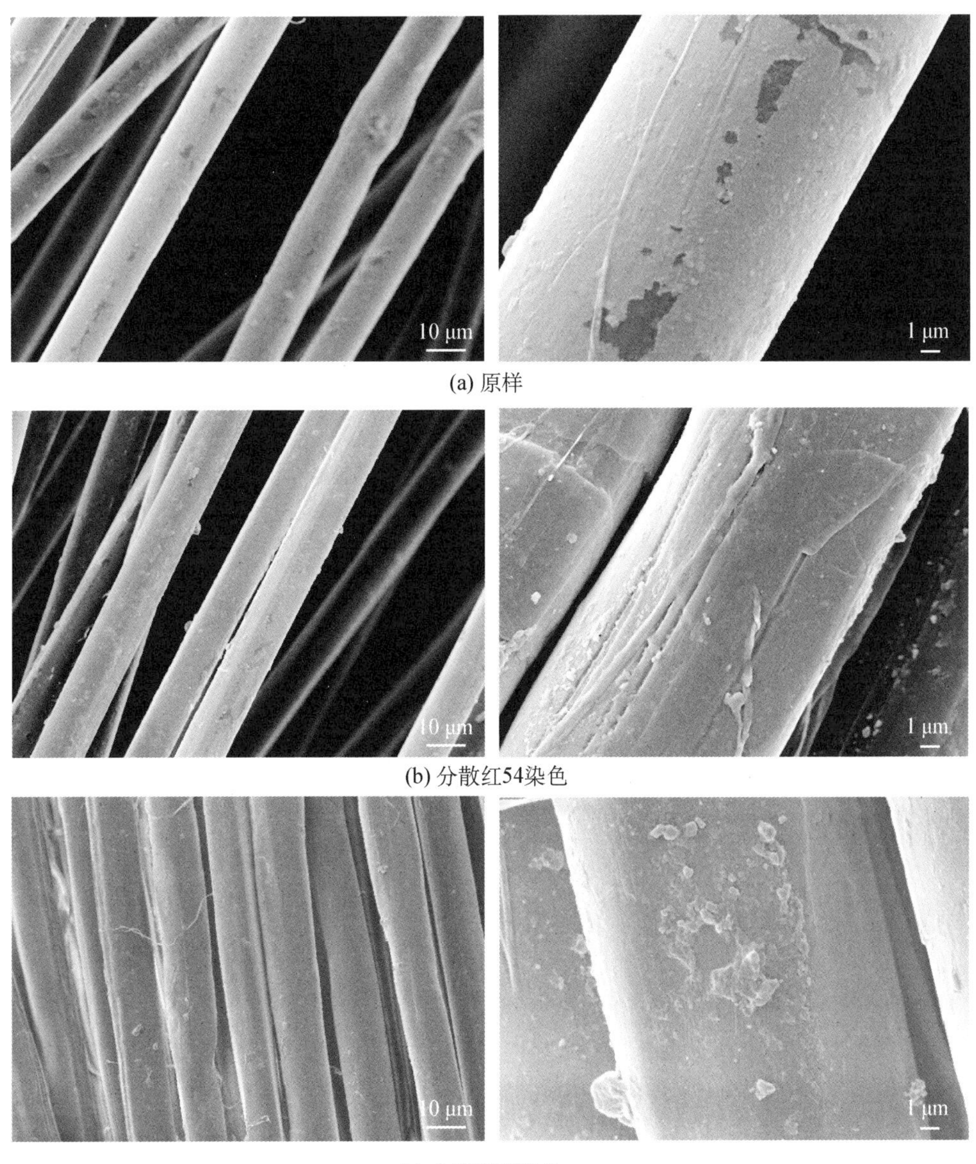

(a) 原样

(b) 分散红54染色

(c) 分散蓝79染色

图 6-18 芳纶 1414 SEM 图

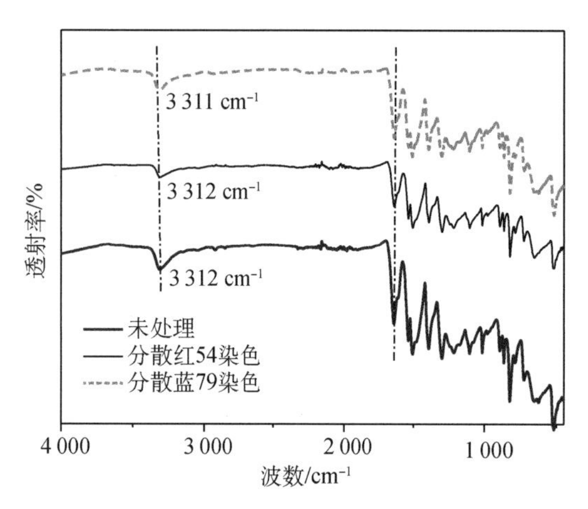

图 6-19 芳纶 1414 染色 FT-IR 谱图

② FT-IR 分析：采用 FT-IR 测试并分析了超临界 CO_2 染色前后芳纶 1414 的大分子结构。如图 6-19 所示，未染色的芳纶 1414 的特征吸收峰出现在 3 312 cm^{-1}、1 639 cm^{-1} 和 1 218 cm^{-1} 附近，与芳纶 1414 大分子中酰胺键的 N—H、C ═O、C—N 伸缩振动峰分别对应；且在 1 537 cm^{-1} 处存在一个较弱的吸收带，对应的吸收峰为芳纶 1414 大分子结构中苯环的 C ═C 结构。上述特征吸收峰显示酰胺基团和苯环结构存在于芳纶 1414 大分子结构中。经分散红 54 和分散蓝 79 染色后芳纶 1414 大分子结构未发生明显变化，其大分子结构中未出现染料基团特征峰；一方面是由于分散染料附着在纤维表面的数量较少；另一方面是因为染料的特征吸收带弱于芳纶 1414 大分子的特征吸收峰，导致染色芳纶的 FT-IR 谱图中未检测出染料的特征峰。

③ 热性能分析：采用热重法分析了纤维染色前后的热降解行为，结果如图 6-20 和图 6-21 所示。由图 6-20 可知，在 40～750 ℃内，分散染料超临界 CO_2 染色前后芳纶 1414 均存在两个失重过程。芳纶 1414 的第一个失重过程发生在 40～200 ℃，主要是纤维大分子吸附的液态水发生汽化，失重率较小；200～500 ℃，芳纶 1414 几乎没有重量损失现象发生。在 500～750 ℃内记录了芳纶 1414 第二次失重过程，且为主要失重区，失重率在 50%左右；主要由于高温条件下纤维大分子酰胺键和氢键发生断裂；这与芳纶 1414 DTG 曲线在 525～600 ℃出现的波谷一致（图 6-21）。与未染色的芳纶 1414 相比，在三元体系下经分散染料

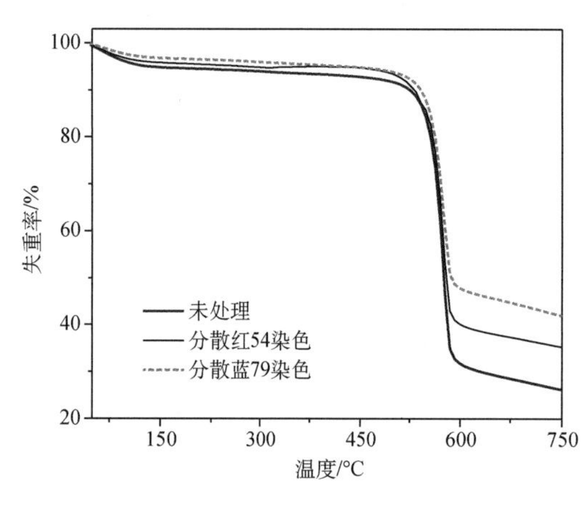

图 6-20 芳纶 1414 染色 TG 曲线

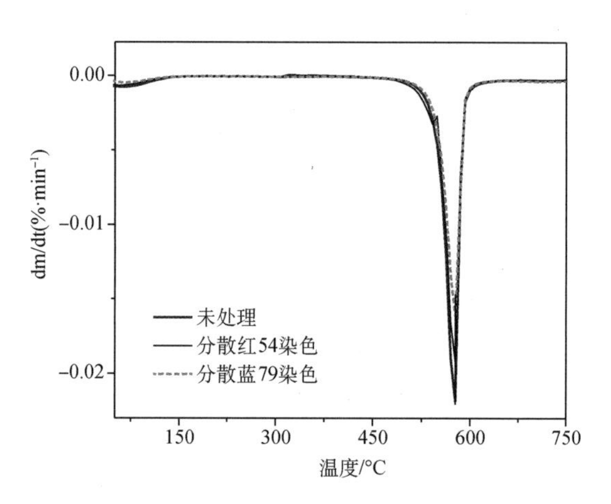

图 6-21 芳纶 1414 DTG 曲线

染色后，纤维的热失重率较低，且染色样品的最大分解温度略向较高的温度偏移；这是因为附着在纤维上的染料先发生分解，使得染色后的芳纶 1414 的热性能得到改善。

④ 匀染性分析：在 120 ℃、24 MPa、60 min、染料用量为 5%(o. w. f.)的三元体系下，对芳纶 1414 进行超临界 CO_2 染色，测试染色芳纶的 K/S 值。

由表 6-9 可知，芳纶 1414 经分散红 54 和分散蓝 79 染色后，其 $\sigma_{K/S}$ 值分别为 0.076 和 0.079，而染色样品的 $\sigma_{K/S}$ 数值越小，表明分散染料在超临界 CO_2 体系中对芳纶 1414 染色的匀染程度越好。这是因为分散红 54 与分散蓝 79 在超临界体系中均具有良好的溶解性能，CO_2 携带溶解的染料进入芳纶 1414 内部，染料在纤维内部渗透扩散；同时溶解的分散染料被纤维表面吸附并向其内部迅速扩散，以及染料上染的过程在同时或交替进行，使得分散红 54 和分散蓝 79 在芳纶 1414 内部达到匀染和透染的效果。

表 6-9　芳纶 1414 分散染料染色深值偏差

染料	K/S 值取点个数	$\overline{K/S}$	$\sigma_{K/S}$
分散红 54	10	2.01	0.076
分散蓝 79	10	1.91	0.079

⑤ 色牢度分析：在 120 ℃、24 MPa、60 min、染料用量为 5%(o. w. f.)的超临界 CO_2 条件下，对芳纶 1414 进行超临界 CO_2 染色，测试染色芳纶各项牢度，结果见表 6-10。芳纶 1414 经分散红 54 和分散蓝 79 超临界 CO_2 染色后，显示出较好的染色牢度。芳纶 1414 经分散红 54 染色后其耐干摩擦、湿摩擦牢度分别达到 5 级、4-5 级；经分散蓝 79 染色后其耐干摩擦、湿摩擦牢度分别达到 4-5 级、4-5 级；两种染料染色后均有 4-5 级以上的沾色、褪色牢度；同时，染色样品的耐日晒牢度都达到了 5 级。

表 6-10　芳纶 1414 分散染料染色牢度

样品	耐摩擦牢度		耐皂洗牢度			耐日晒牢度
	干	湿	沾色		褪色	
			芳纶	棉		
分散红 54	5	4-5	5	4-5	4-5	5
分散蓝 79	4-5	4-5	4-5	4-5	4-5	5

6.3　芳纶 1414 溶剂染料超临界 CO_2 染色性能

溶剂染料是一类不溶于水而可溶解于有机溶剂的染料，具有良好的耐热稳定性、耐酸碱、耐光和耐气候性等优异特质，其分子结构中大都不含亲水性基团。从其化学结构上看，红色、黄色、橙色以及棕色的溶剂型染料多以偶氮结构为主；蓝色和绿色溶剂染料大都是以蒽醌、噻嗪以及酞菁等结构为主。大部分溶剂染料具有分散染料结构，同时在高温条件下较为稳定，常用于锦纶、腈纶和涤纶等合成纤维原液着色。实验发现，溶剂黄 114 和溶剂橙 63 耐超临界 CO_2 高温高压作用，且能够在超临界 CO_2 体系中上染芳纶 1414。

溶剂黄 114 染料外观为橙黄色，可用于锦纶和腈纶等化学纤维的常温、常温载体以及高温高压染色，匀染性较好，耐日晒牢度大于 6 级；溶剂橙 63 为红色粉末，可用于锦纶和涤纶等化学纤维着色，日晒牢度可达 7 级，热稳定性好。两种溶剂染料的相对分子质量均小于分散红 54 和分散蓝 79，分子极性均较小，在超临界 CO_2 高温体系作用下能够稳定存在，解决了高温下分散红 54 和分散蓝 79 亚稳态晶型自发转变为稳定晶型、染料易聚集熔融分解的难题，为芳纶 1414 在超临界 CO_2 高温高压体系下染深色提供了染料。此外，纤维在染色介质中的溶胀性能与染色效果密切相关，不同密度超临界 CO_2 对聚合物产生较强增塑作用，能够在无载体条件下降低其 T_g，从而提升染料分子向纤维扩散和转移的能力，有利于芳纶 1414 超临界 CO_2 高温高压染色。

6.3.1 超临界 CO_2 工艺对芳纶 1414 染色性能影响

6.3.1.1 温度对芳纶 1414 溶剂染料染色性能影响

在 140～220 ℃、10～24 MPa、70 min、染料用量 5%（o. w. f.）的条件下，选用耐高温的溶剂黄 114、溶剂橙 63 对芳纶 1414 纱线进行染色，染色样品的 K/S 值如图 6-22 所示，样品图如图 6-23 和图 6-24 所示。

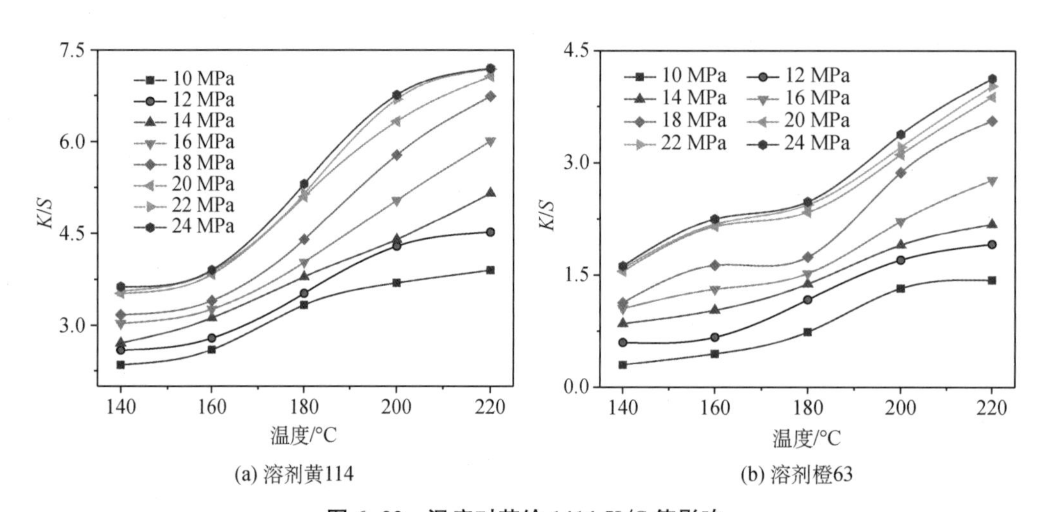

(a) 溶剂黄114　(b) 溶剂橙63

图 6-22 温度对芳纶 1414 K/S 值影响

由图 6-22 可知，当染色压力在 10～24 MPa 内，温度保持在 140 ℃时，芳纶 1414 经溶剂橙 63 染色后其 K/S 值均在 2 以下；经溶剂黄 114 染色后，其 K/S 值低于 4。当三元体系压力保持恒定，温度从 140 ℃升高到 180 ℃时，染色芳纶 K/S 值升高缓慢；当温度从 180 ℃升高至 220 ℃时，染色样品的 K/S 值明显增加。

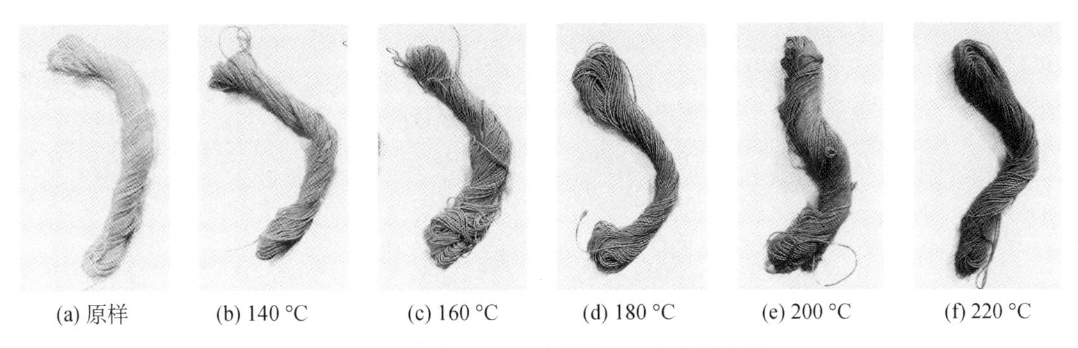

图 6-23　芳纶 1414 溶剂黄 114 染色样品图

由图 6-24 和图 6-26 可知，未染色的芳纶 1414 纱线为淡黄色，随着染色温度从 140 ℃升高到 220 ℃，经两种溶剂染料染色后的样品颜色逐渐变深；经溶剂黄 114 染色后样品呈现出逐渐变暗的黄色，经溶剂橙 63 染色后样品呈现出逐渐变暗的橙红色。当温度达到 220 ℃、压力 24 MPa 时，经溶剂黄 114 和溶剂橙 63 染色后的效果均达最佳，此时的 K/S 值分别为 7.20 和 4.13，远高于芳纶 1414 分散染料染色的 K/S 值。

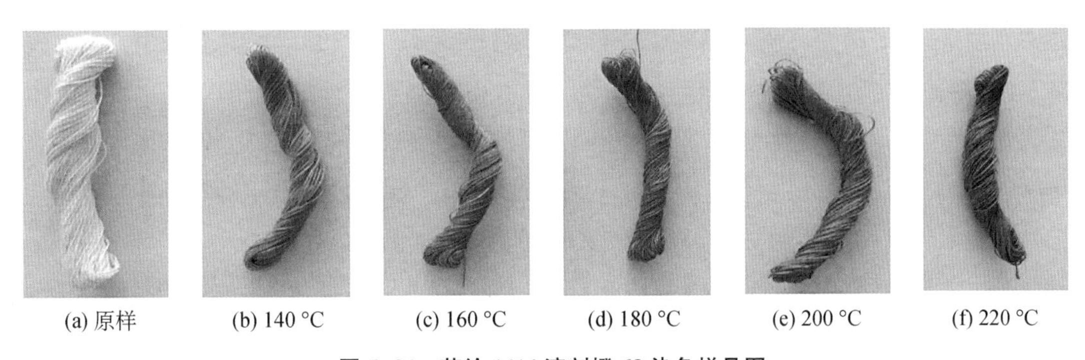

图 6-24　芳纶 1414 溶剂橙 63 染色样品图

与芳纶 1414 分散染料低温超临界 CO_2 染色效果相比，芳纶 1414 经溶剂染料高温染色后具有更高的 K/S 值，这表明高温更有利于其染色效果的提升。这是由于随三元体系温度升高，溶剂黄 114 和溶剂橙 63 的饱和蒸气压增大，染料和 CO_2 分子作用增强；同时，温度升高增加了染料分子的热运动，使得溶剂染料更易于以分子状态进入三元体系中，CO_2 流体携带染料分子向芳纶 1414 大分子内部扩散程度增大，染色速率加快。另外，体系温度升高，溶剂黄 114 和溶剂橙 63 与芳纶 1414 大分子运动的剧烈程度增大，纤维在高温高压条件下增塑膨胀效应增强，更多的溶剂染料被吸附到芳纶 1414 表层，再扩散进入纤维内部，其上染料量得到增加。由此可知，经溶剂黄 114、溶剂橙 63 超临界 CO_2 高温染色后，改善了芳纶 1414 分散染料无法染深色的问题。

6.3.1.2 压力对芳纶 1414 溶剂染料染色性能影响

在 10～24 MPa、140～220 ℃、70 min、染料用量 5%(o.w.f.)的条件下芳纶 1414 的染色性能，结果如图 6-25 所示。

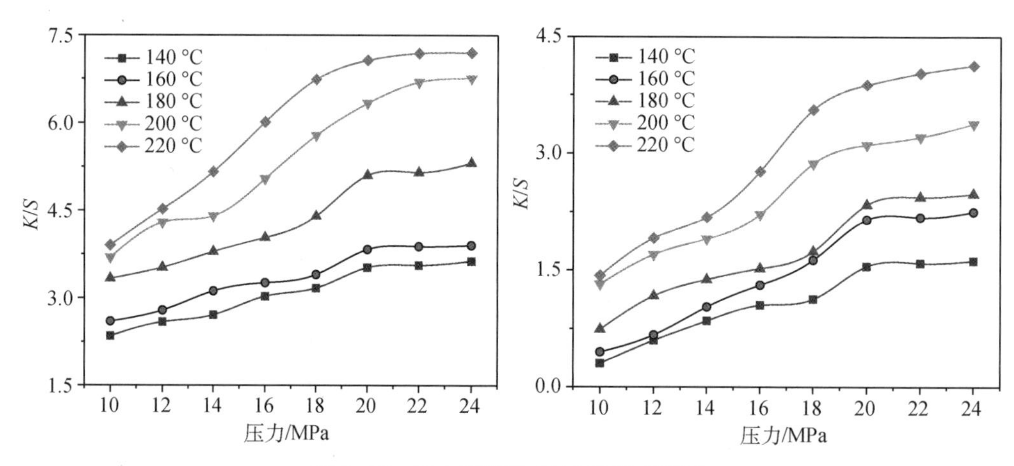

图 6-25 压力对芳纶 1414 *K/S* 值影响

由图 6-25 可知，当染色压力为 10 MPa 时，芳纶 1414 经溶剂橙 63 染色后其 *K/S* 值均低于 1.5，远小于相同压力下溶剂黄 114 染色后的 *K/S* 值；当压力从 10 MPa 增加到 24 MPa 时，经溶剂黄 114 和溶剂橙 63 染色后其 *K/S* 值均显著增加；在 24 MPa 时，染色样品 *K/S* 值均达到最大。这是由于随着三元体系压力增加，CO_2 密度随之升高，溶剂黄 114 和溶剂橙 63 分子与 CO_2 分子间距离变小，分子间相互作用力得到提升，溶剂染料溶解性能得到改善，使得更多染料被吸附到芳纶 1414 纤维表面。

此外，相同压力下溶剂黄 114 和溶剂橙 63 对芳纶 1414 的染色效果均好于分散红 54 和分散蓝 79。这一方面与染料在三元体系中的溶解性能有关，与溶剂黄 114 和溶剂橙 63 染料结构相比，分散红 54 和分散蓝 79 的分子结构中含有更多极性基团，增加了分散染料的分子极性，而极性增加导致其在超临界 CO_2 中溶解性能降低；同时温度升高有利于染料饱和蒸气压增加，因此，溶解在三元体系中溶剂染料的量高于分散染料，更多溶剂染料吸附到芳纶 1414 表层，纤维上染量升高。在超临界 CO_2 高温高压条件下芳纶 1414 增塑膨胀作用增加，有利于染料进入芳纶 1414 内部对其染色。

6.3.1.3 时间对芳纶 1414 溶剂染料染色性能影响

在 10～100 min、220 ℃、24 MPa、染料用量 5%(o.w.f.)的条件下，对芳纶 1414 进行染色。溶剂黄 114 和溶剂橙 63 染色样品的 *K/S* 值如图 6-26 所示。

如图6-26所示，当染色初始时间为10 min时，芳纶1414经溶剂黄114染色后K/S值小于3，经溶剂橙63染色后K/S值低于2；当染色时间从10 min增加至70 min，两种溶剂染料染色后K/S值迅速增加。这表明溶剂黄114和溶剂橙63均可以在70 min内通过纤维扩散边界层迅速被芳纶1414表层吸附，并扩散到纤维大分子内部；且随染色时间的增加，更多溶剂黄114和溶剂橙63吸附到纤维表面，使其内外部存在较高染料浓度差，溶剂染料迅速由纤维表层向其内部扩散，芳纶1414染色深度得到增强。当染色时间超过70 min后，染色时间的变化对其K/S值几乎不产生影响。这是因为在超临界CO_2体系中芳纶1414吸附的染料接近饱和，溶剂黄114和溶剂橙63能够均匀分布在纤维和超临界CO_2体系中，从而实现芳纶1414在三元体系中染色动态平衡。

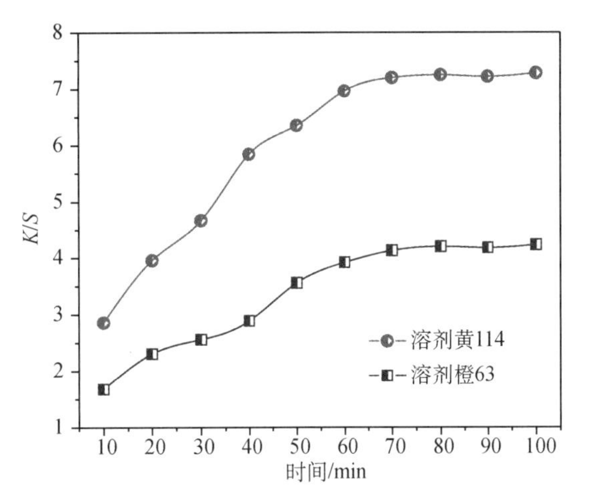

图6-26　时间对芳纶1414 K/S值影响

6.3.1.4　溶剂染料用量对芳纶1414染色性能影响

在220℃、24 MPa、70 min、染料用量0.5%～7%(o.w.f.)的条件下对芳纶1414染色，其染色样品的K/S值如图6-27所示。

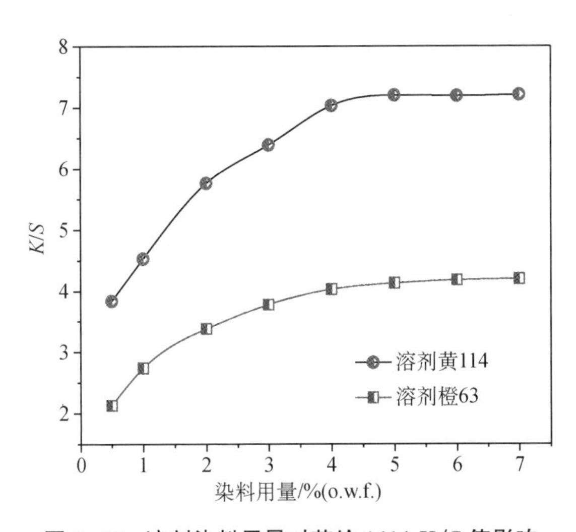

图6-27　溶剂染料用量对芳纶1414 K/S值影响

由图6-27可知，当溶剂染料的初始用量在0.5%(o.w.f.)时，经溶剂橙63染色芳纶1414 K/S值较小；当溶剂染料用量从0.5%增加到5%(o.w.f.)时，染色芳纶K/S值显著提升。这是因为染料在未达到芳纶1414表面时，其在CO_2流体中浓度最大且化学位也最大，而在纤维上的化学位为零，染料在CO_2流体和芳纶1414间存在化学位差；而染料用量越大，化学位差越大，使得更多染料随CO_2流体迅速向纤维扩散边界层靠近并被纤维表层迅速吸附；纤维表面吸附的染料越多，向内部低浓度区扩散渗透趋势越大，越有利于染色进行。又因为芳纶1414在超临界CO_2高温高压作用下发生溶胀，促进了染料向其内部扩散转移，染料上染量增加，染色样品K/S值增大。当溶剂黄114和溶剂橙63用量达到5%(o.w.f.)

时，继续增加其用量对染色样品的 K/S 值增加不明显，芳纶 1414 上吸附染料的量基本饱和，染色实现动态平衡。因此，选择溶剂黄 114 和溶剂橙 63 在超临界 CO_2 流体中对芳纶 1414 染色，最佳染料用量均为 5%(o.w.f.)。

6.3.1.5 溶剂染料超临界 CO_2 染色芳纶 1414 物化性能

(1) SEM 分析。在 220℃、24 MPa、70 min、染料用量为 5%(o.w.f.)的超临界 CO_2 体系中，选用溶剂黄 114 和溶剂橙 63 对芳纶 1414 进行染色，分别观察超临界 CO_2 溶剂染料染色前后芳纶 1414 的表面形貌，如图 6-28 所示。

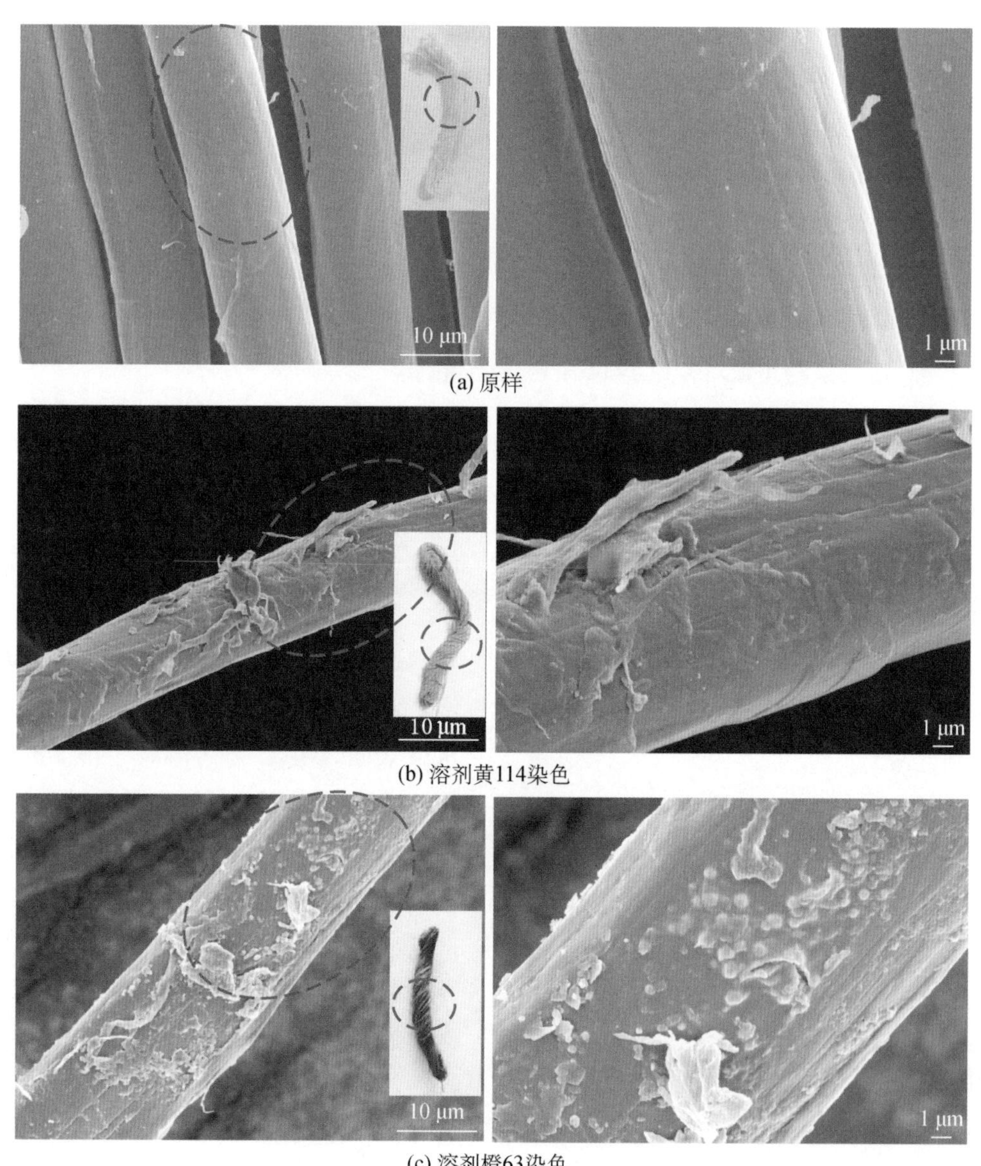

(a) 原样

(b) 溶剂黄114染色

(c) 溶剂橙63染色

图 6-28 芳纶 1414 SEM 图

由图 6-28(a)所示，未染色芳纶 1414 表面相对光滑，几乎没有杂质的附着，经溶剂染料超临界 CO_2 染色后其表面呈现出显著变化。经溶剂黄 114 染色后，芳纶 1414 表面出现了颗粒状物质和较大的凸起[图 6-28(b)]；经溶剂橙 63 采用超临界 CO_2 染色后，芳纶 1414 表面呈现大量褶皱并出现不均匀的颗粒[图 6-30(c)]。与未染色芳纶 1414 相比，超临界 CO_2 染色后纤维表面附着物增加，表面变得粗糙不均匀。这是因为芳纶 1414 在超临界 CO_2 高温高压作用下发生增塑和溶胀，纤维表层有低聚物和齐聚物析出；同时 CO_2 流体优异的传质性能和低表面张力也使得纤维表面变得粗糙不均匀。此外，芳纶 1414 经溶剂染料超临界 CO_2 染色后，少量的染料颗粒附着在纤维表面，使得染色样品表面变得粗糙。

(2) FT-IR 分析。在 220 ℃、24 MPa、70 min、染料用量为 5%(o. w. f.)条件下对芳纶 1414 进行染色，并通过 FT-IR 观察芳纶 1414 大分子结构变化，结果如图 6-29 所示。

由图 6-29 可知，未染色芳纶 1414 在 3 312 cm^{-1} 处出现较强特征吸收带，对应的特征峰是 N—H 伸缩振动，归属于芳纶 1414 酰胺键结构；在 1 639 cm^{-1} 处所示吸收峰对应为芳纶 1414 酰胺键 C═O 伸缩振动；在 1 537 cm^{-1} 处出现的吸收带对应苯环结构中的 C═C；在 1 218 cm^{-1} 附近归属于酰胺键的 C—N 伸缩振动；这些特征吸收峰表明酰胺基团和苯环结构存在于芳纶 1414 大分子结构中。此外，芳纶 1414 经溶剂黄 114 和溶剂橙 63 染色后其 FT-IR 谱图中没有新的吸收峰出现，未发现染料基团的特征吸收峰，这是由于溶剂染料特征吸收带较弱于芳纶 1414 大分子的特征吸收峰。

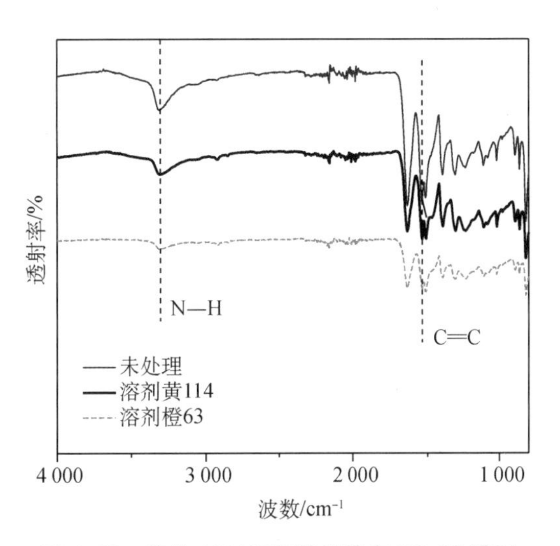

图 6-29　芳纶 1414 溶剂染料染色 FT-IR 谱图

(3) XPS 分析。在 220 ℃、24 MPa、70 min、染料用量 5%(o. w. f.)的条件下，选用溶剂黄 114 和溶剂橙 63 对芳纶 1414 染色，并通过 XPS 分析了样品的表面元素组成及分布，结果如图 6-30 所示。

由图 6-30(a)所示，芳纶 1414 经溶剂黄 114 和溶剂橙 63 超临界 CO_2 染色前后 XPS 图谱中均出现 C、O、N 三种元素。对芳纶 1414 原样及其染色样品的 N 1s 高分辨 XPS 图谱进行分析[图 6-30(b)]，发现经溶剂黄 114 染色后，在 400.41 eV 处存在分峰归因于芳纶 1414 的 N—C═O；在 399.16 eV 处的分峰可归因于溶剂黄 114 染料分子结构中 C—N═C；这表明芳纶 1414 表面出现了溶剂黄 114 染料。由图 6-30(c)可知，由于溶剂橙 63 的引入，染色样品在 168.72 eV 处观察到的 S 2p 峰证明了溶剂橙 63 染料分子结构中 C—S—C 存在。综上所述，芳纶 1414 经染色后其表面存在剂黄 114 和溶剂橙 63 染料，并使其显色。

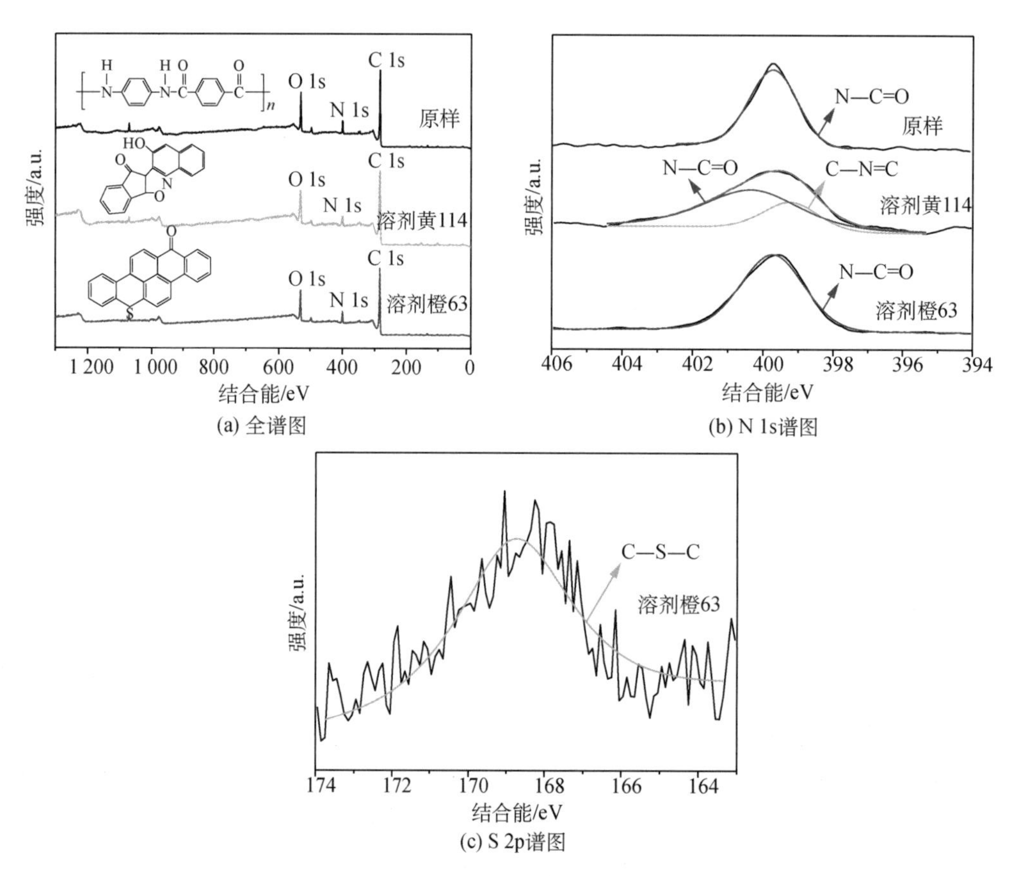

图 6-30 芳纶 1414 溶剂染料染色 XPS 谱图

(4) XRD 分析。在 220 ℃、24 MPa、70 min、染料用量为 5%(o. w. f.)的条件下，选用溶剂黄 114 和溶剂橙 63 对芳纶 1414 进行染色，通过 XRD 测试并表征其结晶结构变化，结果如图 6-31 所示。

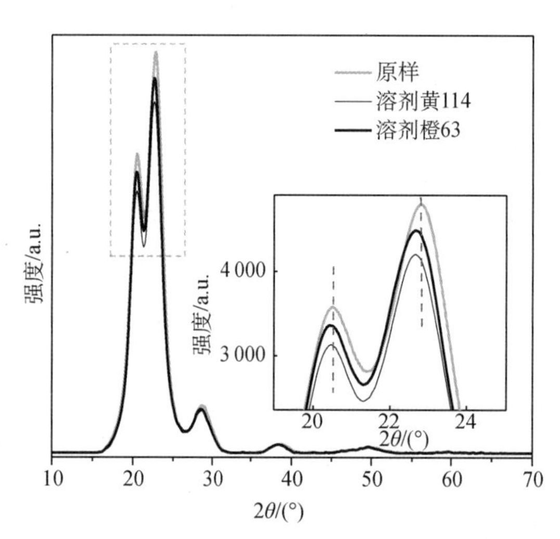

图 6-31 芳纶 1414 溶剂染料染色 XRD 谱图

由图 6-31 可知，未染色芳纶 1414 在 20.52°、22.83°和 28.72°处出现三个特征衍射峰，与其晶体结构中 110、200、211 晶面分别对应；经溶剂黄 114 染色后芳纶 1414 的 2θ 分别为 20.48°、22.64°、28.72°；经溶剂橙 63 染色后分别在 20.44°、22.64°、28.60°处显示了衍射峰出现；由此可知，芳纶 1414 溶剂染料超临界 CO_2 染色后没有出现新的特征衍射峰。

与芳纶 1414 原样相比，在 220 ℃、24 MPa 的条件下，经溶剂黄 114 和溶剂橙 63

染色后其特征衍射峰强度有下降趋势，芳纶1414的结晶度减小。这是因为一方面，染色芳纶1414受到CO_2流体密度、染料溶解性和渗透性等多方面因素影响，大分子运动加剧，从而影响了芳纶1414大分子链段排列和晶体结构；另一方面，在三元体系高压作用下纤维产生增塑膨胀，从而使芳纶1414准晶区的有序态转变为无定形区的无规则线团，芳纶1414无定形区增大，经溶剂染料高温染色后其结晶度降低。

(5) 热性能分析。在220℃、24 MPa、70 min、染料用量5%(o.w.f.)的条件下，选用溶剂黄114和溶剂橙63对芳纶1414进行染色，并采用热重法表征了染色前后芳纶1414的热降解行为，TG-DTG曲线如图6-32所示，热重参数见表6-11。

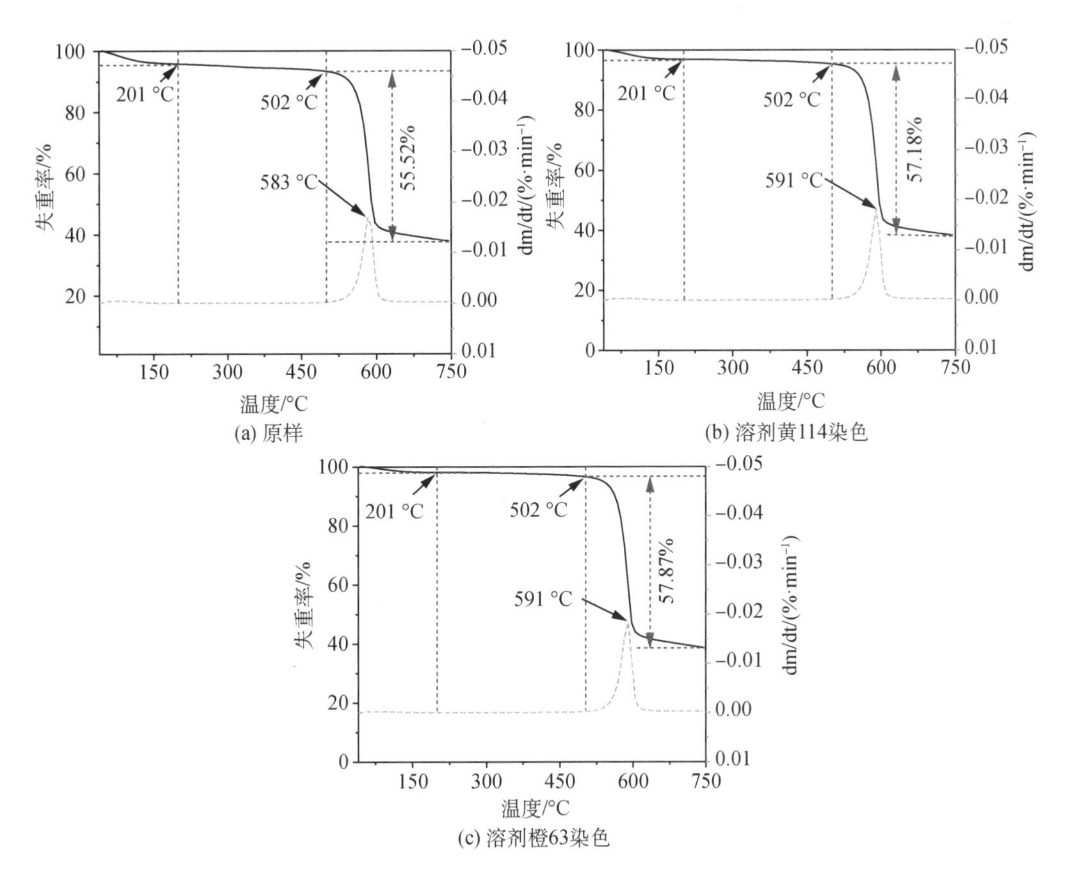

图6-32　芳纶1414 TG-DTG曲线

由图6-32可知，溶剂黄114和溶剂橙63染色前后芳纶1414均存在两个失重过程，TG曲线变化趋势相似。芳纶1414第一失重区在40～201℃，最大失重区在502～750℃。其中，在40～201℃范围内，主要是芳纶1414中吸附的液态水发生汽化，质量损失低于5%；在200～500℃，质量几乎不损失；最大失重区的失重率超过50%，主要是由于芳纶1414大分子结构中酰胺键和氢键断裂，使得芳纶1414在短时间内快速分解，质量降低，这与 DTG 曲线中所对应的波谷一致。由 DTG 曲线可知，芳纶 1414 经溶剂染料染色前后都只存在一个吸热峰。

如表 6-11 所示，与未染色芳纶 1414 相比，超临界 CO_2 溶剂染料染色后的最大分解温度由 583 ℃升高至 591 ℃；经溶剂黄 114 染色后其残留量为 38.16%，经溶剂橙 63 染色后其残留量为 38.76%，表明芳纶 1414 溶剂染料经超临界 CO_2 高温高压染色后其热稳定性能有所提升。这是一方面由于高温下芳纶 1414 分子间相互作用对热传导、大分子链和官能团的排列、聚集态和缩聚态结构都有显著的影响，从而影响纤维大分子的宏观结构；另一方面，附着在芳纶 1414 上的溶剂黄 114 和溶剂橙 63 先发生分解，使得染色芳纶的热性能得到改善。

表 6-11 芳纶 1414 溶剂染料染色热重参数

样品	失重率/%		残留总量/%	最大分解温度/℃
	40～201 ℃	502～750 ℃		
原样	4.21	55.52	37.80	583
溶剂黄 114 染色	3.01	57.18	38.16	591
溶剂橙 63 染色	1.82	57.87	38.76	591

(6) 机械性能分析。在 140～220 ℃、24 MPa 的条件下，探究芳纶 1414 超临界 CO_2 溶剂染料染色前后的机械性能，结果如图 6-33 所示。

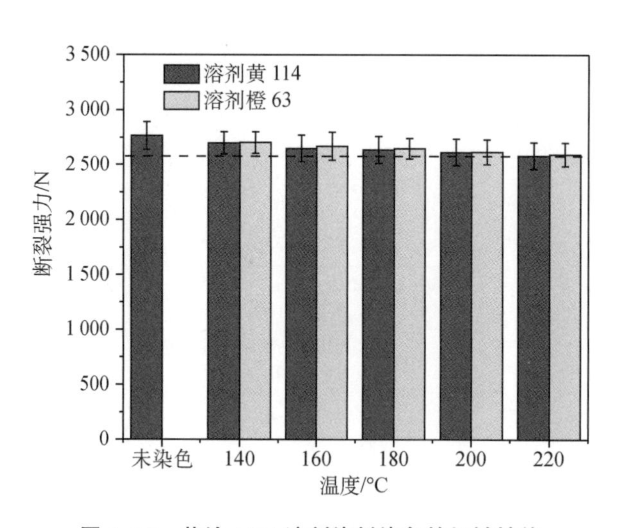

图 6-33 芳纶 1414 溶剂染料染色的机械性能

如图 6-33 所示，随着超临界 CO_2 体系温度的升高，芳纶 1414 经溶剂黄 114 和溶剂橙 63 染色后断裂强力均略有降低，且经溶剂橙 63 染色后芳纶 1414 断裂强力稍好于溶剂黄

114 染色的。在 140 ℃、160 ℃、180 ℃、200 ℃和 220 ℃条件下，经溶剂黄 114 染色后纱线的断裂强力分别降低 2.39%、4.18%、4.70%、5.47%和 6.67%；溶剂橙 63 分别降低 2.25%、3.45%、4.23%、5.34%和 6.24%。这是由于在超临界 CO_2 高温高压作用下，芳纶 1414 大分子、溶剂染料分子和 CO_2 分子间产生相互作用，超临界 CO_2 的高渗透性影响了芳纶 1414 的宏观结构。

(7) 匀染性分析。在 220 ℃、24 MPa、70 min 以及染料用量为 5%(o. w. f.)的超临界条件下，对芳纶 1414 进行染色，测试染色芳纶 K/S 值，并计算其 $\sigma_{K/S}$ 值，结果见表 6-12。

表 6-12　芳纶 1414 溶剂染料染色深值偏差

染料	K/S 值取点个数	$\overline{K/S}$	$\sigma_{K/S}$
溶剂黄 114	10	7.20	0.056
溶剂橙 63	10	4.13	0.062

由表 6-12 可知，芳纶 1414 经溶剂黄 114 和溶剂橙 63 染色后 $\sigma_{K/S}$ 值均较小，溶剂黄 114 的 $\sigma_{K/S}$ 值稍小于溶剂橙 63；这表明两种溶剂染料对芳纶 1414 染色的匀染程度均较好，且溶剂黄 114 的匀染性好于溶剂橙 63。此外，与分散红 54 和分散蓝 79 染色后的 $\sigma_{K/S}$ 值相比，溶剂染料(染色温度 220 ℃)对芳纶 1414 的匀染性好于分散染料(染色温度 120 ℃)。这是因为随着温度升高，芳纶 1414 在超临界 CO_2 体系中增塑膨胀作用增强，纤维内部出现更多的孔隙和大分子通道，溶剂黄 114 和溶剂橙 63 更易在纤维内部渗透和扩散，染色效果得到改善，芳纶 1414 的匀染性得到提升。

(8) 色牢度分析。在 140～220 ℃、24 MPa、70 min 以及染料用量 5%(o. w. f.)的条件下，选用溶剂黄 114 和溶剂橙 63 在超临界 CO_2 流体中对芳纶 1414 进行染色，测试了不同温度染色样品的各项色牢度，测试结果见表 6-13 和表 6-14。

表 6-13　芳纶 1414 溶剂黄 114 染色牢度

样品	耐摩擦牢度		耐皂洗牢度			耐日晒牢度
	干	湿	沾色		褪色	
			芳纶	棉		
140 ℃	4-5	4	4-5	4	4	3
160 ℃	4-5	4-5	4-5	4	4	4
180 ℃	5	5	4-5	4	4-5	5
200 ℃	5	5	5	4-5	5	5
220 ℃	5	5	5	5	5	5

表 6-14 芳纶 1414 溶剂橙 63 染色牢度

样品	耐摩擦牢度		耐皂洗牢度			耐日晒牢度
	干	湿	沾色		褪色	
			芳纶	棉		
140 ℃	4-5	4-5	4-5	4-5	4-5	4
160 ℃	4-5	4-5	4-5	4-5	4-5	5
180 ℃	5	5	5	4-5	4-5	5
200 ℃	5	5	5	5	5	6
220 ℃	5	5	5	5	5	6

在超临界 CO_2/芳纶 1414/染料三元体系下，随着体系温度的升高，芳纶 1414 经溶剂黄 114 和溶剂橙 63 染色后其各项牢度均有提升。在 220 ℃时，芳纶 1414 经两种溶剂染料染色后其耐干摩擦、湿摩擦牢度均达到 5 级，耐皂洗牢度均为 5 级，溶剂黄 114 的耐日晒牢度为 5 级，溶剂橙 63 达到 6 级。此外，芳纶 1414 溶剂染料超临界 CO_2 染色各项牢度均好于芳纶 1414 分散染料染色牢度。

综上所述，选用溶剂黄 114 和溶剂橙 63 对芳纶 1414 进行超临界 CO_2 高温染色，可得到较好的着色深度、匀染性以及染色牢度。可知，在超临界 CO_2 体系下选用溶剂染料对芳纶 1414 染色，改善了其无法染深色的问题，同时解决了水基染色污染严重的难题。对比图 4.1～图 4.4 发现，当超临界 CO_2 流体温度在 140～220 ℃、压力在 10～24 MPa、时间在 10～100 min、染料用量在 0.5%～7%(o.w.f.)的范围内，溶剂黄 114 对芳纶 1414 的染色效果均好于溶剂橙 63。

6.3.2 溶剂染料溶解度对芳纶 1414 染色性能影响

(1) 溶剂染料溶解度测定与影响因素。为探究溶剂染料的溶解行为对芳纶 1414 染色性能的影响，在超临界 CO_2/染料二元体系下，测量溶剂黄 114 和溶剂橙 63 的溶解度，分析影响其溶解性能的因素；并选用 Chrastil，Bartle，K-J 和 SS 模型对溶剂黄 114 和溶剂橙 63 溶解度数据进行关联和拟合。溶剂黄 114 和溶剂橙 63 在二元体系下溶解度数据，分别见表 6-15 和表 6-16。

表 6-15 溶剂黄 114 溶解度

压力/MPa	T = 140 ℃		T = 160 ℃		T = 180 ℃		T = 200 ℃		T = 220 ℃	
	ρ/(kg · m^{-3})	y/10^{-5}	ρ/(kg · m^{-3})	y/10^{-5}	ρ/(kg · m^{-3})	y/10^{-5}	ρ/(kg · m^{-3})	y/10^{-5}	ρ/(kg · m^{-3})	y/10^{-5}
10	151.89	0.10	139.92	0.22	130.23	1.17	122.13	3.99	115.22	6.47
12	188.53	0.16	172.22	0.44	159.33	1.43	148.77	4.50	139.87	7.72
14	227.02	0.20	205.7	0.59	189.22	1.69	175.93	4.93	164.88	9.22

续表

压力/MPa	T = 140 ℃		T = 160 ℃		T = 180 ℃		T = 200 ℃		T = 220 ℃	
	ρ/(kg·m⁻³)	y/10⁻⁵	ρ/(kg·m⁻³)	y/10⁻⁵	ρ/(kg·m⁻³)	y/10⁻⁵	ρ/(kg·m⁻³)	y/10⁻⁵	ρ/(kg·m⁻³)	y/10⁻⁵
16	266.88	0.23	240.06	0.63	219.68	1.94	203.46	5.31	190.11	11.12
18	307.37	0.30	274.85	0.83	250.42	2.25	231.16	5.86	215.44	13.55
20	347.58	0.39	309.6	1.03	281.13	2.49	258.82	6.41	240.71	14.28
22	386.61	0.47	343.77	1.19	311.5	2.78	286.23	7.12	265.76	15.05
24	423.72	0.54	376.89	1.37	341.22	3.08	313.17	8.21	290.45	16.13

表 6-16　溶剂橙 63 溶解度

压力/MPa	T = 140 ℃		T = 160 ℃		T = 180 ℃		T = 200 ℃		T = 220 ℃	
	ρ/(kg·m⁻³)	y/10⁻⁵	ρ/(kg·m⁻³)	y/10⁻⁵	ρ/(kg·m⁻³)	y/10⁻⁵	ρ/(kg·m⁻³)	y/10⁻⁵	ρ/(kg·m⁻³)	y/10⁻⁵
10	151.89	0.09	139.92	0.19	130.23	0.40	122.13	0.86	115.22	1.36
12	188.53	0.14	172.22	0.30	159.33	0.57	148.77	1.32	139.87	2.52
14	227.02	0.17	205.7	0.45	189.22	1.04	175.93	1.78	164.88	3.33
16	266.88	0.20	240.06	0.60	219.68	1.31	203.46	2.51	190.11	4.88
18	307.37	0.26	274.85	0.67	250.42	1.51	231.16	2.89	215.44	5.95
20	347.58	0.30	309.6	0.72	281.13	1.63	258.82	3.39	240.71	7.01
22	386.61	0.32	343.77	0.80	311.5	1.72	286.23	3.98	265.76	7.43
24	423.72	0.43	376.89	0.83	341.22	1.80	313.17	4.30	290.45	7.74

由表 6-15 和表 6-16 可知，在 140～220 ℃、10～24 MPa 超临界 CO_2 条件下，溶剂黄 114 溶解度范围为 0.10×10^{-5}～16.13×10^{-5} mol/mol，溶剂橙 63 溶解度在 0.09×10^{-5}～7.74×10^{-5} mol/mol 范围内变化。在恒定压力下，温度从 140 ℃升高到 220 ℃的过程中，两种溶剂染料在二元体系下的溶解性能得到改善，且其溶解度随二元体系温度升高而显著增加。这是由于溶剂黄 114 和溶剂橙 63 饱和蒸气压增加，促进了其与 CO_2 分子间的相互作用。此外，温度升高，二元体系中溶质和溶剂分子热运动增加，使得固态染料更易于以分子状态进入溶剂介质，溶剂黄 114 和溶剂橙 63 溶解度增大。

当二元体系温度保持恒定，体系压力从 10 MPa 升高至 24 MPa 时，溶剂黄 114 和溶剂橙 63 溶解度均随体系压力升高呈增加趋势。这是因为 CO_2 密度与二元体系压力呈正相关，体系压力增大，CO_2 介质密度升高，其与染料分子间的间距减小，传质距离缩短，溶质分子和 CO_2 分子之间的作用力得到加强，溶剂黄 114 和溶剂橙 63 溶解性能得到提升。

(2) 溶解度拟合。选用 Chrastil、Bartle、K-J 和 SS 模型 4 种经验模型通过对溶剂黄 114 和溶剂橙 63 溶解度数据进行拟合,建立溶解度模型,用于检验和预测溶剂黄 114 和溶剂橙 63 溶解度数值。

根据 Chrastil 模型关联拟合得到溶剂黄 114 和溶剂橙 63 的溶解度预测方程见表 6-17。将表 6-15 和表 6-16 中溶剂染料溶解度数据代入 Chrastil 公式,得到以 $\ln\rho$ 为横坐标,以 $\ln y$ 为纵坐标的拟合曲线。由图 6-34 可知,在二元体系中,溶剂黄 114 和溶剂橙 63 的 $\ln y$ 值均随 $\ln\rho$ 增加而增加,对应 Chrastil 模型总体拟合水平(R^2)均为 0.99,两种染料 Chrastil 模型拟合效果均较好。此外,溶剂黄 114 和溶剂橙 63 的 AARD%值分别为 10.20%和 9.85%,两者的拟合精度均较好,表明溶剂黄 114 和溶剂橙 63 的实验值与预测值关联性均较好。

表 6-17　Chrastil 模型方程和 AARD%值

	拟合方程	AARD%
溶剂黄 114	$\ln y = 1.235\ln\rho - \dfrac{10\,863.174}{T} + 6.480$	10.20
溶剂橙 63	$\ln y = 1.606\ln\rho - \dfrac{9\,085.354}{T} - 0.057$	9.85

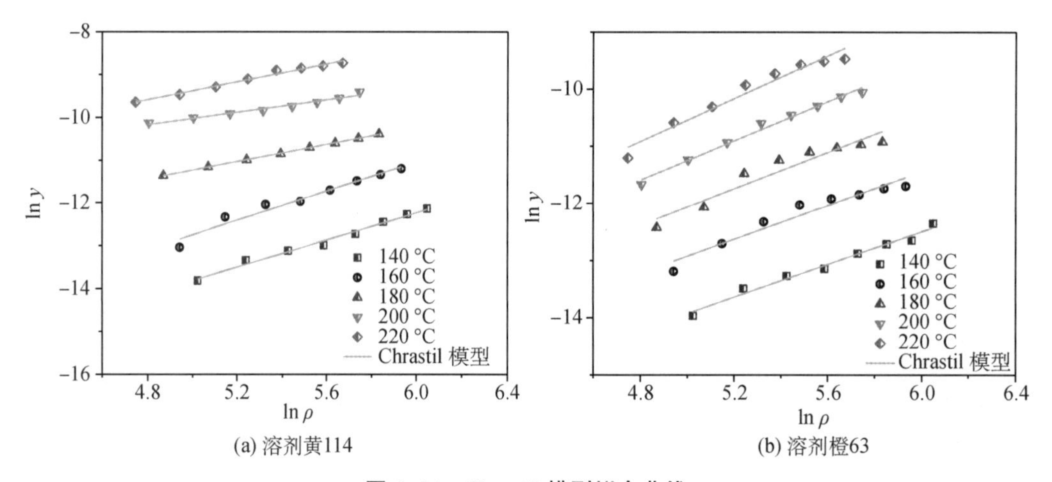

(a) 溶剂黄114　(b) 溶剂橙63

图 6-34　Chrastil 模型拟合曲线

根据 Bartle 模型关联拟合得到溶剂黄 114 和溶剂橙 63 溶解度预测方程见表 6-18,拟合曲线如图 6-35 所示。

表 6-18　Bartle 模型方程和 AARD%值

	拟合方程	AARD%
溶剂黄 114	$\ln\frac{yP}{P_{ref}}=24.612-\frac{11\,795.501}{T}+0.009(\rho-\rho_{ref})$	11.24
溶剂橙 63	$\ln\frac{yP}{P_{ref}}=19.658-\frac{9\,622.475}{T}+0.010(\rho-\rho_{ref})$	22.32

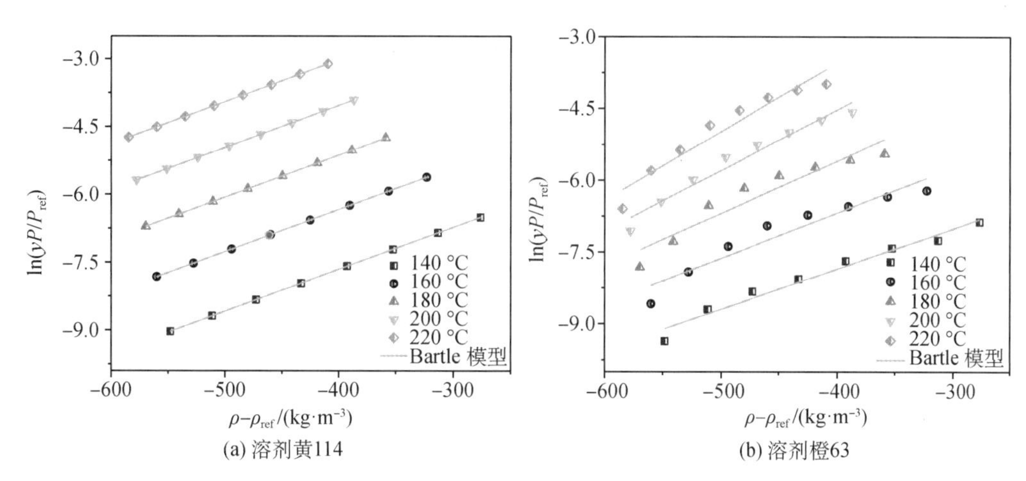

(a) 溶剂黄114　　(b) 溶剂橙63

图 6-35　Bartle 模型拟合曲线

将两种染料溶解度数据代入 Bartle 模型，得到横坐标为 $\rho-\rho_{ref}$，纵坐标为 $\ln(yP/P_{ref})$ 的拟合曲线，且 $\ln(yP/P_{ref})$ 均随 $\rho-\rho_{ref}$ 增加而增加。溶剂黄 114 和溶剂橙 63 对应 Bartle 模型的总体拟合水平 R^2 分别为 0.99 和 0.95，AARD%值分别为 11.24%和 22.32%，溶剂黄 114 拟合效果好于溶剂橙 63。

根据 K-J 模型关联拟合得到溶剂黄 114 和溶剂橙 63 溶解度预测方程见表 6-19，拟合曲线如图 6-36 所示。将两种溶剂染料溶解度数据代入 K-J 模型公式中，得到以 CO_2 密度为横坐标，以 $\ln y$ 为纵坐标的拟合曲线，两种溶剂染料的 $\ln y$ 值均随 CO_2 密度增加而增大。溶剂黄 114 和溶剂橙 63 对应 K-J 模型总体拟合水平 R^2 分别为 0.99 和 0.97，AARD%值分别为 9.62%和 17.29%，表明溶剂黄 114 总体拟合效果和拟合精度均好于溶剂橙 63。

表 6-19　K-J 模型方程和 AARD%值

	拟合方程	AARD%
溶剂黄 114	$\ln y=12.108-\frac{10\,970.598}{T}+0.006\rho$	9.62

续表

	拟合方程	AARD%
溶剂橙 63	$\ln y = 7.370 - \frac{9\,231.815}{T} + 0.007\rho$	17.29

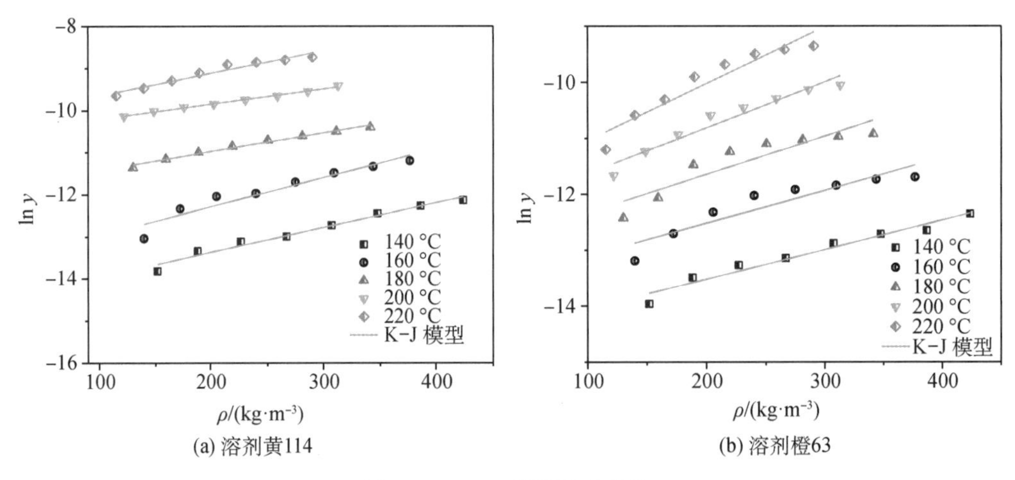

图 6-36 K-J 模型拟合曲线

根据 SS 模型关联拟合得到两种染料溶解度预测方程见表 6-20，拟合曲线如图 6-37 所示。将溶解度数据代入 SS 模型中，其拟合曲线与 Chrastil 拟合曲线相同，也是描述 $\ln \rho$ 与 $\ln y$ 之间的关系，且 $\ln y$ 随 $\ln \rho$ 的增加而增加。溶剂黄 114 和溶剂橙 63 对应 SS 模型总体拟合水平 R^2 均为 0.99，总体拟合效果均较好；AARD%值分别为 8.17% 和 9.06%，均低于 Chrastil，Bartle 和 K-J 模型的 AARD%值，表明采用 SS 分子缔合模型预测的染料溶解度与溶解度实际测量值相关性最优，也表明本研究所得到的溶剂黄 114 和溶剂橙 63 溶解度数据具有较好的可靠性。

表 6-20 SS 模型方程和 AARD%值

	拟合方程	AARD%
溶剂黄 114	$\ln y = 30.467 - \frac{21\,650.176}{T} + \left(\frac{1\,984.660}{T} - 3.185\right)\ln\rho$	8.17
溶剂橙 63	$\ln y = -13.497 - \frac{3\,041.402}{T} + \left(4.082 - \frac{1\,112.004}{T}\right)\ln\rho$	9.06

对比溶剂黄 114 和溶剂橙 63 溶解度数据可知，在实验范围内溶剂黄 114 溶解度好于溶剂橙 63。一方面与两种染料相对分子质量大小有关，溶剂黄 114 相对分子质量为 289.29 g/mol，小于溶剂橙 63 相对分子质量，相对分子质量越小越有利于超临界 CO_2 流体中

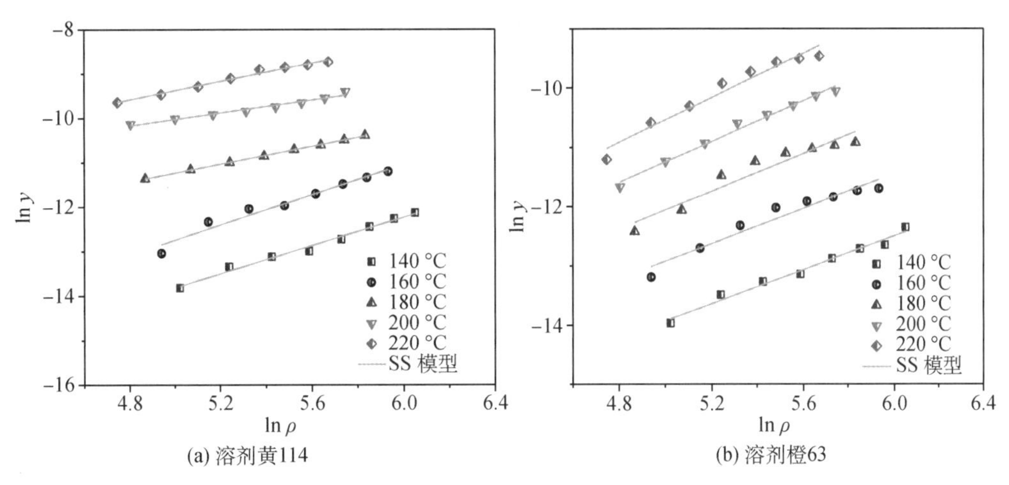

图 6-37　SS 模型拟合曲线

溶解，溶剂黄 114 溶解度相对较大。此外，染料的易升华特性对其溶解性能也存在较大影响。

(3) 溶剂染料升华对染色性能的影响。很多固态物质都具有升华性，当达到一定温度后，固态物质不经过液态直接变为气态；经研究表明，部分染料也具有良好的升华特性。同时，染料也能够在超临界 CO_2 体系下升华，且染料升华不是依靠 CO_2 优异的溶解性将染料带到超临界流体中，而是染料从固相不通过中间阶段形成液相的过程直接转化为气相，染料以分子级别进入 CO_2 流体中。经前期实验研究发现，溶剂黄 114 和溶剂橙 63 具有升华性，因此，探究两种溶剂染料在不同温度和时间下的质量变化，从而验证溶剂黄 114 和溶剂橙 63 的升华特性，结果见表 6-21 和表 6-22。

表 6-21　不同温度和时间下溶剂黄 114 质量损失率

温度/℃	时间/min			
	10	30	50	70
140	0.01%	0.02%	0.04%	0.05%
160	0.02%	0.04%	0.06%	0.08%
180	0.03%	0.06%	0.11%	0.16%
200	0.21%	0.32%	0.55%	0.78%
220	0.25%	0.65%	1.00%	1.47%

表 6-22　不同温度和时间下溶剂橙 63 质量损失率

温度/℃	时间/min			
	10	30	50	70
140	—	0.01%	0.02%	0.03%

续表

温度/℃	时间/min			
	10	30	50	70
160	0.01%	0.02%	0.04%	0.06%
180	0.03%	0.04%	0.07%	0.09%
200	0.04%	0.06%	0.09%	0.12%
220	0.06%	0.09%	0.15%	0.22%

由表6-21和表6-22可知，溶剂114和溶剂橙63在不同温度下均出现了质量损失，结合实验现象可知，两种溶剂染料高温下并未发生熔融，这表明溶剂114和溶剂橙63发生了升华。溶剂黄114和溶剂橙63由固态直接升华为气态，并以分子级别进入CO_2流体中，使得溶剂染料在二元体系中的溶解度增加。与溶剂橙63相比，溶剂黄114更易升华，在140～220℃内，溶剂黄114质量损失率均高于溶剂橙63，表明溶剂黄114染料分子易升华特性好于溶剂橙63。由于溶剂黄114具有易升华特性，在超临界CO_2体系中，一部分溶剂黄114依靠CO_2流体优异的溶解性能溶于体系中，一部分溶剂黄114染料分子从固态不通过中间形成液态的过程直接升华为气态，并以分子级别进入CO_2流体中，溶剂黄114在超临界CO_2体系中溶解的染料综合质量增加。

在芳纶1414超临界CO_2染色过程中，由于溶剂黄114溶解度高于溶剂橙63，使得单位时间内溶剂黄114染料溶解的综合质量大于溶剂橙63；CO_2流体携带更多溶剂黄114分子通过纤维扩散边界层被芳纶1414表层吸附，并扩散至纤维内部，芳纶1414单位时间内上染量增加。又因为超临界CO_2高温高压加速了芳纶1414大分子的增塑和溶胀作用，使得溶剂染料更易进入纤维内部实现上染，芳纶1414染色效果得到改善。因此，在超临界CO_2体系中溶剂黄114对芳纶1414的染色效果好于溶剂橙63。

6.4 芳纶1414超临界CO_2染色动力学和热力学研究

染料在超临界CO_2体系中上染纤维主要围绕染料溶解、纤维对染料的吸附、染料在纤维内部扩散以及染料对纤维固着四个过程进行。为了更好地了解芳纶1414纤维在超临界CO_2体系中的染色过程，推动超临界CO_2无水染色技术应用，依据超临界CO_2/芳纶纤维、超临界CO_2/染料、超临界CO_2/芳纶纤维/染料相互作用规律，阐述芳纶1414超临界CO_2染色机理并分析了其染色过程，建立易升华染料超临界CO_2染色机理模型。

6.4.1 芳纶1414超临界CO_2染色机理

超临界CO_2体系适宜非极性或极性较低的染料对疏水性的合成纤维进行染色。分散红54、分散蓝79、溶剂黄114以及溶剂橙63都是相对分子质量较小、分子极性较弱的染料，在 CO_2 流体中均有良好的溶解性能，因此，能够在超临界 CO_2/芳纶 1414/染料三元体系中对芳纶 1414 染色。

6.4.1.1　芳纶 1414 超临界 CO_2 染色

染料在超临界 CO_2 体系中上染纤维主要围绕溶解、吸附、扩散以及上染四个步骤进行。因此，染料在超临界 CO_2/芳纶 1414/染料三元体系中对芳纶 1414 染色过程也是围绕染料溶解、纤维对染料的吸附、染料在纤维内部扩散以及染料对纤维固着四个过程进行。芳纶 1414 超临界 CO_2 染色模型如图 6-38 所示。

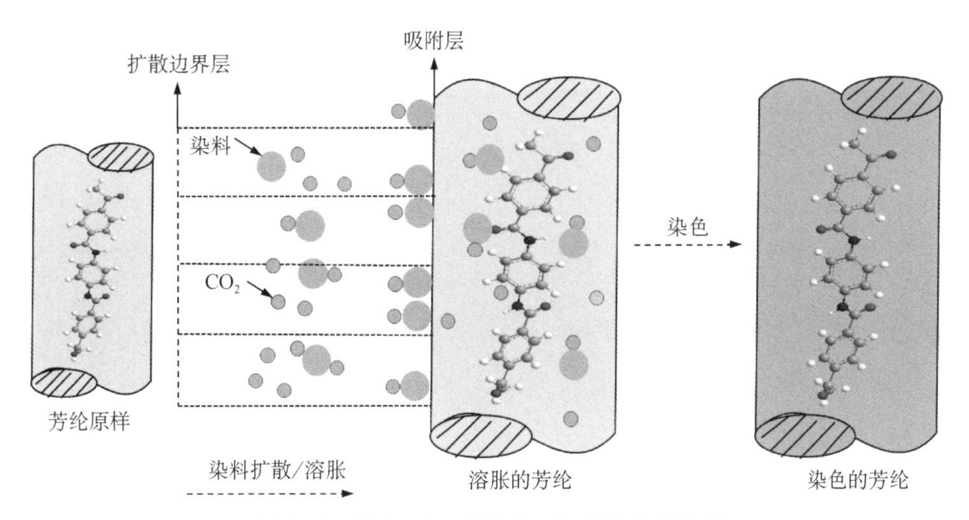

图 6-38　芳纶 1414 超临界 CO_2 染色机理模型

（1）染料溶解。染料在超临界 CO_2 流体中的溶解性与其在芳纶 1414 上吸附、扩散、固着过程密切相关，最终影响芳纶 1414 染色质量。染料依靠 CO_2 流体优异的溶解性溶于超临界体系中，CO_2 流体携带溶解态的染料向芳纶 1414 纤维靠近。

（2）芳纶 1414 对染料的吸附。当染料未到达芳纶 1414 纤维表层时，染料在超临界体系中浓度最大，其在体系中的化学位也最大，而在芳纶 1414 上的化学位为零。由于染料在体系中和芳纶 1414 上存在化学位差，使得染料通过扩散作用在纤维扩散边界层迅速被芳纶 1414 表面吸附。

（3）染料在芳纶 1414 内部扩散。芳纶 1414 对染料的吸附作用仅发生在其表面，因此，染料在芳纶 1414 表层浓度较高，内部浓度较低；由于纤维内外部存在化学位差，使得染料由高浓度区域迅速向芳纶 1414 内部低浓度区扩散。

（4）染料对芳纶 1414 固着。染料通过 CO_2 流体优异的扩散性能到达芳纶 1414 内部，由于 CO_2 分子与染料间相互作用较小，当染料进入纤维内部后不易被 CO_2 分子解吸，染料固着在芳纶 1414 内部，并在其内部不断扩散渗透，直至上染平衡。

6.4.1.2 溶剂染料超临界 CO_2 染色

染料溶解性能是影响芳纶 1414 超临界 CO_2 染色效果的关键要素之一，而染料溶解性能不仅与温度、压力、CO_2 密度等外部因素有关，还与染料结构、相对分子质量大小等内部因素有关。此外，基于第 4 章实验结果发现了染料易升华有助于其溶解性能的提升，从而提高芳纶 1414 在超临界 CO_2 中的染色效果。溶剂染料超临界 CO_2 染色模型如图 6-39 所示。

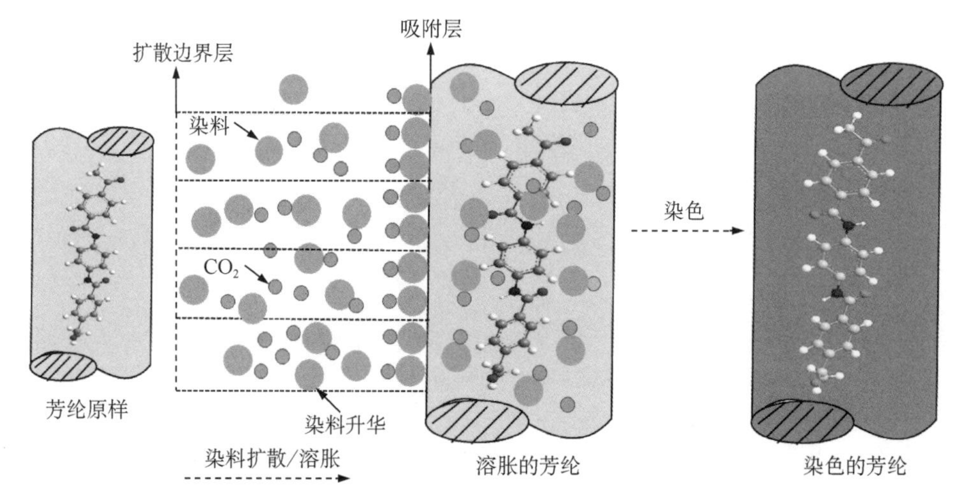

图 6-39　溶剂染料超临界 CO_2 染色机理模型

(1) 溶剂染料溶解。溶剂黄 114 染料具有易升华特性，在超临界 CO_2 体系中，一部分溶剂黄 114 利用 CO_2 流体优异的溶解性溶于体系中；还有一部分溶剂黄 114 染料不依靠 CO_2 溶解性，从固相直接升华为气相，染料以分子级别进入 CO_2 流体中；使得单位时间内体系中染料溶解的综合质量增加，溶剂黄 114 在实验范围内的溶解度得到提升。

(2) 芳纶 1414 对溶剂染料的吸附。易升华染料在 CO_2 流体中溶解的染料量多于不易升华染料，染料在超临界体系中的化学位远高于芳纶 1414 上化学位，因此，易升华的溶剂黄 114 随 CO_2 流体向纤维扩散边界层扩散的染料量较多；又由于 CO_2 流体的黏度与气体类似，且其与染料分子间相互作用较小，从而降低了溶剂黄 114 随 CO_2 流体扩散的阻力，扩散速率加快，溶剂黄 114 迅速被芳纶 1414 表面吸附。

(3) 溶剂染料在芳纶 1414 内部扩散和固着。芳纶 1414 表面吸附的溶剂黄 114 越多、其浓度越大，纤维内外部浓度差增加，加速了染料向芳纶 1414 内部扩散，纤维上染料上染量增加，芳纶 1414 染色效果得到改善。芳纶 1414 在三元体系下染色的四个过程没有明显界限，当染料在 CO_2 流体中开始溶解，少量溶解的染料被芳纶 1414 表面吸附，并向其内部迅速扩散、上染，以上过程可同时或交替进行，从而实现小分子染料在芳纶 1414 内部匀染和透染的效果。溶剂黄 114 的易升华特性不仅提高了其溶解度，使得溶解在超临界 CO_2

中的染料量增加；此外，更多染料被吸附到芳纶 1414 表面并向内部扩散，更有利于芳纶 1414 在超临界 CO_2 中染色的进行。染料易升华对芳纶 1414 超临界 CO_2 染色起正向作用。

6.4.2　芳纶 1414 超临界 CO_2 染色动力学分析

6.4.2.1　溶剂黄 114 和溶剂橙 63 染色动力学曲线

溶剂黄 114 和溶剂橙 63 染色动力学曲线如图 6-40 所示。由图可知，溶剂黄 114 和溶剂橙 63 在超临界 CO_2 中对芳纶 1414 进行染色，纤维上吸附的染料量均随染色时间增加而逐渐增大；在起始阶段，纤维上染料量增加幅度较大；当时间为 50～70 min 时，纤维上的染料量增加趋势变缓；当染色时间为 70 min 时，两种溶剂在超临界 CO_2 中对芳纶 1414 染色达到动态平衡，继续延长染色时间，芳纶 1414 上染曲线几乎不再变化。

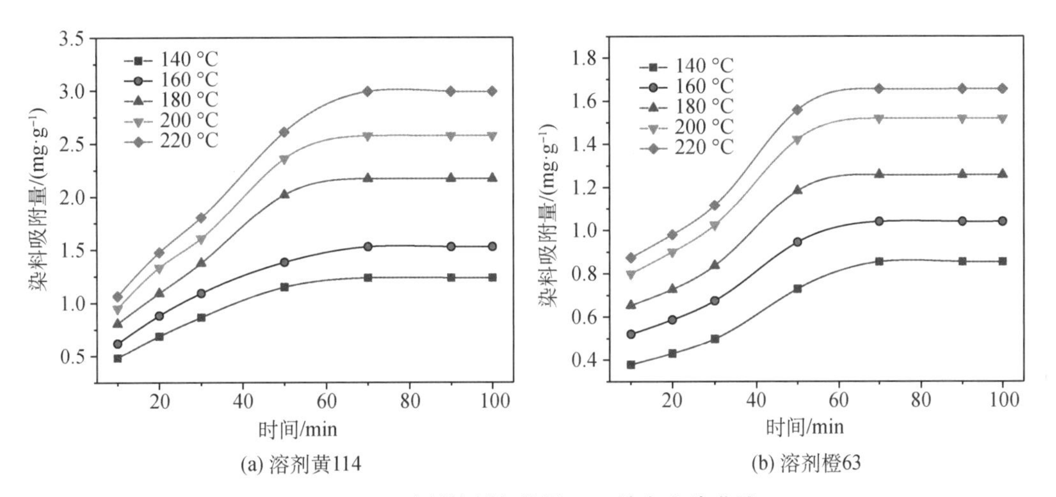

图 6-40　溶剂染料超临界 CO_2 染色上染曲线

此外，当温度从 140 ℃、160 ℃、180 ℃、200 ℃增加到 220 ℃时，芳纶 1414 纱线上染料平衡上染浓度也不断增加；当温度为 220 ℃、染色时间为 70 min 时，两种溶剂染料在芳纶 1414 上的吸附量均达到最大。这是因为一方面随着超临界 CO_2 体系温度升高，溶剂黄 114 和溶剂橙 63 的溶解度增加，CO_2 流体携带染料向纤维内部扩散程度增加；另一方面，芳纶 1414 在 CO_2 流体高温高压作用下的增塑和膨胀作用加强，加速了染料分子向纤维溶胀区域扩散，提升了芳纶 1414 的上染量。此外，与溶剂橙 63 相比，溶剂黄 114 在芳纶 1414 上具有较高的上染量，这是由于溶剂黄 114 的易升华特性提升了其在超临界体系中的溶解性能，更多溶剂黄 114 以分子级别进入 CO_2 流体中并吸附在纤维表面，芳纶 1414 上染量显著提升。

6.4.2.2 溶剂黄 114 和溶剂橙 63 染料的扩散系数

溶剂黄 114 和溶剂橙 63 在芳纶 1414 内部的扩散速率也是影响其染色过程的重要因素。在芳纶 1414 超临界 CO_2 染色过程中，溶剂染料从体系四周扩散至纤维内部，其扩散系数不随芳纶 1414 上溶剂黄 114 和溶剂橙 63 浓度的变化而变化。当溶剂染料在超临界 CO_2 体系中上染芳纶 1414 时间较短，染料远没有扩散到染色试样中心，则 t 时间内芳纶 1414 上染料浓度(q_t)、平衡上染浓度(q_∞)与扩散系数(D)的关系如公式(6-5)所示：

$$\frac{q_t}{q_\infty}=2\sqrt{\frac{a_f^2 Dt}{\pi}} \tag{6-5}$$

式中：t——扩散时间，min；

a_f——芳纶 1414 纤维的比表面积，m^{-1}；

$t_{1/2}$——半染时间，min。

其中，芳纶 1414 的比表面积与纤维直径间存在以下关系，如公式(6-6)所示：

$$a_f=\frac{4}{d_f} \tag{6-6}$$

式中：d_f——芳纶 1414 纤维直径，μm。

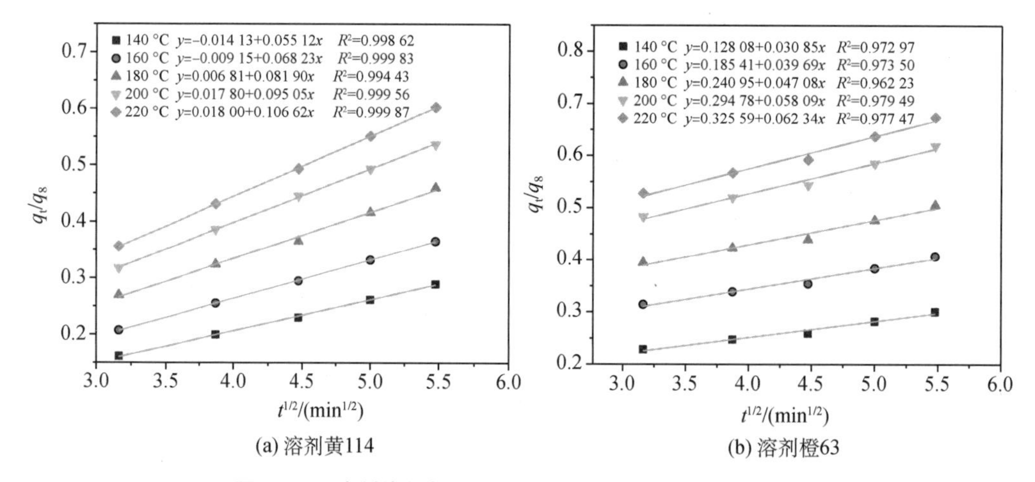

图 6-41 溶剂染料超临界 CO_2 染色 q_e/q_∞ 与 $t_{1/2}$ 关系图

选用的芳纶 1414 线密度为 184.5 dtex，经计算其直径 d_f 为 128 μm，根据公式(6-6)得到芳纶 1414 比表面积 a_f 值为 $3.13\times10^4\ m^{-1}$。由图 6-41 可知，在温度为 220 ℃、压力为 24 MPa、染色时间为 70 min 时，溶剂黄 114 和溶剂橙 63 对芳纶 1414 染色基本达到动态平衡；可分别将温度为 220 ℃、染色时间为 70 min 时两种染料的上染浓度，作为其在芳纶 1414 上的平衡上染浓度 q_∞。此外，由于公式(6-5)仅适用于超临界 CO_2 染色初期，因此选取染色10～30 min以内的5个数据点，以q_t/q_∞对$t_{1/2}$作图得到两者间的直线关系，其中横坐标为$t_{1/2}$，纵坐标为q_t/q_∞，斜率为$2\sqrt{a_f^2 D/\pi}$。

由图6-41可知，通过不同温度下直线的斜率可得到芳纶1414的比表面积a_f与扩散系数D的关系，经计算求得溶剂黄114和溶剂橙63在芳纶1414上的扩散系数见表6-23。

表6-23　两种溶剂染料在纤维上扩散系数

温度/℃	扩散系数$D\times10^{-12}$/($m^2\cdot s^{-1}$)	
	溶剂黄114	溶剂橙63
140	2.43	0.76
160	3.73	1.26
180	5.38	1.78
200	7.24	2.70
220	9.11	3.11

由表6-23可知，溶剂黄114和溶剂橙63在芳纶1414上的扩散系数均随着三元体系温度升高而变大，并在24 MPa、220 ℃时，两种染料的扩散系数分别为9.11×10^{-12} m^2/s和3.11×10^{-12} m^2/s。这是因为随着超临界CO_2体系温度的增加，芳纶1414在三元体系中的增塑和膨胀作用增强，更多溶剂黄114和溶剂橙63染料分子扩散至纤维内部；而体系中的浓度远高于纤维表面浓度，溶剂染料由高浓度向低浓度扩散，使得更多染料在CO_2流体染浴中吸附到芳纶1414表面并向内部扩散，提高了染料上染率。此外，不同温度超临界CO_2体系下，溶剂黄114在芳纶1414上的扩散系数明显高于溶剂橙63；这是由于溶剂黄114具有易升华特性，染料易以分子级别进入CO_2流体中，并快速向芳纶1414扩散边界层运动被其表层迅速吸附；由于纤维内外层存在化学位差，溶剂黄114由高浓度的表层向纤维内部低浓度区扩散。

6.4.2.3　溶剂黄114和溶剂橙63染料的扩散活化能

在芳纶1414超临界CO_2染色过程中，温度越高，溶剂黄114和溶剂橙63染料分子在超临界体系中扩散速率越大；这是因为溶剂染料分子因体系温度升高而动能增加，染料分子更易克服阻力扩散到芳纶1414大分子内部。溶剂染料在芳纶1414上的扩散活化能(E)、扩散系数(D)与温度间关系由Arrhenius方程(6-7)所示：

$$D=D_0 e^{-\frac{E}{rT}} \tag{6-7}$$

式中：D_0——常数；

r——气体常数，8.314 J/(mol·K)；

T——开氏温度，K(1 ℃ =274.15 K)。

将方程(6-7)两边求对数得方程(6-8)：

$$\ln D = \ln D_0 - \frac{E}{rT} \tag{6-8}$$

将表 6-23 中两种溶剂染料在芳纶 1414 上的扩散系数代入方程，得到 $\ln D$ 与 $1/T$ 的散点图，其中横坐标为 $1/T$，纵坐标为 $\ln D$，再对其进行线性拟合，得到芳纶 1414 溶剂黄 114 和溶剂橙 63 染料超临界 CO_2 染色扩散系数与温度的关系，如图 6-42 所示。

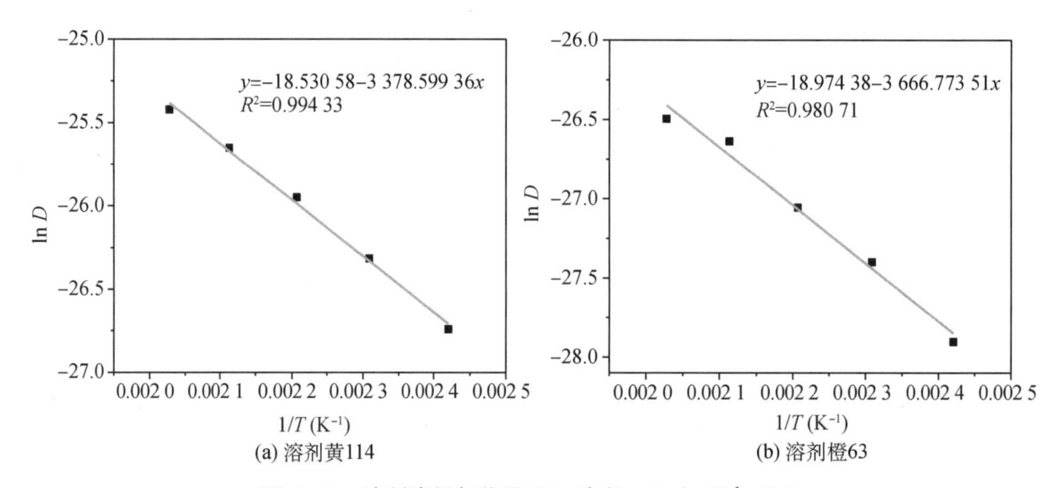

图 6-42　溶剂染料超临界 CO_2 染色 $\ln D$ 与 T^{-1} 关系

由图 6-42 可知，拟合方程的斜率为 $k=-E/r$，将气体常数 r 值代入，分别得到两种溶剂染料的扩散活化能。溶剂黄 114 和溶剂橙 63 在超临界 CO_2 中向芳纶 1414 扩散的活化能分别为 28.09 kJ/mol 和 30.49 kJ/mol。这表明溶剂黄 114 在超临界 CO_2 流体中上染芳纶 1414 的染色扩散能阻小于溶剂橙 63 的，因此，溶剂黄 114 扩散速度快，这与表 6-23 所示结果一致。

6.4.3　芳纶 1414 超临界 CO_2 染色热力学分析

6.4.3.1　溶剂黄 114 和溶剂橙 63 染料的分配系数

在芳纶 1414 染色过程中，一部分染料溶解在超临界 CO_2/芳纶 1414/染料三元体系中，一部分染料随 CO_2 流体运动到芳纶 1414 表面，溶剂染料在纤维上和体系中的分配过程可根据分配系数计算。平衡分配系数的计算方法如公式(6-9)所示：

$$K = \frac{q_{\infty}^{\mathrm{f}}}{q_{\infty}^{\mathrm{s}}} \tag{6-9}$$

式中：K——某一温度下，染色平衡时纤维上的染料浓度与染液中染料浓度的比值；

q_{∞}^{f}——染色达到平衡时芳纶1414上溶剂染料浓度；

q_{∞}^{s}——染色达到平衡时染液浓度。

在140～220℃、24 MPa的条件下，芳纶1414经溶剂黄114和溶剂橙63染色后均在70 min时达到平衡。将在不同温度下，70 min时芳纶1414上溶剂染料浓度作为 q_{∞}^{f}；此时，溶剂黄114和溶剂橙63染料的溶解度可分别作为两种溶剂染料在超临界 CO_2 体系中的平衡浓度 q_{∞}^{s}。溶剂黄114和溶剂橙63在超临界 CO_2 中的分配系数分别见表6-24和表6-25所示。

表6-24　溶剂黄114在超临界 CO_2 中的分配系数

温度/℃	ρ_{CO_2}/(mol·L^{-1})	超临界 CO_2 中平衡浓度/(μg·g^{-1} CO_2)	纤维上浓度/(mg·g^{-1}纤维)	分配系数
140	9.63	35.40	1.24	35.03
160	8.57	90.21	1.53	16.96
180	7.76	202.22	2.17	10.73
200	7.12	539.64	2.58	4.78
220	6.60	1 060.42	2.99	2.82

由表6-24和表6-25可知，随着染色温度的升高，芳纶1414上吸附的染料量以及超临界 CO_2 体系中溶解的染料量都增加；而溶剂黄114和溶剂橙63的平衡分配系数均随体系温度的增加而减小；结合公式(6-9)可知，虽然分子分母均随超临界体系温度升高而增加，但分子增加幅度比分母增加的小，即两种溶剂染料在芳纶1414中上染量的增加幅度要小于溶解在超临界体系中的染料量。

表6-25　溶剂橙63在超临界 CO_2 中的分配系数

温度/℃	ρ_{CO_2}/(mol·L^{-1})	超临界 CO_2 中平衡浓度/(μg·g^{-1} CO_2)	纤维上浓度/(mg·g^{-1} 纤维)	分配系数
140	9.63	33.04	0.85	25.73
160	8.57	63.68	1.04	16.33
180	7.76	137.74	1.26	9.15
200	7.12	328.89	1.52	4.62
220	6.60	592.18	1.66	2.80

6.4.3.2　染色热力学参数

染料在染液中的化学位(μ_s)是其在染液中活度(α_s)的函数；染料在纤维上的化学位

(μ_f)是其在纤维中活度(α_f)的函数,存在如式(6-10)、式(6-11)所示关系:

$$\mu_s = \mu_s^0 + RT\ln a_s \quad (6\text{-}10)$$

$$\mu_f = \mu_f^0 + RT\ln a_f \quad (6\text{-}11)$$

式中:μ_s^0——染料在染液中的标准化学位,μ_f^0 为染料在纤维上的标准化学位,均指 $\alpha=1$ 时的化学位。

在溶剂染料上染芳纶 1414 之前,染料在超临界体系中的浓度最大,在体系中的化学位最大,芳纶 1414 上的化学位为 0;当染色反应开始后,CO_2 流体携带染料上染芳纶 1414,并吸附在芳纶 1414 表面,染料在染液中的化学位降低,在芳纶 1414 上化学位增加,当染料在三元体系中和在芳纶 1414 上的化学位相等,存在如式(6-12)、式(6-13)所示关系:

$$-(\mu_s^0 - \mu_f^0) = -\Delta\mu^0 = RT\ln a_f - RT\ln a_s = RT\ln\frac{a_f}{a_s} \quad (6\text{-}12)$$

$$-\Delta\mu^0 = RT\ln\frac{q_\infty^f}{q_\infty^s} = RT\ln K \quad (6\text{-}13)$$

式中:$-\Delta\mu^0$——μ_s^0 与 μ_f^0 之差,即溶剂黄 114 和溶剂橙 63 上染芳纶 1414 的染色亲和力,kJ/ mol。

将溶剂黄 114 和溶剂橙 63 在超临界 CO_2 中的平衡分配系数 K 代入公式(6-13),经计算得到两种溶剂染料对芳纶 1414 的染色亲和力数值(表 6-26)。随着三元体系染色温度的升高,溶剂黄 114 和溶剂橙 63 对芳纶 1414 的染色亲和力均逐渐降低,该结论与分散红 60 在超临界 CO_2 体系中对间位芳纶、涤纶的分配规律一致。同时,在不同温度下,溶剂黄 114 的染色亲和力大于溶剂橙 63 的,这表明溶剂黄 114 从 CO_2 流体介质向芳纶 1414 转移的趋势大于溶剂橙 63,溶剂黄 114 更易上染芳纶 1414,而这与前文得到的溶剂黄 114 的染色效果好于溶剂橙 63 的实验结论是一致的。

表 6-26 溶剂黄 114 和溶剂橙 63 在超临界 CO_2 中的染色亲和力

温度/℃	亲和力/(kJ·mol^{-1})	
	溶剂黄 114 染色	溶剂橙 63 染色
140	12.20	11.17
160	10.19	10.06
180	8.95	8.33
200	6.15	6.02
220	4.25	4.21

芳纶 1414 超临界 CO_2 染色过程中,当压力恒定时,染色亲和力、染色热以及染色熵之

间的关系可通过 Gibbs-Helmboltz 自由焓和温度方程(6-14)得到：

$$\left[\frac{\partial\left(\frac{\Delta\mu^0}{T}\right)}{\partial\left(\frac{1}{T}\right)}\right]_P=\Delta H^0 \tag{6-14}$$

式中：ΔH^0——染色热，是指各种分子之间在上染过程中因作用力的变化而产生的能量，表示无限小量染料从含有染料呈标准状态的染液中转移到染有染料也呈标准状态的纤维上，每摩尔染料转移所吸收的热量，kJ/mol；ΔH^0 大于 0 时，表示染色过程吸热，反之，染色过程放热。

当体系温度变化较小，$\Delta\mu^0/T$ 和 $1/T$ 为线性关系，ΔH^0 可作为常数，对方程(6-15)求积分，得方程(6-16)：

$$\int \mathrm{d}\left(\frac{\Delta\mu^0}{T}\right)=\Delta H^0\int \mathrm{d}\,\frac{1}{T} \tag{6-15}$$

$$\frac{\Delta H^0}{T}=\frac{\Delta\mu^0}{T}+C \tag{6-16}$$

式中：C——常数。

$-\Delta\mu_1^0$ 和 $-\Delta\mu_2^0$ 分别为 T_a 和 T_b 时刻染料上染芳纶 1414 的亲和力，则 ΔH^0 可根据方程(6-17)计算得到：

$$\Delta H^0\left(\frac{1}{T_a}-\frac{1}{T_b}\right)=\frac{\Delta\mu_a^0}{T_a}-\frac{\Delta\mu_b^0}{T_b} \tag{6-17}$$

在溶剂黄 114 和溶剂橙 63 上染芳纶 1414 的过程中，同样也存在熵的变化。ΔS^0 表示染色熵，是指无限小量的染料从标准状态的染液中转移到标准状态的纤维上，体系混乱程度的状态函数，每摩尔染料转移所引起的物系熵变，J/(mol · K)；ΔS^0 大于 0 时，熵增加，表示染料在染浴中紊乱度增加，反之，紊乱度减小。染色亲和力 $-\Delta\mu^0$、染色热 ΔH^0 和染色熵 ΔS^0 之间存在的关系如方程(6-18)所示。

$$-\Delta\mu^0=-\Delta H^0+T\Delta S^0 \tag{6-18}$$

由公式(6-18)可知，溶剂黄 114 和溶剂橙 63 对芳纶 1414 的染色亲和力 $-\Delta\mu^0$ 与 ΔH^0 和 ΔS^0 有直接关系；在低温时，ΔH^0 起主导作用；当 T 为 0 时，染色亲和力由 ΔH^0 决定。

将公式(6-13)代入公式(6-18)中，经公式(6-19)变换，得到溶剂黄 114 上染芳纶 1414 纱线的 K、ΔH^0 和 ΔS^0 的关系如公式(6-20)所示。

$$rT\ln K=-\Delta H^0+T\Delta S^0 \tag{6-19}$$

$$\ln K = -\frac{\Delta H^0}{rT} + \frac{\Delta S^0}{r} \tag{6-20}$$

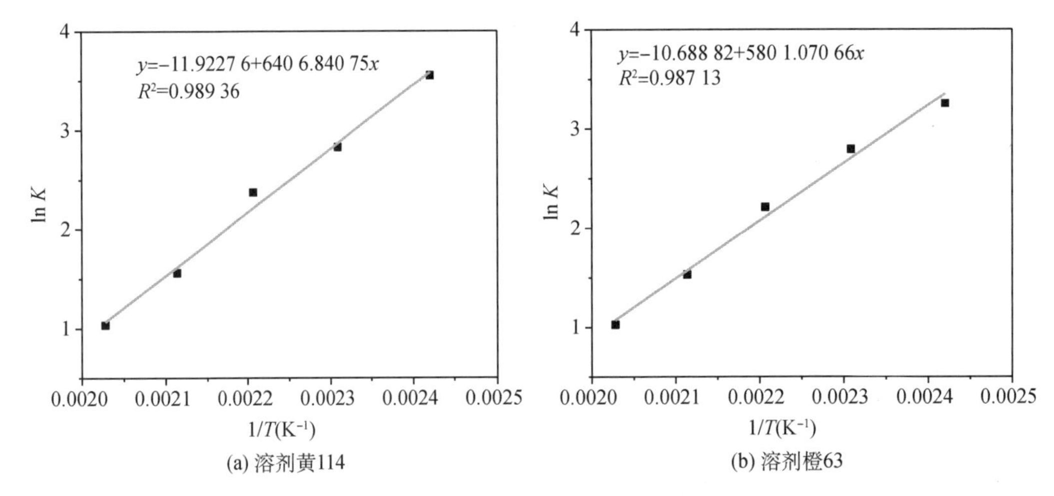

(a) 溶剂黄114　(b) 溶剂橙63

图 6-43　溶剂染料分配系数与温度的关系图

将两种溶剂染料在不同温度下的平衡分配系数 K 代入公式(6-20)，得到分配系数 K 与温度的关系(图 6-43)。其中，$1/T$ 为拟合曲线的横坐标，$\ln K$ 为拟合曲线纵坐标，拟合方程斜率对应 $-\Delta H^0/R$，截距对应 $\Delta S^0/r$，将气体常数 r 值代入，分别得到溶剂黄 114 和溶剂橙 63 染色后的 ΔH^0 与 ΔS^0。

溶剂黄 114 和溶剂橙 63 在超临界 CO_2 中的 ΔH^0 分别为 −53.27 kJ/mol 和 −48.23 kJ/mol；两种染料对芳纶 1414 染色的染色热均为负值，表明溶剂黄 114 和溶剂橙 63 在超临界 CO_2 中对芳纶 1414 染色都是放热过程；同时，溶剂黄 114 的 ΔH^0 绝对值大于溶剂橙 63，表明溶剂黄 114 被吸附上染芳纶 1414 的分子间作用力强于溶剂橙 63。溶剂黄 114 和溶剂橙 63 在超临界 CO_2 中的 ΔS^0 分别为 −99.13 J/(mol·K)和 −88.87 J/(mol·K)，这表明溶剂染料吸附到芳纶 1414 上后活动自由能都变小了，体系内混乱程度降低。此外，两种溶剂染料的染色结果具有一致性，表明溶剂染料是否具有易升华特性对染色热和染色熵影响不显著。

第 7 章　芳纶 1313 超临界 CO_2 流体印花技术

间位芳纶是一种开发早、应用广、产量高、发展快的耐高温纤维品种，其总量位居特种纤维第二位。基于其高机械强度、高模量、化学惰性、电绝缘性、低比密度、耐冲击性和耐辐射性等优点，间位芳纶广泛应用于高温过滤材料、电器绝缘纸、安全防护织物、航空航天和武器制造、汽车和造船生产等产品。截至目前，我国间位芳纶产能已突破万吨，随着纤维产能增加和应用领域的扩展，间位芳纶产品在防护服用领域应用量不断提高，如用于抗静电工作服、军警作训服、运动服和赛车服，通过印染加工获得染色间位芳纶产品的需求显著增加。

间位芳纶通过间苯二酰氯（IPC）和间苯二胺（MPD）中间体缩合制备获得。图 7-1 中(a)为间位芳纶化学结构式；(b)为纤维内部结构示意图，由于间位芳纶分子间以酰胺链(—CONH—)连接形成大量高度定向和强有力氢键，其聚合大分子之间存在强相互作用。特别是其晶体中的氢键排列在两个平面上，形成三维稳定聚集结构，导致了高水平分子间堆积和超常内聚能。间位芳纶具有的高链取向性和结晶度，赋予了其极高的玻璃化转变温度和耐热性。然而，在印染加工中，其相应的致密分子结构和高结晶度却阻碍了染料分子进入，使其极难实现染色和印花，上述问题极大地限制了间位芳纶在服装领域的应用。因此，为了使具备优异性能的间位芳纶发挥出更高的应用价值，国内外学者围绕间位芳纶难印染问题做了大量研究。

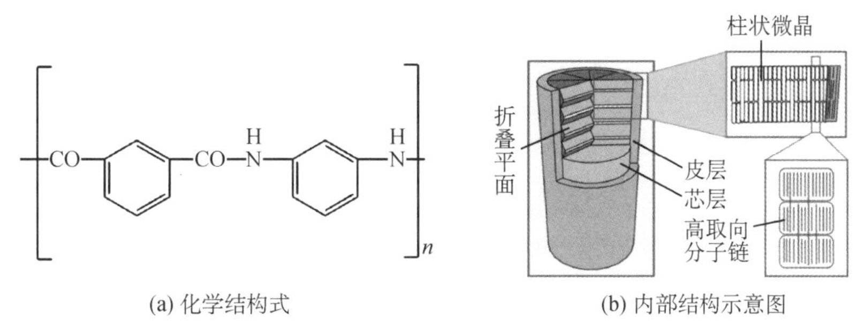

(a) 化学结构式　　(b) 内部结构示意图

图 7-1　间位芳纶

① 间位芳纶织物染色工艺：间位芳纶（芳纶 1313）因其规整的分子链、强有力的氢键、

极高的玻璃化转变温度(270℃)和表面化学惰性强等特点使染料分子难以进入纤维内部或与纤维结合。随着间位芳纶应用领域的不断扩展,在利用间位芳纶众多优良性能的同时,通过印染获得多样化色彩,赋予织物生机,以满足多元化应用场景,是间位芳纶研究应用的重点。目前商业化间位芳纶主要通过纺前染色,即采用原液着色和初生纤维着色实现有色纤维的大批量化、中批量化生产。

改性着色法可分为以下六种着色法。

a. 原液着色法:由于芳纶本身不易上色,一般通过将着色剂分散在纺丝溶液中制成带有颜色的芳纶丝,赋予间位芳纶比浸染更好的色牢度。纺丝条件对原液着色纤维的颜色获取具有较大影响,控制其干热拉伸程度可以调节纤维取向度,从而提升染色性能。原液着色法具有工艺流程短、成本低、色牢度好的优点,适合大批量生产;但制成的面料或成衣颜色单一、局限性大,难以满足芳纶织物在服用方面颜色多样性需要。

b. 共混改性着色法:加入如蒙脱土和超支化聚合物等改性剂可制备出改性芳纶,超支化聚合中极性基团和芳香环会增加染料分子对纤维的亲和力,蒙脱土则会破坏芳纶大分子规整性,使得纤维与染料的可染性提高。

c. 共聚改性着色法:采用共聚改性方式所得芳纶称为易染色间位芳纶,仍然需要使用额外染料进行染色。若在共聚改性过程中添加有色单体,则可直接获得有色芳纶,热性能显著提高。

d. 纤维预处理改性染色法:利用臭氧等离子体、多聚磷酸、接枝法对间位芳纶进行改性,纤维的染色性能有所改善,但这些方法的改性率无法保证,而且可能会对芳纶本身造成一定损伤,间位芳纶染色产品的质量不稳定。且这些方法对设备及生产条件要求较高,难以实现工业化生产。

e. 高温高压染色法:高温高压染色是通过蠕动聚合物链在纤维大分子之间形成孔道来加深颜色,染料可以通过这些孔道或自发到达纤维内部。高温高压法具有染色均匀、着色效果好的优点。但额外的能量消耗和高温下染料的分解是这种方法不可避免的两个缺点。

f. 载体染色技术:在染色过程中,载体可以通过极性和非极性作用力的相互作用、氢键和疏水作用被纤维吸收,聚合物分子链的灵活性得到改善,并且纤维的自由体积也得到提高,纤维玻璃化转变温度降低,从而提高芳纶织物的染深性。

② 间位芳纶织物印花工艺:间位芳纶目前多被用于制造军用耐热防护服、抗静电工作服、运动服和赛车服等,其在服用方面的广泛应用对其印花性能提出了更高要求。芳纶织物的印花按传统方法难以获得理想的颜色深度,多采用在印花色浆中加载体来提高印花织物的 K/S 值和色牢度,芳纶印染用载体大多有毒,或具有强烈的刺激性气味,且染色过程中产生的废水中含有大量的各类助剂、未用尽的染料与载体,引起了严重的环境问题。为了解决纺织印染废水问题,研究探索芳纶清洁化印染方法具有重要意义。

7.1　超临界CO_2体系间位芳纶织物印花适用糊料

印花糊料是指加在印花色浆中能起到增稠作用的高分子化合物。印花糊料在加到印花色浆之前，一般均溶于水或在水中充分溶胀而分散的亲水性高分子稠厚胶体溶液，或者是油/水型或水/油型乳化糊。调制成印花色浆时，一部分染料溶解在水中，另一部分染料则溶解、吸附或分散在印花原糊中。

印花糊料是色浆的重要组成部分，是染料、助剂溶解和分散的介质，它作为传递剂把染料和化学品等传递到织物上，使印出花纹的颜色深度、面积、均匀性和光洁度等都能符合原样的要求而不至于造成深浅、渗化等疵病。印花原糊在印花过程中的作用体现在四个方面。

① 作为印花色浆的增稠剂：使印花色浆具有一定的黏度，部分抵消面料毛细管效应而引起的渗化，从而保证花纹轮廓光洁度。

② 作为印花色浆中染料、化学品、助剂、溶剂的分散介质和稀释剂：使印花色浆中各个组分能均匀地分散在原糊中，并被稀释到规定浓度制成印花色浆。

③ 作为染料传递剂：起到载体作用，印花时染料借助原糊传递到面料上，经烘干后在花纹处形成有色糊料薄膜，汽蒸时染料通过薄膜转移并扩散到面料中，染料转移量视糊料的种类而不同。

④ 用作黏着剂：原糊对花筒必须有一定的黏着性能，以保证印花色浆被黏着在花筒凹纹内。印花时色浆受到花筒与承压辊的相对挤压，使色浆能黏着面料。经过烘干，面料上有色糊料薄膜必须对面料有较大黏着能力，不致从面料上脱落。

平网印花色浆中，糊料是决定印花质量的主要因素，印花糊料决定着印花运转性能、染料的表面给色量、花纹轮廓的光洁度等。通常，单一糊料往往无法满足印花效果需求，一般需将几种糊料复配，即把多种糊料的优良特性复合在一起，获得综合性能优异的复配糊料。表7-1中所示为羧甲基纤维素钠、瓜尔胶、海藻酸钠的主要性能。

表7-1　糊料主要性能比较

项目	糊料种类		
	瓜尔胶(GG)	羧甲基纤维素钠(CMS)	海藻酸钠(SA)
给色量	稍差	良好	一般
匀染性	稍差	良好	良好
渗透性	良好	稍差	良好
尖锐性	稍差	良好	良好
流动性	假塑性	假塑性	接近牛顿流体
易洗除性	良好	稍差	良好

7.1.1 混合型原糊物理性能比较

7.1.1.1 流变特性

由表 7-2 可知,瓜尔胶、羧甲基纤维素钠原糊具有黏度随着剪切速率的增加而降低的流变特性,均属于假塑性流体。同时,它们具有良好的协同增效作用,使混合原糊黏度远远高于两者黏度之和。原理可能是瓜尔胶分子内存在大量致密的三维网络链结构和部分二维链结构,分子间的氢键缔合作用强而相互缠绕,由多糖链聚集形成致密的三维网络结构。此外,羧甲基纤维素钠分子之间存在氢键和范德瓦耳斯力,原糊溶液中糊料分子间形成网状结构,瓜尔胶三维网络结构和羧甲基纤维素钠的网状结构可相互缠结成结构更为复杂的网络结构。其增效作用随着两种糊料比例变化而发生变化,当瓜尔胶∶羧甲基纤维素钠为 60∶40 时,增效作用最好,此时黏度达到 1 148 462 Pa·s,这可能是因为当复配比例达到某一数值附近时,两种糊料的高次构造作用会导致黏度的异常增加。

表 7-2 CMS/GG 混合原糊黏度 单位:Pa·s

转速/(r·s^{-1})	混合比例(CMS/GG)						
	100/0	80/20	60/40	50/50	40/60	20/80	0/100
0.3	112 199	644 545	855 487	808 611	1 767 315	738 297	386 727
0.6	83 484	429 697	595 437	564 744	1 148 462	546 328	368 311
1.5	54 012	229 172	338 983	315 111	—	327 047	238 720
3	34 018	142 437	—	—	—	—	165 911
6	23 320	86 617	—	—	—	—	—
12	14 972	—	—	—	—	—	—
30	10 151	—	—	—	—	—	—
60	7 169	—	—	—	—	—	—

由表 7-3 可知,海藻酸钠原糊黏度随剪切速率的增加变化较小,接近牛顿型流体。溶液中羧甲基纤维素钠∶海藻酸钠为 20∶80 时混合原糊黏度达到最大值,然后随羧甲基纤维素钠含量的增加而下降。该现象是由于混合原糊中羧甲基纤维素钠占比较少时,其大分子上的羧甲基与海藻酸钠大分子上的羧基和羟基产生强烈的氢键作用。这种氢键作用随着羧甲基纤维素钠含量增加而增强,但当羧甲基纤维素钠的含量增加至一定程度后,强烈的氢键作用便会限制其与海藻酸钠大分子间的相互作用,这种现象降低了共混溶液的黏度,使其黏度介于纯海藻酸钠和羧甲基纤维素钠原糊的黏度之间。

表7-3　CMS/SA混合原糊黏度

转速/($r \cdot s^{-1}$)	混合比例(CMS/SA)						
	100/0	80/20	60/40	50/50	40/60	20/80	0/100
0.3	112 199	76 390	71 616	100 263	155 168	186 202	157 555
0.6	83 484	63 841	62 613	89 622	116 632	116 632	135047
1.5	54 012	46 230	50 131	66 842	93 101	100 263	126 522
3	34 018	32 227	42 970	53 712	71 616	84 746	112 199
6	23 320	22 941	32 254	40 659	54 741	68 143	—
12	14 972	17 214	27 018	33 744	—	—	—
30	10 151	—	—	—	—	—	—
60	7 169	—	—	—	—	—	—

7.1.1.2　印花黏度指数(PVI值)

PVI值是评估印花糊料性能的一个重要参数。当遇到剪切力作用时，增稠剂分子链间由于氢键等相互作用而形成的缠结会被破坏，溶液黏度降低，这有利于印花色浆通过筛网网眼到达织物表面。当剪切力消失时，溶液黏度恢复，从而保证印染的清晰度。

由表7-4可知羧甲基纤维素钠和瓜尔胶的PVI值都较小，分别是0.303和0.429。这是因为原糊溶液中糊料分子间形成包裹自由水的网状结构，在溶剂化层的作用下，分子间会发生集结效应，所以结构黏度大，PVI值较小。海藻酸钠PVI值较大，这是因为海藻酸钠溶于水后，与水分子发生氧键结合与范德瓦耳斯力结合，形成稳定且具有一定黏度的胶体溶液，但由于分子中均匀存在着羧基，羧基之间的斥力大于分子间形成的氢氧键之力，无法形成分子间网状结构，因而海藻酸钠的流变性接近牛顿流体。羧甲基纤维素钠和海藻酸钠混合原糊PVI值介于羧甲基纤维素钠原糊和海藻酸钠原糊之间，这可能由于混合糊料各组分泡胀粒子大小不同，相互填充，因而流动形式趋于稳定化。理论上，平网印花应选择PVI值为0.35～0.60内的原糊。

表7-4　混合原糊PVI值

混合比例		100/0	80/20	60/40	50/50	40/60	20/80	0/100
PVI值	CMS：GG	0.303	0.221	—	—	—	—	0.429
	CMS：SA	0.303	0.422	0.600	0.536	0.462	0.462	0.712

7.1.1.3　抱水性

对于传统印花方式，抱水性太大或太小都会造成渗化现象。由表7-5和表7-6可知，三种原糊中瓜尔胶的抱水性好，但随着测试时间延长，瓜尔胶的水分上升高度增长较快，可能是因为瓜尔胶不能快速溶胀和水合，溶解速度慢。羧甲基纤维素钠原糊/海藻酸钠混合原糊水分上升高度随着测试时间的延长缓慢增长，最后达到一个稳态值。羧甲基纤维素钠/瓜尔胶混合原糊水分上升高度随着瓜尔胶原糊含量的升高而提高，这可能是因为瓜尔胶分子和羧甲基纤维素分子相互缠结成复杂网状结构，结构黏度较大，但糊料形成的网状结构包裹水的能力较弱，部分水分会游离出来。理论上，羧甲基纤维素钠/海藻酸钠混合原糊抱水性小且随着测试时间延长，原糊抱水性较稳定，印花织物轮廓更清晰。

表 7-5　CMS/GG 混合原糊抱水性

混合比例/%	抱水性/mm			
	10 min	20 min	30 min	60 min
100/0	2.5	3	3	3
80/20	1.5	2	2	3.5
60/40	1.5	2.5	2.5	4
50/50	3	3	4.5	10
40/60	2.5	4.5	6.5	7.5
20/80	4	5.5	10	11.5
0/100	2	2.5	3.5	6.5

表 7-6　CMS/SA 混合原糊抱水性

混合比例/%	抱水性/mm			
	10 min	20 min	30 min	60 min
100/0	2.5	3	3	3
80/20	2	2	2	2.5
60/40	2	2	3	3
50/50	2	2.5	3	3
40/60	2	3	3	3
20/80	2	2.5	3	3.5
0/100	2.5	3	3.5	3.5

7.1.2　混合型原糊印制性能比较

将羧甲基纤维素钠（含固量 2%）分别与瓜尔胶（含固量 2%）、海藻酸钠（含固量 6%）以 100：0、80：20、60：40、50：50、40：60、20：80、0：100 比例复配，混合均匀后与染料含量 0.5%的阳离子桃红 X-FG 染料配制成印花色浆，对间位芳纶织物印花；将印花织物在温度为 160 ℃、压力为 20 MPa 的超临界 CO_2 流体中处理 40 min，测试其 K/S 值、得色不匀率、花纹轮廓清晰度、色牢度。

7.1.2.1　织物表面得色量和渗透率

不同混合原糊印制间位芳纶织物的表观得色量和渗透率如图 7-2 所示。由图 7-2(a)可知,当羧甲基纤维素钠与瓜尔胶复配比例为 40∶60 时,印花间位芳纶织物表观得色量最高达到 6.5;由图 7-2(b)可知羧甲基纤维素钠/海藻酸钠复配糊料比例为 60∶40 时,印花间位芳纶织物表观得色量最高达到 5.84。由表 7-7 羧甲基纤维素钠/瓜尔胶复配体系的渗透率比羧甲基纤维素钠/海藻酸钠复配体系低 50%～100%。这可能是因为羧甲基纤维素钠/瓜尔胶复配体系相较于羧甲基纤维素钠/海藻酸钠复配体系黏度高,更难向织物内部扩散,渗透率低,使得其表观得色量高。

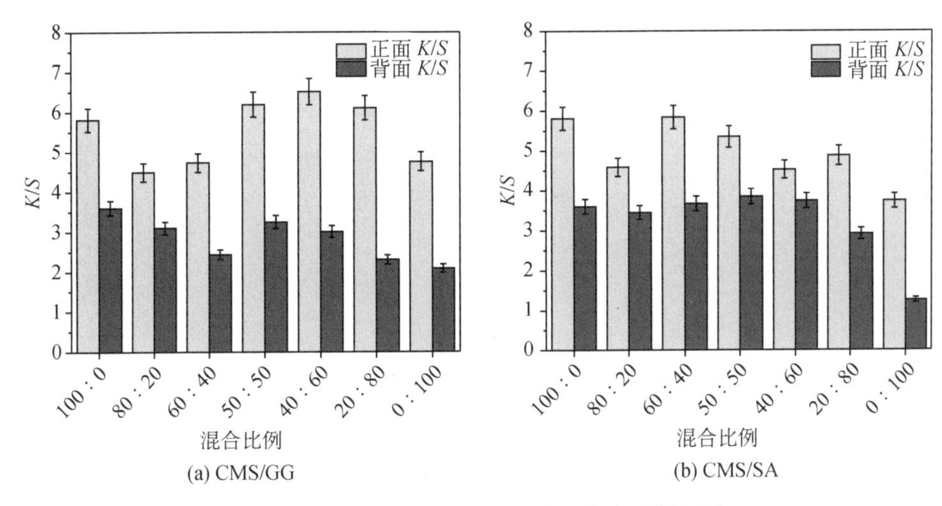

图 7-2　混合原糊印制间位芳纶织物表观得色量

表 7-7　混合原糊渗透率

混合比例/%		100/0	80/20	60/40	50/50	40/60	20/80	0/100
渗透率/%	CMS∶GG	47.18	37.84	43.21	57.14	40.36	34.49	57.42
	CMS∶SA	47.18	58	78	68	80	73	22

7.1.2.2　得色不匀率与花纹轮廓清晰度

由表 7-8 可知,当羧甲基纤维素钠与海藻酸钠的混合比例为 20∶80 时,印花织物的得色不匀率最低,为 0.2;两种糊料复配体系印制的间位芳纶织物得色不匀率均较低,这说明超临界 CO_2 的高渗透性和扩散性使其处理的间位芳纶印花织物表面花纹颜色十分均匀。同时,由表 7-9 可知,所有原糊的尖锐性都能达到 99%,这说明超临界 CO_2 体系下处理的间位芳纶印花织物花纹轮廓清晰度较好。

表 7-8 混合原糊印制得色不匀率

混合比例/%		100/0	80/20	60/40	50/50	40/60	20/80	0/100
得色不匀率/%	CMS：GG	1.91	1.73	1.40	0.65	1.34	2.5	0.41
	CMS：SA	1.91	1.74	0.47	0.82	0.70	0.20	1.41

表 7-9 混合原糊印制尖锐性

混合比例/%		100/0	80/20	60/40	50/50	40/60	20/80	0/100
尖锐性/%	CMS：GG	100	99	99	99.5	99	99.5	99.5
	CMS：SA	100	99	100	99	99	99	100

7.1.2.3 混合原糊印花色牢度

由表 7-10、表 7-11 可以看到两种复配体系混合原糊印制间位芳纶织物的耐摩擦色牢度均达到 5 级。当羧甲基纤维素钠：瓜尔胶复配比例为 40：60 时，褪色牢度为 4-5 级、棉沾色和尼龙沾色分别为 4-5 级，印花效果最好。

表 7-10 CMS/GG 混合原糊印制间位芳纶织物色牢度

混合比例/%	耐皂洗色牢度			耐摩擦色牢度		耐日晒色牢度
	褪色	沾色		干	湿	
		棉	尼龙			
100/0	4-5	4-5	4	5	5	2
80/20	4-5	5	4-5	5	5	2
60/40	4-5	5	4-5	5	5	2
50/50	4-5	4-5	4	5	5	2
40/60	4-5	5	4-5	5	5	2
20/80	4	5	4	5	5	2
0/100	3-4	4	3-4	5	5	2

表 7-11 CMS/SA 混合原糊印制的间位芳纶织物色牢度

混合比例/%	耐皂洗色牢度			耐摩擦色牢度		耐日晒色牢度
	褪色	沾色		干	湿	
		棉	尼龙			
100/0	4-5	4-5	4	5	5	2
80/20	4	5	4-5	5	5	2
60/40	4-5	4-5	3-4	5	5	2

续表

混合比例/%	耐皂洗色牢度			耐摩擦色牢度		耐日晒色牢度
	褪色	沾色		干	湿	
		棉	尼龙			
50/50	4-5	4-5	3-4	5	5	2
40/60	4	5	4-5	5	5	2
20/80	3	4	3-4	5	5	2
0/100	3	5	4-5	5	5	2

7.2 间位芳纶阳离子染料超临界CO_2辅助印花工艺

间位芳纶晶体中强烈的分子内和分子间氢键导致其具有高结晶度、高取向度以及高玻璃化转变温度，这种特殊的分子结构使间位芳纶在水中难以上染，由此导致的染色难题限制了纤维在服装等领域的扩大应用，需添加对聚合物具有溶胀性能的载体来提高可染性。但添加载体后，芳纶的色深增加，但仍存在亮度和色深低等问题。且随着载体的加入，染色废水成分变得复杂，生物降解性较差，从而造成更为严重的水污染。探索环保印染技术对消除水污染和扩大间位芳纶的应用至关重要。超临界CO_2流体对间位芳纶玻璃态和半结晶态具有增塑和溶胀作用，使更多染料分子得以扩散进纤维，有利于间位芳纶织物印花。

随着高性能纤维的应用发展，对个体防护装备的防护要求也不断提高。在矿山、钢铁冶炼、金属热加工、石油石化、机械加工等接触明火或易燃物等行业，具有荧光阻燃功能的芳纶防护面料应用逐渐普遍化。荧光染料以其无与伦比的鲜艳性而得到了广泛的使用，它具有一般染料的着色性，应用于服装上发射荧光具有高可视性。在夜间或漆黑工作环境下，荧光能够有效提高个体能见度，避免事故发生。

目前高可视纺织材料大多由涤纶、腈纶、锦纶等纤维织造而成，采用荧光黄、橙、红、绿等染料进行染色。其中，荧光涤纶制品作为防护用品最大的缺陷是燃烧后温度过高、易燃、有熔洞和熔滴产生，可能对皮肤造成二次伤害。为了兼顾荧光和阻燃两者特性，现有荧光阻燃面料一般采用机织复合式，即表层为涤纶，用于实现荧光效应，里层是腈氯纶或者芳纶等材料，用于实现永久阻燃。但此类产品较厚重、透气性差，易于产生严重的不适感，作业灵敏度大幅度下降，难以达到对防护性与穿着实用性的全方位要求。因此，研究开发出低克重、透气、柔软、轻薄舒适的荧光芳纶阻燃面料，变得十分必要和迫切。

7.2.1 间位芳纶织物超临界CO_2辅助印花性能

7.2.1.1 温度对间位芳纶织物印花效果的影响

在超临界CO_2流体处理过程中，间位芳纶织物的印花效果受到许多因素的影响，例如，温度、压力、时间以及染料用量等。在压力 20 MPa、时间 40 min、染料用量 0.5%(o.w.f.)的条件下，利用超临界 CO_2 对阳离子桃红 X-FG 和阳离子黄 5GL 染料印花间位芳纶织物进行处理。在压力 16 MPa、时间 40 min、染料含量 0.5%的条件下，利用超临界 CO_2 对荧光红紫 3R 和荧光黄 X-10GFF 染料印花间位芳纶织物进行处理。试样的表观得色量如图 7-3 所示。

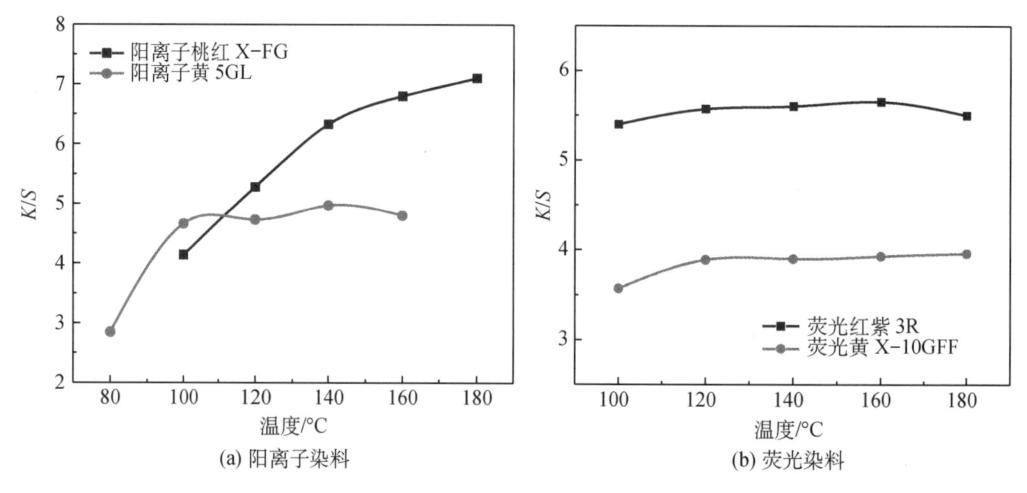

图 7-3 温度对间位芳纶织物印花效果的影响

如图 7-3 所示，随着温度升高，超临界 CO_2 中印花间位芳纶织物 K/S 值逐渐提高。这是因为当处理温度较低时，间位芳纶大分子链段活动性弱，染料难以进入纤维内部，但是随着温度的升高，CO_2 分子容易进入纤维非晶区的自由体积，间位芳纶大分子链的活动性提高，使得纤维的自由体积增大，从而形成了更多承载染料的孔穴，染料分子通过形成的孔穴不断扩散渗透进入纤维内部。因此，在超临界 CO_2 流体对间位芳纶玻璃态和半结晶态的增塑和溶胀的作用下，更多的染料分子得以扩散进入纤维，从而有利于间位芳纶织物的印花。

7.2.1.2 时间对间位芳纶织物印花效果的影响

在温度 180 ℃、140 ℃，压力 20 MPa、染料用量为 0.5%(o.w.f.)的条件下，在超临界 CO_2 中分别对阳离子桃红 X-FG、阳离子黄 5GL 印花间位芳纶织物处理 20～100 min；当在温度 160 ℃、180 ℃，压力 16 MPa、染料用量为 0.5%(o.w.f.)的条件下，在超临界 CO_2 中分别对荧光红紫 3R、阳离子荧光黄 X-10GFF 染料印花间位芳纶织物处理 20～100 min。试样的表观得色量如图 7-4 所示。

当时间从 20 min 增加到 40 min 时，阳离子染料与荧光染料印花间位芳纶织物 K/S 值迅速增加其中阳离子桃红 X-FG、荧光红紫 3R、阳离子荧光黄 X-10GFF 印花织物逐渐增大并达到最大值，这可能是因为超临界 CO_2 对于间位芳纶具有较强的渗透和膨胀作用。

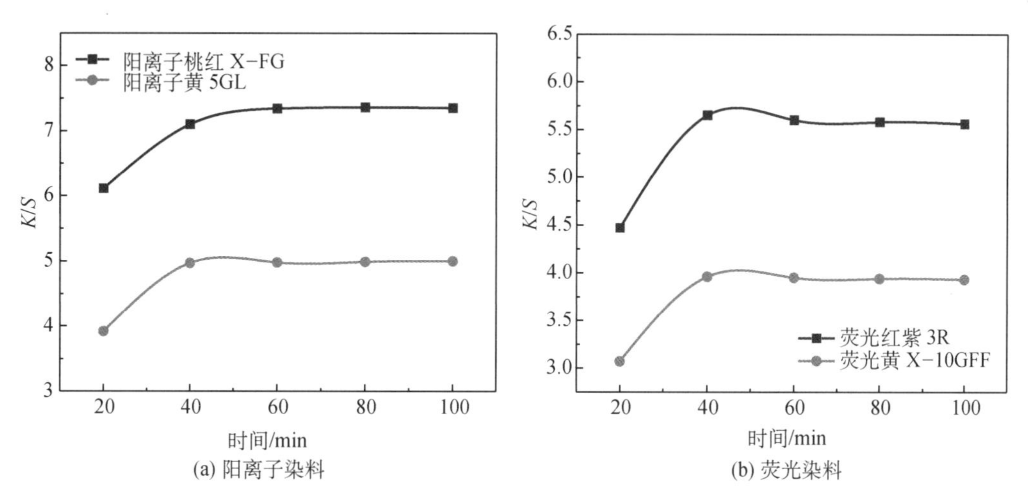

图 7-4　时间对间位芳纶织物印花效果的影响

随着处理时间的增加，超临界 CO_2 体系下，织物表面的染料不断向织物内部扩散，直至在某个时间点达到饱和，此时印花间位芳纶织物 K/S 值达到最大，染料在织物内逐渐达到上染平衡。

7.2.1.3　压力对间位芳纶织物印花效果的影响

在染料含量为 0.5%，压力为 8～24 MPa 的条件下，分别在 180 ℃、60 min，140 ℃、40 min，160 ℃、40 min，160 ℃、40 min 试验条件下处理阳离子桃红 X-FG、阳离子黄 5GL、荧光红紫 3R、阳离子荧光黄 X-10GFF 印花间位芳纶织物。试样的表观得色量如图 7-5 所示。

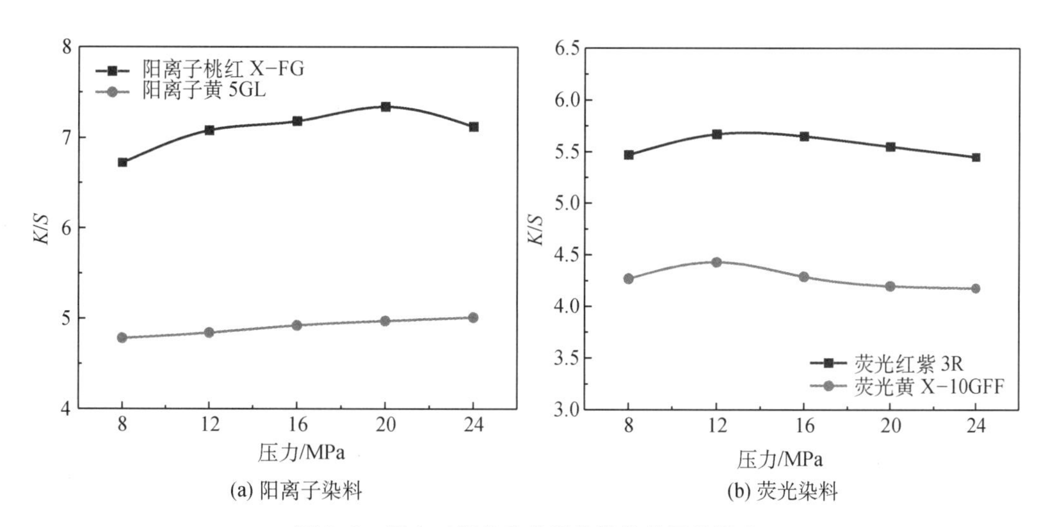

图 7-5　压力对间位芳纶织物印花效果的影响

由图 7-5 可见，当压力从 8 MPa 增加到 20 MPa 时，阳离子桃红 X-FG 染料、阳离子黄 5GL 染料印花间位芳纶织物 *K/S* 值都随着压力的升高而缓慢增加，当压力增加至 24 MPa 时，印花间位芳纶织物 *K/S* 值基本不变或呈下降趋势。荧光染料印花间位芳纶织物 *K/S* 值均在 8～12 MPa 内呈上升趋势，当压力为 12～24 MPa 时，两种荧光染料印花间位芳纶织物 *K/S* 值呈下降趋势。理论上，超临界流体印染过程中，可以通过调整压力的大小来控制染料的上染，温度一定时，随着压力增加，CO_2 密度增加，染料溶解能力增强，流体的传质动力也增强；另外，随着压力提高，流体对于间位芳纶的渗透和膨胀作用增强，这两方面原因使得染料更易于扩散进间位芳纶纤维内部。随着压力的增加，间位芳纶印花织物的 *K/S* 值增幅较小，这说明在超临界 CO_2 处理间位芳纶印花织物过程中，温度和时间是影响织物印花效果的主要因素。另外，随着压力的继续提高，印花间位芳纶织物 *K/S* 值呈下降趋势，出现该现象的原因可能与不同压力下间位芳纶织物内部纤维处于不同的空间结构有关。适当的压力有助于阳离子基团向间位芳纶织物纤维中渗透，且该压力下间位芳纶织物中纤维之间的距离适当，有利于染料中阳离子基团的附着。当压力继续升高到一定数值后，间位芳纶织物纤维之间相互挤压而无法给染料提供足够的附着位点，不利于染料中阳离子基团的附着，从而使得该状态下印花间位芳纶织物的 *K/S* 值下降。

7.2.1.4 染料用量对间位芳纶织物印花效果的影响

在染料用量为 0.5%～2.5%(o.w.f.)的条件下，在温度 180 ℃、压力 12 MPa 的条件下，处理间位芳纶印花织物 60 min；在温度 140 ℃、压力 8 MPa 的条件下，处理间位芳纶印花织物 40 min；在 160 ℃、8 MPa 条件下处理荧光红紫 3R 印花织物 40 min；在 180 ℃、8 MPa 条件下处理荧光黄 X-10GFF 印花织物 40 min。试样的表观得色量如图 7-6 所示。

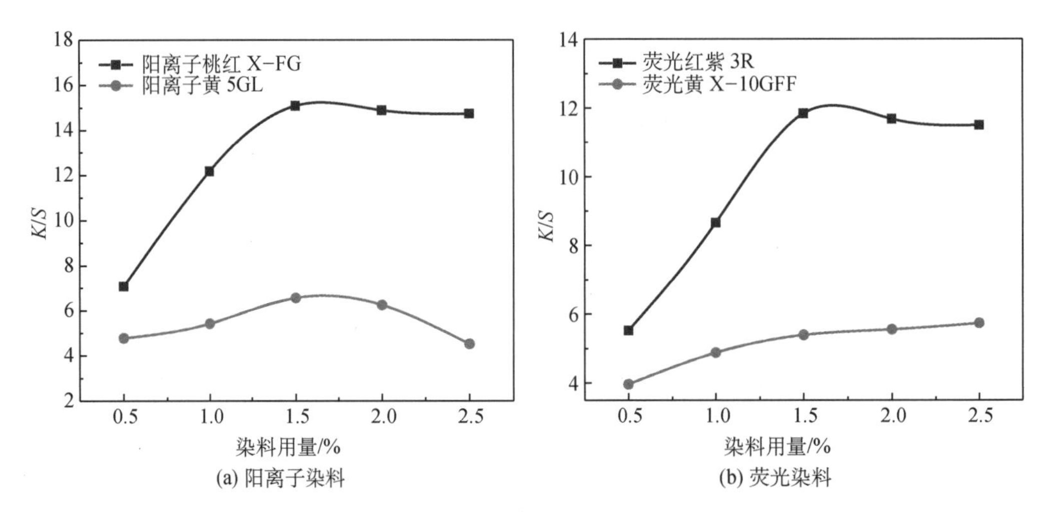

(a) 阳离子染料　　(b) 荧光染料

图 7-6　染料用量对间位芳纶织物印花效果的影响

间位芳纶在超临界CO_2流体中染色时，染料的上染基本服从能斯特分配关系，一般来说，染料用量越大，使得越多的染料大分子可以接近间位芳纶表面形成浓度梯度，从而易于向纤维内部吸附扩散，从而促进染料上染。由图7-6可知，当染料用量在0.5%～1.5%（o.w.f.）时，印花织物的K/S值近似为线性增加；但当阳离子染料用量达到2.0%后，间位芳纶印花织物的表观得色深度逐渐下降。此外，当染料用量超过1%时，间位芳纶印花织物表面浆膜发黑，考虑可能是因为染料用量太高，染料在间位芳纶织物内达到上染平衡后，多余的染料聚集在织物的表面形成染料聚集体，在高温条件下可能由于脱去结晶水而发黑。

采用两种方法在相同色浆配方下对间位芳纶织物印花，实物图如图7-7所示。图7-7（a）、（b）为超临界CO_2辅助阳离子桃红X-FG、阳离子黄5GL印花间位芳纶织物；图7-7（c）、（d）为传统方式阳离子桃红X-FG、阳离子黄5GL印花间位芳纶织物。

(a)

(b)

(c)

(d)

图7-7　印花实物图

7.2.1.5　超临界CO_2辅助印花方式与传统印花方式比较

为与超临界CO_2辅助印花方式相比，采用相同的色浆配方在传统方式下对间位芳纶织物印花，印花织物皂洗前后实物图如图7-8、图7-9所示。图7-8（a）、（b）分别为超临界CO_2辅助阳离子桃红X-FG、阳离子黄5GL印花间位芳纶织物；图7-8（b）、（d）分别为传统方式阳离子桃红X-FG、阳离子黄5GL印花间位芳纶织物；其中左为皂洗前，右为皂洗后。图7-9（a）、（c）分别为超临界CO_2辅助荧光紫红3R、荧光黄X-10GFF印花间位芳纶织物；图7-8（b）、（d）分别为传统方式荧光紫红3R、荧光黄X-10GFF印花间位芳纶织物；图中左为皂洗前，右为皂洗后。

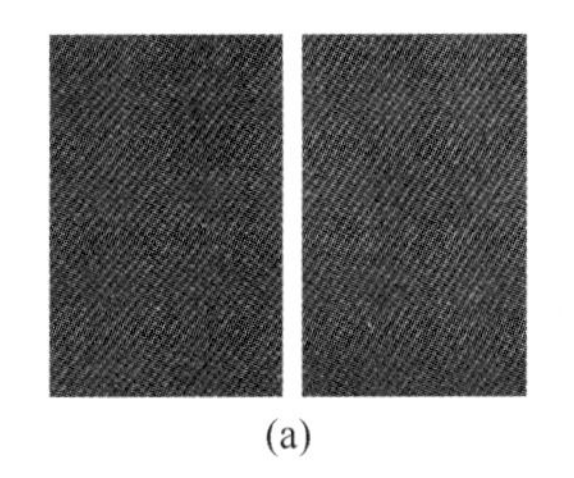
(a)
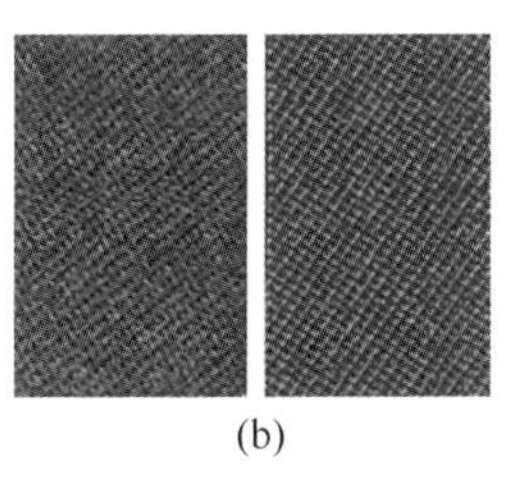
(b)
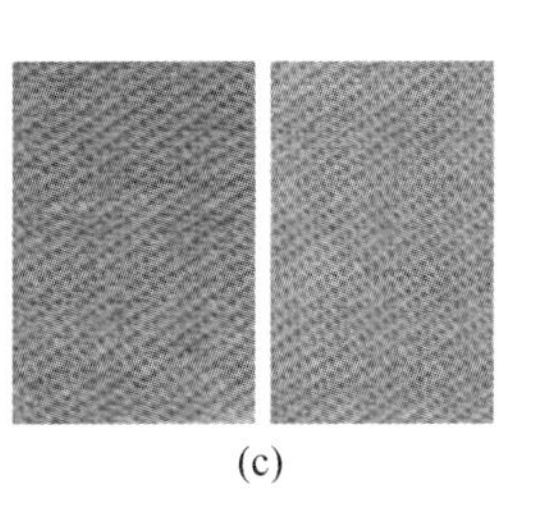
(c)
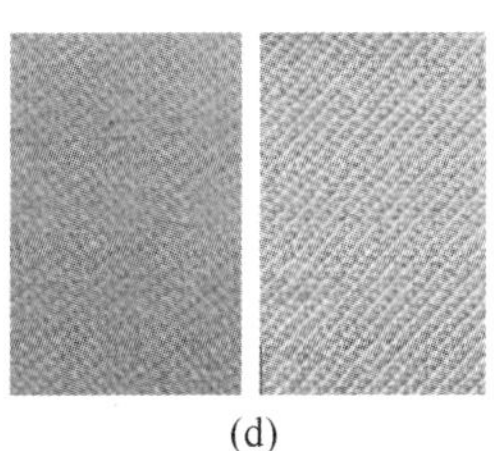
(d)

图7-8　印花织物皂洗前后对比图

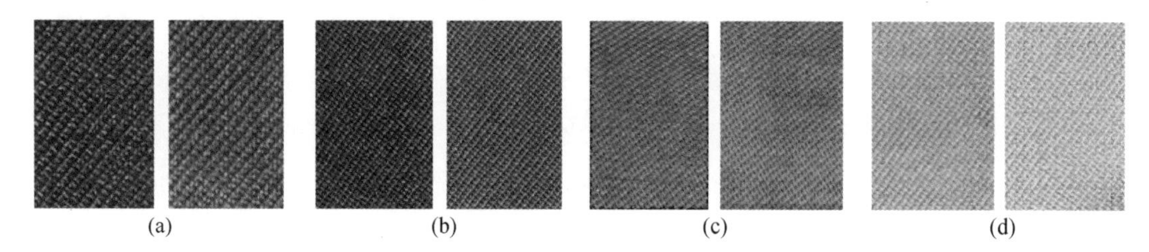

图 7-9　印花织物皂洗前后对比图

印花织物皂洗前后 *K/S* 值见表 7-12，超临界 CO_2 辅助间位芳纶印花织物皂洗前后 *K/S* 值变化较小。和传统印花方式相比，超临界 CO_2 辅助间位芳纶印花织物 *K/S* 值是其 2～3 倍。

表 7-12　印花间位芳纶织物 *K/S* 值

印花方式	染料	洗前 *K/S* 值	洗后 *K/S* 值
超临界 CO_2	阳离子桃红 X-FG	12.49	12.18
	阳离子黄 5GL	12.35	5.42
	阳离子荧光紫红 3R	12.38	8.66
	阳离子荧光黄 X-10GFF	12.53	4.88
传统方式	阳离子桃红 X-FG	14.40	5.43
	阳离子黄 5GL	12.46	2.50
	阳离子荧光紫红 3R	14.26	3.30
	阳离子荧光黄 X-10GFF	13.72	2.91

7.2.1.6　色牢度

由表 7-13～表 7-16 所示，超临界 CO_2 体系中印花间位芳纶织物耐摩擦色牢度（干、湿）达到 5 级；两种阳离子染料印花间位芳纶织物耐皂洗色牢度随着温度的升高而提升，这是因为随着温度的升高，间位芳纶大分子链段活动剧烈，纤维内承载染料的自由体积增加，更多染料进入纤维内部。印花间位芳纶织物耐日晒色牢度（干、湿）均较差，一方面由于芳纶分子中大量酰胺键的存在，使其在日晒过程中—CONH—基团的—CN—键会吸收能量发生断裂和氧化，大分子链段被破坏，而且织物的颜色会随着氧化的进行而逐渐变黄；另一方面由于染料均为共轭结构，有游离双键，染料的光稳定性差。

表 7-13　阳离子桃红 X-FG 印花间位芳纶织物色牢度

印花方式	温度/℃	耐皂洗色牢度			耐摩擦色牢度		耐日晒色牢度
		褪色	沾色		干	湿	
			棉	锦纶			
超临界 CO_2	100	2-3	4	2-3	5	5	2

续表

印花方式	温度/℃	耐皂洗色牢度			耐摩擦色牢度		耐日晒色牢度
		褪色	沾色		干	湿	
			棉	锦纶			
超临界 CO_2	120	3-4	4	3-4	5	5	2
	140	4	4-5	3-4	5	5	2
	160	4-5	5	4-5	5	5	2
	180	4-5	5	4-5	5	5	2
传统方式	100	3	3	2-3	5	5	2

表 7-14　阳离子黄 5GL 印花间位芳纶织物色牢度

印花方式	温度/℃	耐皂洗色牢度			耐摩擦色牢度		耐日晒色牢度
		褪色	沾色		干	湿	
			棉	锦纶			
超临界 CO_2	80	2-3	4	3-4	5	5	2
	100	3	4	3-4	5	5	2
	120	3	4	3-4	5	5	2
	140	4	4-5	4	5	5	2
	160	4	4-5	4	5	5	2
传统方式	100	2-3	4	3-4	5	5	2

表 7-15　荧光黄 10GFF 印花间位芳纶织物色牢度

印花方式	温度/℃	耐皂洗色牢度			耐摩擦色牢度		耐日晒色牢度
		褪色	沾色		干	湿	
			棉	锦纶			
超临界 CO_2	100	2-3	3-4	2-3	5	4-5	1
	120	2-3	3-4	3	5	4-5	1
	140	2-3	4	3-4	5	4-5	1
	160	3	4-5	4	5	4-5	1
	180	4	4-5	4-5	5	4-5	1
传统方式	100	2	4	3-4	5	4-5	1

表 7-16 荧光紫红 3R 印花间位芳纶织物色牢度

印花方式	温度/℃	耐皂洗色牢度			耐摩擦色牢度		耐日晒色牢度
		褪色	沾色		干	湿	
			棉	锦纶			
超临界 CO_2	100	3	3	2-3	5	4-5	1
	120	3	3-4	3	5	4-5	1
	140	3	3-4	3	5	4-5	1
	160	4	4-5	4	5	4-5	1
	180	4	5	4-5	5	4-5	1
传统方式	100	2-3	3	2-3	5	4-5	1

瓜尔胶与羧甲基纤维素钠糊料具有良好的协同增效作用，使复合糊料黏度异常增加，形成复杂的三维网状结构。高黏度的糊料将染料传递到织物表面，使染料黏附在织物表面，有一部分色浆在剪切力作用下打破织物表面的壁垒渗透到织物内部。在超临界 CO_2 对溶质高溶解性和强携带能力作用下，色浆易于扩散并渗透到纤维内部，而且超临界 CO_2 能够溶胀纤维。在超临界 CO_2 的双重辅助作用下，阳离子型荧光染料以离子吸附的形式，与间位芳纶中的负电荷间产生离子键结合，从而实现其染料在织物上固着的过程。因此，与传统印花方式相比，超临界 CO_2 辅助间位芳纶印花织物耐皂洗色牢度均有较大提升。超临界 CO_2 辅助印花间位芳纶织物机理如图 7-10 所示。

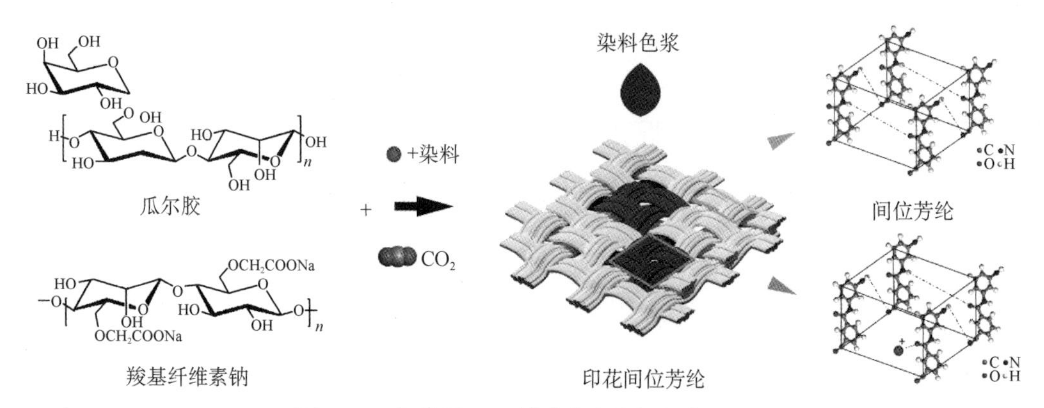

图 7-10 超临界 CO_2 辅助荧光染料印花机理

7.2.2 超临界 CO_2 处理对印花间位芳纶物化性能的影响

为了进一步明晰超临界 CO_2 处理对间位芳纶印花织物性能的影响，仅以荧光染料印花间位芳纶为例进行说明。

用激光共聚焦显微镜在激发波长 550～600 nm 内观察荧光紫红 3R 印花间位芳纶织

物;在激发波长 399～500 nm 内观察荧光黄 X-10GFF 印花间位芳纶织物。其测试结果如图 7-11 所示,[(a)为荧光紫红 3R 印花间位芳纶织物荧光图像;(b)为荧光紫红 3R 印花间位芳纶织物暗场图像;(c)为 a 和 b 合并图;(d)为阳荧光黄 X-10GFF 印花间位芳纶织物荧光图像;(e)为荧光黄 X-10GFF 印花间位芳纶织物暗场图;(f)为(d)和(e)合并图]两种荧光染料印花间位芳纶织物表面均显示出强而均匀的荧光分布,结果证明两种荧光染料印花间位芳纶织物具有可用作警告材料的潜力。

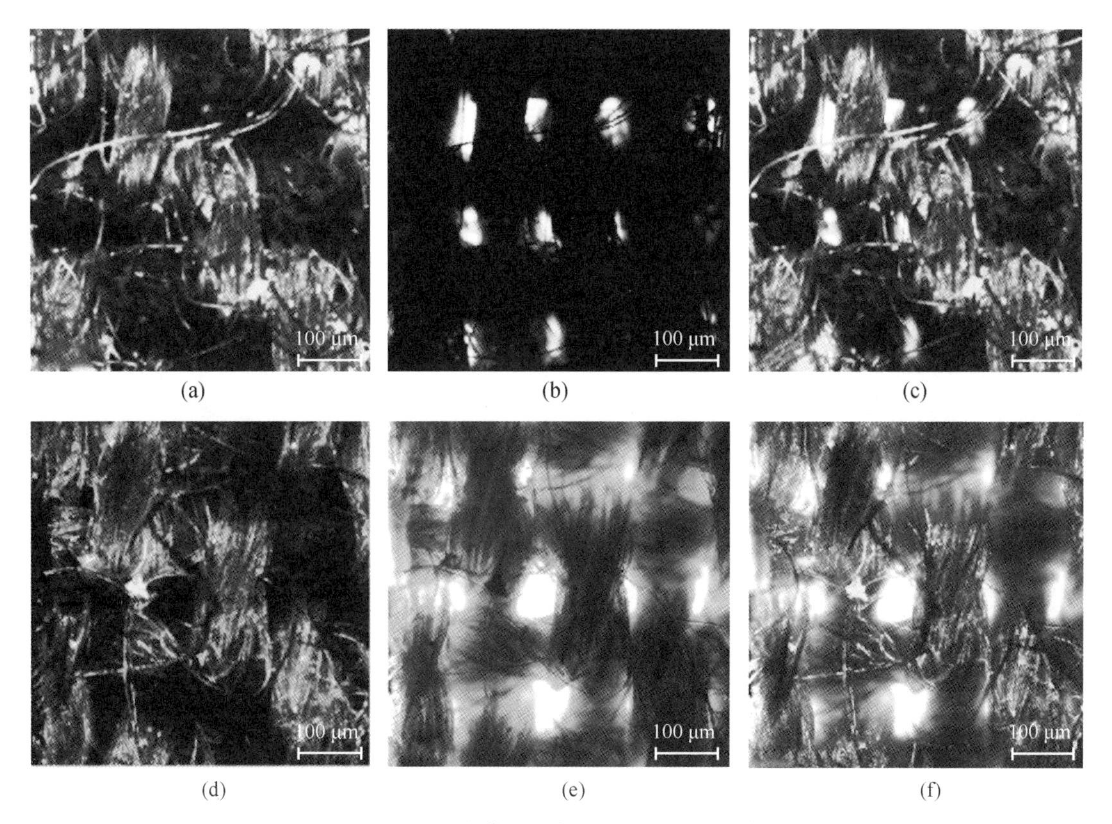

图 7-11　印花间位芳纶织物共聚焦图像

图 7-12 为放大 1 000 倍时,间位芳纶样品的 SEM 图,其中图(a)为间位芳纶原样,可以发现单根纤维之间存在较为均一的空隙;图(b)～(f)为 100 ℃、120 ℃、140 ℃、160 ℃、180 ℃荧光紫红 3R 印花间位芳纶织物;图(g)～(k)为 100 ℃、120 ℃、140 ℃、160 ℃、180 ℃荧光黄 X-10GFF 印花间位芳纶织物;图(l)、(m)为传统荧光紫红 3R、荧光黄 X-10GFF 印花间位芳纶织物;图(b)～(m)中单根纤维之间均出现一定程度的膜状黏连,这是因为间位芳纶印花织物表面有不同程度的色浆附着,未见超临界 CO_2 和传统方式印花间位芳纶织物表观形貌的显著差别。

由图 7-13 可知,与原样相比,不同温度超临界 CO_2 中处理间位芳纶印花样品的特征

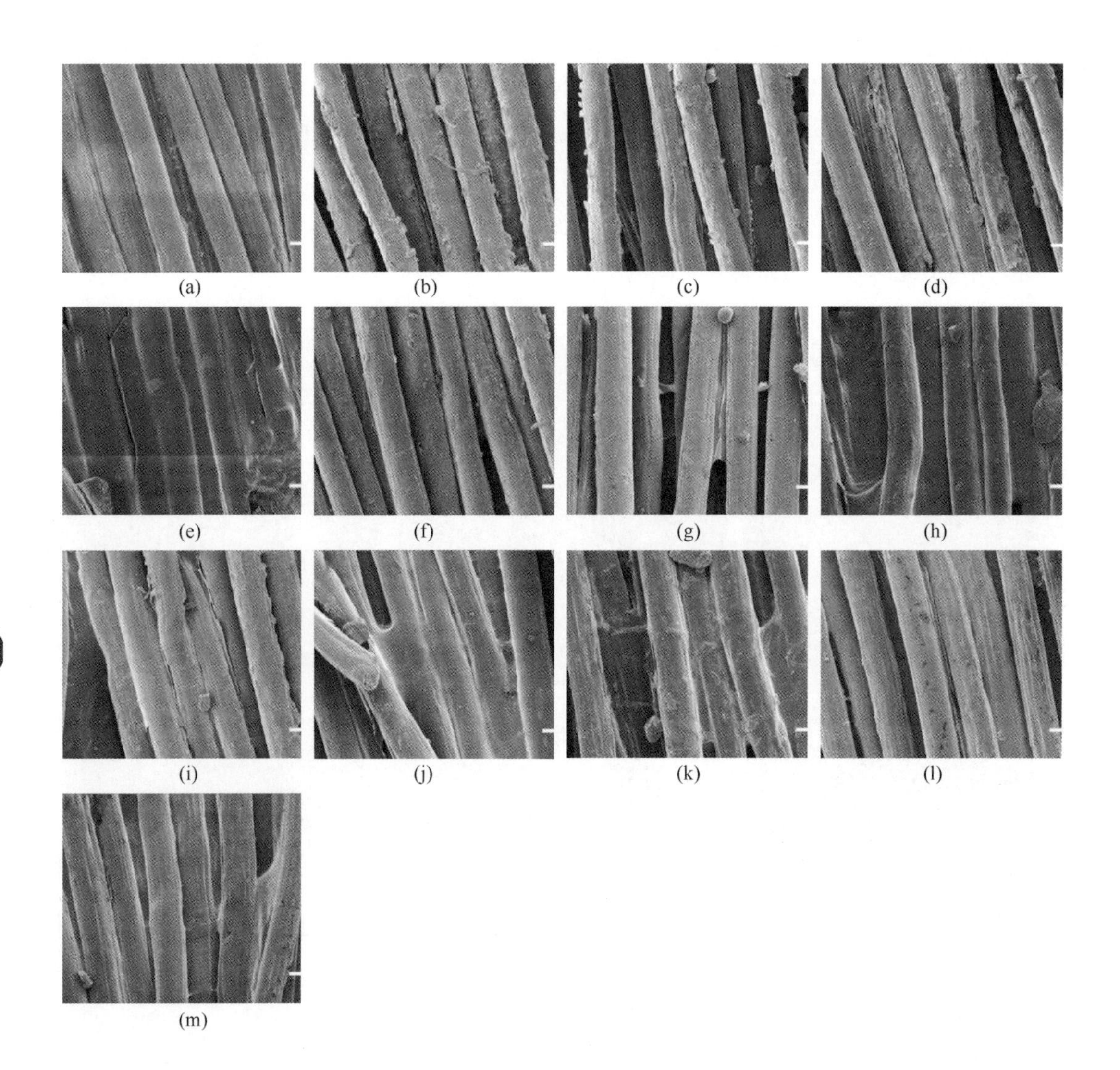

图 7-12　间位芳纶扫描电镜图

峰基本相同，在 1 623 cm^{-1} 和 1 348 cm^{-1} 处分别是酰胺中 C═O 伸缩振动和—CN 伸缩振动产生的谱带，苯环骨架伸缩振动的特征峰在 1 490 cm^{-1}、1 570 cm^{-1} 处。因此，由印花间位芳纶织物 FTIR 图谱得知，温度不会对超临界 CO_2 体系中间位芳纶印花织物的化学结构产生影响。

如图 7-14 所示，间位芳纶原样和超临界 CO_2 处理后印花间位芳纶织物的 X 射线衍射曲线基本相似，衍射峰均出现在 17°、23°和 27°处。因此，不同温度不会引起超临界 CO_2 处理印花间位芳纶织物衍射峰位置的变化。

超临界 CO_2 辅助印花间位芳纶样品的 TG 结果如图 7-15 所示，热重谱图包含两个阶段，第一阶段（0～416 ℃）由于溶剂的脱附导致少量的初始失重。其中在 100 ℃之前的失重是由于样品中的水分蒸发导致的；第二阶段 TG 曲线剧烈下滑是因为试样热分解，在 400～

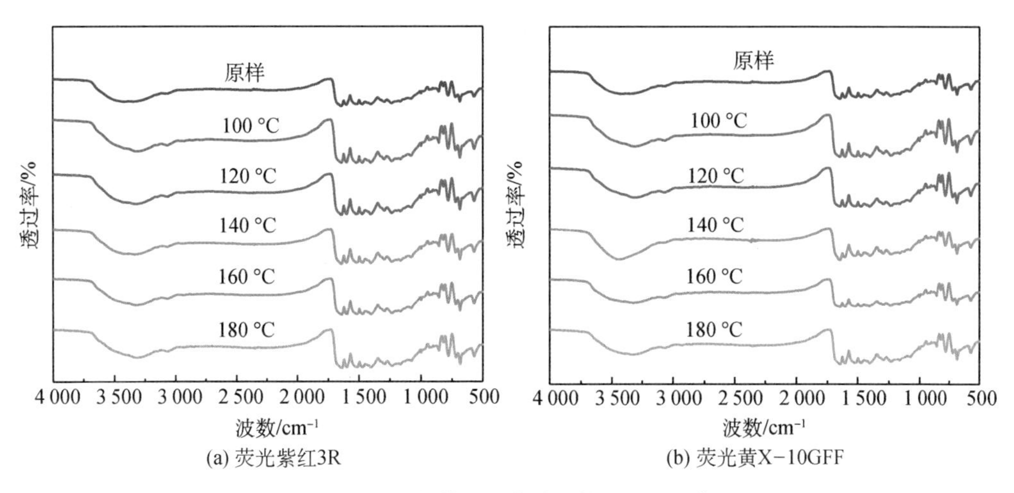

图 7-13　印花间位芳纶织物 FTIR 图谱

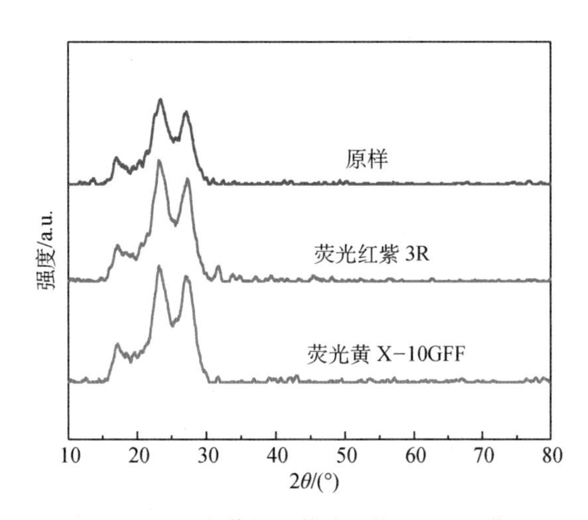

图 7-14　印花间位芳纶织物 XRD 图谱

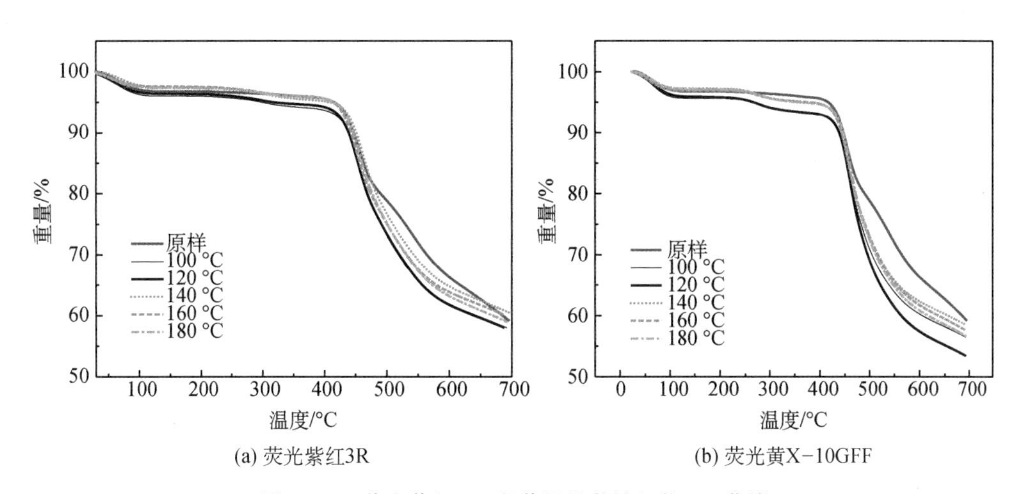

图 7-15　荧光紫红 3R 印花间位芳纶织物 TG 曲线

460 ℃随着温度升高，失重速率逐渐加快，此时分子内发生的反应主要为脱氢反应，热解产物为大量的大分子碎片；而当温度高于 460 ℃时，芳纶样品的失重速率开始逐渐趋于稳定。此时分子内发生的反应主要为芳环中 C—N 键的断裂和纤维主链上的 C═O 键断裂，苯环开环，热解产物为小分子碎片、小分子气体及自由基。

为了探究超临界 CO_2 流体处理对间位芳纶印花样品机械性能的影响，测试了间位芳纶原样，在温度 180 ℃、压力 8 MPa、染料含量 1%（o. w. f）的超临界 CO_2 体系中处理荧光黄 X-10GFF 印花间位芳纶样品 40 min，在温度 160 ℃、压力 8 MPa、染料含量 1%的超临界 CO_2 体系中处理荧光红紫 3R 印花间位芳纶样品 60 min 的断裂强度和断裂伸长率，如图 7-16 所示。

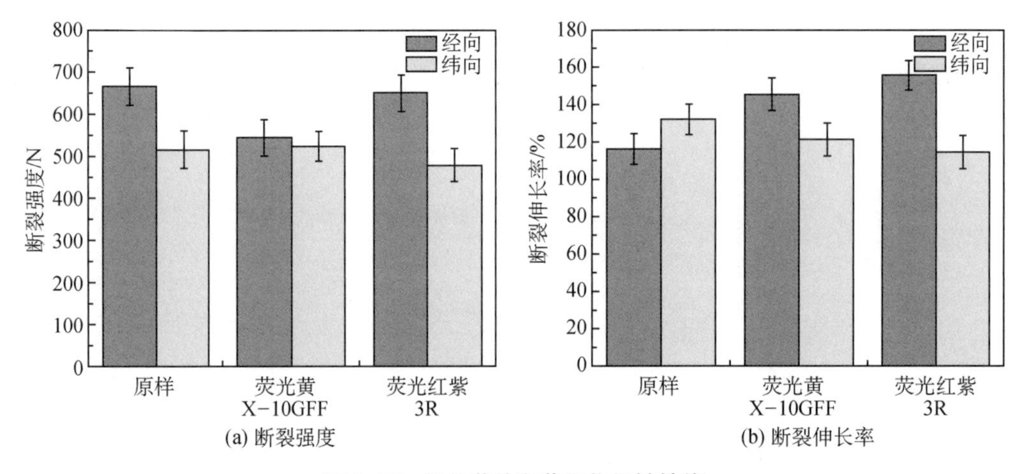

图 7-16 间位芳纶印花织物机械性能

由图 7-16 可知，超临界 CO_2 中印花间位芳纶织物经向断裂伸长率较原样而言均有所提高，结合以上样品的 SEM 图分析，可能是由于浆膜的作用，间位芳纶之间产生纤维黏连所致，使织物内的纤维束间结合紧密，当织物受到拉伸作用时，纤维间不容易滑脱，印花后间位芳纶织物断裂伸长率提高。就超临界 CO_2 中两种荧光染料印花间位芳纶织物的断裂强力而言，荧光红紫 3R、荧光黄 X-10GFF 印花间位芳纶样品的断裂强力略有降低。这可能是因为荧光黄 X-10GFF 印花间位芳纶样品在高温整理过程中对间位芳纶聚合物的内部结构产生了一定的破坏。

如表 7-17 所示，超临界 CO_2 印花方式和传统印花方式的芳纶织物硬挺度接近，和间位芳纶原样相比柔软度稍有下降，这是因为羧甲基纤维素钠脱糊率差，水洗后还有一部分残留在织物上造成的，仍满足服用需求。此外，由表 7-18 可知，与传统方式下荧光紫红 3R、荧光黄 X-10GFF 印花间位芳纶样品相比，超临界 CO_2 辅助印花间位芳纶织物的透气性稍下降，满足服用舒适性要求。

表 7-17 间位芳纶印花织物硬挺度

印花方式	间位芳纶样品	经向弯曲长度/cm	纬向弯曲长度/cm	经向抗弯刚度/(N·mm^{-2})	纬向抗弯刚度/(N·mm^{-2})
原样	芳纶 1313 原样	2.61	2.81	2.48	3.27
超临界 CO_2 处理	荧光红紫 3R	2.90	3.10	3.58	4.09
	荧光黄 X-10GFF	3.14	3.25	3.78	3.98
传统方式	荧光红紫 3R	2.88	2.95	3.52	4.01
	荧光黄 X-10GFF	2.95	3.17	3.62	3.95

表 7-18 间位芳纶织物的透气性分析

印花方式	间位芳纶样品	透气率/(mm·s^{-1})
超临界 CO_2	芳纶 1313 原样	690.9
	荧光红紫 3R	681.8
	荧光黄 X-10GFF	679.2
传统方式	荧光红紫 3R	682.5
	荧光黄 X-10GFF	680.3

第 8 章　超临界 CO_2 流体阻燃整理技术

棉纤维热稳定性差，极限氧指数（LOI）值仅有 18%左右，遇到明火会迅速燃烧，引发火灾而造成不可估量的后果，严重危害人民群众生命财产安全。传统棉织物阻燃整理方法主要基于织物组织结构、最终用途及阻燃性能要求，利用浸轧焙烘法、浸渍烘燥法、涂层法、喷雾法、有机溶剂法等，使得阻燃剂与纤维大分子通过范德瓦耳斯力、吸附沉积以及化学键合等作用，固着在织物表面或内部，从而获得阻燃效果。

8.1　阻燃剂及棉纤维阻燃整理

8.1.1　阻燃剂及阻燃机理

8.1.1.1　阻燃剂

阻燃剂又称耐火剂，高温条件下可以阻止材料被燃烧和火焰的蔓延，经过阻燃整理的材料可以有效阻止被引燃并且能够抑制火焰的传播，在工业生产、装饰用、防护服用的领域都有着广泛的应用。

不同的化学结构和使用方法决定了阻燃剂会通过不同的作用方式使高分子化合物具有阻燃性能。自然界中很多元素都具有阻燃效果，其在元素周期表中的分布也有规律可循，ⅢA 族的硼元素和铝元素；ⅣA 族的硅元素；ⅤA 族的磷元素和氮元素；ⅦA 族的氯元素和溴元素等都具有阻燃效果。

按照化合物类型，阻燃剂可分为无机阻燃剂和有机阻燃剂。无机阻燃剂热稳定性好，价格低廉，无毒无害，主要是通过受热分解吸热，降低燃烧体系的温度来达到阻燃效果，但其耐久性能较差，水洗牢度很低，存在添加量过大影响织物的服用性能和机械性能等问题。随着科技不断进步，采用纳米技术和表面改性技术对无机阻燃剂进行处理，通过增大阻燃剂的比表面积提高其吸附性能，强化无机阻燃剂与织物的结合能力，改善其阻燃耐久性能，可以解决无机阻燃剂存在的问题。一些高性能的无机阻燃剂陆续被推向市场，其使用量呈上升趋势。与无机阻燃剂相比，有机阻燃剂能够与材料较好地结合，材料的阻燃性能和阻燃耐久性提升明显，且不会对织物的加工性能产生影响，是目前应用最广泛的阻燃剂之一。

按照使用方式分类，阻燃剂可以分为反应型阻燃剂和添加型阻燃剂。反应型阻燃剂多用于热固性高分子化合物，在高分子化合物生产过程中加入，作为其一部分与高聚物产生化学反应结合在一起，或者通过化学反应与高分子化合物的活性基团结合在一起。反应型阻燃剂的阻燃效率高，耐久性能良好，不会对织物加工性能产生不良影响。

添加型阻燃剂是通过物理分散吸附的方式与织物相结合，从而实现阻燃的效果，主要应用于热塑型高分子化合物。阻燃剂与织物通过范德瓦耳斯力集合在一起，结合力薄弱，阻燃耐久性能较差，并且添加量过大会对织物的服用性能和加工性能产生不良影响。

按照阻燃剂含有元素分类，阻燃剂可以分为卤系阻燃剂、磷系阻燃剂、氮系阻燃剂、硅系阻燃剂和硼系阻燃剂等。其中磷系阻燃剂阻燃效率高，无毒、无污染符合当代绿色环保的要求。磷系阻燃剂受热分解出磷酸，受到强热作用时磷酸聚合成聚磷酸，聚磷酸的强氧化性，可以催化纤维素织物脱水炭化，形成炭层，隔绝氧气和热量的传递，阻燃效果良好。

随着时代的发展和科技的进步，不同性能的阻燃剂种类越来越多，人们对阻燃剂的要求也越来越高，在当今社会倡导绿色环保的大环境下，阻燃剂不仅要有高阻燃效率、优异的耐久性能、对材料的加工性能无不良影响等基本性能，还应该具备无毒无害、对人体健康与自然环境无不良影响的特性。

8.1.1.2 阻燃作用机理

阻燃剂想要起到阻燃效果，就应该抑制引发燃烧某一个或者多个因素。可以通过降低织物的燃烧性能，提高自熄能力或者降低材料热分解温度和热分解速率等。广泛认可的阻燃机理主要包括表面覆盖、气体稀释、吸热、凝聚相阻燃等。

(1) 表面覆盖作用。在高温下，阻燃剂燃烧并熔化，在纤维表面形成致密的保护层，将点火源与材料隔开，既可以隔绝氧气，降低体系氧气浓度又能隔绝热量的散播，从而达到抑制热裂解和燃烧反应继续进行的目的。比如磷系阻燃剂受热变成熔融态，阻燃剂中磷元素受热生成的磷酸可以将材料表面氧化成炭，形成致密的保护层，阻止燃烧的继续发生，从而提升阻燃效果。

(2) 气体稀释作用。在燃烧过程中，一些阻燃剂，比如氮系阻燃剂会释放出大量不可燃性气体，如 CO_2、NO_2、N_2、NH_3、H_2O 等，这些气体能够稀释氧气，降低体系氧气浓度，其中 N_2 能够捕捉高活性自由基，达到阻燃效果。

(3) 吸热作用。在材料燃烧过程中会释放热量，阻燃剂在高温下经历吸热分解反应，降低了燃烧体系的温度并减缓了材料热分解速率，从而实现了阻燃效果。$Al(OH)_3$ 就是通过分解吸热来实现阻燃效果的阻燃剂之一。

(4) 凝聚相阻燃。经过阻燃整理后，改变纤维大分子热分解的过程，会加速燃烧体系中化学反应的进行，促使材料表面炭层的形成，隔绝氧气和传热，降低燃烧体系氧气的浓度，阻止燃烧继续发生；阻燃剂热分解吸热，能够降低燃烧体系温度。膨胀型阻燃剂的阻燃机理就是凝聚相阻燃机理。

(5) 气相阻燃。纤维在燃烧过程中会产生大量的活性自由基，添加的阻燃剂也会生成一些产物，这些物质能够捕捉燃烧体系内高活性的羟基自由基和氢自由基，从而中断燃烧反应链，在气相发挥阻燃作用。

8.1.2 棉纤维结构及热解机理

8.1.2.1 棉纤维结构

棉纤维主要成分是纤维素，成熟的棉纤维中纤维素的含量占94%左右，C、H、O三种元素是构成纤维素的主要元素，β-1,4糖苷键连接葡萄糖单元组成了纤维素大分子，其分子式为$(C_6H_{10}O_5)_n$，作为一种天然高聚物，纤维素的聚合度在6 000～10 000，纤维素的化学结构式如图8-1所示。

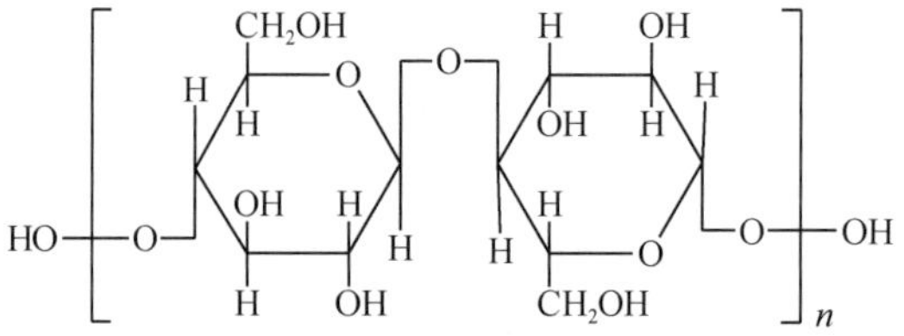

图8-1 纤维素化学结构式

根据纤维素大分子化学结构式可以发现，很多个—OH分布在纤维素大分子的不同位置上，其中，C2上的—OH可以与半缩醛的氧之间形成氢键，相邻吡喃环上的氧可以与C3上的—OH形成不同的氢键，伯—OH之间相互作用可以形成分子间氢键。棉纤维遇到明火时极易发生燃烧，高温破坏纤维素大分子的β-1,4糖苷键，纤维素大分子发生解聚，生成L-葡萄糖单体，随着分解温度的升高，L-葡萄糖单体可以继续分解为可燃气体。

8.1.2.2 棉纤维热解机理

长期以来，科研人员以试验现象与纤维素热分解动力学的试验数据为基础，提出了多种纤维素热解反应动力学模型，其中由Broido和Shafizadeh提出的B-S模型，如图8-2所示，得到了广大学者的一致认可，后期成为研究纤维素热解动力学的一个基础模型。在B-S模型中，刚刚发生热分解时，纤维素大分子的聚合度降低，产生的活性纤维素，是热解过程一种重要的中间物质。随着温度的继续升高，纤维素热裂解加剧，活性纤维素发生平行竞争反应，在温度较低的条件下有利于产生气体和残炭，在较高温度条件下，有利于产生焦油，而焦油的主要成分是L-葡萄糖。

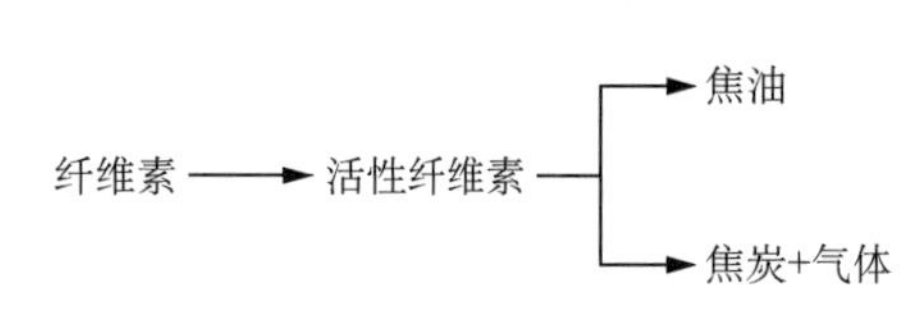

图8-2 纤维素热解B-S模型

在后续的研究中，科研人员在 B-S 模型基础上，对纤维素热分解反应动力学进行更深一步的探索，如图 8-3 所示。纤维素热裂解初始阶段由于受热发生聚合度的急剧下降，产生了羰基和双键等活性基团和活性纤维素，当燃烧温度较低时，活性纤维素通过脱水再交联的方式产生残炭，并且伴随着水和 CO_2 的生成，随着温度升高，纤维素中 β-1,4 糖苷键断裂、吡喃开环反应与解聚反应同时发生，活性纤维素通过这两种途径被分解。L-葡萄糖和其同分异构体在较低温度下生成，高温条件下缩醛结构开环并且环内 C—C 键的断裂形成乙醇醛、1-羟基-2-丙酮、糠醛结构以及其他小分子化合物。L-葡聚糖在高温和长停留时间下发生了相似于纤维素单体开环的分解反应，生成了包括乙醇醛在内的几乎所有纤维素热裂解产物。

综上所述，棉纤维的阻燃性可以从以下两个方面实现。一方面，要减少燃烧体系中氧气的产生，降低氧气的浓度，隔离热量的传递；另一方面，要促进 L-葡萄糖的产生和热分解，进一步产生更多固体残炭，从而减少热解过程中易燃物质的形成。

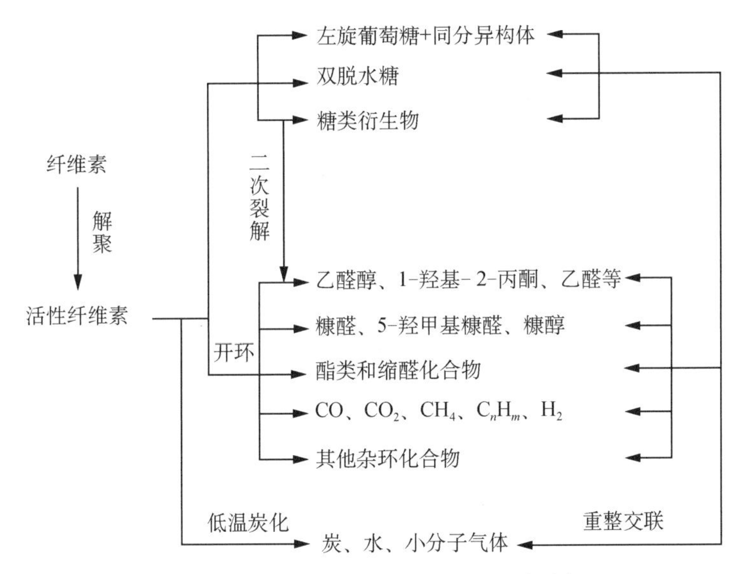

图 8-3　纤维素热解过程的重要反应路径

8.1.3　棉织物阻燃整理方法

阻燃整理是通过引入阻燃剂使材料获得阻燃性能的功能化整理，常用的阻燃整理方法有后整理法、原液法、共聚法。

8.1.3.1　后整理法

阻燃剂经过浸轧、浸渍、涂层、喷雾等方式与材料相结合，经过烘焙工艺使阻燃剂以物理吸附或者化学键结合的方式固着在材料上，使其具有阻燃性能。后整理法能够应用于多种材料的阻燃整理。

8.1.3.2 原液法

将阻燃剂作为生产原材料的一个组分添加到纺丝原液，经纺丝工艺生产出的纤维材料具备了阻燃性能。这种方式主要被应用于合成高分子化合物的阻燃整理，要求阻燃剂与材料要有良好的相容性。

8.1.3.3 共聚法

将反应性阻燃剂以化学键结合的方式与高分子化合物大分子链发生共聚反应，共聚法整理的材料有良好的阻燃耐久性。

阻燃整理工艺和织物组织结构对棉织物的阻燃效果都有较大影响。结构厚重、密度大、平方米克重大的棉织物在同样整理工艺条件下，有更好的阻燃效果。此外，阻燃整理的时间、温度、阻燃剂的用量等因素也同样会对阻燃的效果产生较大的影响。

8.2 棉织物超临界 CO_2 无水阻燃整理工艺

阻燃剂在超临界 CO_2 中的溶解性能是决定超临界 CO_2 流体用于棉织物阻燃整理可行与否的关键，并直接影响阻燃效果。阻燃剂良好的溶解性能可以使得更多的阻燃剂通过超临界 CO_2 溶解后与棉织物接触，扩散于纤维，大分子进入棉纤维内部，以物理吸附或者化学键的方式结合在一起，发挥其阻燃效果。

5060[二(2-氧-5,5-二甲基-1,3,2-二氧磷杂环己烷)-2,2′′-二硫化物]是一种黏胶纤维用高效无卤阻燃剂，在拉丝前添加有良好的阻燃和增塑效果。其分子结构对称性良好，极性较低，对纤维素基质材料有较好的阻燃性能；利用 P-S 协同增效，在气相及凝聚相发挥阻燃作用，当添加量大于 15%，极限氧指数 LOI 值在 27%以上。5060 化学结构如图 8-4 所示。

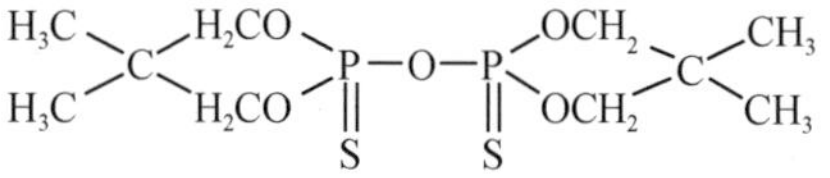

图 8-4 5060 化学结构

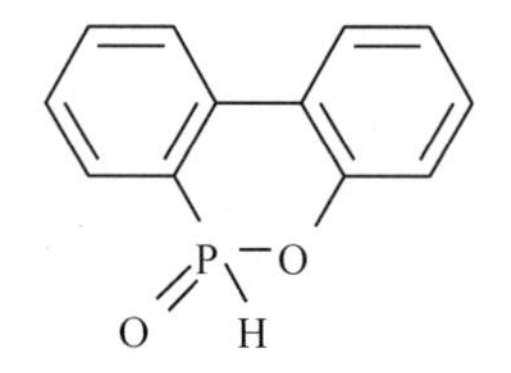

图 8-5 DOPO 化学结构

DOPO(9,10-二氢-9-氧杂-10-磷杂菲-10-氧化物)是一种含磷化合物，分子极性较低，是一种合成磷系阻燃剂的重要中间体，其分子结构的 P—H 键可以和醌、醛、酮、碳碳双键和碳氮双键等不饱和基团发生反应，生成含 DOPO 的衍生物。DOPO 也能作为阻燃剂单独使用，具有较高的阻燃效率。对诸多材料都有较好的阻燃性能。DOPO 化学结构如图 8-5 所示。

基于阻燃剂在超临界 CO_2 流体中的溶解性能，棉织物超临界 CO_2 阻燃整理工艺在密闭系统中进行，全过程无水，生产过程中不存在有毒有害与刺激性物质排放，有利于改进传统阻燃整理工艺生产加工环境恶劣的问题。此外，阻燃整理后 CO_2 气体与剩余阻燃剂可回收再利用，降低了生产成本，有望产生良好的应用前景。

8.2.1　阻燃剂在超临界 CO_2 中的溶解性能

如图 8-6 所示，图 8-6(a)为 1 g 5060 在可视化釜体中的初始状态；图(b)为达到超临界条件后，5060 开始溶解于超临界 CO_2 中；当温度升高至 106 ℃、压力为 20.6 MPa (206 bar)时，仍有未能溶解的 5060 以固体颗粒的形式分散在超临界 CO_2 中，整个体系呈现浑浊状态。如图 8-6(c)所示，随着溶解时间的增加，5060 溶解于超临界 CO_2 的量与从中析出的量趋近相同，达到溶解平衡状态，关闭搅拌装置后，未能溶解的 5060 颗粒团聚，形成更大的固体颗粒析出。

图 8-6(d)为 1 g DOPO 在可视化釜体中的初始状态。图 8-6(e)为达到超临界条件后，DOPO 开始溶解于超临界 CO_2 中，且无固体小颗粒的分散，整个体系呈现均一状态。图 8-6(f)为随着溶解时间的增加，DOPO 溶解于超临界 CO_2 的量与从中析出的量趋近相同，其在超临界 CO_2 中达到溶解平衡状态，关闭搅拌装置后，无固体颗粒物的析出，体系均一。

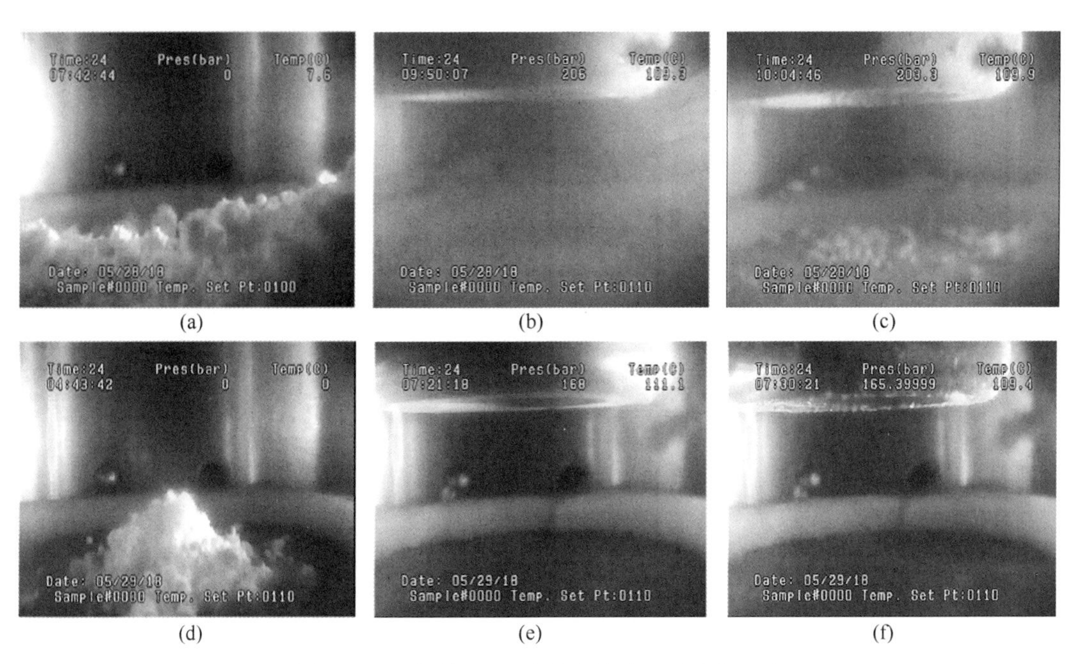

图 8-6　阻燃剂在不同超临界条件下的溶解性能

如图 8-7 所示，在温度为 60～110 ℃(333.15～383.15 K)，压力为 16～24 MPa，时间为 120 min 条件下，在超临界 CO_2 中的溶解度为 2.88×10^{-6}～59.42×10^{-6} mol/mol。

在16～24 MPa范围内，溶解度明显增加。这主要是由于超临界CO_2流体密度随着压力的增大而不断增大，从而使得5060的溶解性能随之提高。在恒定压力下，5060的溶解度随着温度由60℃升高到110℃而相应增大。此时，温度对于溶解度的影响存在两个方面的作用：一方面，温度的升高会使超临界CO_2流体密度降低，对5060的溶解性能会随之降低；另一方面，温度的升高有利于5060饱和蒸气压的增大，能够提高其在超临界CO_2中的溶解性能。

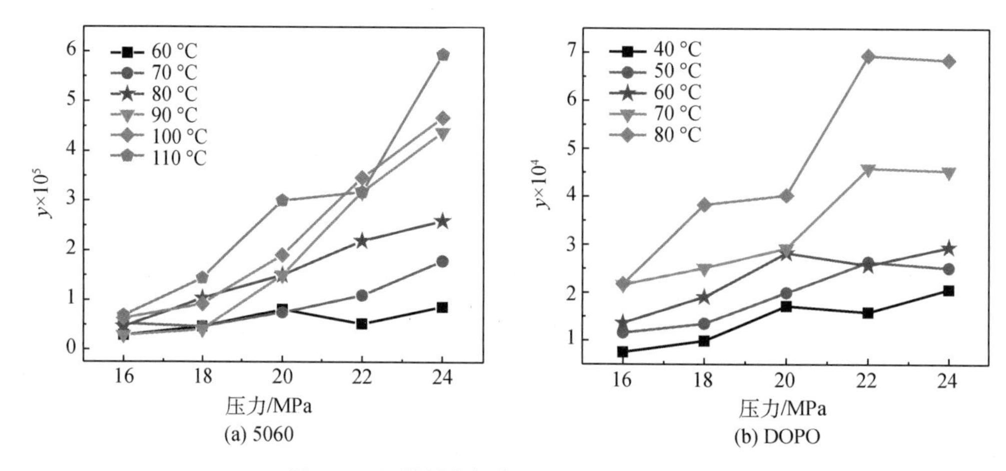

图8-7 阻燃剂在超临界CO_2中的溶解度数据

在80℃、24 MPa、120 min的条件下，DOPO在超临界CO_2中的溶解度为7.52×10^{-5}～69.33×10^{-5} mol/mol。在恒定温度下，DOPO的溶解度随着压力的提高而增大，当压力由22 MPa增加到24 MPa时，阻燃剂的溶解度增长趋于平缓。这是由于超临界CO_2流体的密度随着压力的增大而增大，流体对DOPO的溶解性能也会随之提高。在压力一定的条件下，由于温度对溶解度的两个相反作用，DOPO的溶解度会随着温度的提高而增大，尤其是在70～80℃，温度升高对DOPO溶解度增大作用明显。

8.2.2 棉织物超临界CO_2流体阻燃整理工艺

8.2.2.1 阻燃整理时间对阻燃效果的影响

(1) 棉织物增重率分析。由图8-8可知，随着阻燃整理时间的增加，采用DOPO、5060、SiO_2及其1∶1复配阻燃剂整理后的棉织物的增重率也随之提高。当整理时间达到120 min时，增重率提高明显，最高达到1.957 2%。这是由于整理时间的延长，有利于阻燃剂均匀分布在棉织物的表面，减少整理不匀情况的产生。此外，采用不同阻燃剂整理的棉织物增重率各不相同。5060、DOPO溶解平衡时间为120 min，在此条件下，两种阻燃剂的溶解度达到最高，能有更多溶解于超临界CO_2的阻燃剂被携带至棉织物，相应的棉织物增重率提高明显。同时，由于超临界 CO_2 条件下，DOPO 在 80 ℃会发生熔融，可以更好地附着在棉织物表面，对增重率有积极影响。Si 与 C 属于同主族，根据相似相溶原理，SiO_2 在超临界 CO_2 中有较好的溶解性能，但其与棉织物的结合靠物理吸附，结合力较弱，因此，使用含有 SiO_2 成分阻燃剂的棉织物增重率数据存在波动。

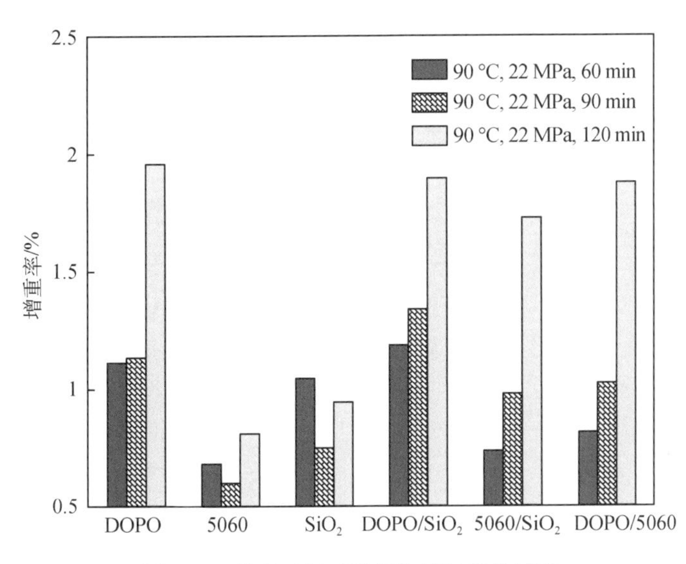

图 8-8　整理时间对棉织物增重率的影响

(2) 阻燃整理后棉织物燃烧性能分析。由图 8-9 可知，未经阻燃整理的棉织物的续燃时间、阴燃时间和极限氧指数(LOI)平均值分别为 33.6 s、64.7 s、20.3%。对整理后棉织物进行燃烧性能测试，发现整理后棉织物的续燃时间和阴燃时间明显降低，最低分别达到 26 s 和 26.5 s；LOI 值不断提高，最高达到 21.5%。这主要是由于随着阻燃整理时间的增

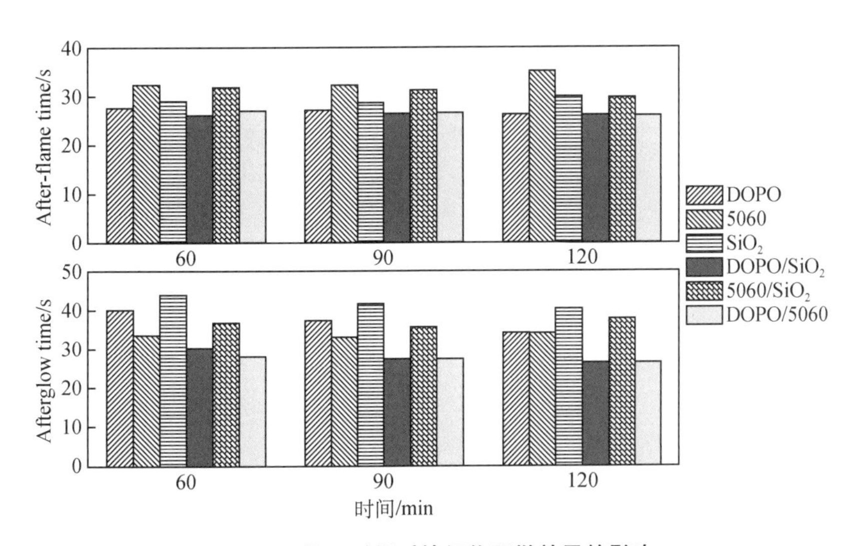

图 8-9　整理时间对棉织物阻燃效果的影响

加，更多的阻燃剂被携带到棉织物，棉织物的增重率提高。5060、DOPO 作为高效的磷系阻燃剂，其含量的提高有利于凝聚相阻燃效果的提高，促进棉织物在燃烧过程中脱水成炭，在棉织物表面形成致密的炭层，隔绝氧气和热量的传递，提高热稳定性，阻止燃烧的继续发生，从而起到更好的阻燃效果。SiO_2 作为一种性能优越的无机硅系阻燃剂，在燃烧过程中会吸收热量，降低燃烧体系温度；同时还能捕捉活泼的自由基，有利于中断燃烧反应链；并且 SiO_2 燃烧后会形成结构致密的炭层，提高了热稳定性，可以有效阻止燃烧的继续进行，起到良好的阻燃效果。

8.2.2.2 阻燃整理压力对阻燃效果的影响

(1) 棉织物增重率分析。由图 8-10 可知，随着阻燃整理压力的增大，棉织物增重率也在随之提高。这是由于压力的提高能增大超临界 CO_2 的密度，进而提高其对阻燃剂的溶解能力。因此，5060、DOPO 和 SiO_2 在超临界 CO_2 中的溶解度均会随着压力的增加而增大，在平衡时间条件下，会有更多的阻燃剂被携带至棉织物，从而使棉织物增重率提高。

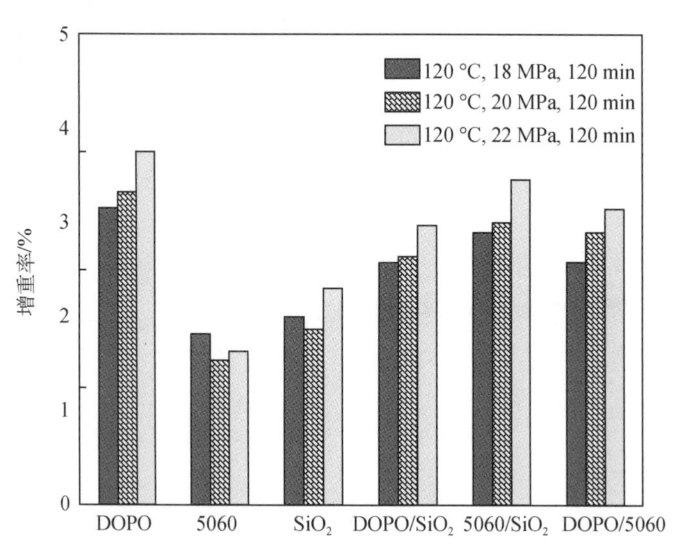

图 8-10 整理压力对棉织物增重率的影响

(2) 燃烧性能分析。由图 8-11 可知，随着整理压力的提高，整理后棉织物的阻燃性能有所提高，当增重率达到 3.752 0% 时，续燃时间为 24.2 s，阴燃时间为 8.7 s，LOI 值为 22.0%。这是由于随着压力的增加，更多的阻燃剂吸附扩散进入纤维内部，使得棉织物的增重率提高。5060 与 DOPO 在凝聚相阻燃效果提高，促进棉织物在燃烧过程中脱水成炭，提高棉织物热稳定性。SiO_2 的吸热作用与成炭效果也越来越好，因此，棉织物阻燃效果提升明显。但是，在不同压力条件下，棉织物阻燃性能提升较小，LOI 值最大变化由 21.7% 提高到 22.0%，续燃时间由 25.3 s 降低到 24.4 s，阴燃时间由 9.5 s 降低到 8.7 s，因此，整理压力条件对棉织物阻燃整理效果的影响较小。

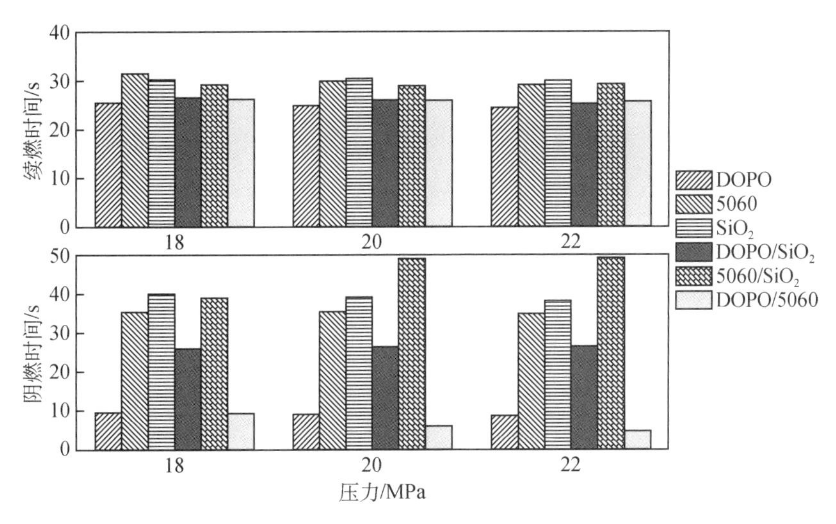

图 8-11 整理压力对棉织物阻燃效果的影响

8.2.2.3 阻燃整理温度对阻燃效果的影响

(1) 增重率分析。由图 8-12 可知，随着整理温度的升高，棉织物增重率也随之增大。这是由于随着温度的升高，阻燃剂的饱和蒸气压增大，对阻燃剂在超临界 CO_2 中的溶解度的提高有促进作用，因此，5060、DOPO 和 SiO_2 在超临界 CO_2 中的溶解度均会随着温度的升高而增大，在平衡时间条件下，会有更多的阻燃剂被携带至棉织物，从而使棉织物增重率提高。温度的升高有利于棉织物的溶胀作用，棉纤维比表面积增大，可以吸附更多的阻燃剂，增重率提高明显。在不同温度条件下，棉织物增重率提高明显，最高由 1.957 2% 达到 3.752%，增幅达到 97.1%。

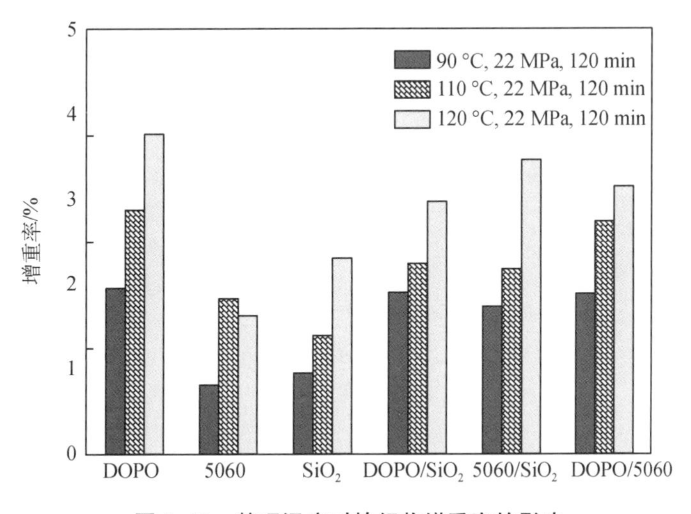

图 8-12 整理温度对棉织物增重率的影响

(2) 燃烧性能分析。由图 8-13 可知,随着整理温度的升高,整理后棉织物的阻燃性能也随之提高,主要表现为棉织物的续燃时间由 26.1 s 降低到 24.4 s,阴燃时间由 34.1 s 降低到 8.7 s,成炭量明显提高,极限氧指数(LOI)由 21.5%达到 22.0%。这是由于随着阻燃整理温度的升高,阻燃剂的饱和蒸气压增大,有利于阻燃剂溶解于超临界 CO_2,因此,更多的阻燃剂被携带到棉织物,棉织物增重率提高。

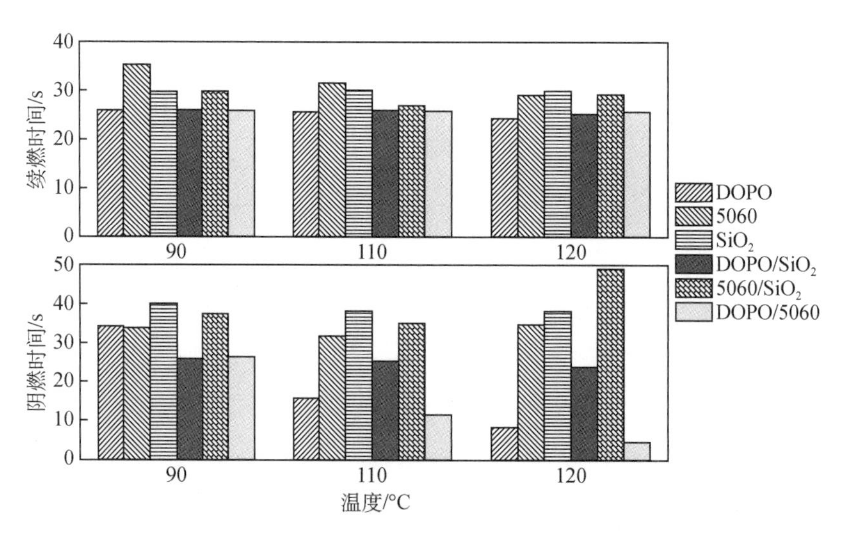

图 8-13 整理温度对棉织物阻燃效果的影响

8.2.2.4 阻燃整理对棉织物颜色及拉伸断裂性能的影响

如表 8-1 所示,整理后棉织物的 L^*、a^*、b^* 与 K/S 与未处理棉织物相比均无明显变化,因此,超临界 CO_2 阻燃整理不会对棉织物的颜色性能产生影响。这是由于棉织物染色所使用的活性染料不溶于超临界 CO_2,在整理过程中,棉织物上的染料不会被萃取下来随超临界 CO_2 的流动而脱离棉织物。

表 8-1 阻燃棉织物颜色性能

序号	t/min	T/℃	P/MPa	阻燃剂种类	L^*	a^*	b^*	K/S
样品 1	60	90	22	DOPO	33.81	6.24	−37.55	10.81
样品 2	60	90	22	5060	34.62	6.09	−38.26	10.41
样品 3	60	90	22	SiO_2	33.72	5.44	−36.90	10.98
样品 4	60	90	22	DOPO/SiO_2(1 : 1)	34.92	6.04	−38.39	10.21
样品 5	60	90	22	5060/SiO_2(1 : 1)	34.60	6.30	−38.48	10.41
样品 6	60	90	22	DOPO/5060(1 : 1)	33.57	6.15	−37.57	11.13
原样	—	—	—	—	34.11	5.97	−37.78	10.73

由表 8-2 可知,在棉织物超临界 CO_2 阻燃整理工艺中,整理时间的增加、整理温度升

高和整理压力的增加对棉织物的拉伸强度和断裂伸长率无不良影响，未处理棉织物的拉伸强度为 60.68 MPa，经阻燃整理后最低降至 54.028 MPa，棉织物强力损失较小，不影响其正常使用。经过阻燃整理后，棉织物的断裂伸长率有增大的趋势，由未处理棉织物的 5.968%最高增长到 13.408%，这是由于超临界 CO_2 对棉纤维有一定的溶胀作用，在整理过程中，棉纤维无定形区的部分氢键发生断裂，分子链逐渐伸展，因此，棉织物的断裂伸长率有所提升。

表 8-2 阻燃棉织物力学性能测试

序号	整理时间/min	整理温度/℃	整理压力/MPa	阻燃剂	拉伸强度/MPa	断裂伸长率/%
样品 1	10	90	18	DOPO/SiO_2(1∶1)	57.728	10.504
样品 2	20	90	18	DOPO/SiO_2(1∶1)	54.028	7.895
样品 3	40	90	18	DOPO/SiO_2(1∶1)	58.552	13.408
样品 4	60	90	18	DOPO/SiO_2(1∶1)	64.305	5.186
样品 5	40	80	18	DOPO/SiO_2(1∶1)	58.703	9.00
样品 6	40	90	18	DOPO/SiO_2(1∶1)	61.625	5.843
样品 7	40	100	18	DOPO/SiO_2(1∶1)	59.696	8.900
样品 8	40	110	18	DOPO/SiO_2(1∶1)	58.552	13.408
样品 9	40	90	16	DOPO/SiO_2(1∶1)	59.589	6.241
样品 10	40	90	18	DOPO/SiO_2(1∶1)	58.552	13.408
样品 11	40	90	20	DOPO/SiO_2(1∶1)	58.648	8.556
样品 12	40	90	22	DOPO/SiO_2(1∶1)	59.224	9.458
原样	—	—	—	—	60.680	5.968

8.2.3 超临界 CO_2 无水阻燃工艺提升

超临界 CO_2 棉织物阻燃工艺中，对阻燃效果有较大影响的实验因素有整理时间、整理温度和阻燃剂的种类，因此，在工艺改进实验中，主要调整这三项因素。

8.2.3.1 棉织物阻燃性能

由表 8-3 可知，随着整理温度升高与整理时间的增加，整理后棉织物的增重率有明显提高的趋势，最高达到 4.513 6%。这是由于温度的升高增大了 DOPO 的饱和蒸气压，有利于其在超临界 CO_2 中溶解度的增大，在 DOPO 溶解平衡时间及其以上的时间条件下，棉织物增重率提高显著。同时，在此条件下的 DOPO 仍呈现熔融态，有利于棉织物增重率的提高。不同整理时间条件下的棉织物增重率差别较小。这是由于被携带至棉织物阻燃剂的量与脱离棉织物阻燃剂的量趋近相等，因此，随时间的变化，棉织物增重率提高不再显著。

表 8-3　棉织物增重率分析

序号	整理时间/min	整理温度/℃	整理压力/MPa	阻燃剂	阻燃剂用量/%	增重率/%
样品 1	120	130	22	DOPO	10	4.487 1
样品 2	180	130	22	DOPO	10	4.449 7
样品 3	240	130	22	DOPO	10	4.513 6
原样	—	—	—	—	—	—

由表 8-4 可知，未整理棉织物的续燃时间为 33.2 s，阴燃时间为 64.5 s，棉织物全部焚毁；工艺优化后整理棉织物续燃时间和阴燃时间明显下降，最低续燃时间达到 20.6 s，阴燃时间全部达到 0 s，这是因为阻燃剂 DOPO 凝聚相阻燃作用，可以促进棉织物脱水成炭，使其具有稳定的炭层，保留完整的织物形态，稳定炭层的热稳定性好，当明火消失就可以完全熄灭，而不发生阴燃现象；未整理棉织物的 LOI 值仅为 20.3%，极易燃烧，与未整理棉织物相比，整理后棉织物的 LOI 值明显升高，且随织物增重率的增加而提高，最高达到 22.7%。

表 8-4　阻燃棉织物燃烧性能分析

	原样	样品 1	样品 2	样品 3
续燃时间/s	33.6	20.6	21.6	20.7
阴燃时间/s	64.7	0	0	0
LOI/%	20.3	22.6	22.6	22.7

8.2.3.2　棉织物物化性能

由图 8-14、图 8-15 和表 8-5 可知，通过热重分析、阻燃棉织物的热分解过程主要分为三个阶段。

(1) 第一阶段。当炉体温度低于 100 ℃时，所有的织物均有 3%左右的重量损失，主要由棉织物回潮所吸收的水分挥发所导致；未经整理的棉织物的起始分解温度 $T_{onset5\%}$ 为 290 ℃，相比而言，整理后棉织物起始分解温度 $T_{onset5\%}$ 明显降低，最低起始分解温度 $T_{onset5\%}$

降低到 255 ℃。

(2) 第二阶段。当炉体的温度达到 336 ℃时，达到未处理棉织物的最大失重速率，为 2.88%/min，纤维素迅速发生热分解，同时有 L-葡萄糖和挥发性气体，棉织物快速失重。整理后棉织物的起始分解温度 T_{max} 和最大失重速率 V_{max} 较未处理棉织物降低，最低分别达到 305 ℃、1.59%/min，在最大分解温度条件下，棉织物的残碳量由 54.7%提高到 85.3%。说明阻燃 DOPO 可以催化纤维素解聚，使织物形成了更多稳定的炭层，减少了棉纤维燃烧过程可燃物质的产生，同时也可以有效隔绝氧气与热量的传递，提高棉织物阻燃性能。

(3) 第三阶段。随着炉体温度的继续升高，炭层的热分解持续进行，生成更为稳定、致密的炭层，当处理温度达到 800 ℃时，整理后棉织物的残碳量仍然保持很高，最高达到 22.2%。

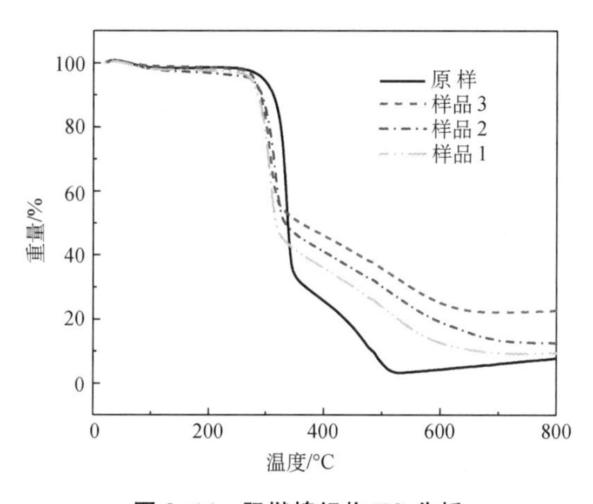

图 8-14　阻燃棉织物 TG 分析

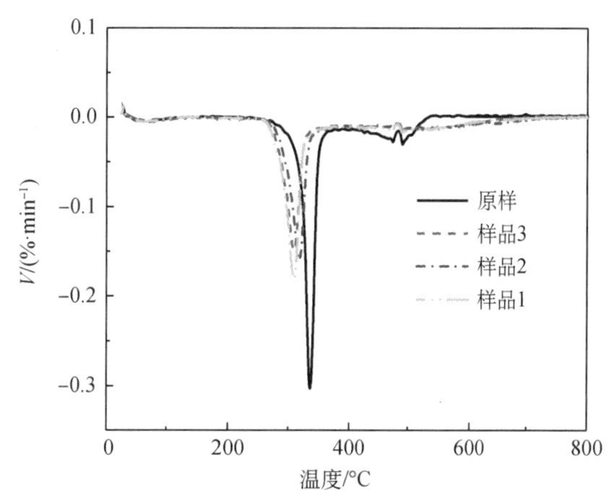

图 8-15　阻燃棉织物 DTG 分析

表 8-5　在空气气氛中织物处理前后的热稳定参数

样品	$T_{onset5\%}$/℃	T_{max}/℃	V_{max}/(%·min^{-1})	残碳量	
				T_{max}/%	$T800$/%
原样	290	336	−2.88	54.7	7.3
样品 1	273	308	−1.91	68.3	9.4
样品 2	269	307	−1.76	77.0	12.6
样品 3	255	305	−1.59	85.3	22.2

图 8-16(a)为未整理棉纤维表观形貌图，呈现沟壑般的天然结构形态，纤维表面粗糙。如图 8-16(c)所示，与未整理棉纤维相比，整理后棉织物的表观形貌具有同样的天然结构，但纤维表面附着许多颗粒状物质，这与阻燃剂 DOPO 与棉织物结合的现象相符。图 8-16(b)为未整理棉织物残炭的表观形貌，燃烧后纤维天然结构不明显，由于炭层结构

坍塌，无法辨明织物结构。图 8-16(d)为整理后棉织物残炭的表观形貌，纤维在燃烧后仍保持清晰的天然纤维的形态结构，织物结构清晰可辨；纤维表面析出大量的炭颗粒，这是由于阻燃剂 DOPO 起到凝聚相阻燃作用，催化纤维形成致密并且稳定的炭层，保证了棉织物完整的结构形态，起到了良好的阻燃效果。

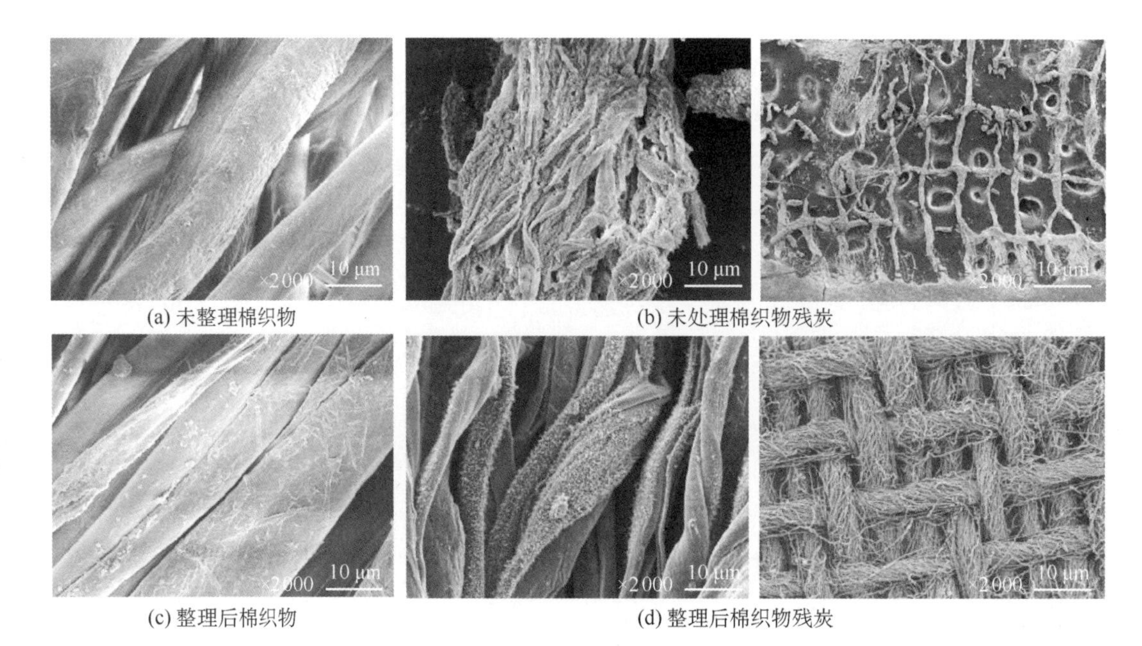

(a) 未整理棉织物　(b) 未处理棉织物残炭

(c) 整理后棉织物　(d) 整理后棉织物残炭

图 8-16　SEM 分析

根据 AATCC 150—2003《服装经家庭洗涤后的尺寸稳定性》，将在 130 ℃、22 MPa、120 min、阻燃剂 DOPO 添加量 10%的条件整理下的阻燃棉织物在洗涤温度 40 ℃，添加过硼酸钠 6 g/L，添加标准合成洗涤剂 24 g/L，洗涤为时间 30 min 的条件下洗涤，由表 8-6 可知，阻燃棉织物在经过 10 次水洗后，失重率达到 2.4%，续燃时间、阴燃时间和 LOI 值分别为 31.3 s、23.6 s 和 20.6%，棉织物阻燃性能损失严重。这是由于阻燃剂与棉织物之间的结合是靠物理吸附作用，没有形成稳定的化学键，在水洗条件下，脆弱的范德瓦耳斯力断裂，阻燃剂脱离棉织物，棉织物阻燃性能明显降低。

表 8-6　阻燃棉织物耐久性分析

水洗次数	失重率/%	续燃时间/s	阴燃时间/s	LOI/%
0	0	20.6	0	22.6
3	1.3	24.7	5.7	21.8
5	1.6	26.9	13.4	21.1
10	2.4	31.3	23.6	20.6

8.3　超临界 CO_2 共水解缩合制备阻燃棉织物

近年来，我国在纺织印染领域的新技术和仪器设备均取得进步，有效提升了产业技术水平，但仍面临水资源、染助剂的排放和环境污染等问题。特别是废液的直接排放对水体环境造成了极大破坏，其后处理步骤繁琐、工艺要求和费用都极高。超临界 CO_2 流体技术以超临界 CO_2 为介质，加工过程中完全不用水，CO_2 可循环回用，可以显著降低能耗，实现纺织加工绿色低碳发展。

溶胶—凝胶技术是通过一系列的水解、缩聚反应在织物表面形成致密的网络状涂层，从而阻止热量和氧气的扩散，赋予纺织品阻燃性和热稳定性，并可将其对环境的影响降到最低。与传统阻燃整理技术相比，溶胶—凝胶技术操作简单、成膜性好、绿色环保，且对实验操作条件要求较低。为了提高棉织物的阻燃性和热稳定性，有研究人员采用溶胶—凝胶法优化了棉织物的阻燃工艺，但对纤维表面性能的改变可能会导致织物变黄或织物拉伸强度的降低。

当溶胶—凝胶涂层与其他类型阻燃剂复配使用时，协同增效后棉织物阻燃性能显著提高。采用溶胶—凝胶法将含磷的 SiO_2 涂层与三种含氮添加剂进行复配，与未经处理的棉织物相比，点燃时间从 14 s 增加到 40 s，LOI 由 19%提高到 30%。Alongi 采用 TMOS、TEOS、TBOS 等不同链长的前驱体对织物进行了溶胶—凝胶处理，发现前驱体链长越短，涂层的保护作用越高，水解基团数越高，阻燃性能越好。

基于纳米溶胶涂层具有的较高稳定性、可延缓热裂解等特点，在超临界 CO_2 体系下，利用 TEOS 为前驱体与 DOPO-VTS 发生缩合反应，通过调控链长度增大，有望通过硅—磷协效作用提高棉织物阻燃性能。

8.3.1　DOPO-VTS/TEOS 合成工艺

利用超临界 CO_2 代替水介质进行纳米溶胶（DOPO-VTS/TEOS）的制备。DOPO-VTS 结构中含有活性三氧烷基硅烷基团可与前驱体 TEOS 发生缩聚反应，合成路线如图 8-17 所示。

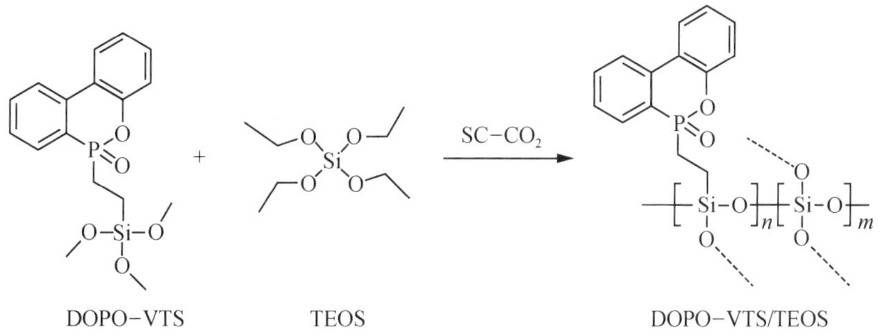

图 8-17　DOPO-VTS/TEOS 的合成

8.3.2 红外光谱分析

在温度100℃、压力25 MPa、DOPO-VTS与TEOS的摩尔比为2∶1的条件下，观察改变反应时间，观察反应时间对纳米溶胶特征峰的变化情况。如图8-18所示，DOPO-VTS、DOPO-VTS/TEOS的P—O—C在897 cm^{-1}附近出现伸缩振动吸收峰，同时在1 030～1 193 cm^{-1}间出现了Si—O—Si的伸缩振动吸收峰；随着反应时间的延长，P—O—C、Si—O—Si的吸收振动峰加强，这主要归因于时间的增加，随着DOPO-VTS与TEOS在超临界CO_2体系中水解缩合反应时间的增加，使纳米溶胶的相对分子质量不断增大，导致特征吸收峰不断增强。

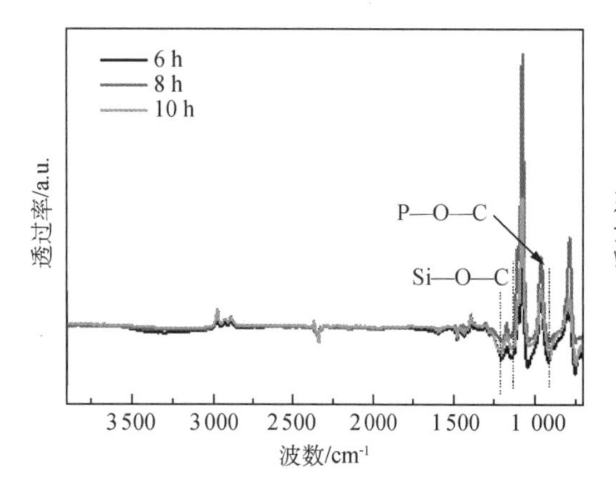

图8-18 超临界CO_2中DOPO-VTS/TEOS随时间变化红外光谱图

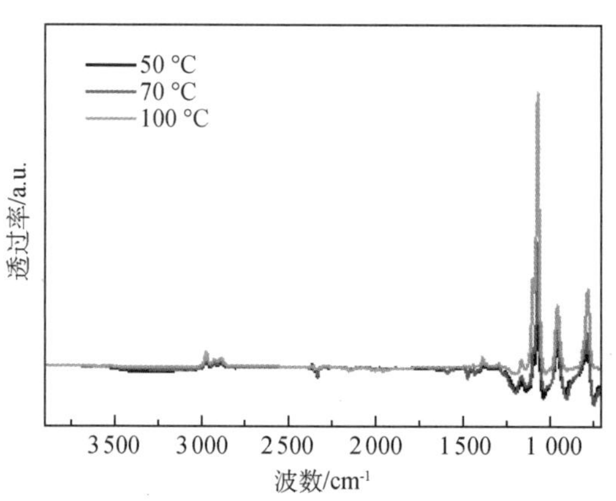

图8-19 超临界CO_2中DOPO-VTS/TEOS随温度变化红外光谱图

如图8-19所示，在反应时间10 h、压力25 MPa、摩尔比2∶1的条件下，观察反应温度对纳米溶胶特征峰的变化情况。如图8-19所示，DOPO-VTS、DOPO-VTS/TEOS的P—O—C在897 cm^{-1}附近出现了的伸缩振动吸收峰，同时在798 cm^{-1}、1 082 cm^{-1}处出现了Si—O—Si的伸缩振动吸收峰；随着超临界CO_2温度的升高，P—O—C、Si—O—Si的吸收振动峰加强。这主要归因于在超临界CO_2体系中，随着温度的升高DOPO-VTS的溶解性能相应增大，加快了DOPO-VTS与TEOS缩聚速率，增大了纳米溶胶的相对分子质量。

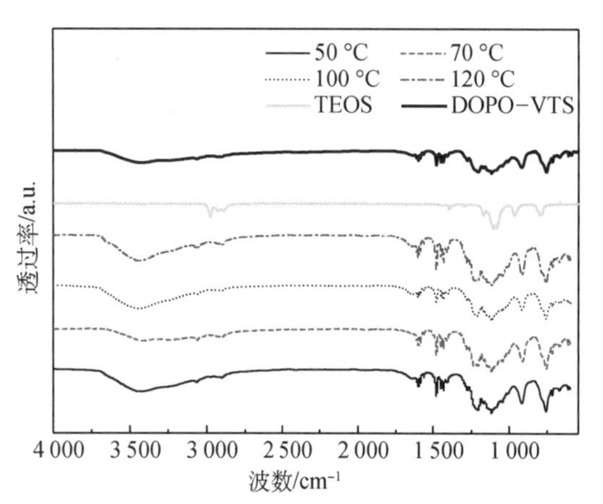

图8-20 DOPO-VTS/TEOS红外光谱图

由图8-20可知，TEOS在989 cm^{-1}处特征吸收峰消失，是由于DOPO-VTS与

TEOS 在超临界 CO_2 中发生水解反应引起的；DOPO-VTS 与 TEOS 的缩聚反应后，798 cm^{-1}、1 082 cm^{-1} 处 Si—O—Si 特征吸收峰消失；说明在超临界 CO_2 流体中，DOPO-VTS 与 TEOS 发生了水解缩合反应。随着反应温度的升高，DOPO-VTS/TEOS 的 P—O—C、Si—O—Si 的吸收振动峰加强，这主要归因于在超临界 CO_2 中，随着整理温度的升高，提高了纳米溶胶在超临界中的溶解性能，从而加快了纳米溶胶的水解缩合速率，增大了纳米溶胶的相对分子质量。

8.3.3　相对分子质量分析

8.3.3.1　温度对 DOPO-VTS/TEOS 相对分子质量的影响

DOPO-VTS/TEOS 纳米溶胶在不同温度条件下的 GPC 曲线如图 8-21 所示。

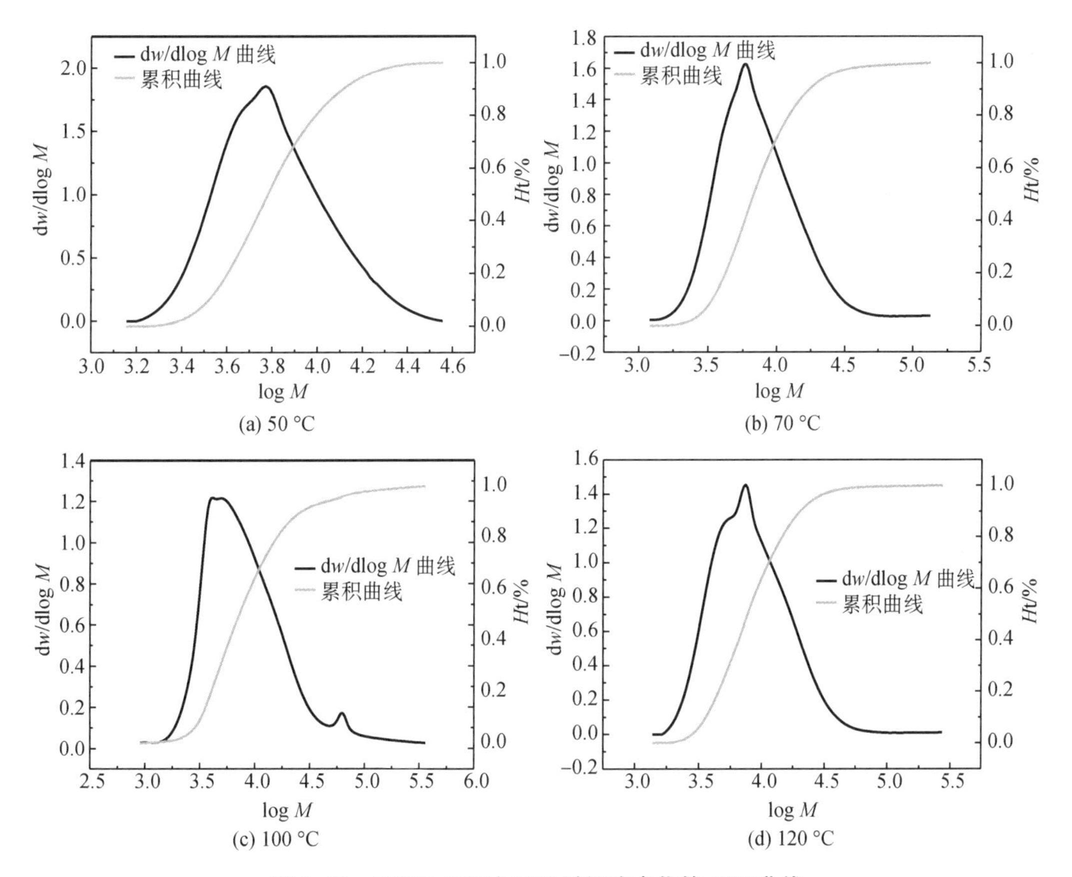

图 8-21　DOPO-VTS/TEOS 随温度变化的 GPC 曲线

由表 8-7 可知，超临界 CO_2 流体温度由 50 ℃逐渐升高到 100 ℃的过程中，纳米溶胶的相对分子质量随着温度的升高而增大；当温度升高到 120 ℃时，纳米溶胶的相对分子质量变化较小。这主要归因于随着流体温度的升高，分子间作用力不断增大，提高了纳米溶胶

在超临界 CO_2 中的溶解度，从而加快了纳米溶胶的合成速率，提高了单位时间内纳米溶胶的相对分子质量。在温度 100 ℃、压力 25 MPa、时间 10 h、摩尔比为 2∶1 的条件下，纳米溶胶的相对分子质量 15 412 g/mol，分散系数为 2.519。

表 8-7 DOPO-VTS/TEOS 随温度变化的相对分子质量测试结果

温度/℃	重均相对分子质量/($g\cdot mol^{-1}$)	数均相对分子质量/($g\cdot mol^{-1}$)	分散系数
50	7 267	5 545	1.311
70	9 572	6 038	1.585
100	15 412	6 119	2.519
120	10 898	6 093	1.628

8.3.3.2 时间对 DOPO-VTS/TEOS 相对分子质量的影响

DOPO-VTS/TEOS 纳米溶胶在不同压力条件下的 GPC 曲线如图 8-22 所示。

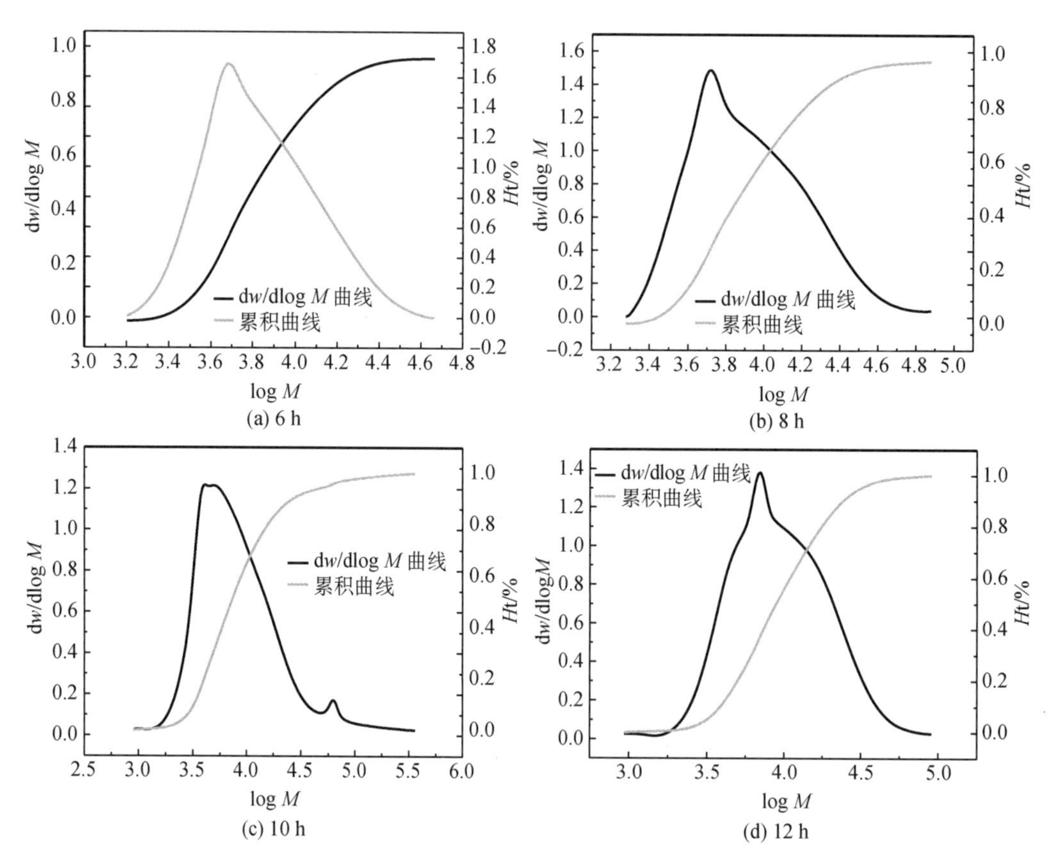

图 8-22 DOPO-VTS/TEOS 随时间变化的 GPC 曲线

由表 8-8 可知，整理时间由 6 h 增加到 10 h 的过程中，纳米溶胶的相对分子质量随着反应时间的增加而增大；当整理时间增加至 12 h 时，DOPO-VTS/TEOS 的相对分子质量不再随着时间的增加而增加。这主要归因于在超临界 CO_2 流体中，随着反应时间的增加，阻燃剂在超临界流体中的缩合反应已达到平衡值，使纳米溶胶的缩合反应不再随着时间的增加而继续反应。在时间 10 h、温度 100 ℃、压力 25 MPa、摩尔比 2∶1 的条件下，纳米溶胶的相对分子质量最大，M_w = 15 412 g/mol，分散系数为 2.519。

表 8-8　DOPO-VTS/TEOS 随时间变化的相对分子质量测试结果

时间/h	重均相对分子质量/(g·mol^{-1})	数均相对分子质量/(g·mol^{-1})	分散系数
6	8 098	5 672	1.405
8	10 751	6 791	1.583
10	15 412	6 119	2.519
12	12 197	7 308	1.669

8.3.3.3　压力对 DOPO-VTS/TEOS 相对分子质量的影响

DOPO-VTS/TEOS 纳米溶胶在不同压力条件下的 GPC 曲线如图 8-23 所示。

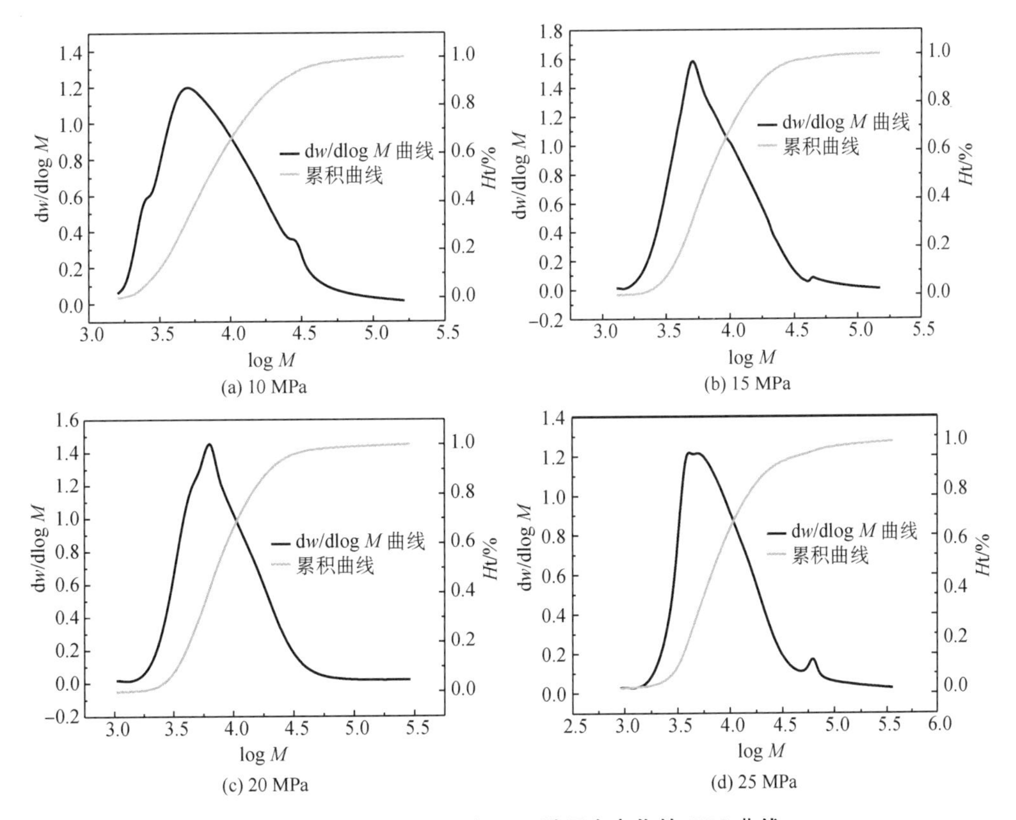

图 8-23　DOPO-VTS/TEOS 随压力变化的 GPC 曲线

由表 8-9 可知，压力由 10 MPa 增加到 25 MPa 的过程中，纳米溶胶的相对分子质量随着压力的增加而增大，这主要归因于压力的增加引起超临界流体密度增大，减小了分子间距离，提高了纳米溶胶的合成速率。当压力为 25 MPa，纳米溶胶相对分子质量增加最显著。在温度 100 ℃、压力 25 MPa、时间 10 h、摩尔比 2 ∶ 1 时，纳米溶胶的相对分子质量为 15 412 g/mol，分散系数为 2.519。

表 8-9 DOPO-VTS/TEOS 随压力变化的相对分子质量测试结果

压力/MPa	重均相对分子质量/(g · mol^{-1})	数均相对分子质量/(g · mol^{-1})	分散系数
10	11 308	5 930	1.907
15	9 990	6 159	1.622
20	11 716	6 318	1.853
25	15 412	6 119	2.519

8.3.3.4 摩尔比对 DOPO-VTS/TEOS 相对分子质量的影响

DOPO-VTS/TEOS 纳米溶胶在不同摩尔比条件下的相对分子质量如图 8-24 所示。

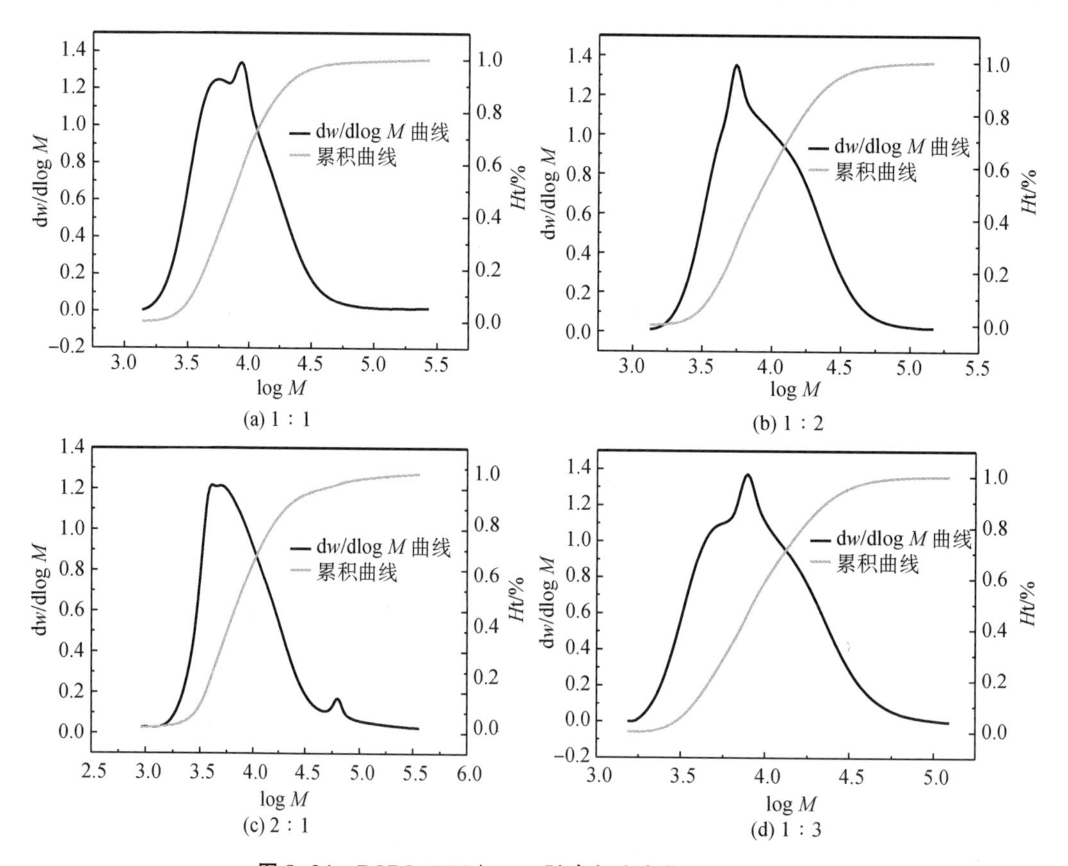

图 8-24 DOPO-VTS/TEOS 随摩尔比变化的 GPC 曲线

由表 8-10 可知，DOPO-VTS 占比越高，纳米溶胶的相对分子质量越大。这主要归因于在超临界流体中，DOPO-VTS 的占比越高，有利于 DOPO-VTS 为 TEOS 提供更多的缩合位点，延长了 DOPO-VTS 与 TEOS 缩合链长度，增大纳米溶胶的相对分子质量。在温度 100 ℃、压力 25 MPa、时间 10 h、配比 2∶1 时，纳米溶胶的相对分子质量为 15 412 g/mol，分散系数为 2.519。

表 8-10　DOPO-VTS/TEOS 随摩尔比变化的相对分子质量测试结果

摩尔比	重均相对分子质量/(g·mol^{-1})	数均相对分子质量/(g·mol^{-1})	分散系数
1∶1	11 208	6 426	1.744
2∶1	15 412	6 119	2.519
1∶2	12 085	6 868	1.760
1∶3	11 571	7 106	1.628

8.3.4　表观形貌分析

如图 8-25 所示，在温度 100 ℃、压力 25 MPa、时间 10 h、摩尔比为 2∶1 的条件下，纳米溶胶呈规则的椭圆状，成形良好，呈球形堆砌，分散较为均匀，其孔状的团簇聚集是由缩合生成的 SiO_2 造成的。

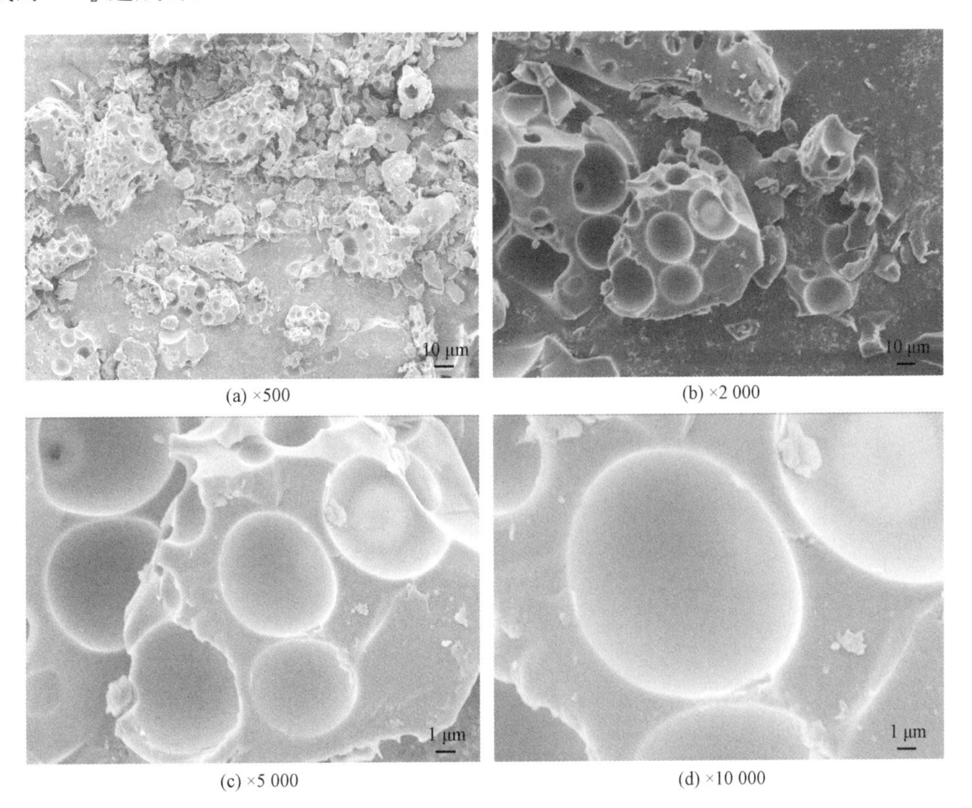

(a) ×500　(b) ×2 000　(c) ×5 000　(d) ×10 000

图 8-25　DOPO-VTS/TEOS 的不同放大倍数 SEM 图

8.3.5 织物增重率分析

8.3.5.1 时间对阻燃棉织物增重率的影响

在温度为 100 ℃，压力为 25 MPa，整理时间为 6～12 h 的条件下，对棉织物进行超临界 CO_2 阻燃整理。分析棉织物的增重率变化影响。图 8-26 为超临界 CO_2 中不同整理时间对织物增重率的影响。当整理时间从 6 h 逐渐增加到 10 h，织物的增重率不断提高，当整理时间增加到 12 h 时，棉织物的增重率增加较为缓慢。当整理时间相同时，随着 DOPO-VTS 比例的增加，织物的增重率显著增加，DOPO-VTS、TEOS 摩尔比为 2∶1 时，织物的增重率达到最大。这主要归因于在超临界 CO_2 体系中，CO_2 具有较高的流动性与渗透性，反应之初，阻燃剂 DOPO-VTS 和小分子的纳米溶胶随着流体的不断扩散而渗透进棉织物内部；随着整理时间的延长，增加了纳米溶胶与棉织物在超临界 CO_2 中发生交联反应的时间，使更多的纳米溶胶涂覆在棉织物表面，大大提高了织物的增重率。

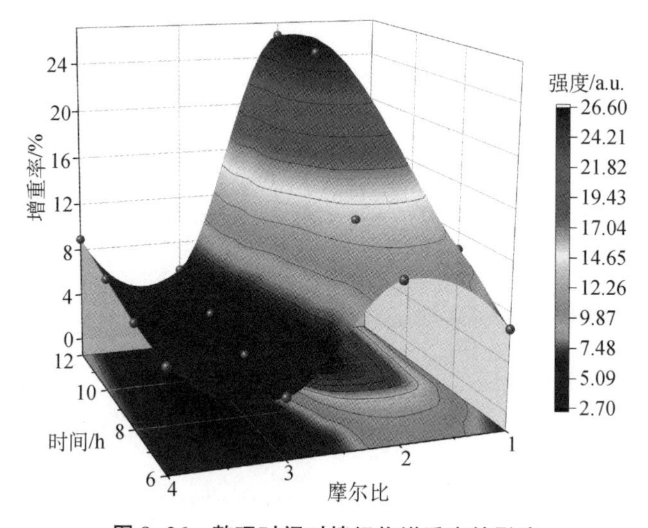

图 8-26 整理时间对棉织物增重率的影响

8.3.5.2 温度对阻燃棉织物增重率的影响

在时间为 10 h，压力为 25 MPa，整理温度为 50～120 ℃的条件下，对棉织物进行超临界 CO_2 阻燃整理。图 8-27 为超临界 CO_2 中不同整理温度对织物增重率的影响。当整理温度从 50 ℃逐渐升高到 100 ℃的过程中，织物的增重率不断提高，DOPO-VTS/TEOS 为 2∶1 时，织物的增重率达到最大值；当整理温度为 120 ℃时，DOPO-VTS/TEOS 为 2∶1 的增重率基本不变。与此同时，当整理温度相同时，织物的增重率随着 DOPO-VTS 摩尔比的增加而显著增加，DOPO-VTS/TEOS 摩尔比为 2∶1 时，织物的增重率达到最大。这主要归因于在超临界 CO_2 体系中，随着温度的升高，使棉纤维分子间孔隙增大，增加大分子链运动。由于在超临界 CO_2 流体中，棉织物发生溶胀，在反应之初，少量的阻燃剂 DOPO-VTS 与小分子纳米溶胶利用棉纤维形成的孔道不断向织物内部扩散，使纳米溶胶进入棉织物中，提高了棉织物的增重率；与此同时，随着整理温度的不断升高，大量的 DOPO-VTS 与 TEOS 发生聚合反应，提高了纳米溶胶的相对分子质量，使更多的纳米溶胶涂覆于棉织物表面，增大了棉织物的增重率。

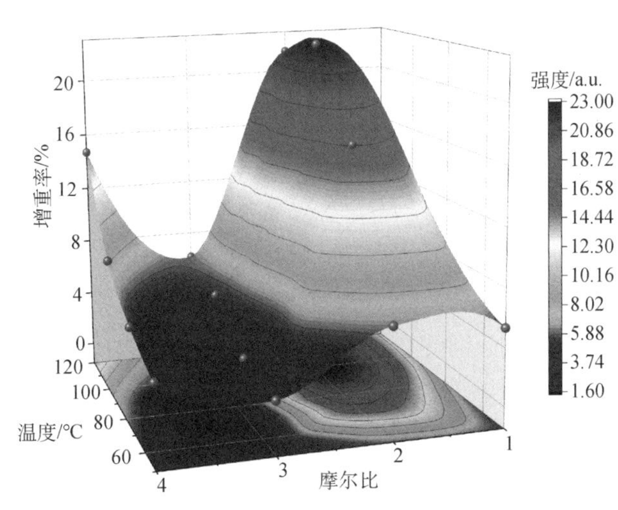

图 8-27　整理温度对棉织物增重率的影响

8.3.5.3　压力对阻燃棉织物增重率的影响

在温度为 100 ℃，时间为 10 h，整理压力为 10～25 MPa 的条件下，对棉织物进行超临界 CO_2 阻燃整理。图 8-28 为超临界 CO_2 中不同整理压力对织物增重率的影响。当整理压力从 10 MPa 逐渐增加到 25 MPa 时，织物的增重率也不断提高。当整理压力相同时，

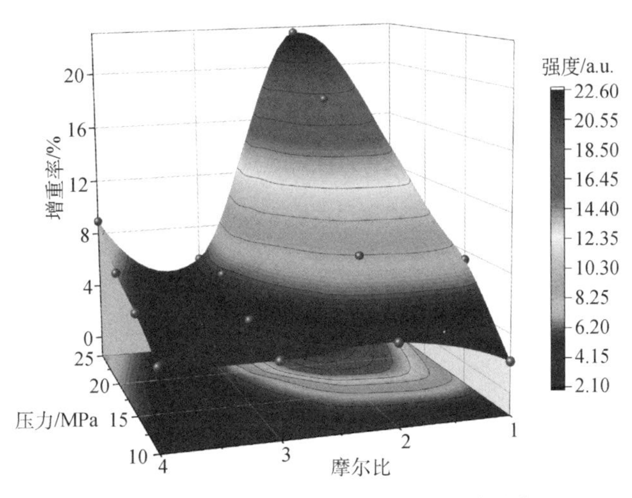

图 8-28　整理压力对棉织物增重率的影响

DOPO-VTS 占比越高织物的增重率越大，DOPO-VTS/TEOS 为 2∶1 时，织物的增重率最大。这主要归因于三方面：一是在缩合反应发生之前，硅烷前驱体 TEOS 随着压力的增大不断浸入棉织物内部，增大了 TEOS 的负载量，使棉织物的极限氧指数升高；二是在超临界 CO_2 体系中，当温度保持不变，随着压力的增加超临界流体密度也不断增大，提高了 DOPO-VTS 在超临界 CO_2 体系中的溶解性能，使更多的 DOPO-VTS 扩散渗透进棉织物，与棉织物发生缩合反应；三是随着压力的增加，增大了 DOPO-VTS/TEOS 纳米溶胶的溶解度，引起纳米溶胶相对分子质量的增加，使大量的纳米溶胶涂覆于棉织物表面，提高了棉织物的增重率，促进了纳米溶胶在超临界 CO_2 中对棉织物的阻燃整理。

8.3.6 阻燃织物燃烧性能的分析

8.3.6.1 时间对阻燃棉织物燃烧性能的影响

在温度为 100 ℃，时间为 10 h，整理时间为 6～12 h 的条件下，对棉织物进行超临界 CO_2 阻燃整理。由图 8-29 可知，当整理时间从 6 h 逐渐增加到 10 h 时，整理后棉织物的极限氧指数不断增大，同时，整理时间为 10 h，DOPO-VTS/TEOS 摩尔比为 2∶1 时棉织物的极限氧指数达到最大；当整理时间继续增加到 12 h 时，整理后棉织物的极限氧指数变化较小。当整理时间相同时，棉织物的极限氧指数随 DOPO-VTS 占比的增加而增大，DOPO-VTS/TEOS 摩尔比为 2∶1 时，棉织物的极限氧指数高达 28%。

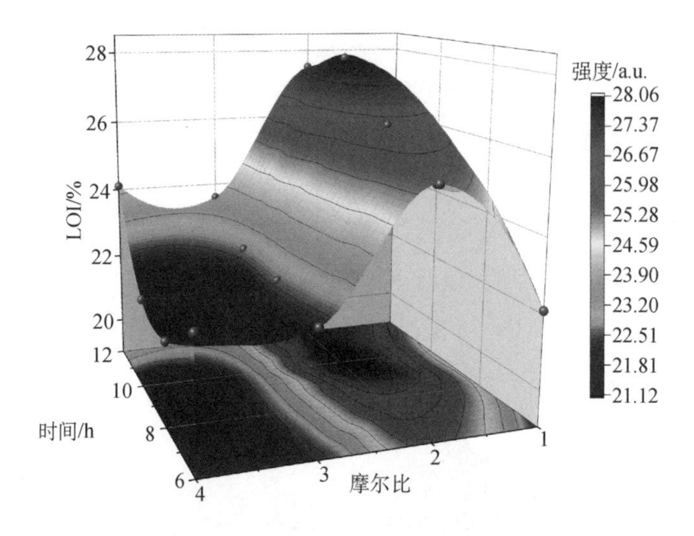

图 8-29 整理时间对棉织物燃烧性能的影响

与此同时，在温度为 100 ℃，压力为 25 MPa，DOPO-VTS/TEOS 摩尔比为 2∶1 的条件下，经超临界 CO_2 阻燃整理后棉织物的增重率为 22.56%，极限氧指数最高可达 28%，达到难燃。这主要归因于随着整理时间的增加，增加了纳米溶胶发生缩聚的反应时间，引起纳米溶胶相对分子质量的增大，使纳米溶胶与棉织物发生交联反应，更多地涂覆在棉织物表面；在燃烧过程中，纳米溶胶利用气相阻燃机理与凝聚相阻燃机理，加速棉纤维大分子脱水，减缓左旋葡聚糖的产生，促进焦炭的形成，有效提高织物的热稳定性，使织物的极限氧指数提高。

8.3.6.2　温度对阻燃棉织物燃烧性能的影响

由图 8-30 可知，整理温度从 50 ℃逐渐升高到 100 ℃，整理后棉织物的极限氧指数不断增大；当棉织物的整理温度相同时，DOPO-VTS 含量越高棉织物的极限氧指数越大，DOPO-VTS/TEOS 为 2∶1 时，棉织物的极限氧指数显著增加。这主要归因于在超临界 CO_2 流体中，随着整理温度的升高，棉织物的孔道增大，通过分子间作用力将纳米溶胶进入织物内部，使织物具有较好的阻燃性能；DOPO-VTS 在分解过程中释放出氧自由基，氧自由基能够与棉织物中的羟基发生反应，降低织物释放的热量，从而抑制火焰传播。然而，一些 DOPO 衍生物除了它们的气相作用之外，还表现出凝聚相机制，其可促进焦炭形成提高织物的极限氧指数。

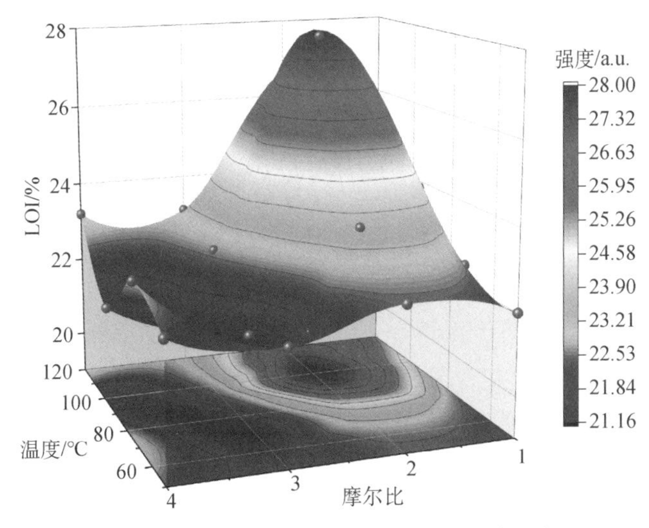

图 8-30　整理温度对棉织物燃烧性能的影响

8.3.6.3　压力对阻燃棉织物燃烧性能的影响

由图 8-31 可知，整理压力从 10 MPa 逐渐增加到 25 MPa，整理后棉织物的极限氧指数不断增大，同时，整理压力为 25 MPa，DOPO-VTS/TEOS 为 2∶1 时，棉织物的极限氧指数达到最大。通过对整理时间、温度的探索发现，阻燃整理棉织物的极限氧指数最大时，时间与温度的最优条件分别为 10 h、100 ℃。在此基础上，继续探讨了当压力为 27 MPa 时棉织物的极限氧指数，测定棉织物的极限氧指数为 28.2%，与压力为 25 MPa 时的极限氧指数基本保持不变。当压力从 10 MPa 逐渐增加至 25 MPa 时，棉织物的极限氧指数不断增大，这主要归因于随着压力的增大，超临界 CO_2 密度也不断增大，提升了棉织物经超临界 CO_2 整理后的阻燃性能。

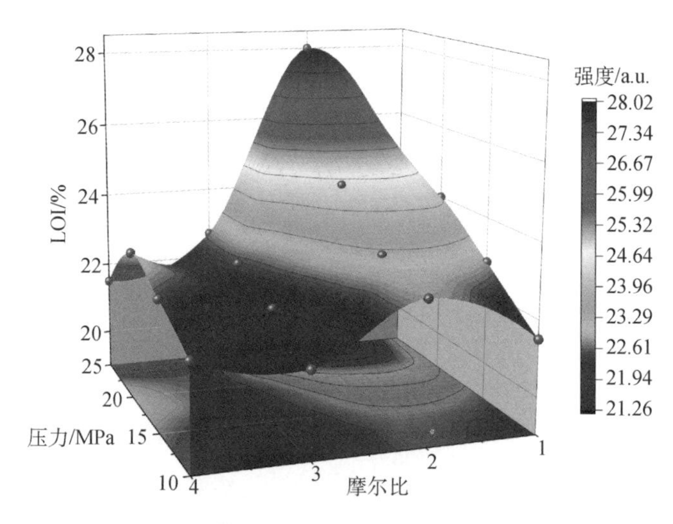

图 8-31　整理压力对棉织物燃烧性能的影响

8.3.6.4　表观形貌分析

图 8-32(a)为未处理棉织物的 SEM 图，图中棉纤维表面光滑平整，呈天然转曲状态；图 8-32(b)～(e)分别为 50 ℃、70 ℃、100 ℃、120 ℃条件下整理棉织物的表观形貌。结果显示：随着温度的升高，织物表面出现明显的沟壑及气泡，棉纤维的转曲结构被涂层覆盖的面积越来越大。这归因于在超临界 CO_2 流体中，随着整理温度的升高，棉纤维内部分子间间距增大，有助于大量 Si—O—Si 通过聚合反应与棉织物上的—OH 发生反应，使阻燃剂涂覆到棉织物中，进而在棉织物中形成了均匀覆盖的致密涂层，赋予织物较好的阻燃性能。图 8-32(f)为未处理织物残炭，燃烧后棉织物表面原有的组织结构完全消失，表面疏松，没有炭层；图 8-32(g)～(j)分别为 50 ℃、70 ℃、100 ℃、120 ℃条件下整理棉织物燃烧后残炭的表观形貌。棉织物经燃烧后，织物表面结构完整，形成致密的炭层。这归因于在反应之初，小分子纳米溶胶利用超临界流体的扩散作用进入棉纤维的内部；随着反应的进行，大量的纳米溶胶与棉织物发生交联反应，使纳米溶胶涂附于棉织物表面，赋予织物优异的阻燃性能。同时，整理后棉织物与棉纤维的羟基发生反应，降低了热量的释放，阻止了左旋葡萄糖的生成，加速织物的脱水及成炭速度，使织物燃烧时表面形成炭层，提升了棉织物的热稳定性，增加织物的残碳量，提高了织物的阻燃性能。

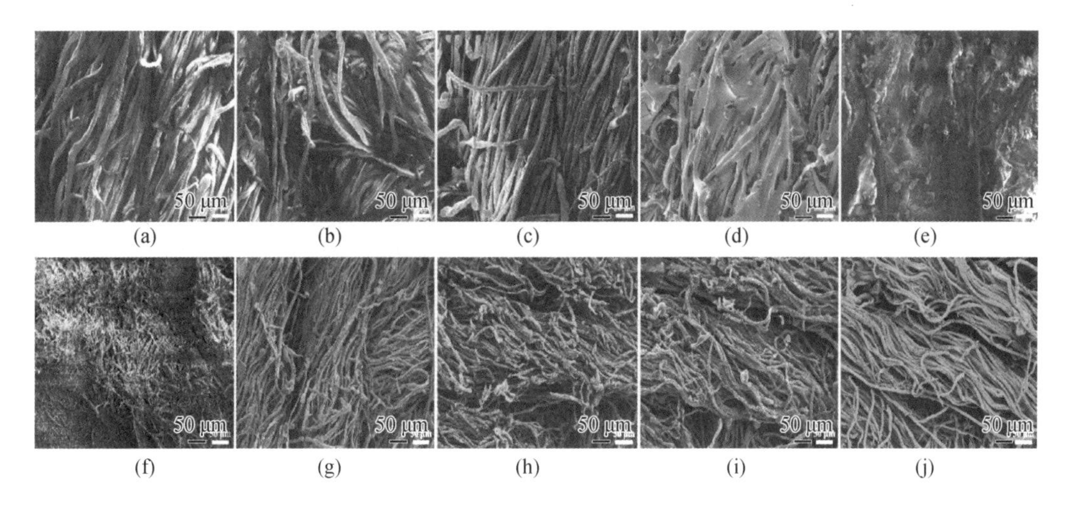

图 8-32　超临界 CO_2 流体处理棉织物扫描电子显微镜图像

(a)未处理棉织物；(b)～(e)采用 DOPO-VTS/TEOS 整理的棉织物；(f)未处理棉织物残炭；(g)～(j)采用 DOPO-VTS/TEOS 整理的棉织物残炭

8.3.6.5　EDX 分析

如图 8-33(a)、(b)所示，未处理棉织物表面主要含有 C、O 两种元素，经超临界 CO_2 流体处理后，C、O 两种元素的含量发生了变化同时有 Si、P 元素出现(图 8-34～图 8-37)。

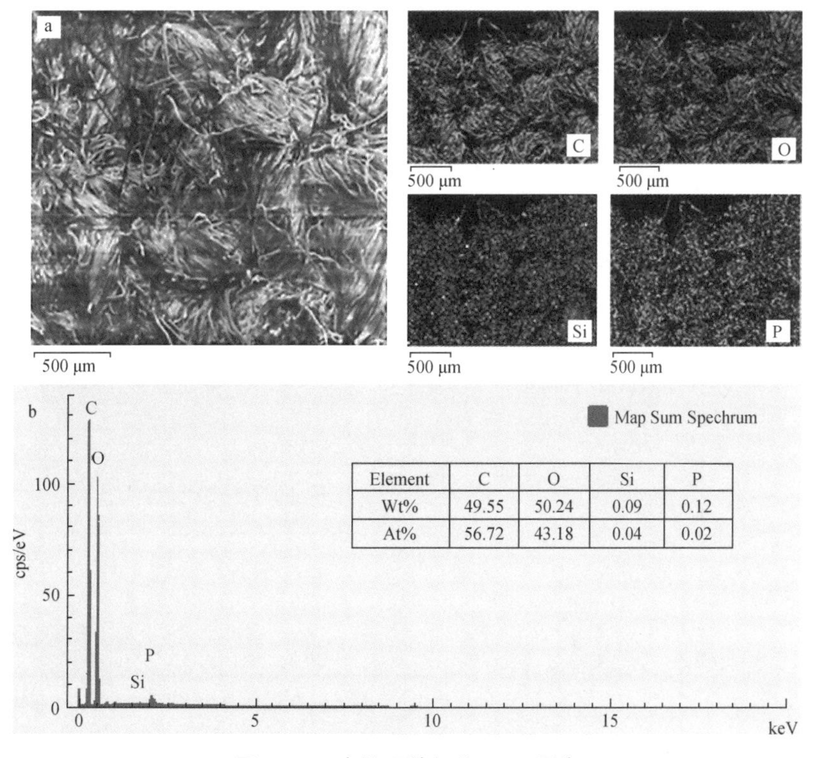

Element	C	O	Si	P
Wt%	49.55	50.24	0.09	0.12
At%	56.72	43.18	0.04	0.02

图 8-33　未处理棉织物 EDX 图像

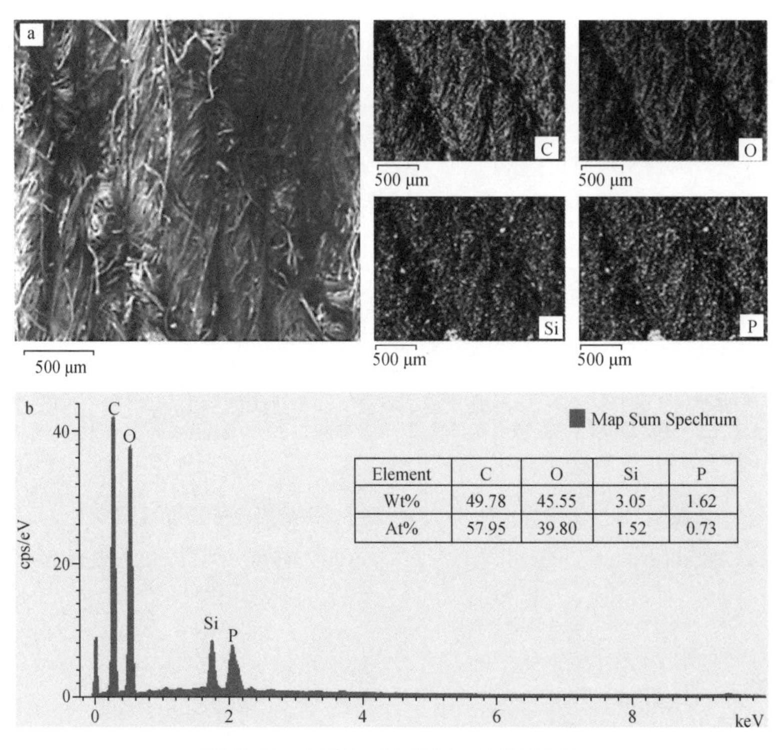

Element	C	O	Si	P
Wt%	49.78	45.55	3.05	1.62
At%	57.95	39.80	1.52	0.73

图 8-34　50 ℃处理棉织物 EDX 图像

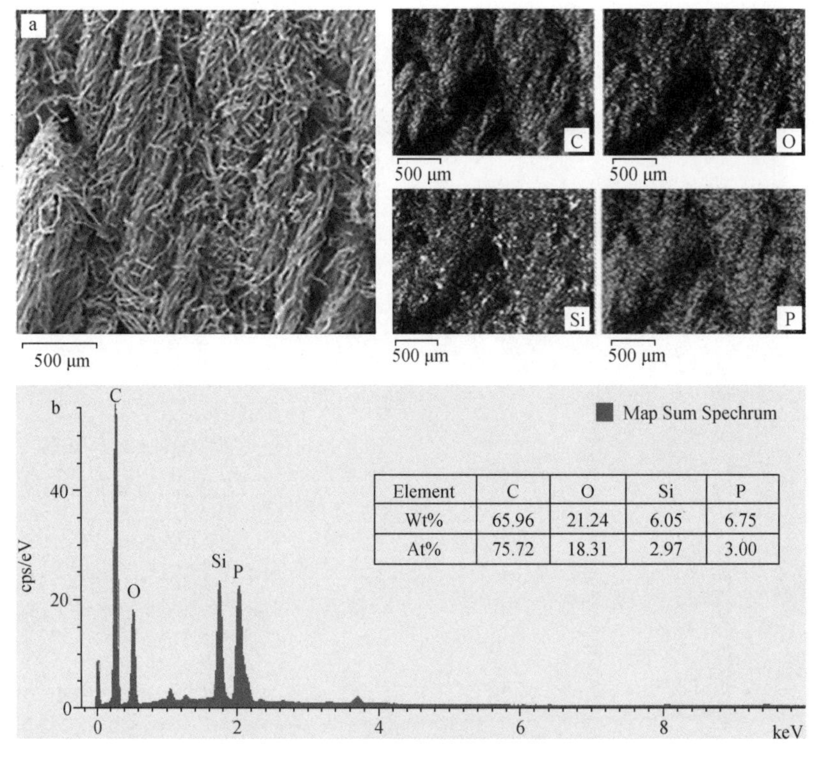

Element	C	O	Si	P
Wt%	65.96	21.24	6.05	6.75
At%	75.72	18.31	2.97	3.00

图 8-35　70 ℃处理棉织物 EDX 图像

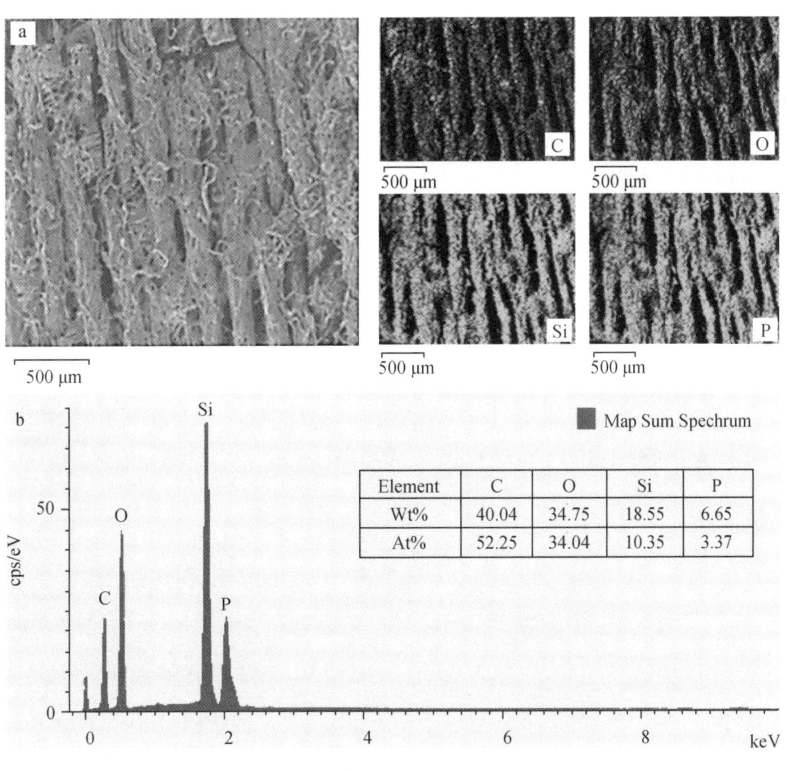

Element	C	O	Si	P
Wt%	40.04	34.75	18.55	6.65
At%	52.25	34.04	10.35	3.37

图 8-36　100 ℃处理棉织物 EDX 图像

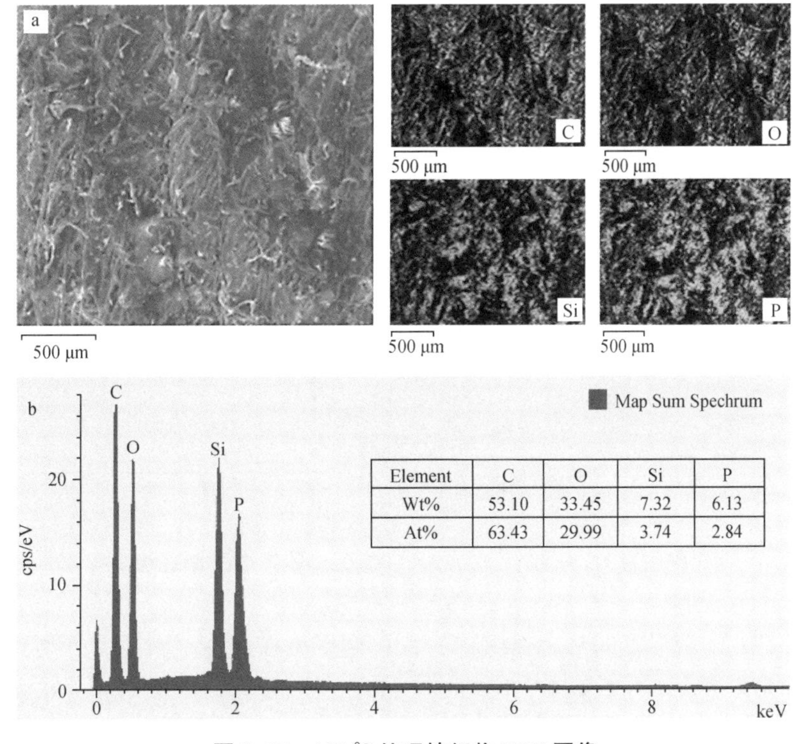

Element	C	O	Si	P
Wt%	53.10	33.45	7.32	6.13
At%	63.43	29.99	3.74	2.84

图 8-37　120 ℃处理棉织物 EDX 图像

随着超临界 CO_2 流体温度的升高，DOPO-VTS/TEOS 纳米溶胶的相对分子质量也不断增大；Si、P 元素含量的增加，使棉织物的极限氧指数增大，提高了棉织物的阻燃性能。当超临界 CO_2 流体温度为 100 ℃、压力为 25 MPa、摩尔比为 2∶1、反应时间为 10 h 时，棉织物的 C 元素含量从 49.55%降低到 40.04%，O 元素含量从 50.24%降低到 34.75%，同时 Si 元素含量从 0.09%提高到 18.55%，P 元素含量从 0.12%提高到 6.65%。这主要归因于两方面：一是在超临界 CO_2 流体中，有利于纳米溶胶与棉织物发生交联反应，使阻燃剂更好地涂覆在棉织物表面，形成一层致密的涂层；二是 DOPO-VTS 的阻燃整理是利用磷硅协效机理，含磷和硅的阻燃剂已被证明在气相中通过阻燃同时起作用，在凝聚相中通过炭化同时起作用。含硅化合物几乎完全在凝聚相中起作用，在凝聚相中利用生成的二氧化硅，提供隔热屏障保护棉织物，赋予织物优异的阻燃性能。

8.3.6.6　热重分析

如图 8-38 和图 8-39 所示，当温度为 100 ℃时，热重曲线出现初始失重，主要是由于棉织物内部的水分子蒸发引起的，棉织物的重量损失率为 3%。由表 8-11 可知，未经处理的棉织物在 381.94 ℃开始分解，经超临界 CO_2 整理后棉织物的初始裂解温度由 381.94 ℃降低到 322.34 ℃，与此同时，织物的重量损失均呈下降趋势。这是由于随着温度的升高，棉织物发生溶胀现象，增大了阻燃剂与棉织物的接触面积，通过分子间作用力，使阻燃剂在超临界流体中与棉织物发生缩合反应，在表面形成了一层致密的网状结构。当织物燃烧时，阻燃剂通过凝聚相阻燃机理与气相阻燃机理的协同作用，隔绝了织物与空气的接触，提高了织物的阻燃性能。

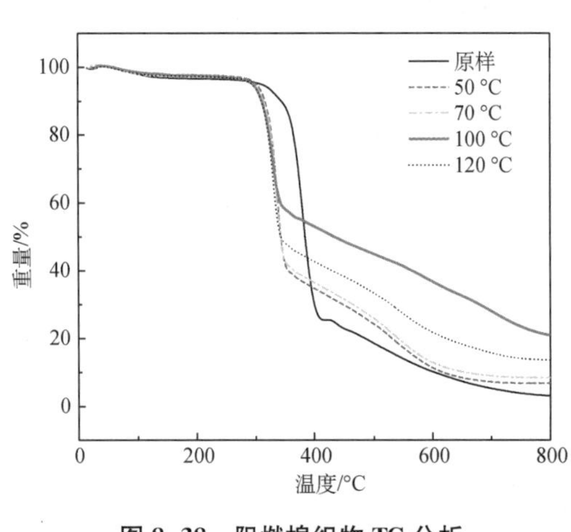

图 8-38　阻燃棉织物 TG 分析

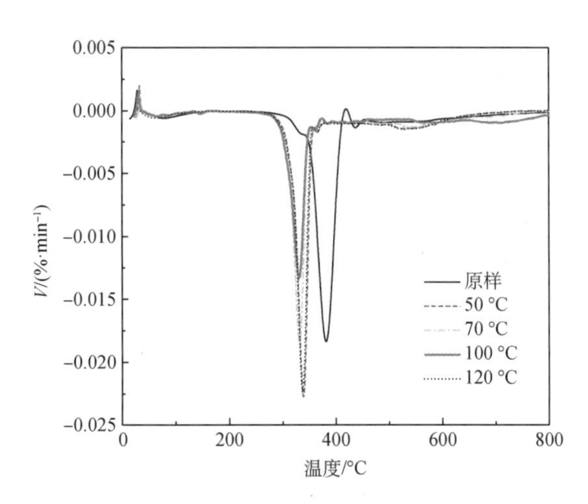

图 8-39　阻燃棉织物 DTG 分析

第二阶段中，随着温度的升高棉织物的失重速率也在改变。当温度升高到 381.94 ℃时，原棉织物的失重速率达到最大，残碳量为 56.18%。这是由于棉织物发生热裂解，产生挥发性气体，加速了棉织物的脱水炭化，导致棉织物重量减小。然而，随着超临界 CO_2 流体温度的升高，超临界 CO_2 阻燃棉织物的 T_{max} 和 V_{max} 均下降，残碳量由56.18%升高到74.92%，说明棉织物与阻燃剂的交联反应阻碍了左旋葡萄糖的生成，加速了炭层的形成，提高了棉织物的热稳定性。

第三阶段中，温度在400～800℃时，棉织物脱水与炭层的分解促进了焦炭的形成，炭层更稳定，同时降低了挥发物的量。随着温度的升高，残炭的稳定性提高，有效地延缓纤维素分解，提高织物的残碳量。

表8-11 在空气气氛中织物处理前后的热稳定参数

样品	T_i/℃	T_{max}/℃	V_{max}/(%·min^{-1})	残碳量	
				T_{max}/%	$T_{800℃}$/%
原样	381.64	381.94	−0.018	56.18	3.1
50℃	345.58	338.46	−0.023	62.51	6.9
70℃	336.90	331.44	−0.019	74.92	8.5
100℃	322.34	330.77	−0.013	72.96	21.1
120℃	331.30	336.79	−0.024	57.86	13.6

注 T_i：起始裂解温度；T_{max}：最大热裂解温度；V_{max}：最大失重速率。

8.3.6.7 XRD分析

如图8-40所示，未处理棉织物(a)的衍射峰在 $2\theta=14.80°$、16.52°、22.73°、34.41°处观察到的尖峰，分别对应于(101)，(10$\bar{1}$)，(002)，(040)晶面。经超临界 CO_2 流体处理后棉织物(b)的衍射峰的位置基本没有变化，衍射强度降低。

采用高斯函数法分别将原棉、超临界 CO_2 阻燃棉织物衍射曲线的结晶峰及非结晶峰使用peakfit进行分峰拟合，结晶度的计算如式(8-1)所示。

$$X_C(\%)=\frac{s_a}{s_a+s_c}\times 100 \tag{8-1}$$

式中：s_a——结晶峰面积之和；

s_c——非结晶峰面积。

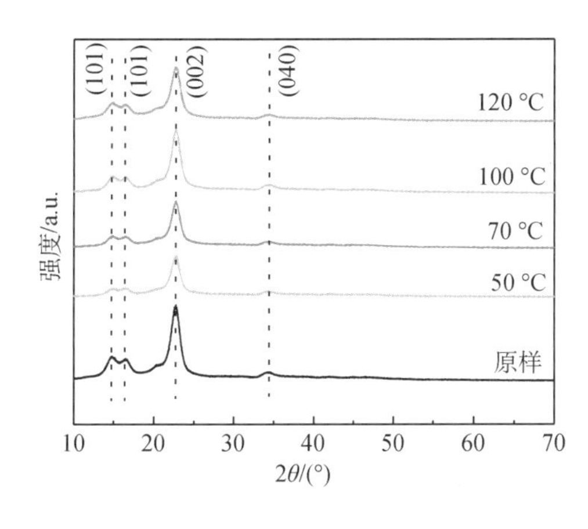

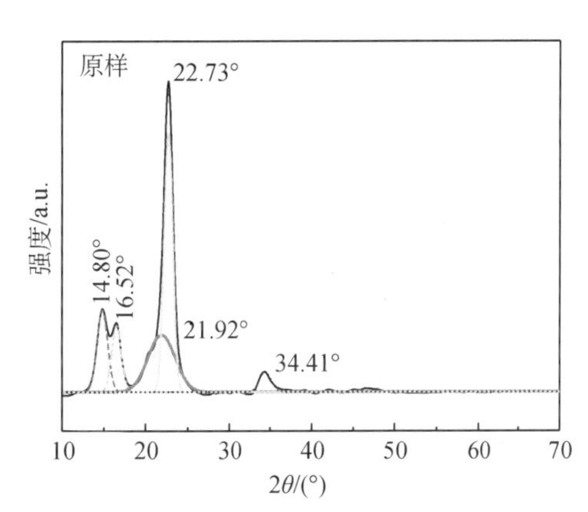

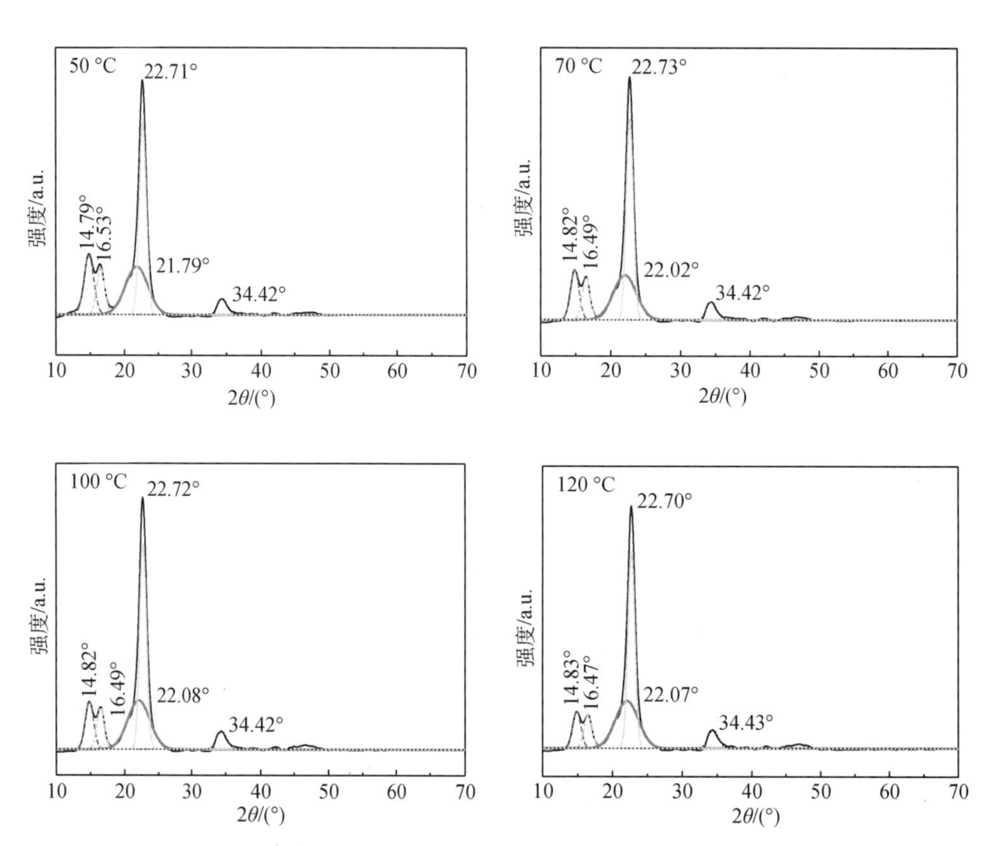

图 8-40 原棉、超临界 CO_2 阻燃棉织物 XRD 图和 XRD 分峰拟合图

如表 8-12 所示，经超临界 CO_2 整理后棉纤维的结晶度略有降低，这主要归因于在超临界 CO_2 流体处理中，加速了 DOPO-VTS 与 TEOS 的水解缩合速率，改善了棉织物的结晶结构，有效地阻碍热量与氧气的传递，提高了棉织物的阻燃性能。

表 8-12 原棉和超临界 CO_2 阻燃棉织物的结晶度计算表

棉织物样品	结晶峰面积				非结晶峰面积	结晶度/%
	1	2	3	4		
原样	3 445	2 471	8 391	918	5 888	72.11
50 ℃	2 571	1 643	6 009	652	4 810	69.33
70 ℃	2 146	1 657	6 956	924	5 079	69.70
100 ℃	1 414	1 114	4 893	650	3 828	67.83
120 ℃	974	857	4 317	611	3 474	66.05

8.3.6.8 疏水性能分析

如图 8-41 所示，由于未经处理的棉织物上具有—OH 等含氧基团，水滴在滴下后迅速渗透，接触角为 0°；通过超临界 CO_2 流体对棉织物进行阻燃整理后，棉织物的疏水性能得到显著改善，随着温度的升高，DOPO-VTS/TEOS 组成的纳米涂层对织物的疏水性能得到改善，水接触角由 0°增加到 132.25°，使织物具有较低的表面张力，赋予织物良好的疏水性能。这主要归因于在超临界 CO_2 体系中，随着 CO_2 温度的升高，加快了织物与纳米溶胶的交联反应，有利于形成 Si—O—Si 网络结构，使大量的纳米溶胶涂覆于织物表面形成致密的涂层，改善织物的亲水性能，显著提高了织物的疏水性能。

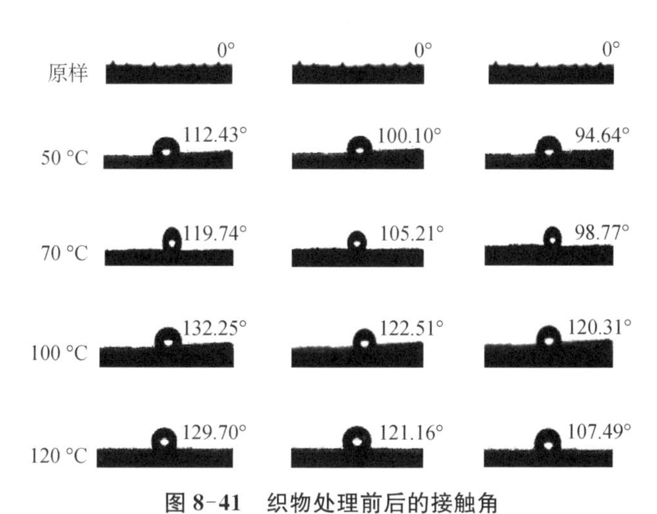

图 8-41　织物处理前后的接触角

参考文献

[1] 郑来久.超临界二氧化碳流体无水染色关键技术与装备[M].北京:中国纺织出版社有限公司，2022.

[2] 梅自强.超临界流体技术——原理和应用[M].北京:化学工业出版社,2000.

[3] 郑来久.什么是纺织[M].大连:大连理工大学出版社,2022.

[4] FANG Qin，ZHENG Huanda，ZHENG Laijiu，et al. Supercritical CO_2 as a potential tool for the eco-friendly printing of meta-aramid[J]. Journal of CO_2 Utilization，2023，72：102492.

[5] CHENG Sijia，ZHENG Huanda，ZHENG Laijiu，et al. Facile preparation of high-performance fluorescent aramid using supercritical CO_2[J]. The Journal of Supercritical Fluids，2023，199：105975.

[6] ZHOU Tianbo，ZHENG Huanda，ZHENG Laijiu，et al. Sustainable and eco-friendly strategies for polyester-cotton blends dyeing in supercritical CO_2[J]. Journal of CO_2 Utilization，2022，55：101816.

[7] ZHAO Hongjuan，WANG Hongxin，ZHENG Laijiu，et al. A recyclable anhydrous cotton dyeing technology with low energy consumption and excellent dyeing effects by mixing supercritical carbon dioxide，ethanol，and dimethyl sulfoxide[J]. Journal of Cleaner Production，2022，367：133034.

[8] KE Huizhen，ZHENG Huanda，ZHENG Laijiu，et al. Facile flame-retardant finishing for cotton in supercritical CO_2[J]. Textile Research Journal，2022，92(13-14)：2306-2316.

[9] HOU Jun，XIONG Xiaoqing，LI Yixuan，et al. Cleaner Production of Disperse Florescent Dyes in Supercritical CO_2 and Their Applications in Dyeing Polyester Fabric[J]. Dyes & Pigments，2022，202：110250.

[10] XIONG Xiaoqing，YUAN Ye，JIAO Chengqi，et al. Construction，photophysical properties，structure-activity relationship，and applications of fluorescein analogs[J]. Dyes & Pigments，2022，208：110870.

[11] ZHANG Juan，QIAO Yan，ZHENG Laijiu，et al. Effect of enzymes on the scouring and bleaching properties of flax roves in supercritical CO_2[J]. Cellulose，2022，29：3721-3731.

[12] ZHANG Yue，ZHENG Huanda，ZHENG Laijiu，et al. Investigation of eco-friendly dyeing of para-aramid using supercritical CO_2[J]. Fibers and Polymers，2022，23(8)：2196-2205.

[13] YAN Jun，DU Shuang，WANG Kaihua，et al. Comparison of four density-based semi-empirical models for the solubility of azo disperse dyes in supercritical carbon dioxide. Processes，2022，10(1960)：1-11.

[14] ZHANG Yue，ZHENG Huanda，ZHENG Laijiu. An eco-friendly surface modification method of para-aramid by supercritical CO_2[J]. Journal of Fiber Science and Technology，2022，78(2)：40-47.

[15] WANG Yuxue，ZHENG Laijiu，ZHENG Huanda. Waterless beam dyeing in supercritical CO_2：Establishment of a clean and efficient color matching system[J]. Journal of CO_2 Utilization，2021，

3: 101368.
[16] GONG Daixuan, ZHENG Huanda, ZHENG Laijiu, et al. One-step supercritical CO_2 color matching of polyester with dye mixtures[J]. Journal of CO_2 Utilization, 2021, 44: 101396.
[17] JIA Mengke, HU Haina, HOU Jun, et al. Investigation on the construction, photophysical properties and dyeing mechanism of 1,8-naphthalimide-based fluorescent dyes suitable for dyeing wool fibers in supercritical CO_2[J]. Dyes & Pigments, 2021, 190: 109343.
[18] WANG Mingyue, HASHEM Neveen Mohamed, ELMAATY Tarek Abou, et al. Effect of the degree of esterification of disperse dyes on the dyeing properties of polyethylene terephthalate in supercritical carbon dioxide[J]. The Journal of Supercritical Fluids, 2021, 175: 105270.
[19] LI Shengnan, ZHENG Huanda, ZHENG Laijiu, et al. Effect of fluid field on the eco-friendly utilization and recycling of CO_2 and dyes in the waterless dyeing[J]. Journal of CO_2 Utilization, 2020, 42: 101311.
[20] LIU Guohua, HAN Yitong, ZHENG Laijiu, et al. Development of CO_2 utilized flame retardant finishing: Solubility measurements of flame retardants and application of the process to cotton[J]. Journal of CO_2 Utilization, 2020, 37: 222-229.
[21] ZHENG Huanda, SU Yaohua, ZHENG Laijiu, et al. Numerical simulation of CO_2 and dye separation for supercritical fluid in separator[J]. Separation and Purification Technology, 2020, 236: 116246.
[22] ZHANG Juan, QIAO Yan, ZHENG Laijiu, et al. Cleaner strategy for the scouring and bleaching of flax rove with enzymes in supercritical carbon dioxide[J]. Journal of Cleaner Production, 2019, 210: 759-766.
[23] JING Xiandong, ZHENG Laijiu, ZHENG Huanda, et al. Surface wettability of supercritical CO_2-ionic liquid processed aromatic polyamides[J]. Journal of CO_2 Utilization, 2018, 27: 289-296.
[24] BAI Tierong, KOBAYASHI Kota, ZHENG Laijiu, et al. Supercritical CO_2 dyeing for nylon, acrylic, polyester, and casein buttons and their optimum dyeing conditions by design of experiments[J]. Journal of CO_2 Utilization, 2019, 33(1): 53-261.
[25] HAN Yitong, ZHENG Huanda, ZHENG Laijiu, et al. Swelling behavior of polyester in supercritical carbon dioxide[J]. Journal of CO_2 Utilization, 2018, 26: 45-51.
[26] ZHENG Huanda, ZHONG Yi, ZHENG Laijiu, et al. CO_2 utilization for the waterless dyeing: Characterization and properties of Disperse Red 167 in supercritical fluid[J]. Journal of CO_2 Utilization, 2018, 24: 266-273.
[27] LI Feixia, LV Lihua, ZHENG Laijiu, et al. Constructing of dyes suitable for eco-friendly dyeing wool fibers in supercritical carbon dioxide[J]. Sustainable Chemistry & Engineering, 2018, 6(12): 16726-16733.
[28] LIU Miao, ZHAO Hongjuan, ZHENG Laijiu, et al. Eco-friendly curcumin-based dyes for supercritical carbon dioxide natural fabric dyeing[J]. Journal of Cleaner Production, 2018, 197: 1262-1267.
[29] ZHANG Juan, ZHENG Huanda, ZHENG Laijiu. Effect of treatment temperature on structures and properties of flax rove in supercritical carbon dioxide[J]. Textile Research Journal, 2018, 88(2): 155-166.
[30] ZHANG Juan, ZHENG Huanda, ZHENG Laijiu. Optimization of eco-friendly reactive dyeing of cellulose fabrics using supercritical carbon dioxide fluid with different humidity[J]. Journal of Natural Fibers, 2018, 15(1): 1-10.
[31] ZHANG Juan, ZHENG Laijiu, YAN Jun, et al. Investigation of the optimum treatment condition for flax rove in supercritical CO_2[J]. Thermal Science, 2018, 22(4): 1613-1619.

[32] ZHENG Huanda，XU Yanyan，ZHANG Juan，et al. An ecofriendly dyeing of wool with supercritical carbon dioxide fluid[J]. Journal of Cleaner Production，2017，143：269-277.

[33] ZHENG Huanda，ZHANG Juan，LIU Miao，et al. CO_2 Utilization for the dyeing of yak hair：Fracture behavior in supercritical state[J]. Journal of CO_2 Utilization，2017，18：117-124.

[34] ZHENG Huanda，ZHANG Juan，YAN Jun，et al. Investigations on the effect of carriers on meta-aramid fabric dyeing properties in supercritical carbon dioxide[J]. RSC Advances，2017，7：3470-3479.

[35] ZHENG Huanda，ZHANG Juan，ZHENG Laijiu. Optimization of an ecofriendly dyeing process in an industrialized supercritical carbon dioxide unit for acrylic fibers[J]. Textile Research Journal，2017，87(15)：1818-1828.

[36] ZHENG Huanda，ZHENG Laijiu，LIU Miao，et al. Mass transfer of Diperse Red 153 and its crude dye in supercritical carbon dioxide fluid[J]. Thermal Science，2017，21(4)：1745-1749.

[37] ZHENG Huanda，ZHANG Juan，YAN Jun，et al. An industrial scale multiple supercritical carbon dioxide apparatus and its eco-friendly dyeing production[J]. Journal of CO_2 Utilization，2016，16：272-281.

[38] ZHENG Huanda，ZHANG Juan，DU Bing，et al. Effect of treatment pressure on structures and properties of PMIA fiber in supercritical carbon dioxide fluid[J]. Journal of Applied Polymer Science，2015，132：41756.

[39] ZHENG Huanda，ZHANG Juan，DU Bing，et al. An investigation for the performance of meta-aramid fiber blends treated in supercritical carbon dioxide fluid[J]. Fibers and Polymers，2015，16(5)：1134-1141.

[40] ZHENG Huanda，ZHENG Laijiu. Dyeing of meta-aramid fibers with disperse dyes in supercritical carbon dioxide[J]. Fibers and Polymers，2014，15(8)：1627-1634.

[41] ZHENG Laijiu，ZHENG Huanda，DU Bing，et al. Dyeing procedures of polyester fiber in supercritical carbon dioxide using a special dyeing frame[J]. Journal of Engineered Fibers and Fabrics，2015，10(4)：37-46.

[42] 廖传华，黄振仁. 超临界 CO_2 流体萃取技术——工艺开发及其应用[M]. 北京：化学工业出版社，2004.

[43] 李胜男，郑环达，郑来久，等. 超临界 CO_2 流体中分散染料溶解度研究进展[J]. 精细化工，2020，37(8)：1-6.

[44] 郑环达，郑来久，毛志平，等. 超临界 CO_2 微乳液及其在纺织中的研究进展[J]. 精细化工，2019，36(1)：1-6.

[45] 郑环达，郑禹忠，郑来久. 超临界二氧化碳流体染色工程化研究进展[J]. 精细化工，2018，35(9)：1449-1456.

[46] 张娟. 亚麻粗纱超临界二氧化碳无水煮漂技术研究[D]. 大连：大连工业大学，2017.

[47] 高世会. 罗布麻韧皮纤维超临界 CO_2 协同生物化学脱胶研究[D]. 上海：东华大学，2016.

[48] 张月. 芳纶 1414 超临界 CO_2 流体染色研究[D]. 大连：大连工业大学，2022.

[49] 李胜男. 基于芳纶 1313 超临界 CO_2 印花工艺研究[D]. 大连：大连工业大学，2022.

[50] 刘国华. 基于超临界 CO_2 共水解缩合制备阻燃棉织物及其性能研究[D]. 大连：大连工业大学，2021.

[51] 宋洁. 聚酯鞋材/拉链/纽扣超临界 CO_2 无水拼配色研究[D]. 大连：大连工业大学，2023.

[52] 韩益桐. 棉织物超临界 CO_2 阻燃整理技术研究[D]. 大连：大连工业大学，2019.

[53] MAURO Banchero. Recent advances in supercritical fluid dyeing[J]. Coloration Technology，2020，136(4)：317-335.

[54] HUSSAIN Tanveer，WAHAB Abdul. A critical review of the current water conservation practices in textile wet processing[J]. Journal of Cleaner Production 2018，198：806-819.

[55] ELMAATY Tarek Abou, SOFAN Mamdouh, HORI Teruo, et al. Optimization of an eco-friendly dyeing process in both laboratory scale and pilot scale supercritical carbon dioxide unit for polypropylene fabrics with special new disperse dyes[J]. Journal of CO_2 Utilization 2019, 33: 365-371.

[56] ABATE Molla Tadesse, ZHOU Yuyang, NIERSTRASZ Vincent. Colouration and bio-activation of polyester fabric with curcumin in supercritical CO_2: Part II—Effect of dye concentration on the colour and functional properties[J]. The Journal of Supercritical Fluids, 2020, 157: 104703.

[57] JAXEL Julien, LIEBNER Falk W., HANSMANN Christian. Solvent-Free dyeing of solid wood in water-saturated supercritical carbon dioxide[J]. ACS Sustainable Chemistry & Engineering 2020, 8 (14): 5446-5451.

[58] JAXEL Julien, AMER Hassan, LIEBNER Falk, et al. Facile synthesis of 1-butylamino- and 1,4-bis (butylamino)-2-alkyl-9,10-anthraquinone dyes for improved supercritical carbon dioxide dyeing[J]. Dyes and Pigments, 2020, 173: 107991.

[59] ABATE Molla Tadesse, FERRI Ada, NIERSTRASZ Vincent, et al. Colouration and bio-activation of polyester fabric with curcumin in supercritical CO_2: Part I—Investigating colouration properties[J]. The Journal of Supercritical Fluids, 2019: 152.

[60] ZHENG Huanda, ZHANG Juan, ZHENG Laijiu, et al. CO_2 Utilization for the dyeing of yak hair: Fracture behaviour in supercritical state[J]. Journal of CO_2 Utilization, 2017, 18: 117-124.

[61] PENTHALA Raju, KUMAR Rangaraju Satish, SON Young-A., et al. Synthesis and efficient dyeing of anthraquinone derivatives on polyester fabric with supercritical carbon dioxide[J]. Dyes and Pigments, 2019, 166: 330-339.

[62] LUO Xujun, WHITE Jonathan, LIN Long, et al. Novel sustainable synthesis of dyes for clean dyeing of wool and cotton fibres in supercritical carbon dioxide[J]. Journal of Cleaner Production, 2018, 199: 1-10.

[63] 郑环达,郑来久.超临界流体染整技术研究进展[J].纺织学报,2015,9(36):141-148.

[64] ZHENG Huanda, ZHENG Laijiu, MA Yingchong, et al. Supercritical fluid dyeing and finishing system and method [P]. US10584433B2.

[65] ZHENG Laijiu, ZHENG Huanda, HAN Yitong, et al. Multifunctional dyeing and finishing kettle and industrialized supercritical CO_2 fluid anhydrous dyeing and finishing apparatus with a scale over 1000L [P]. US10851485B2.

[66] AMENAGHAWON Andrew N., ANYALEWECHI Chinedu L., MAHFUD Mahfud, et al. Applications of supercritical carbon dioxide in textile industry[J]. Green Sustainable Process for Chemical and Environmental Engineering and Science, 2020.

[67] Kim Taewan, Seo Bumjoon, Lee Youn-Woo, et al. Effects of dye particle size and dissolution rate on the overall dye uptake in supercritical dyeing process[J]. The Journal of Supercritical Fluids, 2019, 151: 1-7.

[68] KONG Xiangjun, HUANG Tingting, LIN Jinxin, et al. Multicomponent system of trichromatic disperse dye solubility in supercritical carbon dioxide[J]. Journal of CO_2 Utilization, 2019, 33: 1-11.

[69] TANG Alan Y. L., WANG Yanming, KAN Chi-wai, et al. Comparison of computer colour matching of water-based and solvent-based reverse micellar dyeing of cotton fibre[J]. Coloration Technology, 2018, 134(4): 258-265.

[70] GOÑI María L., GAÑÁN Nicolás A., MARTINI Raquel E.. Supercritical CO_2-assisted dyeing and functionalization of polymeric materials: A review of recent advances (2015 - 2020)[J]. Journal of CO_2 Utilization, 2021, 54: 101760.

[71] SICARDI S.,MANNA L.,BANCHERO M.. Comparison of dye diffusion in poly(ethyleneterephthalate) films in the presence of a supercritical or aqueous solvent[J]. Industrial & Engineering Chemistry Research, 2000, 39: 4707-4713.

[72] GOÑI María L.,GAÑÁN Nicolás A.,MARTINI Raquel E.. Carvone-loaded LDPE films for active packaging: Effect of supercritical CO_2-assisted impregnation on loading, mechanical and transport properties of the films[J]. The Journal of Supercritical Fluids, 2018, 133: 278-290.

[73] TORRES A.,ILABACA E.,ROMERO J. et al. Effect of processing conditions on the physical, chemical and transport properties of polylactic acid films containing thymol incorporated by supercritical impregnation[J]. European Polymer Journal, 2017, 89: 195-210.

[74] LUKIC I.,VULIC J.,IVANOVIC J.. Antioxidant activity of PLA/PCL films loaded with thymol and/or carvacrol using $scCO_2$ for active food packaging[J]. Food Package Shelf Life, 2020, 26: 100578.

[75] GOÑI María L.,GAÑÁN Nicolás A.,MARTINI Raquel E.,et al. Supercritical CO_2-assisted impregnation of LDPE/sepiolite nanocomposite films with insecticidal terpene ketones: Impregnation yield, crystallinity and mechanical properties assessment[J]. The Journal of Supercritical Fluids, 2017, 130: 337-346.

[76] ALVAREZ I.,GUTI'ERREZ' C.,GARCÍA M. T.. Production of drug-releasing biodegradable microporous scaffold impregnated with gemcitabine using a CO_2 foaming process[J]. Journal of CO_2 Utilization, 2020, 41: 101227.

[77] BANCHERO M. Supercritical fluid dyeing of synthetic and natural textiles-a review[J]. Coloration Technology, 2013, 129(1): 2-17.

[78] GAO D, CUI H S, HUANG T T, et al. Synthesis of reactive disperse dyes containing halogenated acetamide group for dyeing cotton fabric in supercririical carbon dioxide[J]. The Journal of Supercritical Fluids, 2014, 86: 108-114.

[79] 郑来久,张娟,赵虹娟,等.一种超临界二氧化碳经轴染色架、染色釜及染色方法[P].中国,ZL201510413600.5,2015-11-11.

[80] 郑来久,郑环达,闫俊,等.一种具有染疵检测与修复功能的多元超临界二氧化碳流体染色装置及染色方法[P].中国,ZL201510413365.1,2015-11-25.

[81] 郑环达,郑来久,高世会,等.一种超临界二氧化碳流体打样装置及染色方法[P].中国,ZL201510413363.2,2017-01-25.

[82] 郑环达,郑来久,张娟,等.一种超临界二氧化碳染色设备中釜体的清洗装置及清洗方法[P].中国,ZL201510412465.2,2015-11-11.

[83] 郑来久,徐炎炎,闫俊,等.超临界二氧化碳尼龙纽扣染色釜及其染色工艺[P].中国,ZL201510413209.5,2015-11-11.

[84] 郑来久,徐炎炎,闫俊,等.超临界二氧化碳尿素纽扣染色釜及其染色工艺[P].中国,ZL201510412614.5,2015-11-11.

[85] 郑来久,闫俊,徐炎炎,等.超临界二氧化碳贝壳纽扣染色釜及其染色工艺[P].中国,ZL201510413386.3,2015-11-11.

[86] 郑来久,闫俊,徐炎炎,等.超临界二氧化碳牛角纽扣染色釜及其染色工艺[P].中国,ZL201510412594.1,2015-12-16.

[87] 郑来久,郑环达,高世会,等.一种多元染整釜及1 000 L以上规模的产业化超临界 CO_2 流体无水染整设备[P].中国,ZL201611039405.1,2017-06-13.

[88] 郑来久,郑环达,高世会,等.一种可换色工程化超临界二氧化碳流体无水染色整理系统及其方法[P].中国,ZL201611039447.5,2017-05-31.

[89] 郑来久,郑环达,高世会,等.一种智能化超临界二氧化碳流体无水染整系统及其方法[P].中国,

ZL201611039617. X,2017-06-06.
[90] 郑来久,郑环达,高世会,等.一种超临界流体染整系统及其方法[P].中国,ZL201611039623.5,2017-05-10.
[91] 郑来久,郑环达,高世会,等.一种超临界 CO_2 无水染整设备中的分离釜[P].中国,ZL201611039470.4,2017-06-13.
[92] 郑来久,郑环达,高世会,等.一种超临界二氧化碳无水染整设备中的染料整理剂釜[P].中国,ZL201611045962.4,2017-05-10.
[93] 郑来久,郑环达,高世会,等.一种整理釜及芳纶纤维超临界二氧化碳无水改性整理装置与方法[P].中国,ZL201611039404.7,2017-06-06.
[94] 郑来久,郑环达,高世会,等.一种染色釜、芳纶纤维超临界二氧化碳无水染色装置及染色方法[P].中国,ZL201611039453.0,2017-05-10.
[95] 郑来久,高世会,郑环达,等.一种超临界二氧化碳流体无水煮漂染一体化设备[P].中国,ZL201611039625.4,2017-06-13.
[96] 郑来久,张娟,郑环达,等.一种麻类粗纱超临界二氧化碳生物酶煮漂染方法[P].中国,ZL201611039624.X,2017-06-13.
[97] 郑环达,郑来久,李胜男,等.一种超临界 CO_2 辅助阳离子染料印花的方法[P].中国,ZL202210648132.X,2022-06-08.
[98] 钱俊,丁致家,吴之瑜,等.一种荧光阻燃面料及其制备方法和应用[P].中国,CN201811447734.9,2018-11-29.